Ludwig Musil

Allgemeine Energiewirtschaftslehre

Springer-Verlag
Wien New York

Hochschulprofessor
Dr. techn. Dr. Ing. E. h. Dr. rer. pol. h. c. Ludwig Musil

Softcover reprint of the hardcover 1st edition 1972

Library of Congress Catalog Card Number 72-83986

Mit 108 Abbildungen

ISBN-13:978-3-7091-7982-6 e-ISBN-13:978-3-7091-7981-9
DOI: 10.1007/978-3-7091-7981-9

Vorwort

Als ich im Jahre 1947 mit Vorlesungen über Energiewirtschaft als Pflichtfach an der Technischen Hochschule in Graz betraut wurde, war es bereits mein Bestreben, diesen Wirtschaftszweig in einer möglichst geschlossenen Form darzustellen, von den Energiebedürfnissen eines Wirtschaftsgebietes auszugehen, diesen das Rohenergiedargebot gegenüberzustellen und die Möglichkeiten aufzuzeigen, um zu einer wirtschaftlichen Bedarfsdeckung zu gelangen. Die Erörterung der einzelnen Gebiete, wie Wasserkraftwirtschaft, Wärmewirtschaft usw., wurde diesem Grundgedanken untergeordnet. Daneben sollte diese Vorlesung dem angehenden Ingenieur die Bedeutung wirtschaftlicher Überlegungen nahebringen, denn letzten Endes ist die Entscheidung über die Verwirklichung von technisch noch so interessanten Projekten wirtschaftlich bedingt. Die erforderlichen Rentabilitätsrechnungen hängen eng mit der Planung zusammen und sollten folgerichtig in das Aufgabengebiet des Ingenieurs fallen. Aus dieser Zielsetzung entstand eine Vorlesung, die man als Energiewirtschaftslehre auffassen konnte.

Von Fachkollegen wurde damals die Anregung gegeben, meine Vorlesungen als Buch zu veröffentlichen. Ich habe dies getan und so erschien 1949 im Springer-Verlag, Wien, eine etwas umgearbeitete Fassung unter dem Titel „Praktische Energiewirtschaftslehre".

In den inzwischen verstrichenen mehr als zwei Jahrzehnten ist die technische Entwicklung weitergegangen, die Bedeutung der zur Verfügung stehenden Rohenergieträger hat sich verlagert, neue, wie die Kernenergie, sind hinzugekommen. Auf der anderen Seite bringt eine solche Zeitspanne, in verantwortlicher Position in einem größeren Energieversorgungsunternehmen erlebt, eine Ausweitung der eigenen Erfahrungen und Erkenntnisse, die in einer laufenden Überarbeitung meiner Vorlesungen ihren Niederschlag fanden.

Mein Ausscheiden aus der aktiven Tätigkeit in der Elektrizitätsversorgung nahmen Fachkollegen zum Anlaß, mich zu einer Neubearbeitung meines Buches zu ermutigen. Es war mir dabei klar, daß es sich nicht um eine Neuauflage handeln konnte, auch wenn man das Buch weitgehend überarbeiten wollte, und zwar auch deshalb, weil sich die eigene Betrachtungsweise der Geschehnisse und Zusammenhänge im Zuge der eingetretenen Entwicklung gewandelt hat. Die mehrfach überarbeiteten Vorlesungen als Grundlage erleichterten den Entschluß, dem Rat meiner Fachkollegen nachzukommen und eine Neufassung herauszubringen. Der Arbeit, die nun abgeschlossen ist, lagen zwei Gedanken zugrunde:

Die Betrachtung der Energieversorgung als ganzes und die Herausstellung der Zusammenhänge und Wechselwirkungen zwischen ihren einzelnen Sparten, an deren eigenen Problemen nicht vorbeigegangen werden soll, die aber in die Gesamtversorgung einzuordnen sind; daher auch die Behandlung von Umwandlung bzw. Transport für die verschiedenen Energiesparten gemeinsam.

Bei den Wirtschaftlichkeitsüberlegungen und Vergleichen die Methodik herauszustellen und auf die Wiedergabe von Zahlenwerten, die zeitgebunden sind — dies gilt vor allem für Kostenangaben —, soweit wie möglich zu verzichten, um den Aussagewert des Buches über einen längeren Zeitraum zu gewährleisten.

Auf diese Weise entstand kein Nachschlagebuch mit statistischen Angaben, sondern eine Veröffentlichung, die Ingenieuren und Betriebswirtschaftlern, die mit der Energieversorgung direkt oder indirekt zu tun haben, aber auch den Studierenden einen Einblick in die wirtschaftlichen Zusammenhänge der Energieversorgung geben soll. Ich glaubte daher, diesem Buch den Titel „Allgemeine Energiewirtschaftslehre“ geben zu dürfen. Wenn es dazu beiträgt, zum Nachdenken über die Gesamtzusammenhänge zu veranlassen, dem rein technisch beschäftigten Ingenieur die wirtschaftliche Seite nahezubringen und dem Studierenden eine Studienhilfe zu sein, so ist sein wesentlicher Zweck erfüllt.

Es ist mir eine Pflicht, allen jenen zu danken, die mich bei der Abfassung des Buches mit Unterlagen und Ratschlägen unterstützt haben. Mein Dank gilt an erster Stelle der Steirischen Wasserkraft- und Elektrizitäts-Aktiengesellschaft, Graz, im einzelnen meinen früheren Mitarbeitern, den Herren Dipl.-Ing. Chr. Held, Dr. W. Lehner, Dr. H. Moditz und Dr. E. Steinbauer, die nicht nur Unterlagen, sondern auch zu einzelnen Kapiteln Beiträge zur Verfügung stellten. Ferner möchte ich in diesem Zusammenhang die Firmen Waagner-Biró, Wien - Graz, die Österreichische Mineralölverwaltung, die Mobil Oil Austria und die Stadtwerke in Wien erwähnen, die mich auch mit Unterlagen versorgten. Der STEWEAG und der Firma Waagner-Biró bin ich noch für ihre große Hilfe bei der Herstellung der Klischeevorlagen zu Dank verpflichtet. Schließlich danke ich dem Springer-Verlag in Wien für die bei diesem Verlag gewohnt gute Ausstattung des Buches.

Graz, im Oktober 1972 Ludwig Musil

Inhaltsverzeichnis

I. Einleitung

1. Sinn und Aufgabe einer allgemeinen Energiewirtschaftslehre

In der modernen Wirtschaft, aber auch im Leben jedes einzelnen kommt der Energieversorgung immer größere Bedeutung zu. Die Ausweitung der Gütererzeugung, die Steigerung der Produktivität in Industrie und Gewerbe bedingen Energie; dasselbe gilt auch für die Landwirtschaft. Aber auch der Haushalt stellt mit dem Streben nach Rationalisierung und Bequemlichkeit immer größere Ansprüche an die Energieversorgung. Einen Begriff über die steigende Bedeutung der Energieversorgung, allerdings in einem Teilbereich, gibt die von der OECD herausgegebene Statistik [1]. Danach ist der prozentuelle Anteil der Elektrizitäts-, Gas- und Wasserwirtschaft am inländischen Bruttonationalprodukt in den einzelnen OECD-Ländern allein in der Zeit zwischen 1958 und 1968 auf das 1,2- bis 2,7fache gestiegen. Je größer der Anteil der Energieversorgung an den Gesamtaufwendungen ist, um so mehr spielen die Kosten eine Rolle.

Der Anteil der Energiekosten am Produktionswert streut je nach Wirtschaftszweig in weiten Grenzen. Einen Anhalt darüber gibt eine Untersuchung von *Wessels* [2]. Man findet dort Werte von 1,3% in der Forstwirtschaft, bis 14% in der Glasindustrie. Diese Werte werden durch den Energieaufwand für Schmelzprozesse noch weit übertroffen. Bei der Aluminiumelektrolyse wird mit einem Energiekostenanteil in der Größenordnung zwischen 25 und 30% vom Produktionswert gerechnet. Bedenkt man, daß solche Ziffern sich nur auf den Energieverbrauch des betreffenden Wirtschaftszweiges beziehen, in den von diesen vielfach weiter verarbeiteten Vorprodukten aber ebenfalls Energiekosten enthalten sind, so ist der resultierende Anteil der Energie an irgend einem Fertigprodukt im allgemeinen höher. So gibt eine Untersuchung der europäischen Gemeinschaft für Eisen und Stahl [3] unter anderem folgende Unterschiede an:

	Direkterwerb von Energie in % des Wertes der Erzeugnisse	Erwerb direkter *und* indirekter Energie insgesamt in % des Wertes der Erzeugnisse
Agrarindustrie und Lebensmittelindustrie	1,4	4,2
Eisen- und Stahlindustrie..	20,8	24,3
Maschinenbau und Elektroindustrie	1,5	8,2
Chemische Industrie	7,8	10,7
Baugewerbe	0,9	5,4
Spinnstoffbekleidungsindustrie	2,8	5,9

Es trat daher immer mehr die Aufgabe in den Vordergrund, die Energie dem einzelnen Verbraucher in der von ihm gewünschten Form nicht nur ausreichend, sondern unter Wahrung der Versorgungssicherheit auch so preiswert wie möglich zur Verfügung zu stellen. So ist es zu verstehen, daß neben der technischen Seite der Energieversorgung der Frage ihrer wirtschaftlichen Gestaltung immer mehr an Bedeutung zukam. Neben die technische Seite der Energieversorgung trat die wirtschaftliche. Volks- und betriebswirtschaftliche Gesichtspunkte und Überlegungen bestimmen in der Energieversorgung in immer stärkerem Maße den Einsatz der Technik und die Wege ihrer Weiterentwicklung.

Solche Überlegungen beginnen schon seitens der Verbraucher, deren Energiebedürfnisse in ihrer Art und ihrer Höhe die Ausgangsbasis für Umfang und Gestaltung der Energieversorgung bilden. Der Verbraucher hat bei der Deckung seiner Energiebedürfnisse in den meisten Fällen die Wahl zwischen verschiedenen Energieträgern, die im Wettbewerb zueinander stehen. Für die Raumheizung z. B. stehen dem Verbraucher als Energieträger Kohle, Koks, Heizöl, Gas und Elektrizität, aber auch unter Umständen Fernwärme zur Verfügung, zwischen denen er sich entscheiden kann. Diese Entscheidung wird vorwiegend durch die jeweiligen finanziellen Aufwendungen, aber auch durch andere Gesichtspunkte, wie die bequemere Handhabung beeinflußt, wobei der „Bequemlichkeitsfaktor“ vom erreichten Lebensstandard abhängig ist. Solche Überlegungen über die zweckmäßigste Wahl des Energieträgers findet man überall, wo Energie benötigt wird, von der Raumheizung bis zu mehr oder weniger komplizierten technologischen Prozessen. Hier tritt anstelle des erwähnten „Bequemlichkeitsfaktors" vielfach ein sogenannter „Gütefaktor", der den Einfluß der Eigenschaften des Energieträgers auf die Güte des Erzeugnisses erfassen soll (z. B. Schwefelgehalt des Brennstoffes bei Betrieb von Siemens-Martinöfen).

Aus diesen Darlegungen folgert, daß

1. bereits der Verbraucher sich mit Wirtschaftlichkeitsvergleichen befassen muß, will er die wirtschaftlichste Deckung seiner Energiebedürfnisse sicherstellen;

2. für ein bestimmtes Energiebedürfnis den einzelnen zur Verfügung stehenden Energieträgern eine Art *Markt*wert zukommt und man mit Berechtigung von einem „Energiemarkt" sprechen kann.

Die Marktwerte der einzelnen Energieträger sind zeitlich veränderlich. Auf der einen Seite sind die Kosten für ihre Aufbringung, sei es Rohenergie oder eine bereits veredelte Energieform, von der Marktlage, aber auch von der Weiterentwicklung der Gewinnungsverfahren abhängig, auf der anderen Seite beeinflußt der technische Stand der Umwandlungseinrichtungen beim Verbraucher selbst das Kostenverhältnis. Um beim Beispiel der Raumheizung zu bleiben, hat die für die Aufrechterhaltung einer gewissen Raumtemperatur notwendige Wärmemenge als Bedarf und damit als Ausgangswert für die Untersuchungen zu gelten. Es geht also der Wirkungsgrad der Umwandlungseinrichtungen (Ofen, Wärmetauscher usw.), aber auch die Güte der Wärmedämmung in die Rechnung ein.

Unter diesen Einflüssen ist der Marktanteil der einzelnen Energieträger an der Gesamtheit der Energiebedürfnisse starken Verschiebungen unterworfen. Über das Ausmaß dieser Verschiebung gibt Abb. 1 Aufschluß, die den Anteil der Primärenergieträger an der gesamten Weltaufbringung wiedergibt. Man erkennt, daß in zunehmendem Maße feste Brennstoffe durch flüssige und gasförmige verdrängt werden. Für die nächsten Jahrzehnte angestellte Prognosen zeigen diese Tendenz, vor allem in Europa in verstärktem Maße. Hier wird die zunehmende Anwendung der Kernenergie die Anteile an der Energieaufbringung fühlbar beeinflussen. Weitere Verschiebungen treten, wie später noch gezeigt wird, dadurch auf, daß der Letztverbraucher zwischen der direkten Verwendung von Rohenergieträgern und einer veredelten Energieform (z. B. für Heizzwecke zwischen Brennstoff und Stadtgas oder Elektrizität) wählen kann, wobei für die Elektrizitätserzeugung auch andere Primärenergieträger zur Wahl stehen als feste Brennstoffe.

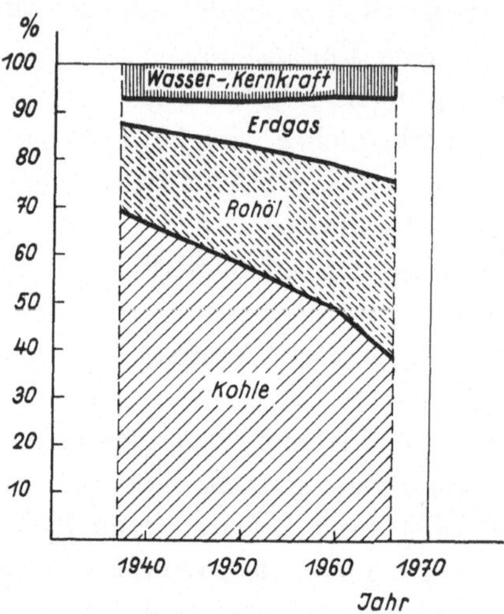

Abb. 1. Anteil der Primärenergieträger an der Gesamtaufbringung 1937—1966 [4]

Aus dem hier Gesagten lassen sich zwei weitere grundsätzliche Schlüsse ziehen:

1. Wollen die einzelnen Energieträger, gleichgültig ob es sich um Rohenergie oder um eine veredelte Energieform handelt, ihren Marktanteil behaupten, so ist deren rationellste Gewinnung und Transport zum Verbraucher Voraussetzung, um auf möglichst niedrige Gestehungskosten, bezogen auf den Standort des Verbrauchers, zu gelangen. Die Wirtschaftlichkeit diktiert weitgehend den Einsatz der Technik, aber auch das Ausmaß der Anwendung der einzelnen Energieträger. Die wirtschaftlichen Überlegungen des Verbrauchers sind somit durch gleichsinnige des Energielieferanten zu ergänzen. Sie haben starken betriebswirtschaftlichen Einschlag und beziehen sich zunächst auf die eigene Sparte, so daß es so gesehen zunächst berechtigt erscheint, von Wasserwirtschaft, Gaswirtschaft, Mineralölwirtschaft, Wärmewirtschaft oder Elektrizitätswirtschaft zu sprechen.

2. Die durch den Wettbewerb eintretenden Absatzverschie-

bungen zwischen den verschiedenen Energieträgern wirken sich dahin aus, daß die Entwicklung in einer Energiesparte die anderen zwangsläufig beeinflußt. Es ist daher eine gemeinsame Betrachtungsweise der genannten Sparten erforderlich, soll die Energieversorgung eines zusammenhängenden Wirtschaftsgebietes als Ganzes an die wirtschaftlich optimale Lösung herangeführt werden.

Es erscheint nun reizvoll, die in der Energieversorgung gewonnenen wirtschaftlichen Erkenntnisse zu ordnen, sie in ein geeignetes System einzugliedern und auf diese Weise eine Lehre zu schaffen, die die Energieversorgung in ihrer Gesamtheit betrachtet. Die Themenstellung für eine solche *allgemeine* Energiewirtschaftslehre kann im wesentlichen wie folgt umrissen werden:

1. Wirtschaftliche Deckung der Energiebedürfnisse der Verbraucher im Rahmen des Wettbewerbes zwischen den zur Verfügung stehenden Energieträgern, unter Bedachtnahme auf Nebenwirkungen.

2. Rationellste Gewinnung, Umwandlung und Transport der Energieträger zum Verbraucher.

3. Wirtschaftlichste Ausnutzung und zweckmäßigster Einsatz der zur Verfügung stehenden Rohenergiequellen.

Es wird viel über Energiewirtschaft gesprochen. So manche sind sich dabei aber gar nicht bewußt, welch umfassendes Gebiet sie darstellt. Ein Spezialistentum ist in ihr nicht am Platze, denn sie erfordert ein Eindringen in die grundsätzlichen Zusammenhänge. Sie greift in die Bereiche der Volks- und Betriebswirtschaft über, erfordert aber auch ein Wissen um die technischen Zusammenhänge und den letzten Entwicklungsstand der Energiegewinnung, -fortleitung und -anwendung. Es ist mit eine Aufgabe einer allgemeinen Energiewirtschaftslehre, gedanklich diese breite Grundlage zu vermitteln und die auf dem Gebiet der Energieversorgung tätigen Fachleute dazu anzuregen, die von ihnen zu treffenden Maßnahmen auch von der höheren Warte der Gesamtversorgung eines Wirtschaftsraumes zu sehen.

2. Eigenheiten der Energieversorgung in wirtschaftlicher Hinsicht

Die Stellung der Energieversorgung innerhalb der Gesamtwirtschaft, die sich aus der weitgehenden Abhängigkeit der letzteren von einer gesicherten Bereitstellung der Energie ergibt, auf der einen Seite, physikalisch und technisch bedingte Eigenheiten auf der anderen Seite, bringen gegenüber anderen Wirtschaftssparten Besonderheiten mit sich, die bei einzelnen Energieformen mehr ausgeprägt sind als bei anderen. Im Rahmen dieser einleitenden Betrachtungen sollte daher auch eine kurze grundsätzliche Kennzeichnung dieser sich wirtschaftlich auswirkenden Besonderheiten nicht fehlen. Als solche sind hervorzuheben:

Die verhältnismäßig langen Vorbereitungs- und Bauzeiten der Anlagen der Energieversorgung,

die gegenüber anderen Wirtschaftszweigen hohe Kapitalintensität in der Energieversorgung,

die begrenzte bzw. überhaupt fehlende Lagerfähigkeit einzelner Energieträger,

die bei leitungsgebundenen Energieträgern sich aus dem Wegerecht ergebenden Folgerungen,

die bei der Energieumwandlung in eine veredelte Form vielfach in einem bestimmten Mengenverhältnis anfallenden Koppelprodukte,

die bei verschiedenen Versorgungseinrichtungen bestehende, funktionell erfaßbare Gegenläufigkeit von „festen" und „beweglichen" Kosten, die eine wirtschaftliche Optimierung der Auslegung der Anlagen verlangt.

Energiegewinnungsanlagen, vor allem Elektrizitätserzeugungsanlagen — und hier in erster Linie Wasserkraft- und Kernkraftanlagen — bedingen verhältnismäßig lange Planungs- und Bauzeiten. Man kann im allgemeinen 3—7 Jahre rechnen, das heißt also Einrichtungen, die zur Zeit projektiert werden bzw. vor dem Baubeschluß stehen, kommen erst nach einer solchen Zeitspanne zum Einsatz. Man muß sich also über bedeutende Investitionen entscheiden, die erst viel später realisiert werden. Die Energieversorgung ist somit zu langfristigen Planungen gezwungen. Darin liegt eine große Unsicherheit, denn in solchen Zeitspannen kann sich die Wirtschaftslage und daher der Energiebedarf nicht unwesentlich ändern. Dies gilt sowohl für das Auftreten einer Überschuß- als auch einer Mangellage. Die Investitionsentscheidungen legen besonders bei leitungsgebundenen Energieträgern, bei denen, wie noch weiter unten dargelegt wird, Versorgungspflicht besteht, eine große Verantwortung auf. Es ist daher für die Energieversorgung besonders wichtig, den Trend der wirtschaftlichen Entwicklung zu analysieren und Marktbeobachtung zu betreiben, die unter Verwendung ausreichender statistischer Unterlagen *die Erstellung von*

Bedarfsprognosen als Voraussetzung für langfristige Investitionsprogramme gestatten. Mit den Bedarfsprognosen in der Energiewirtschaft beschäftigt sich noch ein späteres Kapitel.

Die durch die verhältnismäßig langen Zeitspannen zwischen Investitionsbeschluß und Einsatz der Anlage entstehenden Probleme werden durch die große Kapitalintensität der Energieversorgung noch fühlbarer. Die größere Kapitalintensität drückt sich zunächst in einem stärkeren Einfluß der festen gegenüber den beweglichen Kosten, übertragen in die Energieversorgung der leistungs- gegenüber den arbeitsabhängigen Kosten aus. In der Abb. 2 wurden diese Zusammenhänge in einer grundsätzlichen

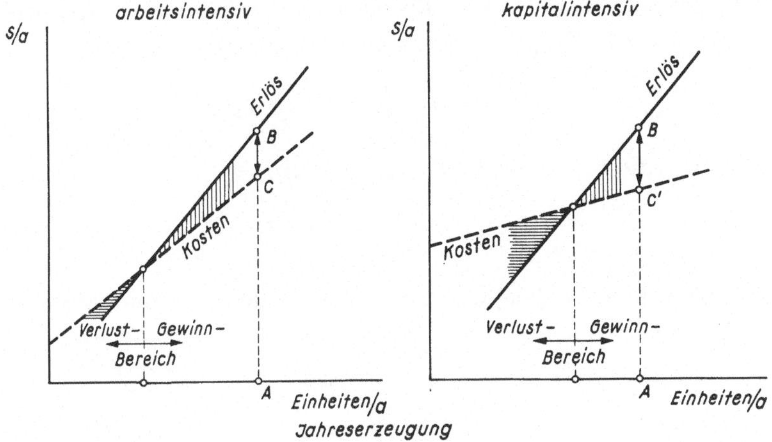

Abb. 2. Gegenüberstellung von arbeits- und kapitalintensiven Betrieben

Darstellung angedeutet. Als Kenngröße für die Kapitalintensität eines Betriebes oder Wirtschaftszweiges hat sich der Kapitalumschlagskoeffizient eingebürgert. Er gibt das Verhältnis Jahresumsatz U $[S/a]$ zum Gesamtanlagekapital A an.

$$u = \frac{U}{A}\left[\frac{1}{a}\right].$$

Für den Kapitalumschlagskoeffizienten u kann man etwa folgende Mittelwerte annehmen:

Elektrizitätsversorgung	0,15—0,3
Gasversorgung (Stadtgas)	0,4 —0,5
Mineralölwirtschaft	1,2
Industrie insgesamt	> 1,5

Während in Industrieunternehmen das Anlagekapital in einem Jahr mehr als einmal umgesetzt wird, ist dies z. B. in der Elektrizitätswirtschaft nur alle 3—6 Jahre der Fall. Daraus ergeben sich zunächst Auswirkungen auf die Finanzierungsweise von Energieanlagen, auf die in einem späteren Abschnitt noch näher eingegangen wird, die aber hier in einer sehr vereinfachten Darstellung in ihrer grundsätzlichen Bedeutung gestreift werden sollen. Es sei dabei kein Unterschied zwischen der Verzinsung von Eigen- und Fremdmittel gemacht, damit auch die Steuerbelastung bei der ersteren außer acht gelassen, also nur von einer Rohverzinsung des gesamten investierten Kapitals A in Höhe von z [%] ausgegangen. Es interessiert nun, welcher Anteil des Umsatzes, d. h. wieviel Prozent des Erlöses durch die Verzinsung in Anspruch genommen wird. Es gilt die einfache Beziehung

$$\frac{z}{100} \cdot A = \frac{g}{100} \cdot U \; [S/a],$$

wenn mit g dieser Anteil in % erfaßt wird

$$g = z \cdot \frac{A}{U} = \frac{z}{u} \; [\%].$$

Dazu ein kleines Beispiel: Unter Annahme eines Zinssatzes von $z = 7\%$, wird für

$u = 2$	0,25
$g = 3{,}5$	28%

Diese Ziffern sprechen für sich. Abgesehen von dem Einfluß auf die Kapitalbeschaffung an sich ist die Höhe des Kapitalumwälzfaktors ausschlaggebend für die Art der Finanzierung. Ein kleiner Kapitalumschlagskoeffizient, wie in einigen Zweigen der Energieversorgung besonders ausgeprägt, erschwert die Selbstfinanzierung, vor allem die Innenfinanzierung.

Ein Vergleich der beiden einfachen Diagramme in Abb. 2 läßt auch erkennen, daß kapitalintensive Betriebe viel empfindlicher gegen Konjunkturschwankungen sind als arbeitsintensive. Die vorhin aus den langen Vorbereitungs- und Bauzeiten in der Energieversorgung gezogenen Schlüsse werden durch die Kapitalintensität noch unterstrichen. Sie verpflichtet zu einem eingehenden Studium der zu erwartenden Absatzmöglichkeiten und zu besonderer Sorgfalt bei der Planung der Einrichtungen.

Für die Energiegewinnungsanlagen, aber auch für den Transport von leitungsgebundenen Energieträgern wäre zweifellos ein zeitlich vollkommen gleichförmiger Verlauf der Idealfall, da hiebei die günstigste Ausnutzung der erforderlichen Einrichtungen erzielt und damit der geringste Kostenaufwand erreicht werden könnte. Die Wirklichkeit ist aber von diesem Idealfall mehr oder weniger weit entfernt. Da die Energiebedürfnisse, aber auch zum Teil das Energiedargebot, wie noch gezeigt wird, während des Tages, aber auch jahreszeitlich stark veränderlich sind, wäre eine einigermaßen gleichförmige Betriebsweise nur möglich, wenn sich die Energie weitgehend aufspeichern ließe. Durch eine solche Speicherung könnte der Ausgleich zwischen dem Energieverbrauch bzw. Dargebot und der angestrebten Betriebsweise der Versorgungsanlagen in ähnlicher Weise erreicht werden, wie in anderen Wirtschaftssparten die Anpassung an die zeitlich bedingte Nachfrage durch Auffüllung bzw. Räumung der Materiallager erfolgt. In welcher Form und in welchem Umfang ist in der Energieversorgung eine solche *Speicherung* technisch bzw. wirtschaftlich möglich?

Auch hier sei nur das Grundsätzliche hervorgehoben, um gewisse Eigenheiten der Energieversorgung, die sie gegenüber anderen Wirtschaftszweigen unterscheidet, zu kennzeichnen. Für die Einlagerung von festen und flüssigen Brennstoffen gilt sinngemäß dasselbe wie für Materiallager anderer Wirtschaftszweige. Sie sind sowohl beim Lieferanten, wie auch beim Verbraucher zu finden. Kosten des Lagers auf der einen Seite, Einsparungen durch gleichmäßige Lieferung bzw. Bezug, Gesichtspunkte der Versorgungssicherheit auf der anderen Seite, bestimmen den Umfang der Lagerung. Von entscheidender Bedeutung für die Wirtschaftlichkeit der Speicherung ist der Energieinhalt je t bzw. m^3 des betreffenden Energieträgers. Es ist daher auch noch die Gasspeicherung, wenn auch im allgemeinen nur für kurzfristigen Ausgleich (Tag bzw. Wochenende) gebräuchlich. Bei Erdgas versucht man es mit der Heranziehung unterirdischer Hohlräume (ehemalige Erdölfelder). Die Speicherung von Dampf und Heißwasser dagegen ist wegen des geringen Energieinhaltes und der dabei erforderlichen Drücke verhältnismäßig teuer, sie wird nur sehr beschränkt und im wesentlichen zur Deckung von kurzzeitigen Spitzenbelastungen angewendet. Bei Warmwasserspeicherung, sei es im Haushalt (Nachtstromspeicher) oder in einem Fernheiznetz, aber auch in Industriebetrieben ist ein Tagesausgleich in größerem Ausmaß möglich.

Nicht speicherfähig, und zwar aus physikalischen Gründen, ist die elektrische Energie. Wohl spricht man von einer sogenannten Speicherung der elektrischen Energie, dabei handelt es sich aber um die Umwandlung der elektrischen Energie in eine andere speicherfähige Energieform mit nachfolgender Rückwandlung (Akkumulatoren, Pumpspeicherung). Diese indirekte Art der Speicherung von elektrischer Energie ist mit nicht unerheblichen Energieverlusten beim Laden und Entladen und auch mit zusätzlichen Investitionen verbunden. Sieht man von solchen nur beschränkt anwendbaren Möglichkeiten der Lagerung ab, so muß Verbrauch *und* Erzeugung von elektrischer Energie mengenmäßig jeweils in kleinsten Zeiträumen übereinstimmen. Die Belastung der Stromerzeugungs- und Transportanlagen entspricht somit zu jeder Zeit dem zu deckenden Verbrauch, d. h. die Anlagen sind für den höchsten, wenn auch nur ganz kurzzeitig zu erwartenden Leistungsbedarf zuzüglich einer gewissen Reserveleistung als Sicherheitsspanne auszulegen. Diese Eigenheit der Elektroversorgung wirkt sich nicht nur betrieblich, sondern auch in starkem Maße nach der wirtschaftlichen Seite hin aus. Sie führt zu einem sehr hohen leistungsabhängigen Investitionsaufwand und trägt wesentlich dazu bei, daß die Elektrizitätsversorgung unter den Energiesparten den niedrigsten Kapitalumschlagkoeffizienten aufweist.

Eine Besonderheit ergibt sich bei leitungsgebundenen Energieträgern. Da es wegen der hohen Kosten dieser Leitungsanlagen und auch mit Rücksicht auf die Grundinanspruchnahme in dichter besiedelten Gebieten nicht vertretbar ist, daß das gleiche Gebiet durch verschiedene Unternehmen mit womöglich parallel verlaufenden Leitungssystemen versorgt wird, so wird in der Elektrizitäts- und Gasversorgung einem Unternehmen das Leitungsrecht für ein bestimmtes Gebiet erteilt, wodurch es praktisch ein Versorgungsmonopol erhält. Damit kein Mißbrauch geschehen kann, steht diesem Leitungsrecht, abgesehen von einer Genehmigungspflicht für die Strom- und Gaspreise, zumindest für den allgemeinen Verbrauch die Versorgungspflicht gegenüber. Das mit dem Wegrecht ausgestattete Versorgungsunternehmen muß den zu erwartenden Bedarf decken und ist verpflichtet, seine Einrichtungen entsprechend auszubauen. Es besteht also Investitionszwang. Hierin liegt ein grundsätzlicher Unterschied gegenüber anderen Wirtschaftszweigen. Dort ist es den Unternehmern in freier Konkurrenz überlassen zu entscheiden, ob und in welchem Ausmaß sie an der

Deckung eines Mehrbedarfes teilhaben wollen. Dieser durch den zu erwartenden Verbrauchszuwachs und die verhältnismäßig langen Bauzeiten terminisierte Investitionszwang wirkt sich auch auf die Finanzierung aus. Er stellt in Verbindung mit der Kapitalintensität für das davon betroffene Versorgungsunternehmen zusätzliche Probleme.

Bei der Gewinnung von Energieträgern, vor allem bei der Umwandlung in veredelte Energieformen gibt es Fälle, in denen mehrere Produkte, die meisten in einem *festen Mengenverhältnis*, anfallen. Dies gilt bereits für die Aufbereitung der sogenannten Förderkohle, bei der der Brennstoff nach Korngrößen, Aschengehalt usw. sortiert wird, also eigentlich bereits eine erste Veredelungsstufe des Rohenergieträgers Kohle vorliegt und weiterhin für die Kohlenentgasung, bei der in erster Linie Koks und Gas, aber auch Nebenprodukte in kleineren Mengen anfallen. Auch der Rohenergieträger Erdöl wird in den Raffinerien für den Gebrauch verarbeitet, wobei von Treibstoffen bis herunter zum Heizöl schwer, eine ganze Skala von verschiedenen Produkten entsteht. Je nach Herkunft des Primärenergieträgers fallen die einzelnen Fraktionen in einem bestimmten Mengenverhältnis an, das im allgemeinen nur wenig beeinflußbar ist. Wir haben es also hier mit Koppelprodukten zu tun, die zum Teil auf dem Energiemarkt mit anderen für die gleichen Energiebedürfnisse geeigneten Energieträgern konkurrieren und sich an „Marktpreisen" orientieren müssen, soll die zwangsläufig anfallende Menge abgesetzt werden. Als Beispiel sei nur der in Stadtgaswerken, die primär der Gasversorgung dienen, erzeugte Koks erwähnt, der im Hausbrand zu Kohle, Briketts, Heizöl ja auch zum Gas in Konkurrenz steht. Dasselbe gilt für den Wettbewerb zwischen Heizöl und anderen für die Deckung eines bestimmten Energiebedürfnisses in Frage kommenden Energieträgern. Für Energieumwandlungsanlagen die Kopplungsprodukte liefern, ergibt sich die besondere Aufgabe, die Preise dieser Produkte so anzusetzen, daß unter Berücksichtigung auf den durch den Marktwert gegebenen Plafond die zwangsläufig anfallenden Mengen abgesetzt werden können und dabei die Rentabilität der Anlage gewahrt bleibt.

Schließlich sei noch auf den letzten eingangs dieses Abschnittes aufgezählten Punkt eingegangen, das ist die in verschiedenen Anlagebereichen der Energieversorgung festzustellende funktionelle Abhängigkeit zwischen leistungs- und arbeitsabhängigen Kosten, die eine optimale Auslegung dieser Einrichtungen gestattet. Solche Optimierungsrechnungen mit dem Ziele, jene Auslegung der Anlagen oder einzelner Anlageteile ausfindig zu machen, die für die gegebenen Voraussetzungen die niedrigsten Gestehungskosten erwarten lassen, gehören zu einem Schwerpunkt im Aufgabenbereich des Energiewirtschaftlers.

Die Wechselwirkung zwischen leistungs- und arbeitsabhängigen Kosten bzw. allgemeiner zwischen festen und beweglichen Kosten ist an sich keine Eigenheit der Energieversorgung allein, sie findet sich in vielen, vielleicht in den meisten Wirtschaftszweigen. Denken wir z. B. nur an die Entscheidung über Modernisierung eines Industriebetriebes, wobei die Einführung der Automatik zur Diskussion steht. Sie bedeutet höhere Investition bei Senkung der arbeitsabhängigen Kosten. Es sind hier zwei Varianten in ihrer wirtschaftlichen Auswirkung zu vergleichen, wofür sinngemäß die beiden Schaubilder, Abb. 2, obwohl sie hier etwas anderes aussagen sollen, gelten können. Bei einer zu erwartenden durch A dargestellten Jahreserzeugung wäre der Erlös entsprechend der Ordinate $\overline{AB}$ einzuschätzen. Die zugehörigen Kosten wären in einem Fall durch $\overline{AC}$ im anderen durch $\overline{AC'}$ gegeben. Da $\overline{BC'}$ größer als $\overline{BC}$ ist, wäre die kapitalintensive Variante die wirtschaftlichere, wobei allerdings im allgemeinen eine Erhöhung der kostendeckenden Mindesterzeugung in Kauf genommen werden muß. Es handelt sich also um den Vergleich zweier oder vielleicht auch mehrerer bestimmter Varianten, zwischen denen die Entscheidung zu treffen ist.

Wirtschaftlichkeitsüberlegungen dieser Art gibt es in der Energieversorgung in mannigfaltiger Weise. Man denke nur an Standortfragen, wie Errichtung eines Kraftwerkes an der Grube oder im Verbraucherschwerpunkt, Transport von Heizöl mit Fahrzeugen oder mittels einer Produktenleitung oder gar Kernkraftwerke für bestimmte Betriebsbedingungen usw. Wir haben es aber in der Energieversorgung auch mit einer Reihe von Fällen zu tun, in denen leistungs- und arbeitsabhängige Kosten in einer funktionellen gegenläufigen Abhängigkeit stehen. Hier sei zunächst das wichtige Gebiet der Transportleitungen genannt. Einige Beispiele: Je größer die Isolierungsstärke einer Rohrleitung für Heizzwecke, umso höher die Kosten, umso geringer aber die Wärmeverluste, je größer der Rohrdurchmesser, umso teurer wird die Leitung, umso mehr verringern sich bei einer bestimmten Fördermenge die Verluste durch Druckabfall. Bei elektrischen Leitungen bestimmter Spannung steht der Verteuerung mit zunehmendem Seildurchmesser eine entsprechende Herabsetzung der Ohmschen Verluste gegenüber.

Aber auch in der Kraftwerksplanung gilt diese Abhängigkeit. Bei Wärmekraftwerken besteht in Abhängigkeit von einem Parameter, z. B. dem Frischdampfdruck, ein Zusammenhang zwischen spezifischen Anlagekosten und Wärmeverbrauch. Hoher Wirkungsgrad, das heißt niedriger Wärmeverbrauch muß mit einer entsprechenden Steigerung der Anlagekosten erkauft werden. Man kann für eine zu erwartende Ausnützung der Anlage und angenommenen Brennstoffpreis den wirtschaftlichsten Dampfdruck ermitteln, also jene Auslegung, die die niedrigsten Stromerzeugungskosten erwarten läßt. Werden mit c_1 die leistungsabhängigen, mit c_2 die arbeitsabhängigen Kosten bezeichnet, so gilt

$$c_1 = f(c_2)$$

das ist ein eindeutiger funktioneller Zusammenhang, der sich zwar nicht durch eine mathematische Formel, aber graphisch ausdrücken und somit im dargelegten Sinn auswerten läßt. Darauf wird in späteren Abschnitten noch im einzelnen eingegangen. Zwar in anderer Art, aber in sinngemäßer Anwendung dieses Optimierungsgedankens finden wir solche Untersuchungen auch bei der Auslegung von Wasserkraftwerken z. B. bei der Ermittlung der wirtschaftlichsten Ausbaumenge von Laufwasserkraftwerken, in der zweckmäßigsten Lastverteilung auf parallel arbeitende Kraftwerke usw.

Der Optimierungsgedanke wird sich als roter Faden durch dieses Büchlein hindurchziehen. Seine verbreitetere Anwendung wird heute durch die elektrische Datenverarbeitung gefördert, die, wenn die betreffende Aufgabe einmal programmiert ist — so gibt es z. B. für die Berechnung der Wärmeschaltbilder von Dampfkraftwerken ein Programm — eine weitgehende Variation der Parameter erlaubt und für die zu treffenden Entscheidungen eine solide Grundlage bietet.

Wenn auch die hier kurz skizzierten Sonderheiten, die in wirtschaftlicher Hinsicht der Energieversorgung anhaften, in den späteren Abschnitten noch näher behandelt werden, so schien es doch zweckmäßig, sie aufzählend voranzustellen. Es kommt damit vielleicht zum Ausdruck, daß man die Energieversorgung in der

Vielgestaltigkeit ihrer Probleme als Modellfall für die Durchführung von technisch-wirtschaftlichen Betrachtungen in weitgehendem Sinne ansehen kann und sie geeignet ist, den Ingenieur ganz allgemein zu wirtschaftlichem Denken anzuregen. Unternehmerische Entscheidungen, mögen sie auch technisch solide fundiert sein, sind letzten Endes wirtschaftlich bedingt.

II. Grundlagen

3. Kennzeichnung der Energiebedürfnisse

Der Ausgangspunkt für energiewirtschaftliche Betrachtungen sind die Energiebedürfnisse. Diese haben im Laufe der Zeit verschiedene Wandlungen erfahren. Das ursprünglichste Energiebedürfnis ist die Beschaffung von *Wärme*. Hier ist zunächst der große Sektor der *Raumheizung* zu nennen, der in der Energiebilanz eines geschlossenen Wirtschaftsgebietes mit unseren klimatischen Verhältnissen eine erhebliche Rolle spielt. Die Raumheizung umfaßt die Ofenheizungen aller Art (Kohle, Öl, Gas) für Einzelräume, Zentralheizungsanlagen für einzelne Häuser, Fernheizwerke für geschlossene Siedlungen und größere Stadtteile, aber in neuester Zeit auch die elektrische Beheizung. Die Raumheizung wird ergänzt durch die Warmwasserbereitung.

Ein weiterer wesentlicher Bedarf ist durch die Aufbereitung der Nahrung für Mensch und Haustier bedingt. Hierher gehören die *Kochherde* aller Art, aber auch in der Landwirtschaft die Futteraufbereiter.

Mit zunehmender Industrialisierung trat als weitere Verbrauchsgruppe der Bedarf an *Wärme für Produktionszwecke* hinzu. Wichtige Beispiele sind die Zellstofferzeugung, die Textilindustrie, Schmelz- und Glühöfen in der Eisen- und Metallindustrie, ebenso chemische Betriebe, die Kochprozesse erfordern.

Neben dem großen Sektor des Wärmebedarfes steht *das Bedürfnis nach mechanischer Energie*. Wir müssen hier zwei Anwendungszwecke unterscheiden, und zwar den ortsfesten Bedarf und den Bedarf für Transportzwecke. Der erstere umfaßt alle mechanischen Antriebe in der Haus- und Landwirtschaft, in Gewerbe und Industrie, der letztere alle Verkehrsmittel (Straßen-, Schienen-, Wasser- und Luftfahrzeuge). Der Bedarf für Transportzwecke steht in einem mengenmäßigen Zusammenhang mit dem ortsfesten Bedarf, denn beide sind weitgehend vom Umfang der Güterproduktion abhängig.

Ein weiteres Gebiet der Energieanwendung ist durch ihren Einsatz bei chemischen Reaktionen umschrieben. Als Beispiele seien die Erzeugung von Kalkstickstoff, Karbid, synthetischem Gummi und auf metallurgischem Gebiet die Roheisenerzeugung genannt. Es hat sich eingebürgert, diese Form des Energiebedarfes mit *chemisch gebundener Energie* zu bezeichnen.

Schließlich ist als letzte, weil mengenmäßig unbedeutendste Verbrauchsform, der Energiebedarf für Beleuchtungszwecke zu nennen. Hier dominiert die Elektrizität, sie hat das Leuchtgas und das Brennöl immer mehr verdrängt, wenn man von der Verwendung von Flüssiggas für die Beleuchtung von isoliert liegenden Objekten (z. B. Schutzhütten) absieht. Fassen wir das Gesagte zusammen, so lassen sich die Energiebedürfnisse nach ihrer Verbrauchsform in folgendes Schema einordnen:

1. Wärmebedarf.
   a) Für Heizzwecke.
   b) Für Kochzwecke.
   c) Für Produktionszwecke.
2. Mechanische Energie.
   a) Ortsfester Bedarf.
   b) Für Transportzwecke.
3. Chemisch gebundene Energie.
4. Künstliche Beleuchtung.

Um einen Begriff über das mengenmäßige Verhältnis dieser Energiebedürfnisse zu vermitteln, sei auf eine Auswertung der vom Bundesministerium für Technik und Bauten in 3—4jährigem Abstand aufgestellten Energieflußdiagramme zurückgegriffen [5]. Das letzte ist für das Jahr 1963 erschienen. Danach teilten sich die Energiebedürfnisse in diesem Jahr wie folgt auf:

Wärmebedarf		76,2%
Mechanische Energie		
Ortsfester Bedarf	7,3%	
Für Transportzwecke	7,3%	14,6%
Chemisch gebundene Energie		9,1%
Beleuchtung		0,1%
		100%

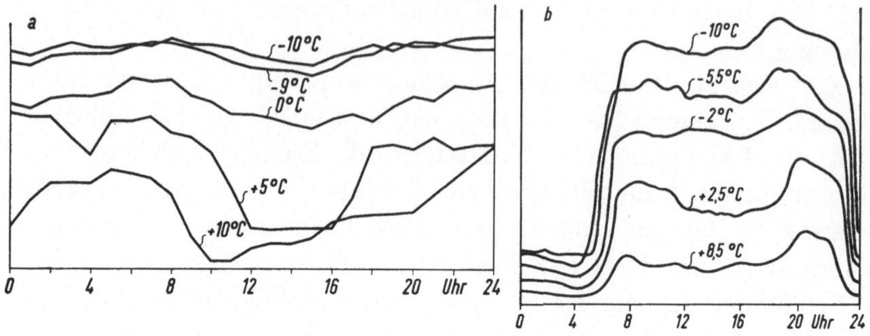

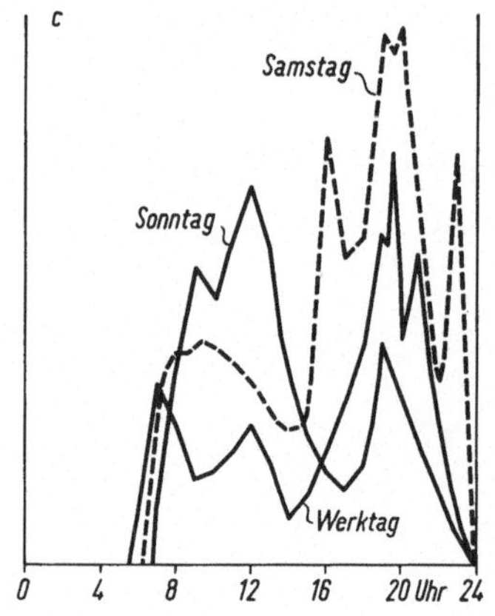

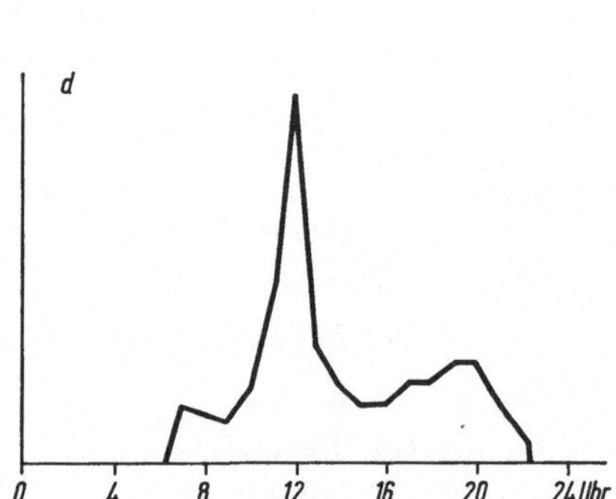

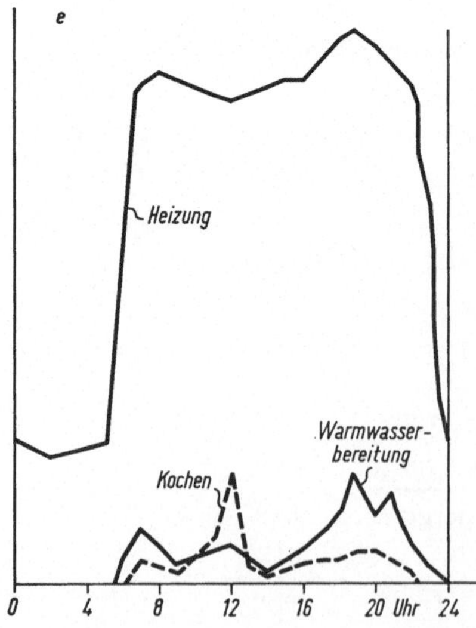

Abb. 3. Zeitlicher Verlauf des Energiebedarfes von Haushalten
a) Tagesganglinien einer Fernheizung (ohne Temperaturabsenkung),
b) Tagesganglinien des Wärmebedarfes von elektrisch beheizten Wohnungen (mit Temperaturabsenkung),
c) Tagesganglinien der Warmwasserbereitung an verschiedenen Werktagen, d) Tagesganglinien des Wärmebedarfes für Kochzwecke, e) Tagesganglinien des Energiebedarfes in einem allelektrischen Haushalt

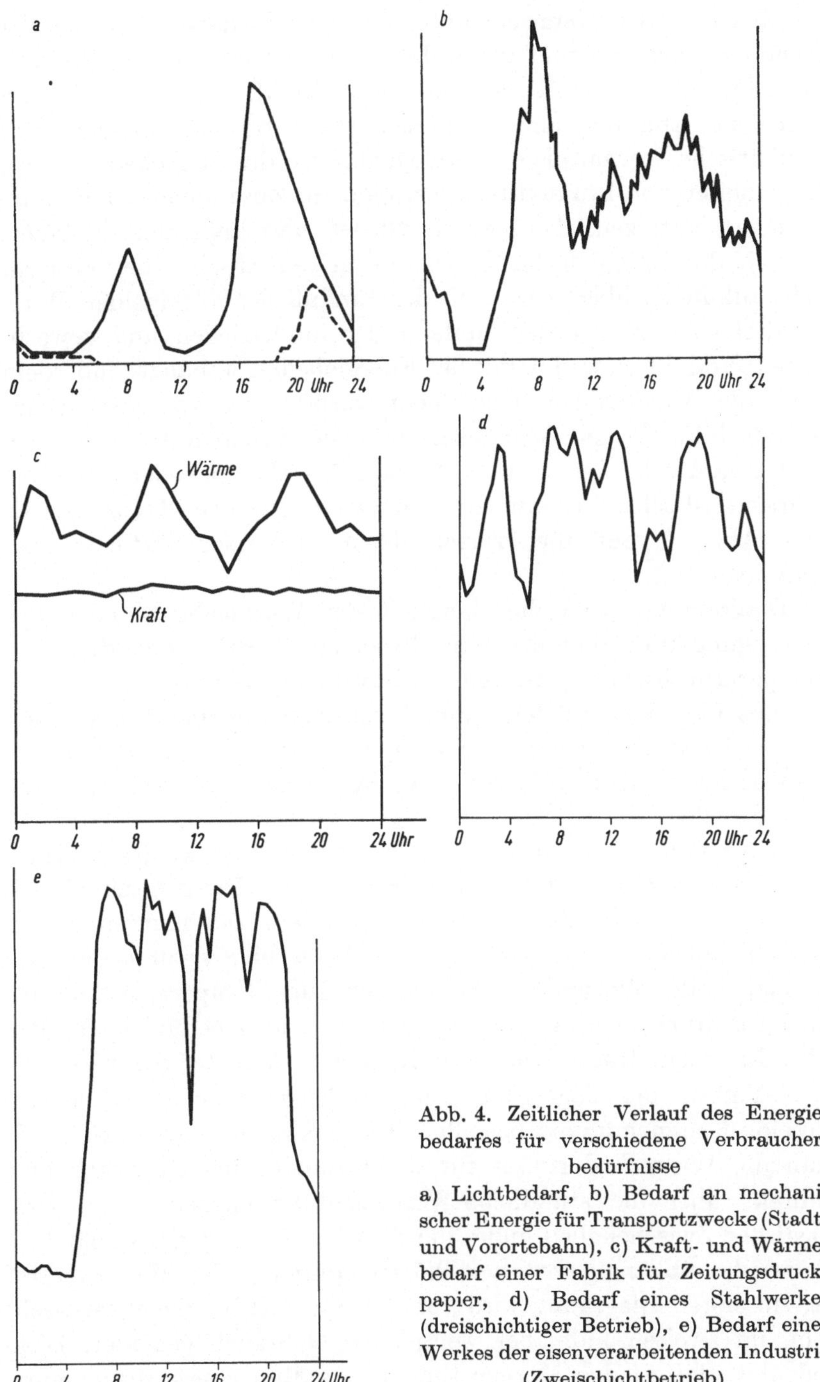

Abb. 4. Zeitlicher Verlauf des Energiebedarfes für verschiedene Verbraucherbedürfnisse

a) Lichtbedarf, b) Bedarf an mechanischer Energie für Transportzwecke (Stadt- und Vorortebahn), c) Kraft- und Wärmebedarf einer Fabrik für Zeitungsdruckpapier, d) Bedarf eines Stahlwerkes (dreischichtiger Betrieb), e) Bedarf eines Werkes der eisenverarbeitenden Industrie (Zweischichtbetrieb)

Neben dieser Kennzeichnung der verschiedenen Formen der Energiebedürfnisse und deren Bedeutung innerhalb des Gesamtbedarfes interessiert deren zeitlicher Ablauf. Er ist durch verschiedene Einflüsse und Voraussetzungen bedingt. Solche sind: Klimatische Verhältnisse, Gepflogenheiten des täglichen Lebens, Eigenheiten von Produktionsprozessen. Ihr Zusammenwirken führt zu einer jahreszeitlichen, wöchentlichen und täglichen Veränderlichkeit des Energiebedarfes. Diesen im wesentlichen periodischen Schwankungen überlagern sich der Einfluß der allgemeinen Wirtschaftslage, von der der Umfang der industriellen und gewerblichen Produktion und damit der Energiebedarf abhängt, außerdem auch die Abhängigkeit des Energieverbrauches von dem wechselnden klimatischen Grundcharakter der einzelnen Jahre. In den Abb. 3 und 4 ist der zeitliche Verlauf des Energiebedarfes einiger charakteristischer Verbrauchertypen wiedergegeben, davon bezieht sich Abb. 3 auf die verschiedenen Energiebedürfnisse des *Haushalts*.

Diagramm a zeigt die Ganglinie der Wärmeabgabe einer der Versorgung von Wohnhäusern dienenden *Fernheizung*, die ohne Temperaturabsenkung in den Nachtstunden betrieben wird. Man erkennt hier deutlich den Einfluß der Außentemperatur auf den Bedarf der Raumheizung, vor allem auch den Einfluß von Außentemperaturen über 0° C auf den Kurvenverlauf während der Tagesstunden.

Diagramm b ist charakteristisch für den Verlauf des Wärmebedarfes von *elektrisch beheizten Wohnungen* (Direktheizung) *mit* Temperaturabsenkung in den Nachtstunden. Die Kurven gelten für eine allelektrische Siedlung [6]. Auch hier kommt die Abhängigkeit des Wärmebedarfes von der Außentemperatur deutlich zum Ausdruck, vor allem das erhöhte Wärmebedürfnis in den Abendstunden. Überraschend ist für den Betrachter der verschiedene Verlauf der Tagesganglinien der Diagramme a und b, die dieselbe Energienutzung betreffen. Die Erklärung liegt darin, daß man die Wärmebedürfnisse für die Raumheizung eigentlich nur indirekt über die stündliche Wärmezufuhr messen kann. Das elastische Zwischenglied bildet die Speicherfähigkeit des Gebäudes, die wieder abhängig von der Wärmedämmung des Mauerwerkes ist. Im ersten Diagramm wird von der Speicherfähigkeit praktisch kein, im zweiten Fall aber weitgehend Gebrauch gemacht. Dies bedeutet, daß in den Morgenstunden das Mauerwerk wieder aufgewärmt, das heißt, die abgegebene Speicherwärme wieder ersetzt werden muß.

Diagramm c, das die Bedürfnisse an *Warmwasser* im Haushalt darstellt, ist insofern interessant, als sich darin deutlich die Lebensgewohnheiten widerspiegeln. Es gilt für Haushalte, die mit Durchlauferhitzern ausgestattet sind [7]. Die Kurvenwerte entsprechen also zeitgleich den Bedürfnissen. Werktags liegt die Verbrauchsspitze in den Abendstunden, an Samstagen tritt diese Spitze wesentlich verbreitert und erhöht auf. An Sonntagen dagegen fällt der Bedarf im wesentlichen in die Vormittagsstunden und erreicht die Spitze mittags.

Diagramm d gibt einen Anhalt über den Tagesverlauf des Wärmebedarfes für *Kochzwecke*. Er ist weitgehend von den Lebensgewohnheiten abhängig, durchgehende oder geteilte Arbeitszeit beeinflussen nicht unwesentlich die Form der Verbrauchskurven. Die Jahreszeit dagegen drückt sich in der Kurvenform kaum aus.

Diagramm e schließlich zeigt den Anteil der einzelnen Energiebedürfnisse eines *allelektrischen Haushalts* an einem Wintertag. Man sieht, daß die Raumheizung gegenüber den anderen Bedürfnissen weitgehend überwiegt.

Die hier gekennzeichneten Energiebedürfnisse des Haushalts werden nun ergänzt durch die Diagramme der Abb. 4, in denen versucht wurde, ein Bild über den zeitlichen Verlauf des Bedarfes an Licht und mechanischer Energie für ortsfeste und Transportzwecke zu geben.

Diagramm a ist charakteristisch für den *Lichtbedarf*. Hier spielt die Jahreszeit eine große Rolle. Während in den Sommermonaten nur eine verhältnismäßig kleine Verbrauchsspitze in den Abendstunden auftritt (Kurve 1), beträgt der Bedarf im Winter ein Vielfaches davon (Kurve 2). Außer einer höheren und breiteren Abendspitze ergibt sich auch ein größerer Lichtbedarf in den Morgenstunden. An trüben Wintertagen wird mitunter während des ganzen Tages künstliche Beleuchtung benötigt. Auch hier erkennt man deutlich die Überlagerung von tages- und jahreszeitlichen Einflüssen.

Diagramm b ist charakteristisch für den *Großstadtverkehr*. Es zeigt eine sehr starke Benutzung der Verkehrsmittel in den Morgenstunden, bei Arbeitsschluß eine Verteilung des Berufsverkehrs über eine größere Stundenzahl und ein Minimum in den Nachtstunden. Ein ähnliches Diagramm ließe sich auch für den Straßenverkehr ermitteln. Im Gegensatz dazu ist der Fernverkehr viel gleichmäßiger über die gesamte Tageszeit verteilt. Dies gilt sowohl für den schienengebundenen als auch für den Straßenverkehr.

Diagramme c und d gelten für *dreischichtig arbeitende Industriebetriebe*. Sie zeigen den Bedarf an *mechanischer Energie*, und zwar betrifft das linke Schaubild eine Papierfabrik, die Zeitungspapier herstellt, das rechte ein Stahlwerk (ohne Elektroöfen). Im linken Schaubild ist auch ergänzend der *Wärmeverbrauch* eingezeichnet, der größeren Schwankungen unterworfen ist, als der Bedarf an mechanischer Energie.

Diagramm e dagegen ist repräsentativ für einen *zweischichtigen Betrieb* der eisenverarbeitenden Industrie. Frühstücks- und Mittagspause, ebenso eine Verbrauchseinsenkung in der zweiten Schicht (18 Uhr) sind in diesem Diagramm deutlich ausgeprägt.

Der Bedarf an *chemisch gebundener Energie* ist wegen der im wesentlichen kontinuierlichen Arbeitsweise der in Frage kommenden Betriebe in seiner durchschnittlichen Höhe ziemlich gleichmäßig. Die Diagramme werden im großen und ganzen der Kurve für den Kraftbedarf im Diagramm c ähneln.

Die Abb. 3 und 4 sollen einen Eindruck über die Mannigfaltigkeit geben, die den zeitlichen Verlauf der verschiedenen Energiebedürfnisse kennzeichnet. Wenn dabei auch nur eine gewisse Auswahl getroffen worden ist, so wurde doch versucht, mit den vorgeführten Diagrammen einen repräsentativen Querschnitt zu erfassen. Eine solche Analyse der wesentlichen Energiebedürfnisse hinsichtlich ihres zeitlichen Verlaufes ist wichtig, ergibt ihre Mischung bzw. Summierung doch die Belastung der Umwandlungs- und Fortleitungsanlagen und ist schließlich bestimmend für die Aufbringung an Rohenergie. Damit bilden sie die Ausgangsgrundlage jeder Energiewirtschaft, auf die sich die weiteren Überlegungen und zu treffenden Entscheidungen aufbauen.

4. Kennzeichnung des Energiedargebotes

Dem Energiebedarf steht das Dargebot an Energie gegenüber, und zwar bezeichnen wir die Form, wie sie als Ausgangsprodukt zur Verfügung gestellt wird, als *Rohenergie*. Sie ist an gewisse Energieträger gebunden, die zum Teil in der Natur vorkommen, zum kleineren Teil aber bei irgendwelchen technologischen Prozessen als überschüssig oder als Nebenprodukt anfallen. Wir müssen also unterscheiden zwischen

natürlichen Energiequellen und

Abfallenergie.

Sehen wir von den heute für die allgemeine Energieversorgung praktisch kaum Bedeutung habenden Energiearten (Windkraft, Nutzbarmachung der Meereswärme, Ausnutzung der Sonnenenergie usw.) ab, so sind unter natürlichen Quellen die in der Natur vorkommenden Brennstoffe, die Wasserkraft und in zunehmendem Maße die Kernenergie zu verstehen.

Als typisches Beispiel für Abfallenergie ist das beim Hochofenprozeß anfallende Gichtgas zu nennen. Aber auch Abgase von Industrieöfen, wenn ihr Wärmegehalt in Abhitzekesseln zur Dampf- oder Heißwassererzeugung nutzbar gemacht wird, sind als Abfallenergiequellen zu betrachten. Das Energiedargebot kann aber auch noch nach anderen Gesichtspunkten aufgegliedert werden, und zwar:

1. Nach sich erneuernden und aufbrauchenden Energiequellen. Zur ersten Gruppe gehören die Wasserkräfte, zur zweiten die fossilen Brennstoffe, auch der Kern-„Brennstoff" ist für Zwecke der Energieversorgung hier einzureihen.

2. Nach der Anpassungsfähigkeit an den Bedarf. Die Gewinnung der in der Natur vorkommenden Brennstoffe und ihre Aufbereitung sind an den Bedarf anpassungsfähig. Dies gilt auch für die Kernenergie. Dagegen fallen Wasserkraft und Abfallenergie zwangsläufig an.

3. Nach der Gebundenheit an den Standort. Die Wasserkraft ist standortgebunden, ebenso überwiegend die Abfallenergie. Brennstoffe sind transportabel, sie brauchen nicht am Ort des Anfalls verwertet werden.

In Abb. 5 wurde versucht, diesen Überblick über die Rohenergiearten in einem Schema zusammenzufassen. Als feste Brennstoffe wären noch Torf und Holz anzuführen. Im Rahmen der Gesamtenergieversorgung ist ihre Bedeutung aber so gering, daß man keine Unterlassung begeht, wenn man diese Rohenergieträger außer acht läßt.

Es interessiert nun der zeitliche Verlauf des Anfalles der nicht anpassungsfähigen Energiearten. In der Gruppe der natürlichen Energiequellen ist dies im Sinne der vorhin getroffenen praktischen Auswahl die Wasserkraft, mit der wir uns näher zu befassen haben. Hier steht die Flußwasserkraft im Vordergrund. Ihrer Bedeutung nach tritt die etwaige Ausnutzung von Ebbe und Flut zurück. Bei dieser verläuft das Dargebot nach einer periodischen Kurve, deren Form durch die Dauer und das An- und Abschwellen der Gezeiten gegeben ist.

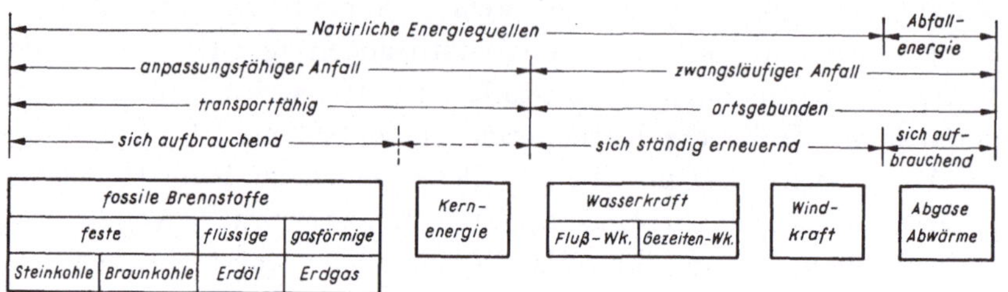

Abb. 5. Schematische Übersicht über die Rohenergiequellen

Bei *Flußwasserkräften* ist das maßgebende Kriterium für ihren energiewirtschaftlichen Wert die Roharbeit je km. Bei den beiden die Roharbeit bestimmenden Faktoren kann das Gefälle, wenn man von dem Einfluß der Geschiebeführung absieht, als zeitlich konstant gelten. Die Wassermenge jedoch ist Schwankungen unterworfen, die mit einer gewissen Regelmäßigkeit auftreten. Sie hängen vom Klima und der Bodenbeschaffenheit des sogenannten Einzugsgebietes des betreffenden Flußlaufes ab und sind im wesentlichen jahreszeitlich bedingt, so daß das Jahr als Periode anzusehen ist. Diesen Schwankungen innerhalb eines Jahres sind jene Veränderungen der Wasserführung überlagert, die sich aus dem klimatologischen Gesamtcharakter der aufeinander folgenden Jahre ergeben. Für Planungen und energiewirtschaftliche Untersuchungen unterscheiden wir daher zwischen einem nassen und einem trockenen Jahr bzw. zwischen Jahren mit maximalen und minimalen Abflußmengen, und wir verwenden das langjährige Mittel der Wasserführung als wichtiges Kriterium für den wirtschaftlichen Nutzen einer Wasserkraftanlage.

Da Bodenbeschaffenheit und klimatische Verhältnisse des Einzugsgebietes für den zeitlichen Verlauf des Abflusses entscheidend sind, so weisen die Abflußkurven mannigfaltigen Charakter auf. In Abb. 6 sind einige charakteristische Abflußkurven wiedergegeben, die deutlich zeigen, in welchem Ausmaß die niedrigsten und Höchstwerte der mittleren Monatsfließen in ihrer Höhe, aber auch hinsichtlich der Zeit ihres Auftretens streuen.

Kurve 1 (Kapruner Ache) stellt die Ganglinie eines Flusses mit einem ausgesprochen alpinen Einzugsgebiet in der Gletscherregion dar. In den Alpen wird der Niederschlag während längerer Zeit in Schnee verwandelt. Je höher das Einzugsgebiet liegt, um so kürzer ist die Abflußperiode. Das Diagramm ist gekennzeichnet durch große Abflußmengen in den Sommermonaten und sehr geringe Wasserführung während der Wintermonate.

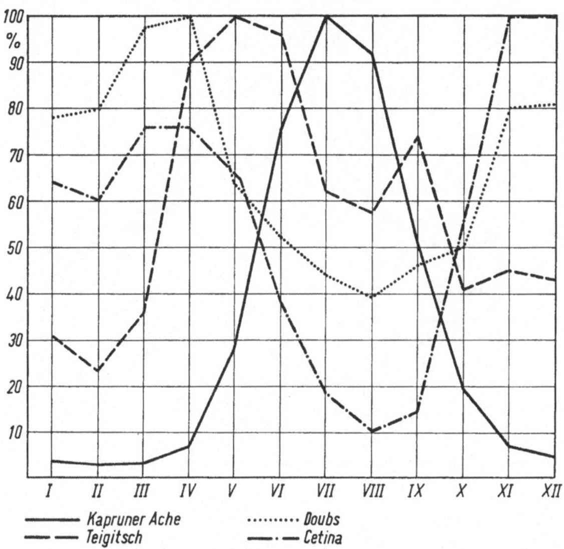

Abb. 6. Abflußcharakteristiken verschiedener Flußtypen (langjährige Mittelwerte)

Kurve 2 (Teigitsch) zeigt den Verlauf des Abflusses eines sogenannten Mittelgebirgsflusses. Die Wasserführung ist bedingt durch die wesentlich früher eintretende Schneeschmelze und durch die Regenzeit im Frühjahr und Herbst. Wir haben hier Wasserreichtum vor allem im Frühjahr, aber auch im Herbst. Im Sommer geht die Wasserführung zurück, besonders spürbar in regenarmen Jahren.

Kurve 3 (Doubs) zeigt die Charakteristik eines Flusses im französisch-schweizerischen Jura. Hohe Wasserführung im Winter und Frühjahr, das Minimum in den Sommermonaten gibt dieser Abflußkurve das Gepräge.

Kurve 4 (Cetina) schließlich gibt den Typ des Karstflusses wieder, bei dem das winterliche Maximum und das sommerliche Minimum noch deutlicher zum Ausdruck kommen als beim Jurafluß.

Diese Darstellung, die einen allgemeinen Überblick über die Vielfalt der Abflußcharakteristiken mit ihren über das ganze Jahr streuenden Maximalwerten geben sollte, sei noch durch den Vergleich der gemittelten Ganglinien einiger österreichischer Flüsse ergänzt (Abb. 7). Es handelt sich dabei um Flüsse, die weitgehend

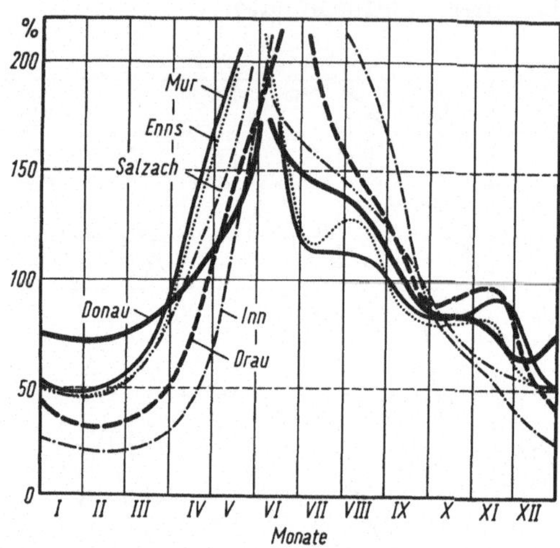

Abb. 7. Gemittelte Ganglinien österreichischer Flüsse für den Zeitraum 1926—1935

der Wasserkraftnutzung unterliegen. Die Wassermengenmessungen erfassen verhältnismäßig große Einzugsgebiete mit Zubringern aus verschiedenen Höhenlagen, so daß die Kurven bis zu einem gewissen Grad die Resultierenden aus verschiedenen Ganglinien darstellen. Dies gilt vor allem für die Donau. Sie hat durch Mischung von Zubringern, die aus der Gletscherregion (Hohe Tauern, Ötztaler und Zillertaler Alpen) und solchen, die aus dem Mittelgebirge (Böhmerwald, Hausruck) kommen, eine der wirtschaftlichen Wasserkraftnutzung entgegenkommende vergleichmäßigte Abflußcharakteristik. Bei den anderen Flußläufen dagegen drückt sich die Abflußcharakteristik ihres Oberlaufes mehr oder weniger deutlich aus. Aus den Kurven kann man den Schluß ziehen, daß der Höchstabfluß zeitlich um so später liegt, je größer der Anteil des Gletscherabflusses ist. Bei Drau, Mur und Enns machen sich im Ausbaubereich auch Zubringer mit Mittelgebirgs- bzw. Hügellandcharakter mit den herbstlichen Niederschlägen in deren Einzugsgebieten bemerkbar.

Im Anschluß an die Kennzeichnung des Wasserkraftdargebotes wären noch einige Worte über die *Abfallenergie* zu sagen. Der zeitliche Verlauf ist durch die Führung der Prozesse, bei denen sie anfällt, bedingt. Soweit diese Prozesse kontinuierlich verlaufen,

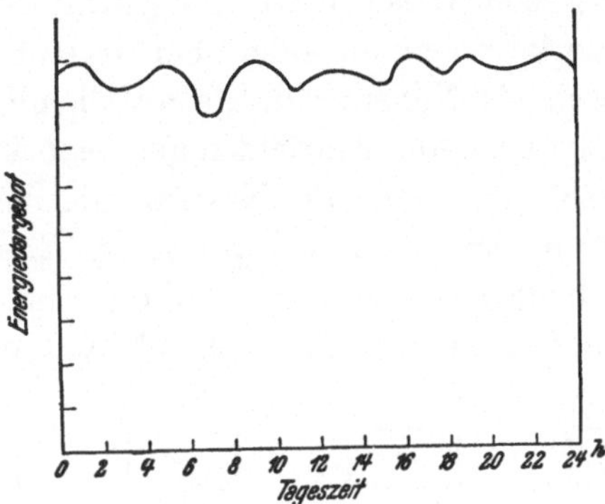

Abb. 8. Dargebot von Abfallenergie (Gichtgas und Abhitze) in einem Hüttenwerk

wie dies überwiegend der Fall ist, erhält man im großen und ganzen einen ziemlich konstanten Verlauf des Dargebotes an Abfallenergie. Als Beispiel sei hier ein Tagesdiagramm für den Energieanfall in Form von Gichtgas und Abhitze aus den Siemens-Martin-Öfen in

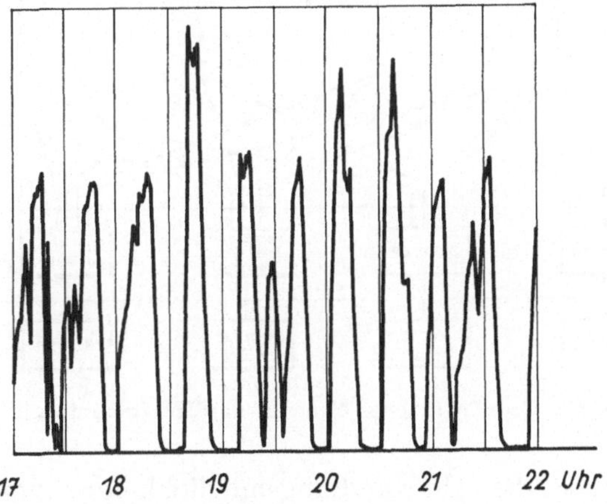

Abb. 9. Dampfabgabe der Abhitzekessel eines LD-Stahlwerkes mit 2-Tiegelbetrieb

einem größeren Hüttenwerk dargestellt (Abb. 8). Ein Gegenstück dazu zeigt Abb. 9, das den Verlauf der Dampfabgabe von Abhitzekesseln hinter Konvertern eines LD-Stahlwerkes wiedergibt.

5. Der Umwandlungs- und Transportweg von der Rohenergie zur Nutzenergie

In den beiden vorhergehenden Abschnitten wurde ein Überblick über die Energiebedürfnisse und über die zur Verfügung stehenden Energiequellen gegeben. Diese als Grundlage der Energieversorgung in der Natur vorkommenden oder bei irgendwelchen technologischen Prozessen als Nebenprodukte anfallenden Energieträger müssen über entsprechende Einrichtungen erst in die Form der Energiebedürfnisse, die man als Nutzenergie bezeichnen kann, übergeführt werden. Zwischen den primären Energiequellen und der Nutzenergie liegt also ein Umwandlungsweg, der eine ganze Reihe von Varianten zuläßt. In Abb. 10 wurde versucht, eine

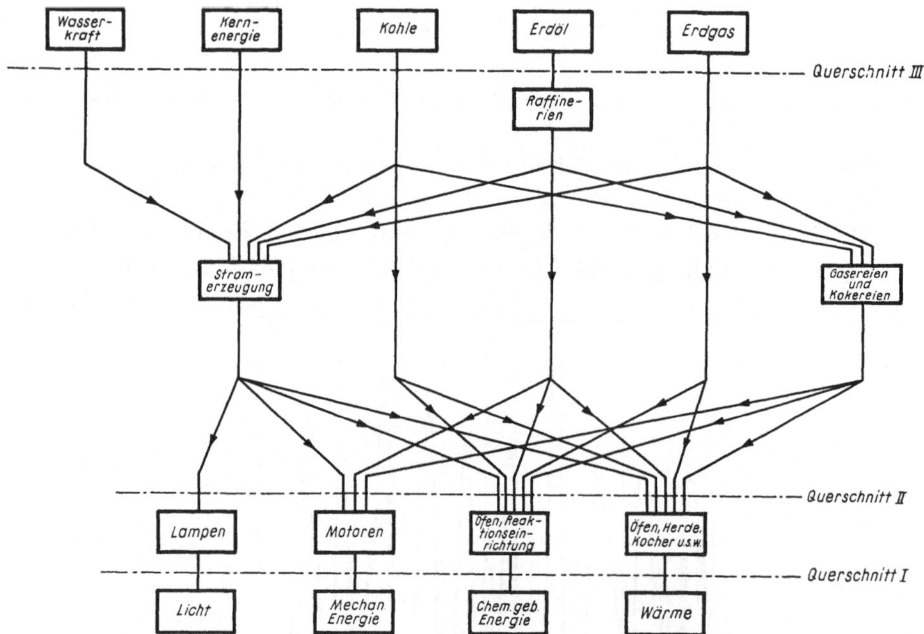

Abb. 10. Grundsätzliches Schema der Energieumwandlung

Übersicht über die Umwandlungsmöglichkeiten von der Rohenergie bis zur Nutzenergie zu geben. Es wurde dabei bewußt auf die Erfassung aller Möglichkeiten verzichtet, um die Übersichtlichkeit zu wahren. Energieträger, die im Rahmen von Energiebilanzen nur eine untergeordnete Rolle spielen, wie Windkraft, Brennholz und Torf oder Ausnützung der Meereswärme usw., wurden außer Betracht gelassen. Auch die Abfallenergie wurde in diesem Schema nicht berücksichtigt. Dasselbe gilt auch für in der neuzeitlichen Energieversorgung bedeutungslos gewordene Anwendungsarten, wie z. B. die Heranziehung von Stadtgas für Beleuchtungszwecke. Bei den hier anzustellenden Betrachtungen kommt es auf das Grundsätzliche und weniger auf Vollständigkeit an.

Die Kästchen in der obersten Reihe des Schaubildes geben die heute wichtigen Energieträger, die in der Natur vorkommen, wieder, die unterste Reihe erfaßt die Energiebedürfnisse, wie sie vorhin im 3. Abschnitt definiert worden sind. Gehen wir zunächst von den fossilen Brennstoffen Kohle und Erdgas aus, so kann die in ihnen gebundene Rohenergie in Öfen, Herden und ähnlichen Einrichtungen zur Wärmeabgabe verwendet, aber auch in entsprechenden Reaktionseinrichtungen in chemisch gebundene Energie übergeführt werden. Wir haben es also bei diesen Prozessen mit einer einstufigen direkten Umwandlung der Rohenergie in die Verbrauchsform zu tun, die sich am Verbrauchsort befindet. Die übrigen Energiebedürfnisse, wie mechanische Energie und Licht, sieht man vom alten Wasserrad auf der einen Seite und von der Petroleumleuchte auf der anderen Seite ab, setzen die Umwandlung der Rohenergie in einen Zwischenzustand voraus, der dem Verbraucher zur weiteren Umwandlung in die Nutzenergie zur Verfügung gestellt wird. Dasselbe gilt auch für die Befriedigung der Bedürfnisse an Wärme und an chemisch gebundener Energie bei anderen Rohenergieträgern als Kohle und Erdgas, wenn man die Möglichkeit der direkten Verwendung von Erdöl für Heizzwecke aus wirtschaftlichen Gründen ausschließt.

Wir finden also zwischen der Rohenergie und den Umwandlungseinrichtungen beim Verbraucher einen Bereich, in dem die Rohenergie in einen Zwischenzustand, in eine *veredelte* Form, übergeführt und in dieser erst dem Verbraucher zur Verfügung gestellt wird. Es handelt sich hierbei also um eine mehrstufige Umwandlung. Als wesentliche Veredlungsanlagen sind im Schema Kraftwerke, Gasereien bzw. Kokereien und Raffinerien eingetragen. Der Zweck dieser Zwischenstufen der Umwandlung ist mehrfacher Art:

1. Die Nutzbarmachung verschiedener Rohenergieträger, wie die Wasserkraft und Kernenergie, für den Verbraucher ist nur über den Zwischenzustand der elektrischen Energie möglich. Die

Wasserkraft ist standortgebunden, ihre Verwertung ist in größerem Ausmaß nur über eine Energieform möglich, die transportfähig ist. Auch Kernenergie kann nach gegenwärtigen Erkenntnissen wirtschaftlich nur über Kraftwerke mit großen Leistungseinheiten für die Energieversorgung nutzbar gemacht werden.

2. Die Weiterverarbeitung des Erdöls in Raffinerien dient der Gewinnung von Treibstoffen mit hohem Energiewert, die vor allem die Bedürfnisse an mechanischer Energie für Transportzwecke zu decken haben. Die dabei anfallenden übrigen Fraktionen, im wesentlichen das Heizöl, werden neben einer chemischen Weiterverarbeitung für Heizzwecke verwendet.

3. Elektrischer Strom, Dampf, Stadtgas aus Gasereien, aber auch Generatorgas, stellen veredelte Energieformen dar, die den Transport der Energie zwischen der Gewinnungsstätte der Rohenergie und dem Verbrauchsort erleichtern bzw. überhaupt erst ermöglichen und den Vorteil einfacherer Handhabung, leichterer Regelung und damit besserer Anpassung an die technologischen Bedingungen, aber auch einer gütemäßigen Verbesserung des erzeugten Produktes haben. Die Kokerei stellt eine Kohlenveredlung dar; sie dient primär der Gewinnung des für die Roheisenerzeugung notwendigen Hüttenkokses. Dabei fällt als Koppelprodukt das den Eigenschaften des Stadtgases ähnliche Koksofengas an.

Wie schon hervorgehoben, beschränkt sich das Schema, um es übersichtlich zu halten, auf eine grundsätzliche Darstellung der Energieumwandlung, so daß mancher Umwandlungsweg bzw. die eine oder andere Umwandlungsstufe hier nicht aufscheint, wie z. B. die Aufbereitung der Förderkohle nach Aschengehalt und Korngröße, die eigentlich bereits eine den hier behandelten Veredlungsstufen vorgelagerte darstellt. Im VII. Hauptabschnitt, der sich mit der wirtschaftlichen Nutzung der Brennstoffe befaßt, wird hierauf noch näher eingegangen.

Vergleicht man die Möglichkeiten der Umwandlung der Rohenergie in die Verbrauchsform, so erkennt man, daß für den Zwischenzustand „elektrische Energie“ einerseits von *allen* Rohenergiearten ausgegangen, sie anderseits für *alle* Energiebedürfnisse als Energieträger herangezogen werden kann. In dieser Mannigfaltigkeit des Einsatzes der elektrischen Energie liegt ihre wesentliche Bedeutung; sie ermöglicht jene Freizügigkeit in der Heranziehung der zur Verfügung stehenden Energiequellen, die erst die

Voraussetzung für eine rationelle Energieversorgung innerhalb einer Volkswirtschaft bildet.

Elektrische Energie und Stadtgas stützen sich zum Teil auf die gleichen Rohenergieträger, mit denen sie beim Endverbraucher im Wettbewerb stehen. Dies gilt in erster Linie bei der Deckung der Wärmebedürfnisse durch aus Kohle, Heizöl oder Erdgas erzeugten Strom. In welchem Ausmaß und unter welchen Voraussetzungen aus Brennstoffen erzeugte elektrische Energie z. B. bei der Raumheizung mit der direkten Verfeuerung von Brennstoffen, abgesehen von der Bewertung der bequemeren Handhabung, konkurrieren kann, wird in späteren Abschnitten noch behandelt werden.

Es ist für jeden, der sich mit energiewirtschaftlichen Fragen beschäftigt, nützlich, sich das Schema, Abb. 10, einzuprägen und es gedanklich zu verarbeiten. Es bildet nicht nur die Grundlage für die Aufstellung von Energieflußdiagrammen und von Jahresenergiebilanzen geschlossener Wirtschaftsgebiete, sondern auch den Ausgangspunkt für alle Betrachtungen, die sich mit der wirtschaftlichen Gestaltung der Energieversorgung eines solchen Gebietes befassen. Das Ziel muß sein, die zur Verfügung stehenden inländischen Energiequellen, aber auch die zu importierenden Energieträger in seiner solchen Kombination einzusetzen, daß dem Verbraucher die von ihm benötigte Energie sicher und so billig wie möglich zur Verfügung gestellt wird. Es ist eigentlich eine Optimierungsaufgabe im großen, die die Voraussetzung für jedes langfristigere Ausbaukonzept auf dem Energiesektor darstellt.

Da die Gewinnungsstätten der Rohenergieträger und die Lage des Energieverbrauches im allgemeinen örtlich nicht zusammenfallen, also mehr oder weniger weit voneinander entfernt sind, so ist neben der wirtschaftlichen Gestaltung des Umwandlungsprozesses von der Roh- in die Nutzenergie auch die Frage des *wirtschaftlichen Transportes* der Energie von grundsätzlicher Bedeutung. Es ist daher notwendig, sich im Zusammenhang mit der Energieumwandlung auch mit der generellen Seite des Transportproblems zu befassen. In Abb. 11 wurde versucht, das Wesentliche in einem Schema darzustellen, wobei auch hier nur die praktisch in Frage kommenden Fälle erfaßt worden sind.

Schemen a und b. Diese beziehen sich auf den direkten Transport der Rohenergieträger zum Verbraucher ohne Zwischenumwandlung. Im Fall a wird Kohle durch Fahrzeuge oder per Schiff, im Fall b Erdgas über Rohrleitungen direkt zum Verbraucher befördert.

Schema c. Dieses stellt eine Variante von b dar. Ihm liegt als praktisches Beispiel eine Verwertung von Erdgasvorkommen unter Zwischenschaltung eines Seetransportes zugrunde. Das Gas wird vor dem Seetransport verflüssigt und dann wieder in den gasförmigen Zustand zurückgeführt, um den Verbrauchern über ein Rohrnetz zugeleitet zu werden.

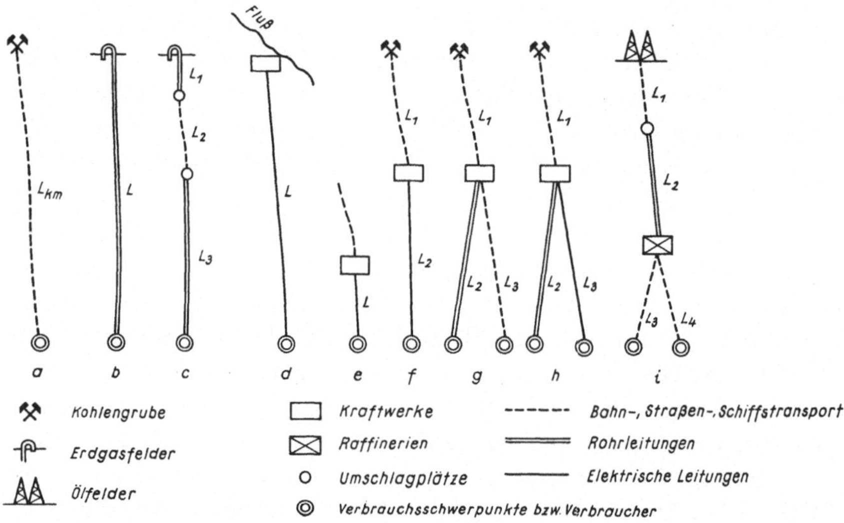

Abb. 11. Schematische Darstellung des Energietransportes

Interessant sind die Fälle d—i, die als Beispiele für Energieversorgungen mit einer Zwischenumwandlung gelten können.

Schema d. Die Wasserkraft ist ortsgebunden und praktisch nur nach Umwandlung in elektrische Energie in größerem Ausmaße verwertbar. Die Umwandlung erfolgt also am Standort des Rohenergievorkommens, der Transport über L km zu den zum großen Teil ebenfalls standortgebundenen Verbrauchern. Stromintensive Betriebe (z. B. Aluminiumhütten) siedeln sich, wenn auch die Heranschaffung der übrigen Rohprodukte einigermaßen günstig ist, in Nähe der Wasserkräfte an, um Kosten für den Energietransport einzusparen.

Die Schemen e—i beziehen sich auf die Verwendung von transportfähigen Rohenergieträgern, die aber dem Verbraucher in veredelter Form zugeführt werden. Ist bei der standortgebundenen Wasserkraft die Errichtung der Umwandlungsanlage von vornherein festgelegt, so ist in den Schemen f—i der Standort der

Zwischenumwandlung, abgesehen von sonstigen Bedingungen, wie Kühlwasserbeschaffung, hygienische Forderungen (Luftverunreinigung) usw. durch das Minimum an Gesamttransportkosten bestimmt. Sind die durchschnittlichen Transportkosten des Rohenergieträgers je km höher als die der umgewandelten Energie, so rückt die Umwandlungsanlage zum Gewinnungsort der Rohenergie, im umgekehrten Fall zum Verbrauchsschwerpunkt.

Schema e. Es ist ein Beispiel für den Fall, daß die Transportkosten für den Rohenergieträger wesentlich niedriger sind, als die für die umgewandelte Energie. Dies trifft für die Kernenergie zu, deren Verwertung heute für Zwecke der allgemeinen Energieversorgung auch nur durch Umwandlung in elektrische Energie in einem Kraftwerk möglich ist. Bei der außerordentlich hohen Ausbeute je kg Kernbrennstoff spielen die Kosten für den Herantransport zum Kraftwerk keine Rolle. Für den Standort der Umwandlungsanlage wird der Schwerpunkt des Verbrauches neben Kühlwasserbeschaffung und anderen örtlichen Voraussetzungen maßgebend sein.

Schema f. Für ein mit Kohle arbeitendes Kraftwerk wäre der ideale Standort der, für den die Summe der Transportkosten über die Entfernung L_1 und L_2 ein Minimum wird. Ist der Brennstoff hochwertige Steinkohle mit hohem Heizwert, so wird der Standort zum Verbrauchsschwerpunkt rücken, bei der heizwertarmen Braunkohle hingegen in die Grubennähe. Bedingt bei Kernkraftwerken die Summe der Transportkosten einen Standort möglichst in den Verbrauchsschwerpunkten, so ist das Braunkohlenkraftwerk das Beispiel für den anderen Fall, nämlich für die Errichtung an der Grube. Das Schema f gilt grundsätzlich auch für Heizöl- und Erdgaskraftwerke, wobei anstelle der Kohlengrube die Raffinerie bzw. das Erdgasfeld tritt.

Schemen g—i. Diese sind dadurch gekennzeichnet, daß die Umwandlung nicht in *ein* Produkt, wie vorhin in elektrische Energie, sondern in *mehrere* Produkte erfolgt. Schema g stellt eine Gaserei bzw. Kokerei dar, die neben anderen für unsere Überlegungen keine Bedeutung habenden Nebenprodukten Koks und Koksofengas herstellen, Schema h ein Fernheizkraftwerk, das Wärme in Form von Dampf oder Heißwasser und elektrischen Strom abgibt und Schema i eine Raffinerie, die neben Treibstoffen auch Heizöl liefert. Bei solchen Koppelprodukte abgebenden Umwandlungsanlagen ist von Seite der Transportkosten betrachtet, der optimale Standort durch das Minimum aus den Aufwendungen für den Transport *aller* Energieträger bestimmt.

Zusammenfassend ist also festzustellen: Für die Wirtschaftlichkeit einer Energieversorgung, als Gesamtes betrachtet, und für die Konkurrenzfähigkeit der verschiedenen Energieformen beim Verbraucher sind nicht nur die Kosten der Rohenergie und die Umwandlungskosten, sondern in starkem Maße auch die Transportkosten maßgebend. Sie beeinflussen vor allem den Standort der Zwischenumwandlung. Maßgebend sind die gesamten bis zum Verbraucher aufzuwendenden Kosten.

Nach der schematischen Darstellung der Abb. 11 stehen also folgende Möglichkeiten des Energietransportes zur Verfügung, wobei wieder nur die allgemein gebräuchlichen berücksichtigt sind:

Energieform	Transportmittel		
	Schienen-, See- und Straßentransport	Rohrleitungen	Elektrische Leitungen
Rohenergie	Kohle Erdöl	Erdöl Erdgas Gichtgas (Abfallenergie)	
Veredelte Energie	Raffinerieprodukte Koks	Flüssige Raffinerieprodukte Gas Dampf Heißwasser	Elektrischer Strom

6. Der zeitliche Verlauf der Belastung von Energiegewinnungs-, Umwandlungs- und Fortleitungsanlagen

Aus dem Schema für die Umwandlung von der Rohenergie in die Nutzenergie, Abb. 10, geht hervor, daß für den zeitlichen Verlauf der Inanspruchnahme der Energieveredlungsanlagen, vielfach auch der Fortleitungseinrichtungen und der Energiegewinnungsanlagen, die Mischung der Energiebedürfnisse der einzelnen Verbraucherarten maßgebend ist. Je nach Überwiegen der einen oder der anderen Verbrauchergruppe wird der Verlauf der Belastungskurven variieren. Je größer der Versorgungsbereich, umso fühlbarer ist die Durchmischung der Verbrauchergruppen, umso größer ist der natürliche Ausgleich im resultierenden Belastungsdiagramm.

Betrachten wir zunächst die zeitliche Belastung der Stromerzeugung für ein größeres Versorgungsgebiet. Abb. 12 zeigt im oberen Schaubild vier charakteristische Tagesbelastungsdiagramme der Stromversorgung eines verhältnismäßig industriereichen öster-

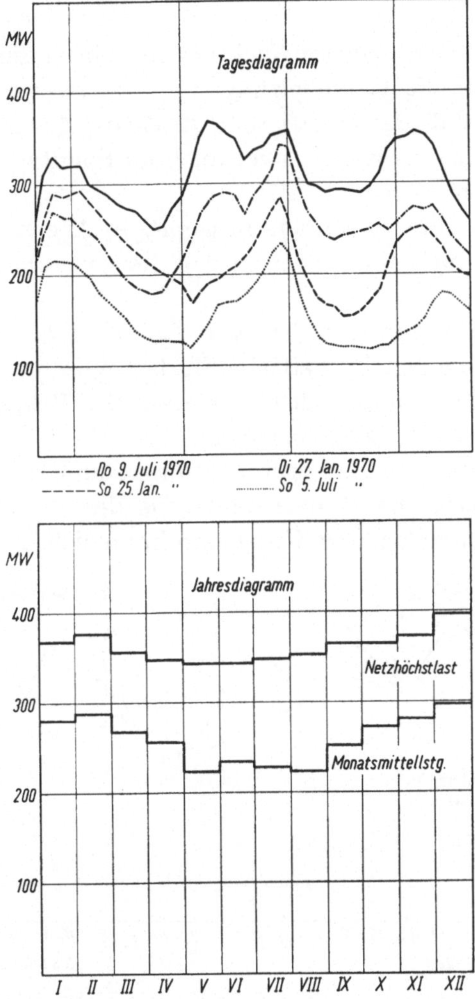

Abb. 12a. Stromabgabe eines größeren Landesversorgungsunternehmens

reichischen Bundeslandes mit einem größeren Anteil von dreischichtigen Betrieben der Hütten-, Papier- und Zellstoffindustrie. Die Diagramme gelten für je einen Werk- und Sonntag im Sommer und Winter.

Die Diagramme lassen erkennen:

1. Die verhältnismäßig hohe 24stündige Bandlast als Auswirkung der dreischichtigen Betriebe.

2. Die Erhöhung der Bandlast in den Nachtstunden durch den Anschluß elektrischer Warmwasserspeicher für die Versorgung von Haushalten.

3. Die Aufstockung dieser Nachtlast im Winter durch elektrische Speicheröfen für die Raumheizung.

4. Den Einfluß des elektrischen Kochens, der in der Mittagsspitze an Sommerwerktagen, aber auch an Sonntagen im Sommer und Winter bemerkbar ist.

5. Die im Winter besonders ausgeprägte Abendlichtspitze, der an Werktagen auch eine solche in den Morgenstunden gegenübersteht.

Im unteren Diagramm der Abb. 12a sind die mittleren Belastungen und die Netzhöchstlasten in den einzelnen Monaten aufgetragen, um den grundsätzlichen Verlauf der Belastung während des ganzen Jahres zu kennzeichnen.

Man sieht also, daß die Verbrauchsdiagramme größerer Energieversorgungsgebiete die Resultierende aus den einzelnen Energiebedürfnissen darstellen. Der Fachmann kann sich aus dem Verlauf

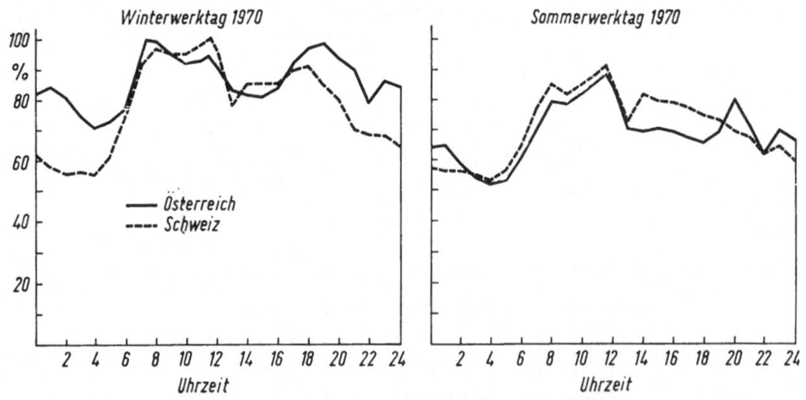

Abb. 12b. Vergleich der Gesamtbelastung (Inland) der öffentlichen Elektrizitätsversorgung Österreichs und der Schweiz

dieser Belastungslinien über die Zusammensetzung des Stromverbrauches in diesem Gebiet ein Bild machen. Er kann aber noch mehr herauslesen. In Abb. 12b wird die Gesamtabgabe der öffentlichen Elektrizitätsversorgung in Österreich und der Schweiz, und zwar an einem Winter- und Sommerwerktag, miteinander verglichen. In beiden Ländern dominiert die Wasserkraft, trotzdem sind die Verbrauchsdiagramme als Auswirkung einer anders gearteten Verbraucherstruktur, aber auch voneinander abweichender Energiekonzepte verschieden. Beim Vergleich fällt auf:

1. Die niedrigere 24stündige Bandlast in der Schweiz infolge des geringeren Anteiles von dreischichtigen Betrieben.

2. Die ausgeprägte Kochspitze, auch an Winterwerktagen, die auch die Tageshöchstlast bestimmt, infolge einer erheblich größeren, fast an die 100%ige Sättigung herankommenden Verbreitung des elektrischen Kochens im Gegensatz zu Österreich, wo vor allem in Wien der Gasherd Bedeutung hat und, wie wir noch im 8. Abschnitt sehen werden, die Sättigungsgrenze des Elektroherdes bei etwa 70% der Haushalte geschätzt werden kann.

3. Das Fehlen einer vergleichbaren Nachtlast durch Elektrospeicher (Warmwassererzeugung und Raumheizung) in den schweizerischen Haushalten als Folge eines andersartigen Energiekonzeptes.

Dieses Energiekonzept kann wie folgt umrissen werden: Starke Verbreitung der brennstoffgefeuerten Zentralheizungsanlagen, die gleichzeitig den Warmwasserverbrauch decken, zu einem bereits frühen Zeitpunkt, daher seitens der Verbraucher kein Bedürfnis an Elektrowärme. Umgekehrt, seitens der Elektrizitätsunternehmen kein Interesse an Hebung der Nachtlast, da die sogenannte Tagestrapezlast im wesentlichen durch Jahresspeicher gedeckt wird, die für eine zusätzliche Nachtlast in diesem Belastungsbereich überfordert wären.

In Österreich dagegen ist von früher her ein bedeutender Anteil an Ofenheizungen festzustellen, für die sich die elektrische Warmwasserbereitung als willkommene Ergänzung anbot. Der steigende Lebensstandard und das damit verbundene Streben nach Bequemlichkeit fördert den Übergang von Ofenheizung auf Elektroraumheizung, zumal in bestehenden Häusern der nachträgliche Einbau von Zentralheizungen, die auch für die Verwendung von Fernwärme die wirtschaftlichen Voraussetzungen bilden, wegen der baulichen Schwierigkeiten und hohen Kosten kaum zu verwirklichen ist.

Es ist aber zu erwarten, daß der Übergang auf Kernenergie auch in der Schweiz zu einem Wandel führt, da bei Kernkraftwerken das wirtschaftliche Bedürfnis nach einer ausgeglichenen Belastung, das heißt, nach einer höheren Benutzungsdauer besteht.

Es wird also die Schaffung eines zusätzlichen Stromverbrauches in Perioden niedriger Netzlast interessant und kann in Zukunft längerfristig zu einer Veränderung des Verbrauchsdiagrammes in Richtung eines Ausgleiches zwischen Tag- und Nachtlast hinführen.

Diese Ausführungen über die Belastung von Elektrizitätswerken seien noch durch entsprechende Angaben über Gasereien ergänzt. Abb. 13 zeigt im linken Schaubild die Abgabe einer großen städti-

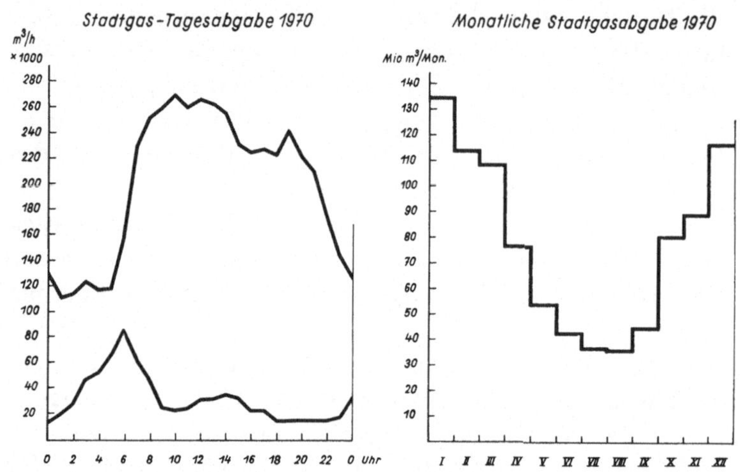

Abb. 13. Tages- und Jahresbelastung einer großstädtischen Gasversorgung

schen Gasversorgung an einem Winterwerktag mit höchster und einem Sommersonntag mit kleinster Tagesbelastung. Für die Gas*erzeugung* selbst ergibt sich durch die meist vorhandenen Speicher ein ausgeglicheneres Tagesdiagramm. Man erkennt im Sonntagsdiagramm den Einfluß des Kochens, im Winterdiagramm den überragenden Einfluß der Gasheizungen, der auch im rechten Schaubild, das die monatliche Gaslieferung darstellt, deutlich zum Ausdruck kommt. Da das Stadtgas überwiegend Wärmebedürfnisse deckt, ist auch der Unterschied zwischen Sommer- und Winterverbrauch bei der Gasversorgung wesentlich größer als bei der Stromversorgung. Kokereien, deren Betrieb auf den Koksbedarf von Hochofenanlagen abgestellt ist, haben naturgemäß eine sehr gleichmäßige Belastung, so daß sich ein näheres Eingehen hierauf erübrigt.

Nach dem Umwandlungsschema, Abb. 10, bleibt noch unter den „Veredlungsanlagen“ die Raffinerie zu behandeln. Ihre Abgabe an Treibstoffen und Heizöl wird von vornherein durch die

Lagerung beim Verbraucher selbst und beim Zwischenhandel gegenüber den bisher behandelten Umwandlungsanlagen vergleichmäßigt, so daß hier nur der Verlauf der monatlichen Lieferung ab Raffinerie interessant ist. Abb. 14 zeigt die Jahresabgabe einer

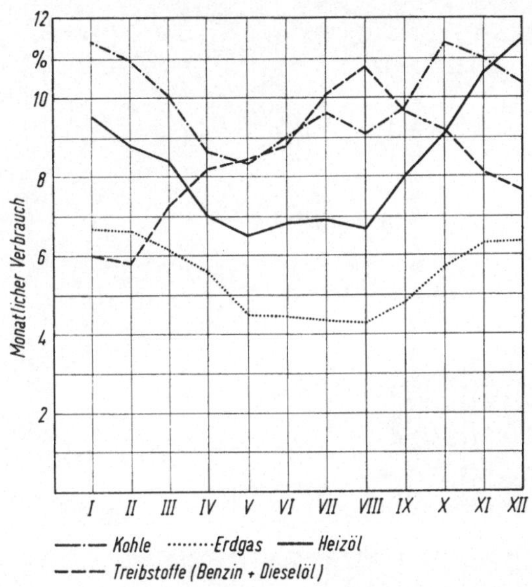

Abb. 14. Mittlerer monatlicher Verbrauch verschiedener Energieträger

größeren Raffinerie an Treibstoffen und an Heizöl. Obwohl es sich dabei auf der Erzeugungsseite um Koppelprodukte handelt, verläuft die Abgabe jahreszeitlich gerade gegenläufig. Dies ist verständlich, wenn man bedenkt, daß Treibstoff überwiegend für Transportzwecke, das Heizöl dagegen für die Deckung von Wärmebedürfnissen verwendet wird. Eine entsprechende Produktenlagerung muß für einen Ausgleich zwischen Erzeugung und Verbrauch der Koppelprodukte sorgen.

Die Verbrauchsmischung wirkt sich nicht nur auf Belastungs- und Umwandlungsanlagen der Zwischenstufe, sondern auch auf die Bereitstellung der Rohenergie aus. In Abb. 14 ist noch der Kohlenabsatz einer Bergbaugesellschaft und die Abgabe von Erdgas eingetragen. Auch hier führt die vorgeschaltete Lagerung bzw. Speicherung zu einer mehr oder weniger fühlbaren Vergleichmäßigung der Anforderungen an die Lieferung der Rohenergie. Im übrigen zeigen beide Kurven, ebenso wie die Heizölkurve, die durch den klimatischen Jahresablauf geprägten Charakteristiken.

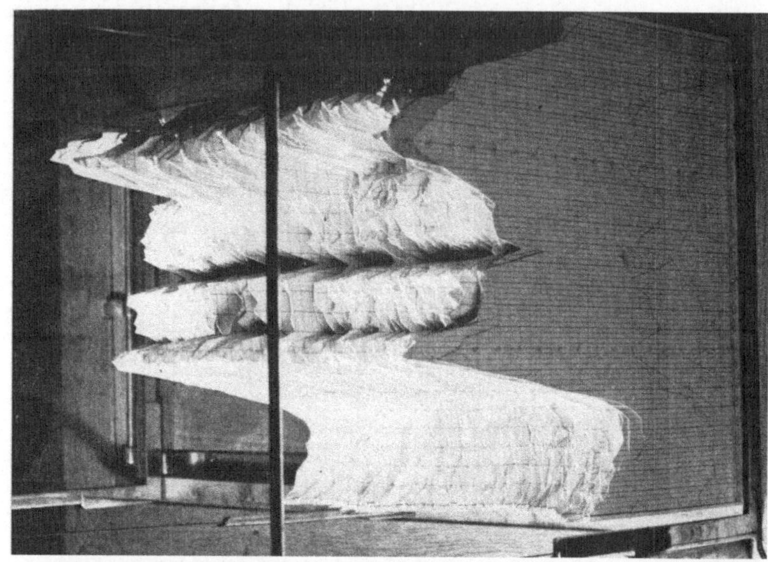

Abb. 15. Belastungsgebirge der Elektrizitätsversorgung einer Großstadt

7. Zeichnerische Darstellungsmethoden zur Erfassung des zeitlichen Verlaufes von Bedarf und Dargebot

Die im vorhergehenden Abschnitt wiedergegebenen Diagramme über den Bedarf an ausgeprägten Tagen bzw. über Tages- oder Monatsmittelwerte geben zwar ein gewisses Bild über die Inanspruchnahme der Einrichtungen und genügen im allgemeinen für Energiearten, die im landläufigen Sinn lagerfähig sind. Sie reichen aber nicht bei exakteren energiewirtschaftlichen Untersuchungen für Energieträger aus, die aus physikalischen Gründen gar nicht oder wegen des wirtschaftlichen Aufwandes nur beschränkt speicherfähig sind. In diesen Fällen erfordert die Ermittlung der Gestehungskosten oder z. B. die Festlegung der Einsatzweise von im Verbundbetrieb zusammenarbeitenden Kraftwerken oder auf der Dargebotsseite die Auswirkung von Speichern, eine genaue Kenntnis des zeitlichen Verlaufes des Bedarfes während des *ganzen* Jahres. Die Aneinanderreihung sämtlicher 365 Tagesbelastungsdiagramme ist zu unübersichtlich. Man hat daher andere Darstellungsmethoden entwickelt, von denen einige gebräuchliche im nachstehenden erläutert werden sollen.

a) Das Belastungsgebirge (Abb. 15). Das „Belastungsgebirge" stellt den Versuch einer dreidimensionalen Wiedergabe des Belastungsverlaufes dar, wobei eine Achse die Tagesstunden, die zweite die Jahrestage und die Ordinate die Leistung erfaßt. Es wird praktisch so hergestellt, daß man die Verbrauchskurven jeden Tages auf starkem Karton aufzeichnet und diesen längs der Leistungslinie ausschneidet. Man reiht dann diese ausgeschnittenen Karten, beginnend mit dem 1. Januar und endend mit dem 31. Dezember, wie aus der Abb. 15 ersichtlich, aneinander und erhält damit eine sehr einprägsame Darstellung des zeitlichen Verlaufes des Energieverbrauches bzw. der Belastung von Anlagen der Energieversorgung.

Ein solches Belastungsgebirge ist zweifellos sehr anschaulich und ein geeignetes Mittel, sich über den Belastungsverlauf einen genauen Überblick zu verschaffen. Das in Abb. 15 wiedergegebene zeigt den Stromverbrauch einer Großstadt; man erkennt deutlich den Leistungsanstieg in den Morgenstunden, die während des ganzen Jahres ziemlich gleichbleibende Industrielast und sich darüber aufbauend die in ihrer Höhe von der Jahreszeit sehr stark abhängigen Morgen- und Abendlichtspitzen. Während die Morgen-

Belastungsgebirge 1969 (ohne Pumpstromaufwand) Mittwochwerte
0 2 4 6 8 10 12 14 16 18 20 22 h 24
Jänner
Februar
März
April
Mai
Juni
Juli
August
September
Oktober
November
Dezember
1400-1500 MW
1500-1600 MW
1600-1700 MW
1700-1800 MW
1800-1900 MW
1900-2000 MW
2000-2100 MW
2100-2200 MW
2200-2300 MW
2300-2400 MW
2400-2500 MW
2500-2600 MW
Dämmerungslinien für Wien (Sonne 5° unter dem Horizont)
2600-2700 MW
2700-2800 MW
2800-2900 MW
2900-3000 MW

lichtspitzen in den Sommermonaten ganz verschwinden, verschieben sich die in der Sommerzeit kleiner werdenden Abendspitzen in die späteren Tagesstunden. Reiht man die Belastungsgebirge mehrerer Jahre hintereinander, so erhält man einen Eindruck über die Auswirkung des Verbrauchszuwachses und kann entsprechende Schlüsse für die Prognosen ziehen. In gleicher Weise wie für den Verbrauch elektrischer Energie kann das Belastungsgebirge auch für die Darstellung der Jahresbelastung einer Gasversorgung oder einer Fernheizung herangezogen werden.

b) Die Leistungstopographie (Abb. 16). So kennzeichnend das Belastungsgebirge den Verlauf des Energiebedarfes über Tag und Jahr wiedergibt, so wenig ist es geeignet, wenn man an eine *zahlenmäßige* Auswertung herangehen will. Dies liegt an den Schwierigkeiten, die dreidimensionale Darstellungen im allgemeinen bieten. Es ist daher verständlich, daß man versucht, ausgehend vom Belastungsgebirge, zweidimensionale Darstellungen zu entwickeln, die eine Ermittlung der interessierenden Zahlenwerte leichter zuläßt. Ein solcher Weg ist die sogenannte Leistungstopographie [8]. Diese zweidimensionale Darstellung der Belastung wird dadurch erhalten, daß man die Tages- und Jahreszeitachsen, also die Grundfläche des Belastungsgebirges beibehält und die Leistung in Anlehnung an die in der Kartographie üblichen Methoden der Geländedarstellung durch Schichtenlinien ausdrückt. Man gewinnt sie durch Projektion der Tageskurven in ihre Zeitachse, wobei man zweckmäßig Leistungsintervalle von 5 bis 10% der Spitzenleistung wählt. Führt man diese Projektion für eine genügende Anzahl von Tagen durch und verbindet die Punkte gleicher Leistungen, so entsteht das in Abb. 16 wiedergegebene Diagramm. Als Beispiel wurde die Stromaufbringung der österreichischen öffentlichen Elektrizitätsversorgung gewählt [9]. Die Leistungen sind durch die den einzelnen Schichtenlinien beigegebenen Zahlen festgelegt. Die Abstufung der Farbtöne entsprechend den verschiedenen Leistungsbereichen macht die Darstellung noch anschaulicher.

Der Energieverbrauch oberhalb einer gewissen Leistung läßt sich aus der Leistungstopographie wie folgt bestimmen: Wir denken uns im Belastungsgebirge eine Scheibe zwischen zwei Schichtenlinien herausgeschnitten und bezeichnen mit

ΔN deren Abstand [kW],

F_u den Inhalt ihrer unteren Begrenzungsfläche [Std],

F_o den Inhalt der oberen Begrenzungsfläche [Std].

Bei genügender Unterteilung der Leistung kann mit hinreichender Genauigkeit für den Inhalt einer Scheibe der Ausdruck

$$\Delta E = \Delta N \cdot \frac{F_u + F_o}{2} \text{ [kWh]}$$

angeschrieben werden. Der Gesamtinhalt ist dann

$$E = \Sigma \Delta N \cdot \frac{F_u + F_o}{2} = \Delta \frac{N}{2} \cdot \Sigma (F_u + F_o) =$$

$$= \Delta \frac{N}{2} (\Sigma F_u + \Sigma F_o) \text{ [kWh]}$$

$$\Sigma F_o = \Sigma F_u - F_B \text{ [Std]}.$$

F_B ist die Basis des betrachteten *Teiles* des Belastungsgebirges. Bei Bestimmung des *Gesamt*jahresbedarfes wäre F_B entsprechend der Basisfläche des Belastungsgebirges $365 \cdot 24 = 8760$ Std. Setzt man in die Formel für E den zuletzt angeführten Ausdruck ein, so erhält man

$$E = \Delta N \left(\Sigma F_u - \frac{F_B}{2} \right) \text{ [kWh]}.$$

Man braucht also in der topographischen Darstellung nur die von den einzelnen Schichtenlinien eingeschlossenen Flächen zu planimetrieren, die so erhaltenden Stundenzahlen zu addieren, hievon die halbe Basis des betrachteten Belastungsteiles abzuziehen und die errechnete Differenz mit dem Abstand der Schichtenlinien zu multiplizieren.

c) Das Niveauliniendiagramm (Abb. 17). Auch das Niveauliniendiagramm leitet sich in seinem Konzept aus dem Belastungsgebirge ab. Während die Leistungstopographie durch die Projektion des Belastungsgebirges auf die Grundfläche (x-y-Ebene) gekennzeichnet ist, entsteht das Niveauliniendiagramm durch die Projektion in die y-z-Ebene. Es werden also auf der Abzisse des Diagrammes die Tage bzw. Monate und auf der Ordinate die Leistungen aufgetragen. Die obere Begrenzung ist die Kurve der Tageshöchstleistungen. Die darunter eingezeichneten Schichtenlinien geben den Energieinhalt des oberhalb liegenden Teiles der Tagesbelastungsdiagramme an und kennzeichnen auf diese Weise den Charakter der Tagesbelastung. Im eingetragenen Beispiel beträgt an dem betrachteten Apriltag die Belastungsspitze 350 MW (Punkt A). Bis zu einer Leistung von 220 MW herab (Punkt B) hat das betreffende Tagesdiagramm einen Inhalt von 1150 MWh/d, das gesamte Tagesdiagramm einen solchen von 6400 MWh/d (Punkt C), somit beträgt unter 220 MW der Inhalt des Tagesdiagrammes 6400 — 1150 = 5250 MWh/d. Im Diagramm ist auch noch die Kurve der 24stündigen Tagesgrundlast eingezeichnet. Unterhalb dieser Kurve haben die Niveaulinien je gewählte Maßstabseinheit für die elektrische Arbeit gleichen Abstand.

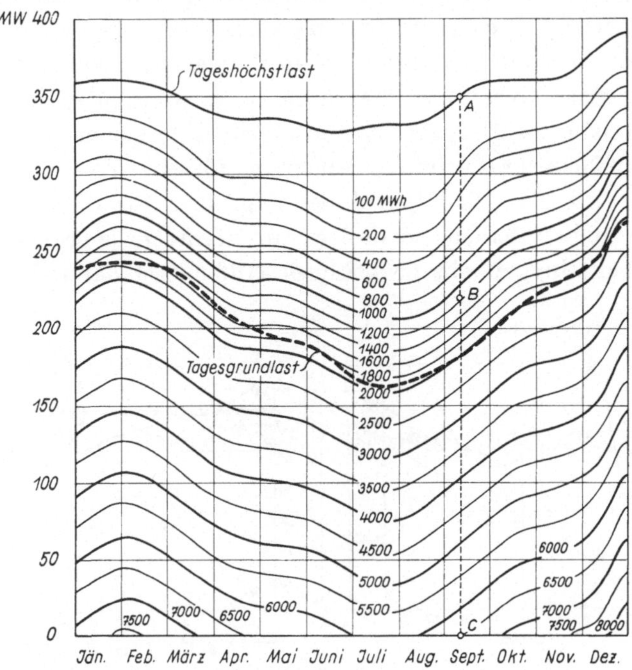

Abb. 17. Niveaulinien-Diagramm der Belastung eines österreichischen Landes-Versorgungsunternehmens für das Kalenderjahr 1970

Genau genommen gilt das dargestellte Diagramm (auch im übrigen die Belastungstopographie) nur für reine Werktage. Die Belastung an Wochenenden und Feiertagen weicht, wie vorhin gezeigt, von der Werktagsbelastung stark ab; man kann sie durch die kontinuierlichen Linienzüge nicht miterfassen. Will man sie bei energiewirtschaftlichen Untersuchungen mitberücksichtigen, so ist für diese, auf die Anzahl dieser Tage bezogen, ein eigenes Niveauliniendiagramm in gleicher Weise anzufertigen. Man hat dann, um die vollständigen Jahreswerte zu erhalten, die Ablesungen aus beiden Diagrammen zu kombinieren.

Die Unterschiede zwischen der Leistungstopographie und dem Niveauliniendiagramm liegt darin, daß man bei der Leistungstopographie feststellen kann, zu welcher Tageszeit an dem ausgewählten Tag eine bestimmte Leistung benötigt wird. Beim Niveauliniendiagramm tritt der *zeitliche Verlauf* der Belastung während eines Tages nicht in Erscheinung. Will man z. B. ermitteln, welcher Anteil von einem zwangsläufig anfallenden Energiedargebot verwertbar ist, so kann die Leistungstopographie auch verwendet werden, wenn es sich um ein *innerhalb des Tages* veränderliches Dargebot, wie z. B. bei der Windkraft oder auch bei Abfallenergie handelt, das Niveauliniendiagramm nur, wenn man ein 24stündiges konstantes Dargebot voraussetzt. Eine solche Annahme ist für Laufwasserkraft im allgemeinen üblich. Wie später noch gezeigt wird, ist das Niveauliniendiagramm für diesen Fall sehr einfach zu handhaben, so daß es für derartige energiewirtschaftliche Ermittlungen ein praktisches Hilfsmittel darstellt.

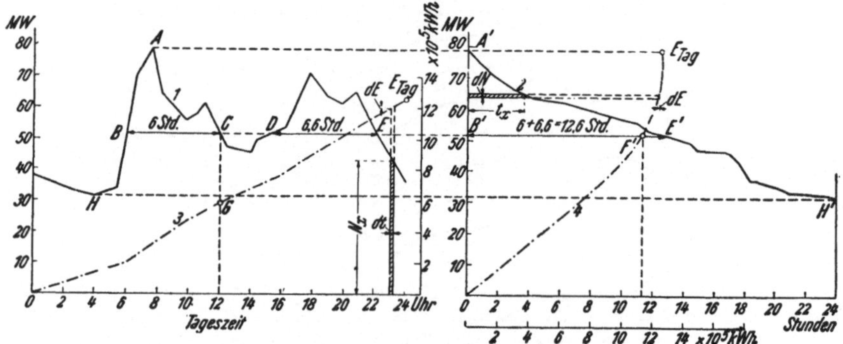

Abb. 18. Zeichnerische Darstellung des Tagesenergiebedarfes

d) Die Dauerlinie oder das geordnete Belastungsdiagramm (Abb. 18 und 19). Die bisher beschriebenen Darstellungsmethoden entstanden aus dem Bestreben, die Belastungsverhältnisse über das ganze Jahr in ihrem Tages- und Jahresverlauf zu erfassen. Für eine ganze Reihe von energiewirtschaftlichen Aufgaben genügen jedoch einfachere Verfahren der Aufzeichnung und Auswertung. In der Abb. 18 wurde versucht, die zeichnerische Auswertung eines Tagesbelastungsdiagrammes darzustellen (Linienzug 1 im linken Schaubild). Das Beispiel ist wieder der Elektrizitätsversorgung entnommen. Es gilt aber das bereits Gesagte, das dieselben Methoden auch für die Gas- und Wärmeversorgung anwendbar sind. Faßt man die

Tagesstundenzahl, während der eine bestimmte Leistung benötigt wird, zusammen und trägt sie in einem Diagramm auf, als dessen Abzisse die Tagesstunden und als dessen Ordinate die Leistung gewählt wird, so erhält man einen Linienzug, der im rechten Schaubild als Kurve 2 eingetragen ist und zwischen der Spitzenleistung mit der Stundenzahl Null (Punkt A bzw. A') und dem Leistungsminimum bei der Stundenzahl 24 (Punkt H bzw. H'), der sogenannten Grundlast, verläuft. Das eingetragene Beispiel veranschaulicht die Konstruktion dieser Kurve. Da sie die Dauer der einzelnen Belastungen angibt, hat sich der Name „*Dauerlinie*" eingebürgert. Man findet aber auch die Bezeichnung „*geordnetes Belastungsdiagramm*", da die Leistungen nach ihrer zeitlichen Inanspruchnahme geordnet werden. Die Fläche unter der Dauerlinie stellt ebenso wie die Fläche unter der Belastungskurve die benötigte Tagesarbeit dar. Auf die Vor- und Nachteile der Belastungsdarstellung durch die Dauerlinie wird weiter unten zurückgekommen.

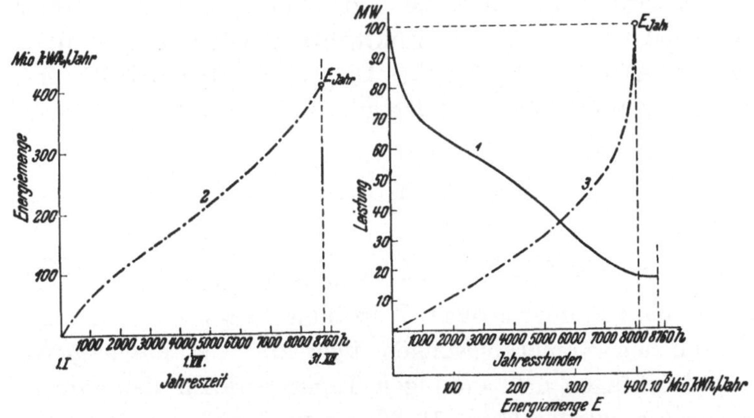

Abb. 19. Zeichnerische Darstellung des Jahresenergiebedarfes

Als Darstellung einer einzelnen *Tages*belastung hat diese Dauerlinie keinen praktischen Wert. Sie wurde nur, um ihr Entstehen zu erläutern, auf den Tag bezogen. Sie hat Bedeutung, wenn man sie über größere Zeiträume, vor allem für das ganze Jahr, verwendet (Abb. 19, Kurve 1). Im Zeitalter der elektronischen Rechenanlagen erfordert ihre Ermittlung aus den täglichen Betriebsaufzeichnungen keine besondere Mühe.

Der Vorteil der Dauerlinie liegt vor allem in der übersichtlichen

Zusammenfassung der Belastung über längere Zeiträume. Dem steht als Nachteil der Wegfall der Zeitpunkte, zu denen die Leistungen auftreten, gegenüber. Durch Aufspaltung der Jahresdauerlinien auf die Dauerlinien für die einzelnen Monate kann dieser Nachteil, der besonders bei Untersuchungen über die Einsatzweise von unständigen Wasserkräften in Erscheinung tritt, gemildert werden. Die Dauerlinie findet zweckmäßig Verwendung bei allen Untersuchungen über Energieumwandlung und Fortleitung, die von anpassungsfähigen Rohenergiequellen ausgehen, aber auch bei der Ermittlung von Umwandlungs- und Übertragungsverlusten. Die späteren Abschnitte werden noch verschiedene Beispiele für die praktische Anwendung dieser hier beschriebenen Kurven bringen.

e) Die Arbeitssummenlinie (Abb. 19). Für verschiedene Untersuchungen interessieren die Arbeitswerte, die einem bestimmten Zeitpunkt zugeordnet sind. Die Arbeitssummenlinie wird auf die Weise erhalten, daß vom Zeitpunkt 0 ausgehend die bis zu einer bestimmten Zeit τ_1 durch das Belastungsdiagramm gegebene Arbeit ermittelt wird. Man erhält sie, indem man die Fläche unter der Belastungskurve in schmale senkrechte Streifen aufteilt und diese summiert (Abb. 18 und 19 linkes Diagramm). Der Arbeitswert vom Zeitpunkt 0 bis zu einem Zeitpunkt τ_1 ist somit

$$E_{\tau_1} = \int_0^{\tau_1} N_x \cdot d\,\tau \quad [\mathrm{kWh}].$$

Auch hier gilt das für die Dauerlinie Gesagte. Die Arbeitssummenlinie hat über größere Zeiträume Bedeutung. Sie kann aus den täglichen Zählerablesungen über die Gesamtenergieabgabe durch Hinzufügen der jeweiligen Tageswerte für das ganze Jahr aufgezeichnet werden (Abb. 19, Kurve 2). Trägt man diese Arbeitssummenlinie für die einzelnen Jahre in demselben Diagramm ein, so ermöglicht sie unter Bedachtnahme auf den charakteristischen Verlauf der Linien in den früheren Jahren zu einem gewissen Zeitpunkt eine annähernde Schätzung der zu erwartenden Energieabgabe für den Rest des Jahres. Abb. 20 zeigt eine Schar von Arbeitssummenlinien eines österreichischen Landesversorgungsunternehmens für die Zeit von 1964 bis Mitte August 1971.

f) Die Energieeinhaltslinie (Abb. 18 und 19). Die Energieeinhaltslinie entsteht dadurch, daß man die Arbeit nicht nach der Zeit, sondern nach der Leistung integriert. Man erhält die Kurve in einfacher Weise aus der Dauerlinie, indem man die von ihr eingeschlossene Fläche in schmale, horizontale Streifen zerlegt und diese summiert. Einer Leistung N_x entspricht der Arbeitswert:

$$E_x = \int_0^{N_x} \tau_x \cdot dN \text{ [kWh].}$$

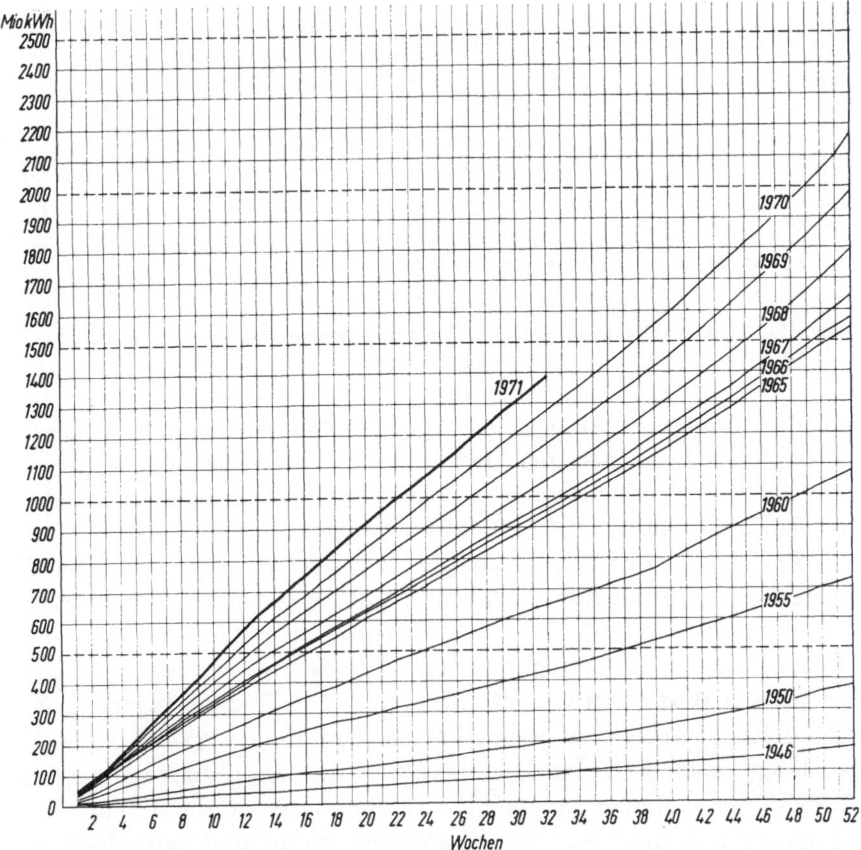

Abb. 20. Arbeitssummenlinie der STEWEAG

Die Abb. 18, rechtes Diagramm, zeigt wieder ihre Ermittlung anhand eines Tagesdiagrammes, in Abb. 19 gilt die Kurve 3 für das Jahr. Die Energieinhaltslinie ist, wie später noch gezeigt wird, ein zweckmäßiger Behelf z. B. bei der optimalen Aufteilung der Belastung auf mehrere Wärmekraftwerke mit verschiedenen Charakteristiken.

In gleicher Weise wie den Energiebedarf kann man auch das *Energiedargebot* bei nicht anpassungsfähigem Anfall darstellen. Abb. 21 zeigt die Ermittlung der Jahresdauerlinien, der Wasser-

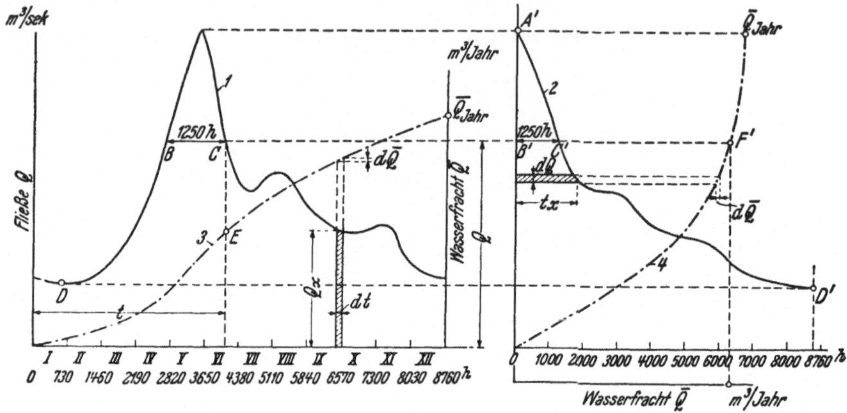

Abb. 21. Zeichnerische Darstellung des Rohenergiedargebotes bei nicht anpassungsfähigem Anfall

mengensummen- und Wassermengeninhaltslinien für eine Wasserkraft, ausgehend von der Jahresabflußkurve. Die eingetragenen Bezeichnungen haben sinngemäß dieselbe Bedeutung wie in Abb. 19, so daß sich eine nochmalige Erläuterung erübrigt.

Bei nicht anpassungsfähigem Energiedargebot, wie Laufwasserkraft, Windkraft, Abfallenergie, tritt die Frage auf, wieviel von diesem Dargebot im Bedarfsdiagramm verwertbar ist und welcher Anteil als Energieüberschuß betrachtet werden muß. Sie ist für die Wirtschaftlichkeit eines für solche Energieträger errichteten Kraftwerkes von wesentlichem Einfluß. Eine solche Untersuchung läßt sich exakt mit Hilfe der Leistungstopographie durchführen. Man geht von der topographischen Darstellung des Bedarfes aus und zeichnet in gleicher Weise und mit gleichem Maßstab eine topographische Darstellung des Dargebotes auf durchsichtiges Papier. Durch Übereinanderlegung der beiden Diagramme kann man für jede der eingetragenen Schichtenlinien die *gemeinsame* Fläche ermitteln und erhält so die Topographie des verwertbaren Energiedargebotes, dessen zahlenmäßiges Ausmaß in gleicher Weise, wie vorhin beschrieben, zu berechnen ist. Man hat so z. B. die Möglichkeit, den von einer Laufwasserkraft zu deckenden Teil eines Belastungsgebirges, die Größe der verbleibenden Überschußenergie und Leistung bei einer festgelegten Ausbaugröße eines Kraftwerkes, sowie die auf andere Weise bereitzustellende Leistung und Energiemenge zur Deckung des Restbedarfes zu ermitteln.

Macht man bei Laufwasserkräften die übliche Voraussetzung, daß das Dargebot während 24 Stunden, also während eines Tages als konstant betrachtet werden kann, so läßt sich die hier behandelte Aufgabe noch einfacher mit Hilfe des Niveauliniendiagrammes lösen, das eigentlich in erster Linie für diesen Zweck entwickelt worden ist. Anhand des in Abb. 17 eingetragenen Beispiels, das den Aussagewert des Diagrammes veranschaulichen sollte, sei auch seine Anwendung für die Ermittlung des verwertbaren Dargebotes aus einem Laufwasserkraftwerk gezeigt. Angenommen, an dem herausgegriffenen Tag (Mitte September) würde aus dem oder den Laufwasserkraftwerken in einem Jahre mit mittlerer Wasserführung eine Leistung von 220 MW verfügbar sein (Punkt B), dann beträgt an diesem Tag das Wasserkraftdargebot

$$220 \cdot 24 = 5280 \text{ MWh/d}.$$

Davon können entsprechend der Interpolation zwischen den zu den Punkten B und C gehörigen Niveaulinien

$$6400 - 1150 = 5250 \text{ MWh}$$

verwertet werden. Das heißt, es verbleibt ein kleiner Überschuß von 30 MWh. Gleichzeitig muß aus einer anderen Energiequelle eine Leistung von $345 - 220 = 125$ MW und eine Energiemenge von 1150 MWh an diesem Tag bereitgestellt werden. Man kann auf diese Weise über das Jahr Überschußenergieanfall und Zuschußbedarf bestimmen und kurvenmäßig auftragen.

Ihrer Einfachheit halber sei noch eine von *Seidner* [10] angegebene Näherungsmethode zur Ermittlung des verwertbaren Dargebotes von Laufwasserkräften erwähnt, die von den Jahresdauerlinien für Belastung und Dargebot ausgeht. Neben der an sich üblichen Annahme eines 24stündigen konstanten Dargebotes unterstellt *Seidner*, daß alle Tagesdauerlinien der Belastung identisch sind. Unter diesen Voraussetzungen läßt sich die Dauerlinie des verwertbaren Wasserkraftdargebotes nach Abb. 22 wie folgt ermitteln. Die Leistung N_x steht während des Jahres während τ_D Stunden zur Verfügung. Da die Fließe während 24 Stunden als konstant angesehen wird, so ist diese Leistung N_x während

$\frac{\tau_D}{24}$ Tage im Jahr verfügbar. Da außerdem die Tagesdauerlinien als gleich angenommen werden, so wird die Leistung N_x während $\frac{\tau_L}{365}$ Stunden je Tag benötigt. Es ist daher vom Wasserkraftdargebot die Leistung N_x während

$$\tau_V = \frac{\tau_D}{24} \cdot \frac{\tau_L}{365} = \frac{\tau_D \cdot \tau_L}{8760} \text{ Stunden}/a$$

verfügbar. Man kann so die Dauerlinie des verwertbaren Dargebotes und durch Planimetrieren die verwertbare und die Überschuß-energie, ebenso aber auch die Zuschußenergiemenge ermitteln. Es

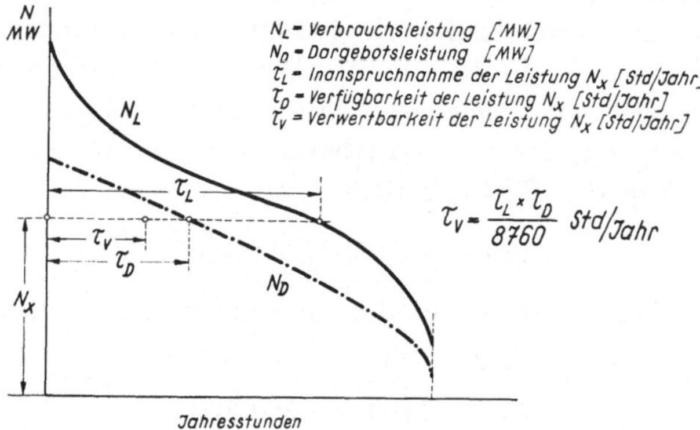

Abb. 22. Erläuterung der Methode von Dr. *Seidner* zur angenäherten Ermittlung der verwertbaren Wasserkraft

wurde festgestellt, daß der Fehler, der durch die Annahme identischer Tagesbelastungsdiagramme gemacht wird, praktisch in der Größenordnung von 3 bis 4% liegt [11]. Die *Seidner*sche Methode eignet sich daher für generelle Untersuchungen, auch für Vorprojekte, mit hinreichender Genauigkeit, besonders wenn man bedenkt, daß im Projektierungsstadium auch den Belastungs- und Dargebotsunterlagen ein gewisser Toleranzbereich zugebilligt werden muß.

8. Grundsätzliches über die Erstellung von Bedarfsprognosen und deren Aussagewert

Die langen Vorbereitungs- und Errichtungszeiten, die hohe Kapitalintensität und der aus der Versorgungspflicht resultierende Investitionszwang bei einzelnen Zweigen der Energiewirtschaft, vor allem der Elektrizitätsversorgung, stellen gegenüber anderen Wirtschaftszweigen ein zusätzliches Investitionsrisiko dar. Es wurde bereits im 2. Abschnitt auf diesen Zusammenhang und die Bedeutung einer einigermaßen zuverlässigen Bedarfsprognose hingewiesen. Welche Möglichkeiten für die Erstellung einer solchen Prognose stehen zur Verfügung und welchen Aussagewert kann man von ihr erwarten? Es würde zu weit führen, hier eine umfassende Darstellung der Prognosemethodik zu geben, es seien nur die grundsätzlichen Überlegungen herausgestellt.

Die erwähnten langen Errichtungszeiten bedingen auch einen entsprechend langen Zeitraum für die Vorausschau. Es ist einleuchtend, daß er das zwei- bis dreifache der Errichtungszeiten sein soll, wenn ihr überhaupt ein praktischer Wert zukommt. Auf der anderen Seite ist klar, daß mit der Vergrößerung der Zeiträume auch die Unsicherheit solcher Prognosen wächst. Es hat sich im allgemeinen ein Betrachtungszeitraum von 10 Jahren eingebürgert. Auch das koordinierte Ausbauprogramm der österreichischen Elektrizitätsversorgung erstreckt sich jeweils auf 10 Jahre. Um den Aussagewert zu verbessern, wird die Vorhersage Jahr für Jahr mit der Wirklichkeit verglichen, wobei die korrigierten Werte die neue Ausgangsbasis für die Fortsetzung der Prognose bilden, die sich damit, eine Spanne von 10 Jahren umfassend, von Jahr zu Jahr weiterschiebt. Es ist so möglich, die Bauprogramme, soweit sie noch nicht realisiert sind, zu korrigieren.

Bei Erstellung der Vorausschau geht man von einer gewissen Kontinuität der Entwicklung aus. Das Ausgangsjahr einer Vorschau ist gewissermaßen die Nahtstelle zwischen der bisherigen Entwicklung und der zukünftigen, welchen Weg man bei der Prognose auch im einzelnen einschlägt. Jedenfalls ist die genaue Erfassung der bisherigen Entwicklung in den letzten 1—2 Jahrzehnten und damit das Vorhandensein ausführlicher statistischer Unterlagen Voraussetzung. Aus dem hier Gesagten ist der Schluß zu ziehen, daß die Prognose den *Trend* der Entwicklung erfassen soll. Vorübergehende Pendelungen um diesen Trend, verursacht durch Schwankungen der wirtschaftlichen Konjunktur, können bei einer solchen längerfristigen Bedarfs- bzw. Investitionsvorschau außer acht gelassen werden.

Betrachtet man das Schema für die Energieumwandlung, Abb. 10, so wird sofort klar, in welchen Querschnitten des Energieflusses von der Rohenergie zur Nutzenergie Prognosen über die

Bedarfsentwicklung angestellt werden müssen, um richtige Entscheidungen über die durchzuführenden Investitionen treffen zu können [12], [13]. Es sind dies

1. Schätzung der den Verbrauchern für ihre verschiedenen Bedürfnisse zur Verfügung zu stellenden Energiemengen, unterschieden nach Energieträgern. Damit wird auch eine Unterlage für die notwendige Kapazität der Veredlungsanlagen (Kraftwerke, Kokereien und Gasereien, Raffinerien) bereitgestellt.

2. Die Schätzung der Entwicklung des Rohenergiebedarfes.

Für die Erstellung von Prognosen über die Entwicklung des Energiebedarfes stehen im wesentlichen folgende Methoden zur Verfügung:

1. Extrapolation von Zeitreihen der Vergangenheit *(rechnerische Methode)*.

2. Ermittlung des Energiebedarfes in Abhängigkeit von wirtschaftlichen Wachstumsgrößen *(mittelbare Methode)*.

3. Untersuchung über die Einsatzmöglichkeit eines bestimmten Energieträgers und die Neigung des Verbrauchers ihn zu verwenden für die einzelnen in Frage kommenden Bedarfsfälle *(Strukturprognose)*.

Die rechnerische Methode beruht darauf, daß, ausgehend von den Trendlinien der bisherigen Verbrauchsentwicklung, unter bestimmten Annahmen verschiedene Möglichkeiten der Fortsetzung dieser Verbrauchskurve errechnet werden. Für solche Annahmen sind am gebräuchlichsten ein linearer oder exponentieller Verlauf. Diese Methode kann sowohl hinsichtlich der Entwicklung des Gesamtbedarfes, als auch einzelner Sektoren angewendet werden und ist vor allem in der Elektrizitätsversorgung üblich. So beruhen viele Ausbaukonzepte in der Elektrizitätsversorgung auf der Annahme, daß die in den letzten Jahrzehnten als Trend festgestellte Verdoppelung des Bedarfes innerhalb von 10 Jahren noch weiterhin Geltung hat. Unterstellt man dies, so würde

$$N_x = 1{,}072^x \cdot N_0 \text{ [kW]}.$$

Darin bedeutet

N_0 die notwendige Leistung im Ausgangsjahr der Prognose [kW],

N_x den zu erwartenden Leistungsbedarf nach x Jahren [kW].

Die Formel besagt, daß die jährliche Zunahme 7,2% bezogen auf das jeweils vorhergehende Jahr beträgt. Dieser Wachstumskoeffizient wurde auch dem koordinierten Ausbaukonzept der österreichischen Elektrizitätsversorgung für die Dekade 1970—1980 zugrunde gelegt.

Dem gegenüber wird aber auch die Auffassung vertreten, daß diese „Verdoppelungsformel" langfristig nicht zutreffen kann, weil der Bedarf schließlich unwahrscheinlich hohe Werte erreichen müßte. Nach diesem Einsatz würde z. B. der Bedarf von 1970 bis 2000 auf das 8fache ansteigen! Es sind daher schon in früheren Jahren Überlegungen angestellt worden, die sogenannte „Biologische Wachstumskurve" heranzuziehen und von der Annahme auszugehen, daß auch die Zunahme des Energieverbrauches, langfristig betrachtet, einen ähnlichen Verlauf mit einer Sättigungsgrenze nehmen müßte. Eine solche Kurve ist in Abb. 23 angedeutet.

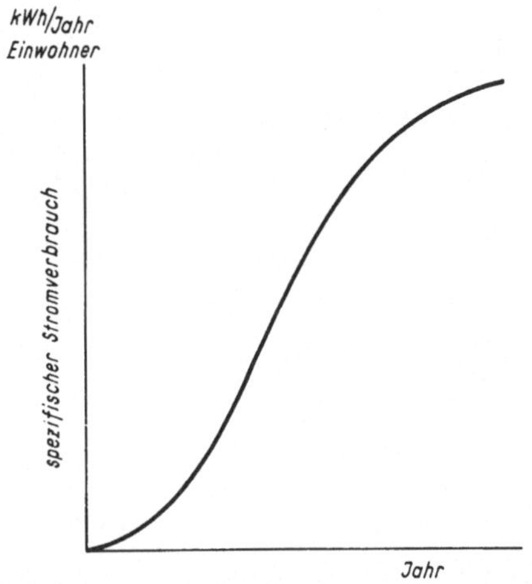

Abb. 23. Anstieg des Energieverbrauches nach einer biologischen Wachstumskurve

Prognosen solcher Art führten auf einen Irrweg [14]. Sie scheiterten einerseits daran, daß es nicht möglich ist, den Umkehrpunkt zu bestimmen, von dem aus wieder mit sinkenden Wachstumsraten gerechnet werden muß, andererseits das Niveau der Bedarfsättigung festzulegen. Der Rückgriff auf die biologische Wachstumskurve und die Vorstellung ihres Verlaufes hatten aber doch zur Folge, daß man vielfach, sofern die Extrapolation als Prognosenmethode angewendet wird, mit der Zeit abnehmende Wachstumskoeffizienten annimmt bzw. den Ausbaukonzepten zwei als wahrscheinlich anzusehende Grenzwerte als Varianten unterstellt, wobei dann eine gewisse Anpassungsfähigkeit bei der Durchführung des Ausbauprogrammes gewahrt sein muß. Ist also der Rückgriff auf die biologische Wachstumskurve für die Sektorenprognose, die sich auf den Einsatz eines Energieträgers, z. B. der Elektrizität insgesamt bezieht, praktisch nur ein Denkmodell, so bedeutet sie für die Strukturprognose, wie wir dann noch sehen werden, eine brauchbare Ausgangsbasis.

Die *mittelbare Prognose* geht von wirtschaftlichen Wachstumsgrößen aus, zu denen man den Energieverbrauch in einen funktionellen Zusammenhang bringt. Eine solche Wachstumsgröße, die vorzugsweise herangezogen wird, ist das reale Bruttonationalprodukt. Abb. 24 zeigt für Österreich den Zusammenhang zwischen

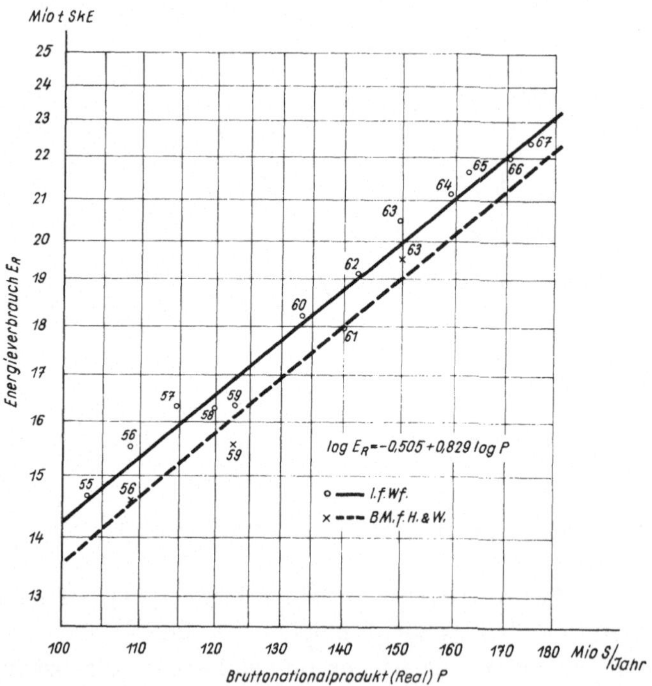

Abb. 24. Zusammenhang zwischen dem Rohenergieverbrauch E_R und dem realen Bruttonationalprodukt P

diesem und dem gesamten Rohenergiebedarf. Es sind zwei Linien eingezeichnet, die eine stammt aus einer Untersuchung des Institutes für Wirtschaftsforschung, die andere aus einer solchen des damaligen Bundesministeriums für Handel und Wiederaufbau [16].

Die Abweichung der beiden Kennlinien voneinander ergibt sich offenbar aus verschiedenen Umrechnungskoeffizienten der Wertigkeit der Energieträger in Steinkohleneinheiten [SKE], spielt aber für die hier anzustellenden Überlegungen keine Rolle, da die Linien praktisch parallel laufen und es nur auf den Neigungswinkel ankommt. Das Schaubild sagt aus, daß einer Erhöhung des realen Bruttonationalproduktes um 1% eine Steigerung des Gesamtenergiebedarfes um rund 0,83% entspricht. Nimmt man eine jährliche Zunahme des österreichischen Bruttonationalproduktes um 4,5% an, so würde dies zu einer Steigerung der Energieaufbringung um rund 3,7% führen.

Diese Methode hat zweifellos Aussagewert, soweit es sich um die Vorausschätzung des Gesamtbedarfes eines Wirtschaftsgebietes handelt. Sie wird zu Recht auch als *Globalprognose* bezeichnet. Sie verliert aber ihren Wert, wenn es um die Vorausschätzung der Bedarfsentwicklung der *Anteile* der einzelnen Energieträger geht. Das Problem liegt darin, daß man über einen längeren Zeitraum hinweg den vorausgeschätzten Gesamtzuwachs nicht auch auf die einzelnen Energieträger übertragen kann. Die Ursache ist die Substitutionsmöglichkeit, die wieder eine Folge des Wettbewerbs der einzelnen Energieträger untereinander ist. Dieses Problem besteht, wie im 2. Abschnitt bereits angedeutet, bereits beim Endverbraucher. Wenn auch verschiedene Energiebedürfnisse bestimmten Energieträgern vorbehalten sind, z. B. Licht dem elektrischen Strom, mechanische Energie der Elektrizität und den Treibstoffen, die chemisch gebundene Energie verfahrenstechnisch bedingten Energieträgern, so bleibt der ganze Wärmesektor dem Wettbewerb der Energieträger überlassen (Heizöl, Erdgas, Stadtgas, Kohle, Koks, elektrischer Strom). Dieses Substitutionsproblem wird noch fühlbarer, wenn man zur Veredelungsstufe zurückgeht. Der Verbrauch an Rohenergie hängt in seiner Zusammensetzung davon ab, welche Möglichkeiten der Bedarfsdeckung auf allen Stufen der Umwandlung tatsächlich gewählt werden [15].

Will man über den voraussichtlichen Bedarf *einzelner* Energieträger eine Vorausschau anstellen, so ist die *Strukturprognose* zweifellos die zuverlässigste Methode. Dieser dritte Weg, der von der voraussichtlichen Entwicklung der Verbrauchsbedürfnisse und Neigungen ausgeht, ist wohl auch der modernste. Er bedeutet Marktforschung, die nicht nur die Erfassung der Energiebedürfnisse, sondern auch den Wettbewerb unter den Energieträgern, wie sie den Verbrauchern zur Verfügung stehen, in die Betrachtung einschließen muß. Während die biologischen Wachstumskurven, wie bereits dargelegt, für „Sektorprognosen" kaum einen Aussagewert haben, so sind sie bei Strukturprognosen ein wertvolles Hilfsmittel. Als typisches Beispiel für eine solche Strukturprognose sei im nachstehenden eine Stromverbrauchsprognose behandelt, die sich zum Ziele setzt, eine Vorschau über die Entwicklung des Stromverbrauches der österreichischen Haushalte bis zum Jahre 2000 zu erstellen.[1] Die Studie geht von der Nachfrage nach Elektrogeräten aus, in der das typische Verbrauchsverhalten der Haushalte und deren Einkommenstruktur zum Ausdruck kommt. Unter Zugrundelegung einer der biologischen Wachstumskurve angepaßten Entwicklung der Sättigungswerte für die einzelnen Gerätetypen läßt sich somit mit verhältnismäßig hoher Sicherheit der zukünftige Stromverbrauch der Haushalte schätzen. Vorausgesetzt wurde:

1. Eine annähernd ungestörte wirtschaftliche Entwicklung mit ständig wachsendem Einkommen der Haushalte.
2. Ein gegenüber der Entwicklung der Strompreise weiterhin stärkeres Steigen der Einkommen.

Von dieser Voraussetzung ausgehend, erscheint aufgrund der bisherigen Nachfrage nach Elektrogeräten eine organische Weiterentwicklung im Sinne einer S-förmigen Wachstumsfunktion und damit auch der zuzuordnenden Stromverbrauchsanteile gesichert.

Die Durchführung der gestellten Aufgabe wird dadurch erleichtert, daß eine sehr ausführlich geführte Gerätestatistik des Bundeslastverteilers (BLV) 1947—1970 vorliegt. Ausgehend von durchschnittlichen Stromverbrauchswerten für die einzelnen Gerätetypen kann man die Entwicklung des Stromverbrauches für die einzelnen Gerätegruppen ermitteln. Summiert ergibt sich daraus eine Kurve des Stromverbrauches aller Haushalte *ohne* den Bedarf für Licht und Kleingeräte. Ein Vergleich mit dem Gesamtverbrauch der Haushalte nach BLV-Statistik zeigt, daß die Differenz zwischen den beiden Kurven dem Stromverbrauch für Licht und Kleingeräte gut entspricht. Berücksichtigt man die Bevölkerungszunahme bzw.

---

[1] Die Untersuchung wurde von Dr. techn. *Herbert Moditz,* Direktor der Steirischen Wasserkraft- und Elektrizitäts-Aktiengesellschaft, Graz, durchgeführt, dem für seinen Beitrag der besondere Dank des Verfassers ausgesprochen werden muß.

die Zunahme der Haushalte, die zwischen 1,3 und 1,5% pro Jahr liegt und vergleicht die Zahl der Haushalte, die eine bestimmte Geräteart verwenden mit der Gesamtzahl, so erhält man Kurven, die den jeweiligen Sättigungsgrad darstellen (Abb. 25).

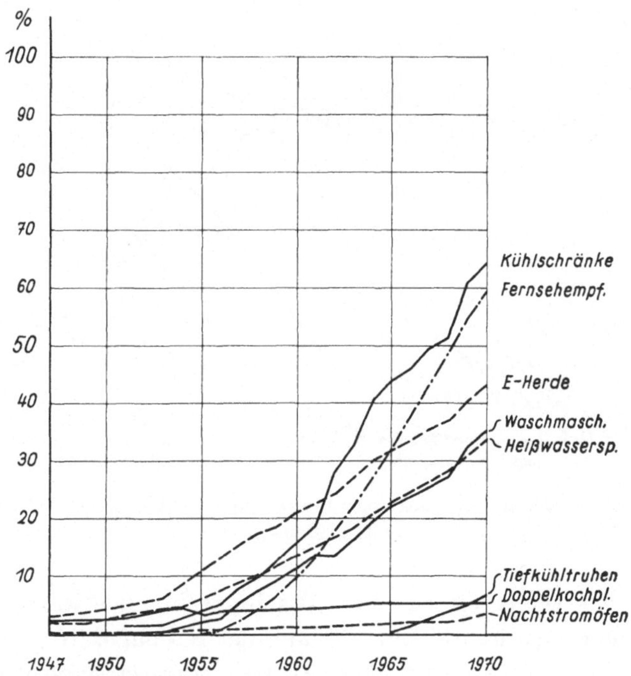

Abb. 25. Elektrogerätesättigung in den österreichischen Haushalten 1947—1970

Diese Kurvenschar über eine Entwicklung während fast 25 zurückliegender Jahre stellt den Ansatzpunkt für Prognosen dar. Einzelne Kurven nähern sich bereits dem S-Typ an, zum Teil entsprechen sie erst seinem unteren Ast. In Abb. 26 wurde nun versucht, den jeweiligen Sättigungsgrad bis zum Jahre 2000 nach Wahrscheinlichkeitsüberlegungen unter Berücksichtigung der Konkurrenzsituation zu anderen Energieträgern zu schätzen, die auch darin zum Ausdruck kommt, daß die Sättigungsasymptote beim elektrischen Kochen und bei der Warmwasserbereitung, unter Berücksichtigung der durch die Konkurrenz des Erdgases begrenzten Möglichkeiten nicht bei 100%, sondern bei 70 bzw. 60% liegt. Sehr anschaulich tritt der Einfluß neuer Geräte bzw. Elektrizitätsanwendungen, wie Kühltruhen, Geschirrspülmaschinen,

Klimageräte und Elektroheizung, hervor. Die Annahme für den Sättigungsverlauf bei den Tiefkühltruhen scheint durch den relativ steilen Anstieg bis 1970 gerechtfertigt. Bei den Geschirrspülmaschinen kann mit Sicherheit mindestens der gleiche steile

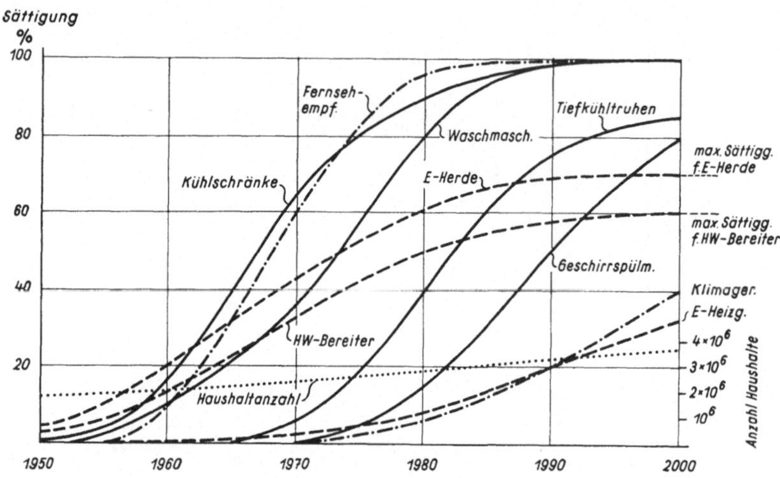

Abb. 26. Entwicklung der Elektrogerätesättigung in den österreichischen Haushalten 1950—2000

Anstieg wie seinerzeit bei den Waschmaschinen erwartet werden. Am unsichersten ist die Entwicklung der Klimageräte zu schätzen, weshalb nur ein relativ flacher Anstieg vorausgesetzt wurde.

Bei der Elektroheizung ist die rund 8%ige Sättigung für 1980 als gesichert anzusehen. Der Anstieg auf 20% im Jahre 1990 setzt jedoch unweigerlich den Übergang auf direkte Raumheizungsmethoden voraus, so daß zu diesem Zeitpunkt wohl rund 10% (der Rest entfällt auf Speicherheizung) der Haushalte bereits mit direkter Heizung arbeiten müßten. In der Abb. 26 ist auch die in der betrachteten Zeitspanne zu erwartende Zunahme der Haushaltanzahl eingetragen. Bei einem Bestand von rund 3,25 Mio Haushalten im Jahre 1990 würden demnach 325 000 Haushalte eine elektrische Direktheizung verwenden. Bei einem Höchstlastanteil von rund 4 kW je direkt elektrisch beheiztem Haushalt wären dies insgesamt 1300 MW, somit rund 14% der gesamten geschätzten Netzhöchstlast im Jahre 1990. Dies wäre der 3,2fache Wert von 1970. Die prognostizierte Entwicklung bis zum Jahre 1990 scheint danach durchaus realistisch. Allgemein kann dies auch für die

Werte des Jahres 2000 gesagt werden, wobei aber hinsichtlich der Elektroheizung die eingangs unterstellte Entwicklung der Realeinkommen eine entscheidende Voraussetzung bildet.

Aus den prognostizierten Sättigungswerten der Abb. 26 kann man nun unter Berücksichtigung der Zunahme der Haushalte die Anzahl der in den einzelnen Jahren in Betrieb befindlichen Geräte und daraus deren Stromverbrauch errechnen. Diese Stromverbrauchskurven zeigt Abb. 27. Die gesamte Entwicklung des Haushaltsstromverbrauches als Summe dieser Komponenten geht aus Abb. 28 hervor. Darin sind die einzelnen Gerätetypen bzw. Anwendungsarten nach ihren Hauptzwecken zusammengefaßt. Die zentrale Stellung der Elektroheizung für die gesamte Entwicklung wird besonders deutlich.

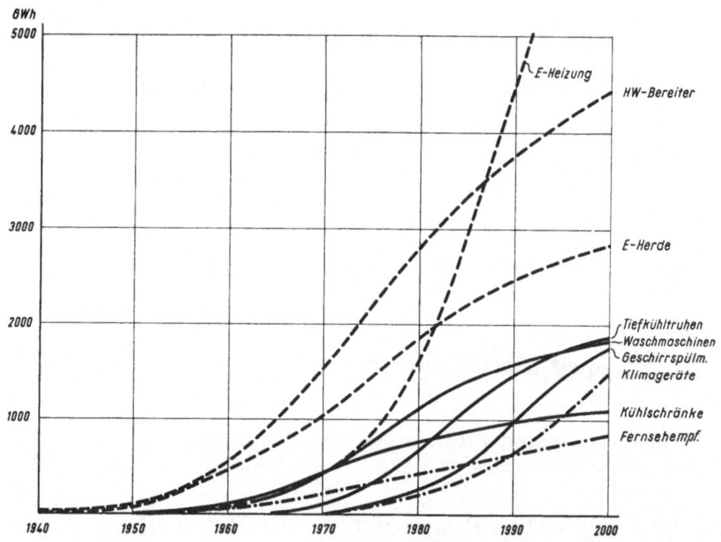

Abb. 27. Entwicklung und Prognose des Stromverbrauches der einzelnen Gerätetypen bzw. Arten der E-Anwendung in den österreichischen Haushalten von 1940 bis 2000

Die Abb. 27 und 28 führen zur Erkenntnis, daß das Hinzukommen neuer Elektrizitätsanwendungen im Haushalt den Verlauf der Gesamtverbrauchskurve sehr beeinflußt und ihren Wendepunkt, von dem an die jährliche Zunahme wieder abnimmt, hinausschiebt. Ohne elektrische Raumheizung würde nach Abb. 28 der Gesamtverbrauch der österreichischen Haushalte bereits bei diesem Wendepunkt der S-Kurve liegen. Durch den zu erwartenden Einfluß der Elektroheizung wird dieser Zeitpunkt hinausgeschoben. Der Verlauf der Gesamtkurve und die tatsächlich eintretende Verbrauchszunahme wird also in den letzten Jahrzehnten dieses Jahrhunderts sehr davon abhängen, ob, wie dies in den beiden vergangenen Jahrzehnten der Fall war, neuartige Anwendungen der Elektrizität im Haushalt aufkommen.

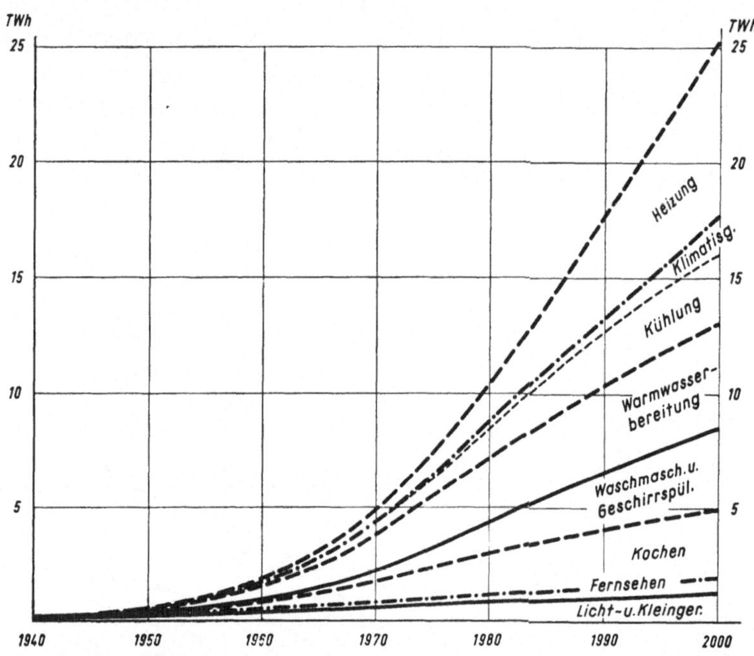

Abb. 28. Entwicklung und Prognose des Stromverbrauches der österreichischen Haushalte 1940—2000 (nach den wichtigsten E-Anwendungen)

Die hier angestellte Prognose über die Entwicklung des Stromverbrauches in den österreichischen Haushalten lassen aber noch einen anderen Schluß zu: Trotz der angenommenen Entwicklung der elektrischen Heizung ist in der Dekade 1970/80 nur mehr mit einer Erhöhung auf das etwa 2,3fache des Ausgangswertes zu rechnen, das wäre eine durchschnittliche Verbrauchszunahme im Haushaltssektor von 8,6% pro Jahr. Im folgenden Jahrzehnt nimmt der Verbrauch nur mehr auf das 1,7fache zu, entsprechend einer Jahresrate von 5,5%. Es kommt also darauf an, mit welcher Zunahme des Stromverbrauches der österreichischen Industrie gerechnet werden kann. Zieht man in Betracht, daß ihr durchschnittlicher Zuwachs von 1950 bis 1970 nur bei 4,5% p. a. lag und eine nennenswerte Anhebung dieser Zuwachsrate nicht zu erwarten ist, dann muß bereits im gegenwärtigen und noch stärker aber im folgenden Jahrzehnt die Regel von der Verdoppelung des Stromverbrauches innerhalb 10 Jahren in Zweifel gezogen werden. Naturgemäß wird sich die Abflachung der Verbrauchszunahme nur zögernd vollziehen.

Zusammenfassend wäre festzustellen, daß die gegenständliche Prognose des Haushaltstromverbrauches mit großer Sicherheit alle nur möglichen stromverbrauchsintensiven Elektrizitätsanwendungen erfaßt und somit einen hohen Wahrscheinlichkeitswert besitzt. Die Entwicklung des durchschnittlichen Stromverbrauches je Haushalt (einschließlich der landwirtschaftlichen Haushalte) vollzieht sich danach wie folgt:

Jahr	1950	1960	1970	1980	1990	2000
kWh/Haushalt	305	940	2020	3670	5500	7050

Vielleicht hat der Leser den Eindruck, daß dieses *Beispiel*, und als solches sind diese Darlegungen anzusehen, zu ausführlich behandelt wurde. Es steht aber stellvertretend für ganz ähnlich ablaufende Strukturprognosen, nicht nur innerhalb der Elektrizitätsversorgung, sondern auch in anderen Sparten der Energieversorgung; auch die Mineralölwirtschaft z. B. muß durch ähnliche Strukturprognosen sich über die Entwicklung des Treibstoffverbrauches und über die Absatzverhältnisse beim Heizöl ein Bild machen. Es wurde eingangs dieses Abschnittes hervorgehoben, welche Bedeutung einer einigermaßen zuverlässigen Erfassung des zu erwartenden Absatzes für das wirtschaftliche Ergebnis der Investitionsentscheidungen zukommt. Der wesentlichste Unsicherheitsfaktor ist, wie schon betont, die Substitutionsmöglichkeit von Energieträgern seitens der Verbraucher, die schon beim Endverbraucher in Erscheinung tritt und ihre Ursache in ihrer Wertschätzung durch die Verbraucher hat. Es wäre daher sinnvoll, die Prognosen, die in den einzelnen Sparten der Energieversorgung angestellt werden, zusammenzufassen. Man muß dabei nur das Schema über die Energieumwandlung, Abb. 10, vor Augen haben. Die Summe der Energieanwendungen bestimmt den Rohenergieverbrauch in seiner Gesamtheit.

$$E_{0\,\text{ges}} = E_{01} + E_{02} + E_{03} + \ldots + E_{0n} \text{ [Gcal}/a \text{ oder SKE}/a],$$

wobei mit $E_{01} \ldots E_{0n}$ der jährliche Bedarf an den Rohenergieträgern (Kohle, Erdöl usw.) erfaßt wird. Stehen nun diese an Hand von Strukturprognosen gewonnenen Einzelergebnisse über den Rohenergiebedarf zur Verfügung, so bietet die vorhin beschriebene Globalprognose eine Kontrollmöglichkeit, denn andererseits gilt auch

$$E_{0\,\text{ges}} = f\ (\text{BNP}).$$

Solche Überlegungen lagen dem Energiekonzept der österreichischen Bundesregierung zugrunde [16]. Die Bedeutung einer einigermaßen richtigen Analyse des zu erwartenden Verbrauches unter Einbeziehung des Substitutionstrends ist für eine wirtschaftliche Gestaltung der Energieversorgung doch so groß, daß es wert ist, den Gedanken einer zusammenfassenden Vorschau in Form eines Energiekonzeptes für einen Wirtschaftsraum weiter zu verfolgen und auszubauen.

III. Die Kosten der Energieumwandlung

9. Die kostenbestimmenden Faktoren der Energieumwandlung

Um die Kosten der Energieumwandlung feststellen und die dafür notwendigen Einrichtungen in Anpassung an die jeweiligen Gegebenheiten optimal auslegen zu können, ist die Kenntnis jener Faktoren Voraussetzung, die die Kosten beeinflussen. Im Grundsätzlichen handelt es sich um die gleichen Faktoren, die ganz allgemein Fertigungskosten bestimmen, sieht man von gewissen, der Eigenart der Energieversorgung entsprechenden Abwandlungen in den Definitionen dieser Begriffe ab. Wir unterscheiden zunächst zwischen zwei Kostengruppen und zwar einer solchen, die von der Größe der Anlage, ihrer Leistungsfähigkeit und der anderen, die von dem Einsatz, also der Jahresproduktion abhängig ist. Man kennt allgemein die beiden Gruppen unter dem Begriff feste und bewegliche Kosten, in der Energieversorgung spricht man von *leistungs-* und *arbeitsabhängigen Kosten.*

Unter den leistungsabhängigen Kosten stehen jene im Vordergrund, die durch die Erstellung der Umwandlungseinrichtung, also durch die durchzuführende Kapitalinvestition bedingt sind. Dies sind vor allem die Verzinsung des Anlagekapitals und seine der sogenannten „Lebensdauer“ entsprechende Abschreibung, die unter dem Begriff *Kapitaldienst* zusammengefaßt sind. Diese jährlichen Aufwendungen sind bei gegebenen Zinssätzen und nach Festlegung von Abschreibungszeit und Abschreibungsmodus proportional zum Anlagekapital. Gleichfalls von der Höhe des Anlagekapitals für die Umwandlungseinrichtungen sind die Kapitalsteuern und auch die Versicherungsprämien (Schäden durch Naturereignisse, Maschinenbruch usw.) abhängig. Es ist üblich, alle diese Kostenfaktoren durch den sogenannten *Jahresfaktor* in Prozent der Anlagekosten zu erfassen.

Neben diesen kapitalabhängigen Kosten gibt es aber auch noch Betriebskosten, und zwar zunächst ist der jährliche *Aufwand für Bedienung und Unterhalt* der Anlage zu nennen, der genau genommen sowohl in einen leistungs- als auch arbeitsabhängigen Anteil aufzugliedern wäre, wobei die reine Bedienung im wesentlichen von der Größe der Anlage, Anzahl der Aggregate, ihrer Automatisierung usw. also von der Leistung abhängig, der Unterhalt vorwiegend arbeitsabhängig ist; dies gilt vor allem für jenen Unterhalt, der verschleißbedingt ist, z. B. Ersatz der Schläger von Kohlenstaubmühlen, dagegen nicht für solchen, der witterungsabhängig ist, wie z. B. die Erneuerung von Außenanstrichen. Da eine exakte Aufteilung vielfach schwierig ist, begnügt man sich in der Praxis bei Wärmekraftwerken mit einer Zuordnung des Bedienungsaufwandes zu den leistungsabhängigen und der Ausgaben für den Unterhalt zu den arbeitsabhängigen Kosten. Zu den leistungsabhängigen, betriebsbedingten Kosten gehören auch noch etwaige sonstige Ausgaben, wie laufende Zuschüsse für die Werkssiedlung und ähnliches.

Die Höhe der arbeitsabhängigen Kosten wird neben dem vorhin bereits erwähnten Anteil für die Bedienung und Unterhalt, in erster Linie durch die Aufwendungen für die der Anlage zugeführten und in ihr umzuwandelnden Primärenergie bestimmt. Daneben gibt es auch hier noch andere arbeitsabhängige Aufwendungen, so auch sonstige Energiekosten. Im Falle einer Erdölraffinerie z. B. geht das Erdöl in die Kostenrechnung als Primärenergie ein, dagegen fallen die Kosten für die elektrische Energie, z. B. Antrieb von Pumpen, Kompressoren, Transportmittel usw., unter die arbeitsabhängigen Aufwendungen. Faßt man das Gesagte zusammen, so ergibt sich für die Energieumwandlung folgendes Kostenschema:

			S/Jahr
Leistungsabhängige Kosten	Kapitalabhängige Kosten	Verzinsung des Anlagekapitals	$\alpha \cdot a \cdot N_i$
		Abschreibung des Anlagekapitals	
		Kapitalsteuern	
		Versicherungen	
	Betriebsabhängige Kosten	Leistungsabhängiger Anteil für Bedienung und Unterhalt und sonstige leistungsabhängige Aufwendungen	$c_b \cdot N_i$
Arbeitsabhängige Kosten		Kosten der umzuwandelnden Primärenergie	$e \cdot p_e \cdot E$
		Arbeitsabhängiger Anteil für Bedienung und Unterhalt und sonstige arbeitsabhängige Aufwendungen*	$b \cdot E$

* Kühlwasserkosten, Wasserzins, sonstige Energiekosten.

In der letzten Reihe des Schemas wurde versucht, die einzelnen Kostenfaktoren durch einen formelmäßigen Ausdruck zu erfassen. Es bedeuten:

N_i Die installierte Leistung der Umwandlungsanlagen [kW, Nm^3/h, Gcal/h, t/Tag],

a die spezifischen Anlagekosten je installierter Leistungseinheit [S/Leistungseinheit],

α den Jahresfaktor,

c_b die betriebsbedingten leistungsabhängigen Kosten [S/Leistungseinheit],

E die jährliche abgegebene Energiemenge [kWh/Jahr, Nm^3/Jahr, Gcal/Jahr, t/Jahr],

e den spezifischen Aufwand an zugeführter Energie als Jahresmittel [kcal/kWh, kWh/kWh, Gcal/Gcal, kWh/Gcal],

p_e den Preis je Einheit der zugeführten Energie [S/Gcal, S/kWh],

b den arbeitsabhängigen Kostenanteil für Bedienung und Unterhalt, sowie sonstige arbeitsabhängige Aufwendungen je abgegebene Energieeinheit [S/kWh, S/Gcal].

Nach der letzten Spalte des vorhin aufgestellten Kostenschemas betragen die Jahreskosten der umgewandelten Energie

$$K = \alpha \cdot A + c_b \cdot N_i + (e \cdot p_e + b)\, E. \quad [\mathrm{S}/a] \qquad (1)$$

Dazu ist folgendes zu sagen: Der Koeffizient e ist, wie schon erwähnt, der Primärenergieaufwand je von der Umwandlungsanlage abgegebene Energieeinheit. Bezeichnet man mit η_0 den Jahresarbeitswirkungsgrad, so ist

$$e = \frac{1}{\eta_0}.$$

Spricht man von den Aufwendungen für die Umwandlung, so müßte man eigentlich, analog zur Vorgangsweise bei Ermittlung der Fortleitungskosten, darunter die *reinen* Umwandlungskosten verstehen, d. h. es dürften als Primärenergieaufwand nur die *Verluste* der Umwandlungsanlage eingesetzt werden. Es ist also zu unterscheiden zwischen den Umwandlungskosten und den Kosten der Energie *ab* Umwandlungsanlage [11]. Für die Umwandlungsverluste, die mit e_0 bezeichnet werden sollen, wäre einzusetzen:

$$e_0 = e - 1 = \frac{1}{\eta_0} - 1 = \frac{1 - \eta_0}{\eta_0}.$$

Will man die reinen Umwandlungskosten, so tritt anstelle von

$$e \cdot p_e = \frac{p_e}{\eta_0},$$

$$e_0 \cdot p_e = \frac{1 - \eta_0}{\eta_0} \cdot p_e \quad \text{S je umgewandelte Energieeinheit.}$$

Die Formel für die reinen Umwandlungskosten würde demnach lauten

$$K = \alpha \cdot A + c_b \cdot N_i + (e_0 \cdot p_e + b) \cdot E \quad [\mathrm{S}/a] \qquad (1\,a)$$

Die Formel (1) gilt für die umgewandelte Energie, die Formel (1a) für die reinen Umwandlungskosten. Es sei hier festgehalten, daß wie üblich, wenn von Umwandlungskosten gesprochen wird, weiterhin die Kosten der von der Anlage abgegebenen umgewandelten Energie gemeint sind.

Die Zusammensetzung der Umwandlungskosten gilt *grundsätzlich* für alle Formen der Energieumwandlung. Es haben nur die einzelnen Kostenglieder von Fall zu Fall verschiedene Dimension.

Man kann daher dieses Schema und die daraus abgeleitete Formel ganz allgemein als Grundlage für die Berechnung von Umwandlungskosten verwenden.

10. Die Kosten der Umwandlung in die Nutzenergie

Es sei wieder von den Energiebedürfnissen des Verbrauchers ausgegangen und die Frage gestellt: Welche Kosten verursacht die Umwandlung der dem Verbraucher zur Verfügung stehenden Energieformen in die Nutzenergie? Dabei nimmt die chemisch gebundene Energie insofern eine Sonderstellung ein, als eigentlich keine Umwandlung in Nutzenergiebedürfnisse, wie z. B. die Raumwärme oder die Kupplungsleistung einer Arbeitsmaschine, erfolgt, sondern diese Energie, z. B. der Koksbedarf für die Roheisenerzeugung, in den Reduktionsprozeß eingeht. Die Kosten der chemisch gebundenen Energie errechnen sich in diesem Fall auf der Grundlage

Koksbedarf für die Reduktion in t/t Erz.

Dasselbe gilt grundsätzlich auch für andere Prozesse, die Energieträger nicht zur Wärmeerzeugung, sondern zur chemischen Reaktion benötigen.

Für die Ermittlung der Kosten der anderen Nutzenergiebedürfnisse ist die Formel (1) Berechnungsgrundlage. Dabei ist es bei den Energiebedürfnissen Wärme und mechanische Energie für ortsfeste Zwecke üblich, die Kosten auf eine abgegebene Nutzenergieeinheit [S/Gcal bzw. S/kWh] zu beziehen. Es wird daher im nachstehenden zunächst die Formel (1) für diese Fälle weiterentwickelt und anhand der Ableitung auf einige die Wirtschaftlichkeit beeinflussende Kriterien eingegangen. Führt man die spezifischen Anlagekosten a S/Leistungseinheit ein, so wird

$$A = a \cdot N_i \text{ [S]},$$

und man kann die Jahresaufwendungen wie folgt anschreiben:

$$K = (\alpha \cdot a + c_b)\, N_i + (e \cdot p_E + b) \cdot E \text{ [S/}a\text{]} \tag{1b}$$

$$\text{oder } K = E\left[(\alpha \cdot a + c_b)\frac{N_i}{E} + e \cdot p_E + b\right] \text{ [S/}a\text{]}.$$

Nun hat der Quotient

$$\frac{E}{N_i} = \frac{\text{Arbeit}}{\text{Leistung}}$$

die Dimension der Zeit [h/a] gleichgültig, mit welchen Einheiten man rechnet. Er sagt aus, wieviele Jahresstunden die Umwandlungseinrichtungen bei einer Nutzenergieabgabe E in Betrieb wären, wenn sie konstant mit höchster Leistung, also mit voller Inanspruchnahme ihrer Kapazität laufen würden. Dieser Quotient ist also ein Maß für die Ausnützung der Anlage. Er sei als *Benutzungsdauer* der installierten Leistung

$$t = \frac{E}{N_i} \quad [\mathrm{h/a}]$$

definiert. Der theoretische Höchstwert wäre eine Benutzungsdauer $t = 8760$ h/a, sie würde bei Betrieb der Einrichtungen während des ganzen Jahres mit ihrer Nennleistung N_i erreicht werden. Praktisch liegt t mehr oder weniger unter diesem Maximalwert. Man braucht nur z. B. an die Raumheizung zu denken, die in unseren Breitengraden nur in den Wintermonaten, also eigentlich während eines halben Jahres überhaupt und dann nur zeitweise an besonders kalten Tagen, mit voller Leistung eingeschaltet wird, wobei im allgemeinen Benutzungsdauern unter 3000 h/a auftreten. Führt man den Begriff Benutzungsdauer in die oben angeführte Beziehung ein, so erhält man für die Kosten der Umwandlung in Nutzenergie die Formel:

$$K = \left[\frac{\alpha \cdot a + c_b}{t} + e \cdot p_e + b\right] \cdot E \quad [\mathrm{S}/a] \tag{2}$$

$$k = \frac{K}{E} = \frac{\alpha \cdot a + c_b}{t} + e \cdot p_e + b \quad [\mathrm{S/Nutzenergieeinheit}] \tag{2a}$$

Mit dieser Formel kann der Verbraucher für seine Bedürfnisse an Wärme und mechanischer Energie für ortsfeste Zwecke die ihm entstehenden Kosten ermitteln und diese für die ihm zur Verfügung stehenden Primärenergieträger miteinander vergleichen.

Die Formel läßt zunächst grundsätzlich den Einfluß der Ausnützung der Umwandlungseinrichtungen, ausgedrückt durch die Benutzungsdauer erkennen. Daraus ergibt sich die Folgerung, daß bei geringer Ausnützung danach getrachtet werden muß, die leistungsabhängigen Kosten, letzten Endes also die Anlagekosten niedrig zu halten, wogegen die arbeitsabhängigen Kosten, in erster Linie beeinflußt durch die Kosten des Primärenergieträgers, in ihrer Auswirkung auf die Gesamtkosten K in einem solchen Falle zurücktreten. In der Abb. 29 wurde versucht, diesen Zusammenhang darzustellen. Aufgetragen wurden in Abhängigkeit von der Benutzungsdauer t die Kosten der Energieeinheit $\frac{K}{E}$ (Kurve 1). Die Kosten nehmen mit Verringerung der Ausnützung der Anlage rasch zu. Die Kurve 2 wurde unter der Annahme ermittelt, daß die leistungsabhängigen Kosten um 30% niedriger, dagegen aber die

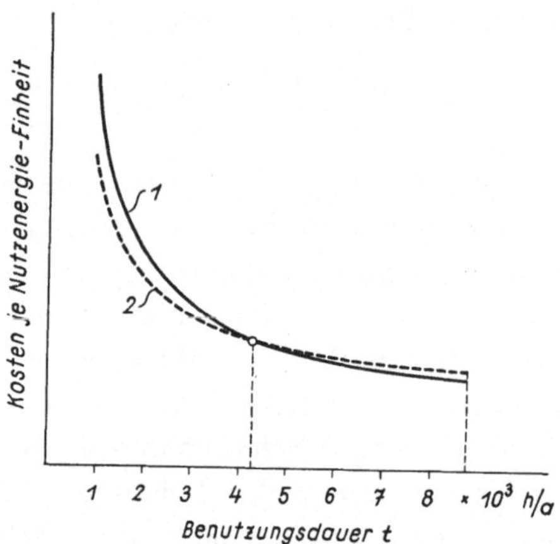

Abb. 29. Abhängigkeit der Kosten der Nutzenergie von der Benutzungsdauer und dem Verhältnis der leistungs- zu den arbeitsabhängigen Kosten. Kurve 2 leistungsabhängige Kosten − 30%, arbeitsabhängige Kosten + 50% gegenüber Kurve 1

arbeitsabhängigen Kosten um 50% höher als im ersten Fall wären. Die beiden Kurven schneiden sich bei einer Benutzungsdauer von $t \sim 4300$ h/a. Ist die Ausnutzung geringer, so ist für den Verbraucher zur Deckung seiner Energiebedürfnisse ein Umwandlungsweg, der zu Kosten entsprechend der Kurve 2 führt, wirtschaftlicher. Bei Erörterung der Auswirkungen des Wettbewerbs zwischen den einzelnen Energieträgern wird später noch näher auf diesen Zusammenhang eingegangen.

Im nachstehenden nun wird die Formel (2) den Rechnungsgrößen angepaßt, wie sie bei Kostenrechnungen für die einzelnen Energiebedürfnisse üblich sind.

a) Bedarf an Nutzwärme. Für die Umwandlung in Nutzwärme beim Verbraucher stehen als Primärenergieträger feste, flüssige und gasförmige Brennstoffe sowohl als Rohenergie als auch in einem veredelten Zustand, aber auch Fernwärme und elektrischer Strom zur Verfügung. Die in der Formel (2) enthaltenen Kostenfaktoren haben folgende Dimension:

Kostenfaktor	E	a	c_b	e	p_e	b
Dimension	Gcal/a	S/Gcal/h	S/Gcal/h · a	Gcal/Gcal	S/Gcal	S/Gcal
				kWh/Gcal	S/kWh	

Bezeichnet man mit η den mittleren jährlichen Gesamtwirkungsgrad der Umwandlungsanlage, so wird

$$e = \frac{1}{\eta} \text{ [Gcal/Gcal]},$$

bzw. bei Verwendung von elektrischem Strom als Primärenergieträger

$$e = \frac{10^6}{860 \cdot \eta} \text{ [kWh/Gcal]}.$$

Werden Brennstoffe oder Fernwärme verwendet, so versteht man unter p_e den *Wärmepreis* [S/Gcal] des Primärenergieträgers. Er kann aus Brennstoffpreis und Heizwert in einfacher Weise errechnet werden:

Bedeutet

H_u den unteren Heizwert des Brennstoffes [kcal/kg bzw. kcal/Nm³],

p_B den Preis des Brennstoffes frei Verbrauchsort [S/t bzw. S/Nm³],

B die einer Gcal entsprechende Brennstoffmenge [t/Gcal bzw. Nm³/Gcal]

dann gilt für *feste* und flüssige Brennstoffe die Beziehung:

$$1 \cdot 10^6 = B \cdot H_u \cdot 10^3 \text{ [kcal]},$$

$$1 \cdot p_e = B \cdot p_B \text{ S/Gcal}.$$

Daraus

$$p_e = \frac{p_B}{H_u} \cdot 10^3 \text{ [S/Gcal]}. \quad (3)$$

Für gasförmige Brennstoffe, bei denen Heizwert und Preis auf den Nm³ bezogen wird, kann in analoger Weise der Ansatz gemacht werden:

$$1 \cdot 10^6 = B \cdot H_u \text{ [kcal]},$$

$$1 \cdot p_e = B \cdot p_B \text{ [S/Gcal]},$$

$$p_e = \frac{p_B}{H_u} \cdot 10^6 \text{ [S/Gcal]}. \qquad (3\text{a})$$

Bei Verwendung von elektrischem Strom als Primärenergie ist darauf zu verweisen, daß bei Anwendung des sogenannten Grundpreistarifes auch für p_e eine Abhängigkeit von der Benutzungsdauer t auftritt. Das gleiche gilt für Fernwärme, für die vielfach ebenfalls Tarife angewendet werden, die aus einem Leistungspreis in Abhängigkeit vom Anschlußwert des Abnehmers und einem Arbeitspreis, der auf die in einem bestimmten Verrechnungszeitraum gelieferte Wärmemenge bezogen wird, zusammengesetzt sind.

b) Bedarf an mechanischer Energie für ortsfeste Zwecke. Für die Umwandlung in mechanische Energie für ortsfeste Zwecke, gemessen in kW bzw. kWh an der Wellenkupplung irgendeiner Arbeitsmaschine bieten sich als Primärenergieträger in erster Linie der elektrische Strom, daneben aber auch die Verbrennungskraftmaschine (Kolbenmotor oder Turbine), unter Umständen eine Dampfkraftanlage an (z. B. Antrieb von großen Gebläsen). Es seien wieder die Dimensionen der nach Formel (2) auftretenden Kostenfaktoren für diesen Umwandlungsfall zusammengestellt:

Kostenfaktor	E	a	c_b	e	p_e	b
Dimension	kWh/a	S/kW	S/kW · a	kWh/kWh	S/kWh	S/kWh
				kcal/kWh	S/Gcal	

Im Fall des elektrischen Antriebes ist für

$$e = \frac{1}{\eta}$$

zu setzen, wobei η den mittleren Jahreswirkungsgrad des Antriebsmotors und eventuell zugehörigen Transformators darstellt. p_e errechnet sich aus dem für die Anlage geltenden Stromtarif, der im allgemeinen, wie schon erwähnt, selbst von der Benutzungsdauer abhängig ist. Bei Antrieb durch eine Wärmekraftmaschine bedeutet e den mittleren spezifischen Wärmeverbrauch, bezogen auf den Brennstoff, und p_e dessen Wärmepreis. Bei der Energieumwandlung über einen Elektromotor sind Bedienung und Unterhalt, repräsentiert durch die Kostenfaktoren c_b und b von untergeordneter Bedeutung.

c) Bedarf an mechanischer Energie für Transportzwecke. In dieser Sparte ist es üblich, die Kosten nicht auf eine Energieeinheit, sondern auf 1 km der jährlich zurückgelegten Wegstrecke s [km/Jahr] zu beziehen. Geht man wieder von der allgemein gültigen Formel (1) aus, so würde diese für das hier behandelte Energiebedürfnis folgende Form annehmen:

$$K = \alpha \cdot A + C_B + (e \cdot p_e + b)\, s \quad [\mathrm{S}/a]. \tag{4}$$

In dieser Formel steht C_B anstelle von $c_b \cdot N_h$ und s anstelle von $E \cdot C_B$ [S/a] ist der Aufwand für die Bedienung des betreffenden Transportmittels, also ganz allgemein für den Fahrer, Lokführer, Flugzeugbesatzung usw. Der Unterhalt kann auch bei Transportmitteln als arbeitsabhängig, d. h. als Funktion der zurückgelegten Wegstrecke, angesehen werden. Eine Bestätigung findet diese Annahme durch die übliche Vorschrift, daß jeweils nach einer bestimmten km- oder Flugstundenzahl, die letzten Endes auch in km ausgedrückt werden kann, eine Überprüfung und Überholung der Fahrzeuge stattzufinden hat. Es seien auch hier wieder in der nachfolgenden Tabelle die Dimensionen der einzelnen Kostenfaktoren zusammengestellt:

Kostenfaktor	A	$\alpha \cdot A$	C_B	e	p_e	b	s
Dimension	S	S/a	S/a	1/100 km	S/1	S/100 km	km/a
				kWh/100 km	S/kWh		

Die Kosten für den Primärenergieträger p_e beziehen sich auf die Übernahme durch den Verbraucher, z. B. bei elektrischen Lokomotiven auf die Stromabnahme von der Fahrleitung. Die Kosten für die Stromzuführung sind in p_e bereits enthalten. Dampflokomotiven sind hier wegen ihrer zunehmenden Bedeutungslosigkeit nicht berücksichtigt. Man kann nun den oben angeschriebenen Kostenansatz umformen und erhält mit

$$K = \left[\frac{\alpha \cdot A + C_B}{s} + \frac{e \cdot p_e + b}{100}\right] \cdot s \quad [\mathrm{S}/a] \tag{4a}$$

eine der Formel (2) konforme Beziehung. Die jährliche zurückgelegte Wegstrecke s ist ein Maß für die Ausnutzung der Umwandlungseinrichtung und entspricht so sinngemäß der Benutzungsdauer t in Formel (2). Der Klammerausdruck stellt die spezifischen Umwandlungskosten je km dar, auf die sich Vergleiche über verschiedene Antriebsarten im allgemeinen beziehen.

d) Bedarf an künstlichem Licht. Ausgangspunkt für die Planung von Beleuchtungsanlagen und für die Kostenermittlung ist die geforderte mittlere Beleuchtungsstärke L_m Lux (lx) je m². Bezeichnet man mit

F die zu beleuchtende Fläche m²,

Φ_L den Lichtstrom eines Beleuchtungskörpers (Lampen) in Lumen (lm),

η_B den Beleuchtungswirkungsgrad,

n die Anzahl der Beleuchtungskörper (Lampen),

so ist ein Lichtstrom von insgesamt

$$n \cdot \Phi_L = \frac{1{,}25 \cdot L_m \cdot F}{\eta_B} \quad [\mathrm{lm}]$$

erforderlich [17]. Der in der Formel angeführte Faktor 1,25 ist der Wert, um den nach den DIN-Richtlinien der Neuwert der Beleuchtungsstärke höher sein muß, als die empfohlene mittlere horizontale Beleuchtungsstärke L_m. Er berücksichtigt die Lampenalterung und die Verschmutzung der Beleuchtungsanlage. Der Beleuchtungswirkungsgrad liegt zwischen 0,6—0,45 bei direkter Beleuchtungsart und 0,20—0,15 bei Vouten-Beleuchtung [17]. Führt man noch den Wert

λ die Lichtausbeute (Lichtstrom) je Lampe [lm/W]

ein, so ist eine mittlere Leistungsaufnahme von

$$N_0 = \frac{n \cdot \Phi_L}{10^3 \cdot \lambda} \quad [\mathrm{kW}] \tag{5}$$

zu erwarten. Die Werte λ können den von den einschlägigen Lampenherstellern herausgegebenen Tabellen für verschiedene Lampentypen und Stärken entnommen werden.

Da bei Beleuchtungsanlagen die eigentliche Bedienung als Kostenfaktor keine Rolle spielt und im Kostenfaktor Unterhalt die Arbeit für Waschen und Reinigen von Beleuchtungskörpern miterfaßt werden kann, so wäre die Formel (1), auf die Kosten von Beleuchtungsanlagen bezogen, wie folgt anzuschreiben:

$$K = \alpha \cdot A + N_0 \cdot t\,(p_{el} + b_0)\ \mathrm{S}/a. \tag{6}$$

Die Benutzungsdauer t ist gleich der Brenndauer der Lampen je Jahr. p_{el} [S/kWh] ist der Strompreis nach dem für den betreffenden Verbraucher geltenden Tarif. Die Leistung N_0 errechnet sich aus der Formel (5). Im Jahresfaktor α ist als Abschreibung die Lebensdauer der Lampen zugrunde zu legen, wobei zu berücksichtigen ist, daß z. B. bei Verwendung von Leuchtstromröhren, Lampenfuß und Vorschaltwiderstand eine andere Abschreibungszeit haben als die Lampen selbst. Es ist also

$$(\alpha \cdot A) = \alpha_1 A_1 + \alpha_2 A_2\ [\mathrm{S}/a].$$

Wenn es auch üblich ist, die Kosten von Beleuchtungsanlagen nach Formel (6) zu ermitteln, so kann man auch hier zu einer der Formel (2) konformen Beziehung gelangen. Führt man

$$a_0 = \frac{A}{N_0}\ [\mathrm{S/kW}]$$

ein, wobei hier a_0 die spezifischen Anlagekosten der Beleuchtungsanlage je kW Leistungs*aufnahme* bedeutet, und hebt $N_0 \cdot t = E$ [kWh] heraus, so erhält man die Formel:

$$K = \left[\frac{\alpha \cdot a_0}{t} + p_{el} + b_0\right] \cdot E_0. \tag{6a}$$

ein Ausdruck, der sinngemäß der Formel (2) entspricht. Der Unterschied ist nur, daß sich hier a_0, b_0 und E_0 auf die *zugeführte* Leistung bzw. Energiemenge beziehen.

11. Die Kosten der Umwandlung in eine veredelte Energieform mit einem Endprodukt — elektrische Kraftwerke

Wie das Schema der Energieumwandlung, Abb. 10, erkennen läßt, spielt darin die Umwandlung in eine veredelte Energieform eine bedeutsame Rolle. Sie stellt eine Zwischenstufe zwischen Rohenergie und Nutzenergie dar und bietet sich dem Energieverbraucher als Alternative zur direkten Verwendung der Rohenergie, aber auch als Energieform an, die die Verwertung gewisser Rohenergieträger erst in größerem Ausmaß möglich macht. Wir müssen dabei unterscheiden zwischen Veredlungsanlagen, die die Primärenergie in nur *eine* veredelte Form umwandeln und solche, bei denen *mehrere* Endprodukte entstehen, von denen auch die weniger hochwertigen abgesetzt werden müssen, soll eine ausreichende Rentabilität dieser Umwandlung gewahrt sein. Die erstgenannte Gruppe von Veredlungsanlagen wird durch die elektrischen Kraftwerke repräsentiert, die nur Strom abgeben. Heizkraftwerke gehören zur zweitangeführten Gruppe, sie geben Strom und Wärme in Form von Dampf oder Heißwasser ab, stellen also Koppelprodukte her.

Wir wollen uns in diesem Abschnitt mit den Umwandlungskosten der reinen Stromerzeugungsanlagen befassen und unterscheiden zwischen

a) konventionellen Wärmekraftwerken, die fossile Brennstoffe verfeuern, das sind Dampfkraftwerke und Anlagen mit Verbrennungskraftmaschinen,

b) Kernkraftwerke,

c) Wasserkraftwerke.

a) Konventionelle Wärmekraftwerke. Grundlage für die Ermittlung der Umwandlungskosten ist wieder die Formel (1a), die hier mit den für ein Wärmekraftwerk einzusetzenden Dimensionen der Formelgrößen nochmals angeschrieben sei:

$$K = \underbrace{(\alpha \cdot a + c_b) \cdot N_i}_{\text{leistungsabhängig}} + \underbrace{(w \cdot p_w \cdot 10^{-6} + b) \cdot E}_{\text{arbeitsabhängig}} \quad \text{S}/a.$$

Darin bedeuten, abgesehen vom Jahresfaktor α:

a die spezifischen Anlagekosten [S/kW],

c_b den leistungsabhängigen Anteil für Bedienung und Unterhalt [S/kW · a],

N_i die installierte Leistung des Kraftwerkes [kW],

w den spezifischen Wärmeverbrauch bezogen auf die *nutzbar* abgegebene Energiemenge als Jahresmittelwert [kcal/kWh],

p_w den Wärmepreis des Brennstoffes [S/Gcal],

b den arbeitsabhängigen Anteil an Bedienung und Unterhalt [S/kWh],

E die vom Kraftwerk abgegebene nutzbare Arbeit [kWh/a].

Die in der allgemein gültigen Formel (1a) mit dem Produkt

$$e \cdot p_e \text{ S je umgewandelte Energieeinheit}$$

erfaßten Kosten der zugeführten Primärenergie werden hier in

Anpassung an die für Wärmekraftwerke übliche Terminologie durch

$$w \cdot p_w \; [\mathrm{S/kWh}]$$

ersetzt.

Die spezifischen Umwandlungskosten betragen dann:

$$k = \frac{K}{E} = (\alpha\, a + c_b)\,\frac{N_i}{E} + w \cdot p_w \cdot 10^{-6} + b \; [\mathrm{S/kWh}]. \quad (7)$$

Während sich die arbeitsabhängigen Kosten auf die *nutzbare* Abgabe beziehen, also neben allen Verlusten bis zu den Abspannklemmen der Fortleitungsanlage auch der Eigenbedarf eingeschlossen ist, trifft dies für die leistungsabhängigen Kosten nicht zu. Sie sind üblicherweise auf die installierte Leistung bezogen, die wohl bei der Umwandlung in die Nutzenergie beim Verbraucher in der überwiegenden Zahl der Fälle mit der Nutzleistung übereinstimmt, jedoch nicht beim elektrischen Kraftwerk. Das elektrische Kraftwerk benötigt nicht nur einen Eigenbedarf, dessen Größe vom Umwandlungsweg (Dampfkraftwerk oder Dieselkraftwerk) abhängig ist, sondern, da die elektrische Energie nicht speicherbar ist und die von den Verbrauchern beanspruchte Leistung in jedem Augenblick in gleicher Höhe zur Verfügung gestellt werden muß, auch eine gewisse Leistungsreserve. Umwandlungseinrichtungen können durch Schaden ausfallen, müssen aber auch von Zeit zu Zeit überholt werden. Während in früheren Jahren in der Phase der meist isoliert arbeitenden Kraftwerke die Aufstellung von Reserveaggregaten in jedem Kraftwerk nicht zu umgehen war, genügt heute im Zeitalter des Verbundbetriebes eine *gemeinsame* Reservehaltung für die auf ein Netz arbeitenden Kraftwerke.

Die Reserveleistung wird durch den sogenannten *Reservefaktor* r erfaßt. Er stellt das Verhältnis der im Kraftwerk installierten Leistung N_i zu der mit Rücksicht auf die Gewährleistung der Versorgung maximalen Leistung $N_{\max}$ dar.

$$r = \frac{N_i}{N_{\max}}\,.$$

Sind z. B. in einem Kraftwerk vier Aggregate aufgestellt und würde man ein Aggregat als Reserve halten, so wäre $r = \frac{4}{3} = 1{,}33$. Es bedarf keines besonderen Nachweises, daß eine solche Reservehaltung die Umwandlungskosten nicht unerheblich belasten würde. Es ist daher heute im Zeitalter des Verbundbetriebes, wie schon vorhin erwähnt, eine gemeinsame Reservehaltung der parallel arbeitenden Kraftwerke die wirtschaftliche Lösung. Dabei ist der Reservefaktor, auf das ganze System bezogen und umgelegt auf die einzelnen Kraftwerke, wesentlich kleiner, da mit Recht angenommen werden kann, daß der gleichzeitige Ausfall mehrerer großer Aggregate unwahrscheinlich ist. Außerdem wird man die Reservehaltung älteren Kraftwerken mit schlechterem Wärmeverbrauch zuteilen und die modernen wirtschaftlichen Anlagen weitgehend ausfahren, es sei denn, die Kraftwerksblöcke sind mit einem sogenannten Überlastbereich ausgelegt, der im wesentlichen als mitlaufende Reserve für plötzliche Ausfälle von Aggregaten oder für das Auffangen von unvorhergesehenen Belastungsspitzen zur Verfügung gehalten wird.

Eine Reservehaltung im Sinne des oben angeführten Zahlenbeispiels findet man bei Industriekraftwerken, oft auch im Falle einer Kupplung mit dem öffentlichen Netz. Unter Umständen kann nämlich die Bereitstellung einer Reserveleistung seitens der öffentlichen Versorgung teurer sein als die Aufstellung eines eigenen Reserveaggregates, abgesehen davon, daß in wärmeverbrauchenden Industriebetrieben (Zellstoff-, Textilbetriebe usw.) auch die Wärmeversorgung gesichert sein muß. Man erkennt aus diesen Darlegungen, daß für die Festlegung des Reservefaktors jeweils andere Voraussetzungen bestehen und über seine Höhe von Fall zu Fall entschieden werden muß.

Elektrische Kraftwerke benötigen Energie zum Betrieb ihrer Hilfseinrichtungen, wie Kesselspeisepumpen, Kühlwasserpumpen, Gebläse, um nur die wichtigsten zu nennen. Um diesen Eigenbedarf verringert sich die von der Umwandlungsanlage nach außen abgebbare Leistung. Er kann durch folgenden Ansatz erfaßt werden:

$$N_E = \varepsilon \cdot N_{\max} \text{ [kW]}.$$

Damit wird die ins Netz abgebbare Leistung

$$N_h = (1 - \varepsilon) \cdot N_{\max} = \frac{1 - \varepsilon}{r} \cdot N_i \text{ [kW]}.$$

In die Formel für k eingesetzt erhält man

$$k = (\alpha a + c_b) \frac{r}{1 - \varepsilon} \cdot \frac{N_h}{E} + w \cdot p_w \cdot 10^{-6} + b \quad \text{[S/kWh]}.$$

Der reziproke Wert des Quotienten $\frac{N_h}{E}$ hat wieder die Dimension einer Zeit [h/a]. Man bezeichnet ihn als die *Benutzungsdauer t* der Kraftwerkshöchstlast, analog der im vorhergehenden Abschnitt definierten Benutzungsdauer der installierten Leistung der Einrichtungen für die Umwandlung in die Nutzenergie. Sie stellt die Zeit dar, in der die Umwandlungsanlage mit maximaler Last laufen müßte, um E kWh/a abzugeben. Sie ist also ein Kriterium für die Ausnutzung der Anlage und kann leicht aus der Belastungsdauerlinie ermittelt werden (Abb. 30). Der erreichbare Maximalwert von t wäre wieder 8760 Stunden. Die Anlage würde dann während des ganzen Jahres voll ausgelastet sein.

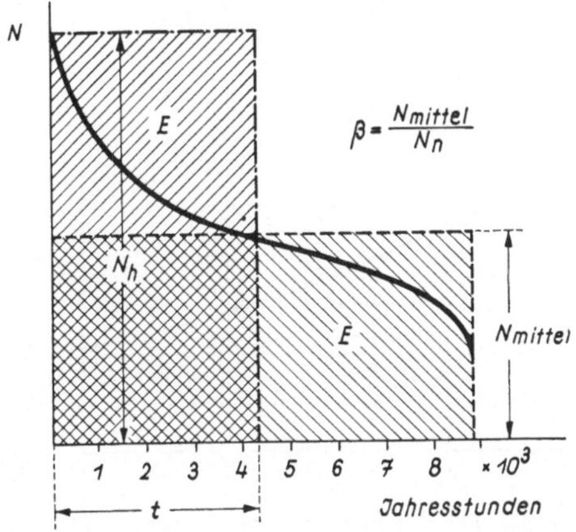

Abb. 30. Benutzungsdauer t und Belastungsfaktor β

In den englischsprechenden Ländern ist anstelle der Benutzungsdauer t als Kriterium für die Ausnutzung einer Anlage der *Lastfaktor* gebräuchlich, den wir mit β bezeichnen wollen. Er wird definiert durch den Quotienten

$$\beta = \frac{N_{\text{mittel}}}{N_h}$$

und ist eine dimensionslose Größe. Der Wert N_{mittel} ist ebenfalls in Abb. 30 eingetragen. Die Umrechnung von t auf β oder umgekehrt ist einfach:

$$N_{\text{mittel}} \cdot 8760 = N_h \cdot t = E \quad \text{kWh/Jahr},$$

$$\frac{N_{\text{mittel}}}{N_h} = \beta = \frac{t}{\underline{8760}}\,.$$

Setzt man die Benutzungsdauer t in die Formel ein, so erhält man für die Gestehungskosten je von dem Wärmekraftwerk abgegebene kWh

$$k = \frac{\alpha \cdot a + c_b}{t} \cdot \frac{r}{1 - \varepsilon} + w \cdot p_w \cdot 10^{-6} + b \text{ [S/kWh]}. \qquad (8)$$

Für den spezifischen Wärmeverbrauch [kcal/kWh] ist das Jahresmittel einzusetzen. Dieses wird bei gegebener Wärmeverbrauchskurve der Kraftwerksblöcke davon abhängen, ob diese hauptsächlich mit höherer Belastung oder durch längere Perioden mit Teillast eingesetzt sind. Auch Stillstandszeiten spielen wegen der zusätzlichen An- und Abstellverluste eine Rolle. Es ist also

$$w = f(t) \text{ [kcal/kWh]}.$$

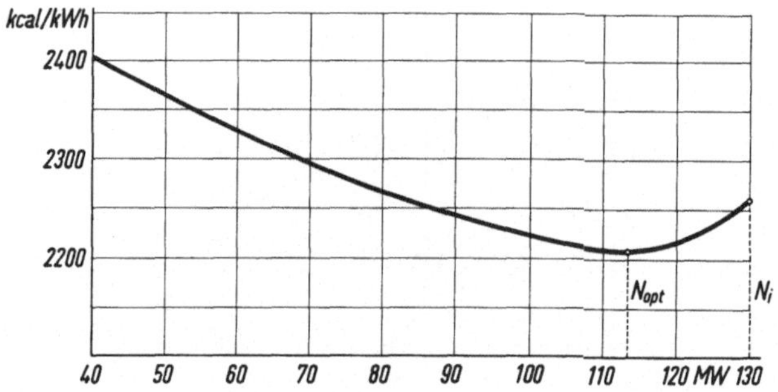

Abb. 31. Spezifischer Wärmeverbrauch eines 130-MW-Blockes

Die Ermittlung des mittleren Wärmeverbrauchse w sei an einem *Beispiel* veranschaulicht. Abb. 31 gibt den spezifischen Wärmeverbrauch eines Dampfkraftwerksblockes in Abhängigkeit von der Belastung wieder. Die Kurve besteht aus zwei Abschnitten. Der eine erstreckt sich mit fallenden Werten von der Mindestlast bis zur sogenannten Auslegungslast N_{opt} mit dem günstigsten Wirkungsgrad. Der zweite zwischen N_{opt} bis zur maximalen Dauerlast $N_{\max}$ ist durch wieder ansteigende Wärmeverbrauchsziffern gekennzeichnet. Rechnet man diese Kurve des spezifischen Wärmeverbrauches auf den stündlichen Wärmeverbrauch durch Multiplikation mit der zugehörigen Belastung um, so kann dieser unterhalb der Auslegungslast N_{opt} mit hinreichender Genauigkeit durch eine Gerade dargestellt werden. In Abb. 32 ist nun gezeigt, wie man w graphisch ermitteln kann. Im rechten oberen Feld ist die Dauerlinie der von dem betreffenden Kraftwerksblock zu deckenden

Belastung eingetragen, im linken Schaubild der stündliche Wärmeverbrauch [Gcal/h]. Dabei wurde die Annahme gemacht, daß die maximale Dauerlast N_{max} des Blockes um 10% größer ist als die diesem zugedachte Höchstbelastung N_h, daß also im Überlastbereich eine mitlaufende Reserve von

$$r = \frac{110}{100} = 1{,}1$$

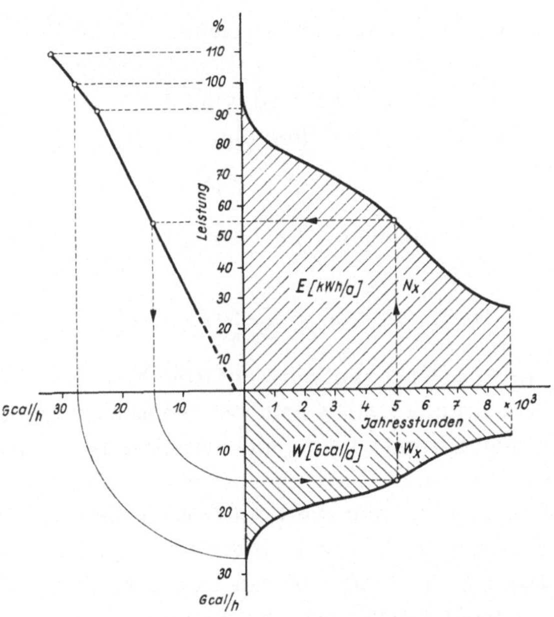

Abb. 32. Beispiel für die Ermittlung des mittleren spezifischen Wärmeverbrauches eines Kraftwerksblockes für ein gegebenes Belastungsdiagramm

als Beitrag zur Reservehaltung des Verbundnetzes angenommen wird. Unter Benutzung der Belastungsdauerlinie des Kraftwerkes erhält man in angedeuteter Weise das geordnete Wärmeverbrauchsdiagramm. Die schraffierte Fläche gibt den jährlichen Wärmeverbrauch W für die dem Belastungsdiagramm entsprechende Energiemenge E an. Der aus dem Diagramm erhaltene Quotient

$$\frac{W}{E} \text{ [kcal/kWh]}$$

erfaßt den Einfluß der im Laufe des Jahres veränderlichen Belastung auf den spezifischen Wärmeverbrauch. Um den Jahresmittelwert w zu erhalten, ist noch ein Zuschlag für die An- und Abstellverluste zu machen, der bei Projektstudien anhand von Erfahrungswerten von unter ähnlichen Voraussetzungen arbeitenden Anlagen geschätzt werden kann.

Man kann den mittleren jährlichen Wärmeaufwand w je abgegebene kWh zu dem bei Auslegungslast N_{opt} erreichbaren w_0 in Beziehung setzen und anschreiben

$$w = \delta \cdot w_0,$$

δ wollen wir als Verlustfaktor bezeichnen, sein Wert ist größer als 1. δ ist in erster Linie von der Benutzungsdauer t, aber auch von der Anzahl z der Blöcke und von deren sogenanntem wirtschaftlichem Lastverhältnis abhängig.

$$\delta = f\,(t, z, \nu).$$

Unter dem wirtschaftlichen Lastverhältnis versteht man den Quotienten

$$\nu = \frac{N_{opt}}{N_{max}}\,.$$

Er ist ein Faktor, der für die Wirtschaftlichkeit eines Wärmekraftwerkes eine wesentliche Rolle spielt, bei der Auslegung der Betriebsmittel jedoch nicht immer genügend berücksichtigt wird. Er wirkt sich nicht nur auf den Wärmeverbrauch, sondern auch auf die Anlagekosten aus. Je kleiner die Benutzungdsauer ist, umso kleiner sollte auch das wirtschaftliche Lastverhältnis gewählt werden. Bei sehr hohen Benutzungsdauern nähert sich der Wert ν dem Grenzwert 1. Für Voruntersuchungen kann man δ aus der Erfahrung schätzen, für Dampfkraftwerke z. B. finden sich in der Literatur entsprechende Angaben [18].

Man erkennt aus der Formel für k, daß die spezifischen Umwandlungskosten in erster Linie von der Benutzungsdauer abhängig sind. In Abb. 33 ist die Abhängigkeit der spezifischen Umwandlungskosten k von der Benutzungsdauer dargestellt. Als *Beispiel* wurde ein Braunkohlenkraftwerk gewählt. Bei kleiner Benutzungsdauer steigen die Umwandlungskosten fühlbar an. Man ist daher bestrebt, Umwandlungsanlagen mit hoher Benutzungsdauer zu betreiben. Dies erscheint, ganz allgemein betrachtet, dann wirtschaftlich möglich, wenn die umgewandelte Energie mit tragbaren Aufwendungen gelagert, d. h. gespeichert werden könnte. Dies ist bei der elektrischen Energie direkt nicht möglich. Hier kann man nur durch zusätzliche, kostenverursachende Um- und

Rückwandlungen (z. B. Pumpspeicherwerke) speichern oder versuchen, den zeitlichen Verlauf des Bedarfes durch einen entsprechenden tariflichen Anreiz zu vergleichmäßigen.

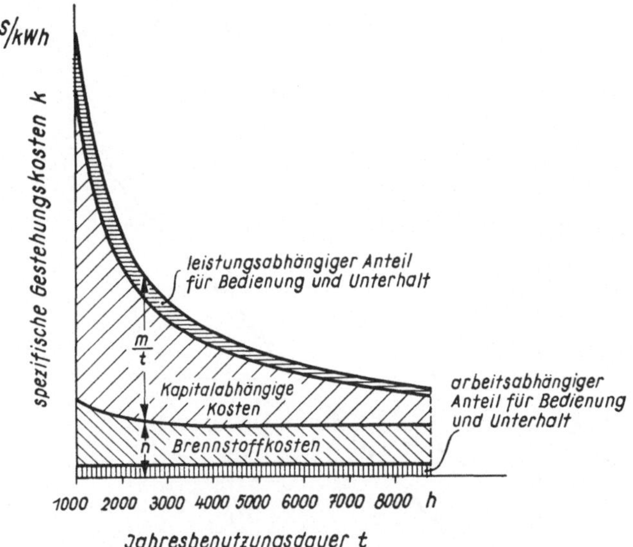

Abb. 33. Abhängigkeit der spezifischen Gestehungskosten je abgegebene kWh von der Benutzungsdauer t bei einem Braunkohlenkraftwerk

Die Brennstoffkosten zeigen nach Abb. 33 eine bei kleiner Benutzungsdauer stark ansteigende Tendenz. Es sei nun untersucht, ob der Verlauf der w-Kurve angenähert durch eine Funktion erfaßt werden kann. Um dies festzustellen, sei auf die Jahreskosten K zurückgegriffen. Sie können auf Grundlage der früher abgeleiteten Formel wie folgt angeschrieben werden:

$$K = k \cdot E = (\alpha \cdot a + c_b) \frac{r}{1 - \varepsilon} \cdot N_h +$$

$$+ (w \cdot p_w \cdot 10^{-6} + b) \cdot N_h \cdot t =$$

$$= N_h \left[(\alpha\, a + c_b) \frac{r}{1 - \varepsilon} + (w \cdot p_w \cdot 10^{-6} + b) \cdot t \right] \text{[S/}a\text{]}.$$

Da das erste Glied in der Klammer feste Kosten darstellt, so kommt es darauf an, wie sich das zweite Glied mit t verändert. In Abb. 34 wurde diese Abhängigkeit für die in Abb. 31 zugrundegelegten Verhältnisse und zwar

$$w \cdot t = f(t)$$

ermittelt. Man sieht, daß man die sehr schwach gekrümmte Kurve, ohne einen nennenswerten Fehler zu machen, durch eine Gerade ersetzen kann, die durch den Ausdruck

$$w \cdot t = w_1 + w_2 \cdot t \text{ [kcal/kW]}$$

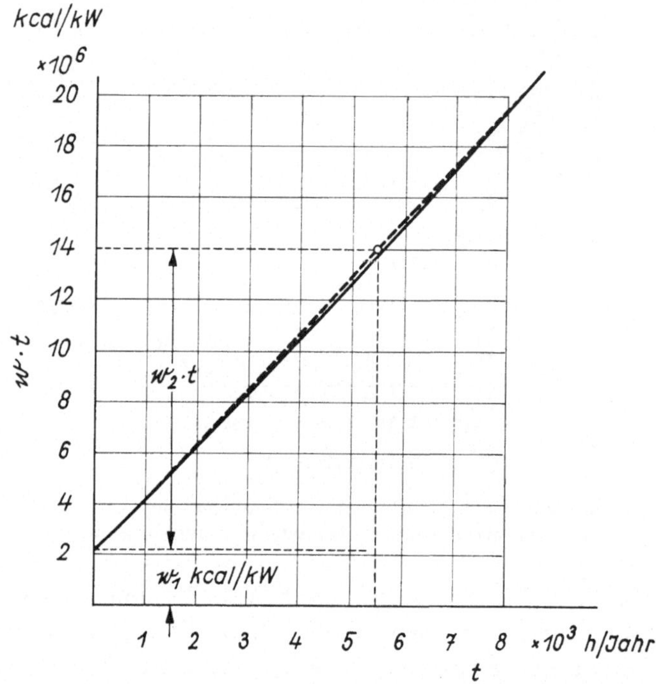

Abb. 34. Der Primärenergieverbrauch einer Umwandlungsanlage

dargestellt wird. Damit erhält man

$$K = \left[(\alpha \cdot a + c_b) \frac{r}{1 - \varepsilon} + w_1 \cdot p_1 \cdot 10^{-6} \right] \cdot N_h +$$
$$+ (w_2 \cdot p_w \cdot 10^{-6} + b) \cdot E \text{ [S/}a\text{]}.$$

Setzen wir

$$(\alpha\, a + c_b) \cdot \frac{r}{1 - \varepsilon} + w_1 \cdot p_1 \cdot 10^{-6} = m$$
$$(w \cdot p_w \cdot 10^{-6} + b) = n,$$

so wird

$$\underline{K = m \cdot N_h + n \cdot E \text{ [S/}a\text{]}.} \tag{9}$$

Das ist die Kostencharakteristik eines Kraftwerkes in einfachster und allgemeiner Form. Sie ist für eine gegebene Ausbaugröße und damit für ein bestimmtes N_h eine Gerade.

b) Kernkraftwerke. Die Verwertung der Kernenergie für Zwecke der Energieversorgung geschieht heute und auch, so weit absehbar, in Zukunft durch Umsetzung in Wärme, die in Wärmekraftmaschinensätzen in elektrische Energie umgewandelt wird. Es wird also der Kessel des konventionellen Dampfkraftwerkes bzw. der mit fossilen Brennstoffen befeuerte Luft- oder Gaserhitzer eines geschlossenen Gasturbinenprozesses durch den Reaktor mit oder ohne Wärmeaustauscher ersetzt. Damit gelten die vorhin für ein Wärmekraftwerk angestellten Überlegungen über die Stromerzeugungskosten grundsätzlich auch für das Kernkraftwerk. Die abgeleitete Kostenformel (8) bedarf in folgenden Punkten einer Ergänzung bzw. Modifikation.

1. Bei Kernreaktoren wird ein wesentlicher Teil der Brennstofffüllung (etwa $^2/_3$) zur Aufrechterhaltung der Kernspaltung benötigt, der kleinere Teil dient im Sinne des Begriffes „Brennstoff" der Umwandlung in Wärmeenergie. Der dem zuerst genannten Zweck dienende Anteil der Brennstofffüllung bleibt mengenmäßig während der Lebensdauer des Reaktors erhalten, der andere wird aufgebraucht und wäre jeweils zu ersetzen. Die Anlagekosten eines Kernkraftwerkes bestehen daher aus den eigentlichen Errichtungskosten der Anlage a_1 [S/kW] und der Beschaffung der auch am Ende der Abschreibungszeit noch vorhandenen Brennstoffmenge, die für die Kontinuität des nuklearen Prozesses notwendig ist. Der hiefür notwendige Investitionsaufwand sei mit a_2 [S/kW] eingesetzt. Er erfordert nach dem vorhin Gesagten keine Abschreibung, sondern nur eine Verzinsung ξ des anteiligen Anlagekapitals. Es ist also in der Formel (8)

$$\alpha \cdot a = \alpha \cdot a_1 + \zeta\, a_2 \text{ [S/}a\text{]}.$$

2. Es hat sich eingebürgert, bei Kernreaktoren von einer thermischen Leistung N_{th} [kW] zu sprechen und die Berechnungen auf diese zu beziehen. Man meint damit die maximale Dauerlast für die der *Reaktor* ausgelegt ist.

$$N_{th} \cdot t = E_{th} \text{ [kWh/}a\text{]}$$

ist dann die vom Reaktor jährlich abgegebene thermische Energiemenge. Ihr entspricht bei einem konventionellen Dampfkraftwerk die Abgabe der Kesselanlage. Die Beziehung zur Energieabgabe ins Netz E wird durch den mittleren Jahreswirkungsgrad η der Umwandlung von Wärme in elektrische Energie hergestellt, der auch den Eigenbedarf der Gesamtanlage berücksichtigt.

$$\eta = \frac{E}{E_{\text{th}}}.$$

Damit wird der spezifische Wärmeverbrauch

$$w' = \frac{860}{\eta} \text{ [kcal/kWh]}.$$

Der Unterschied gegenüber konventionellen Kraftwerken liegt darin, daß der Wärmeverbrauch nicht auf den Ausgangsenergieträger, sondern auf die Wärmeabgabe des Reaktors, also nur auf den sekundären Umwandlungsprozeß von Wärme in elektrische Energie bezogen ist. Daher sei dieser Wärmeverbrauch hier zur Unterscheidung mit w' bezeichnet.

3. Die unter Punkt 2 getroffene übliche Festlegung bedeutet aber, daß der Wärmepreis des Brennstoffes, im Gegensatz zur Gepflogenheit bei konventionellen Wärmekraftwerken auf die Energieabgabe des Reaktors bezogen wird, also die Umwandlungsverluste, vor allem aber die Ausnutzung des nuklearen Brennstoffes *im* Reaktor miteinbezieht. Anstelle des Produktes

$$w \cdot p_w \cdot 10^{-6} \text{ [S/kWh]}$$

tritt beim Kernkraftwerk der analoge Ausdruck

$$w' \cdot p_w' \cdot 10^{-6} \text{ [S/kWh]}.$$

Während der Wärmeverbrauch w' aus der Auslegung des dem Reaktor angeschlossenen thermischen Kreisprozesses in üblicher Weise errechnet wird, bedarf die Ermittlung des Wärmepreises w' noch einer Erläuterung.

Als Kenngröße für den Ausnutzungsgrad des Kernbrennstoffes dient der sogenannte Abbrand. Er sei mit s bezeichnet und hat die Dimension

$$s \text{ [MW}_{\text{therm}} \cdot d/t \text{ Uranmetall]}$$

$$1 \text{ MW} \cdot d = 1000 \cdot 24 \text{ kWh} = 1000 \cdot 24 \cdot 860 \text{ kcal} = 20{,}6 \text{ Gcal}.$$

Der Preis der Brennstäbe wird auf die t Uranmetall bezogen und setzt sich wie folgt zusammen:

$$P = P_{\text{u}} + P_{\text{an}} + P_{\text{fabr}} - P_{\text{rest}} \text{ [S/t]},$$

darin bedeuten

P_u Preis des Uranmetalls selbst,

P_{an} Kosten für die Anreicherung,

P_{fabr} Kosten für die Herstellung der Brennelemente,

P_{rest} Restwert der abgebrannten und einer Wiederverarbeitung zugeführten Brennstäbe.

Damit errechnet sich der Wärmepreis der vom Reaktor gelieferten Wärmeenergie zu:

$$p_{w}' = \frac{P}{20{,}6\ s}\ [\text{S/Gcal}].$$

Unter Berücksichtigung des über die Anlagekosten von Kernkraftwerken und über die Brennstoffkosten Gesagten können dann nach Formel (8) die Erzeugungskosten der elektrischen Energie in Kernkraftwerken in gleicher Weise wie für konventionelle Wärmekraftwerke ermittelt werden. Auch ihre Abhängigkeit von der Benutzungsdauer t entspricht grundsätzlich der Abb. 33. Die Kostenkurve k verläuft jedoch mit abnehmender Benutzungsdauer steiler als bei einem konventionellen Kraftwerk, da die leistungsabhängigen Kosten beim Kernkraftwerk höher, die arbeitsabhängigen Kosten jedoch niedriger sind. Die Auswirkung dieser verschiedenen Kostencharakteristiken auf die Einsatzweise der Kraftwerkstypen wird später noch näher erörtert.

c) Wasserkraftwerke. Auch bei der Ermittlung der Erzeugungskosten von Wasserkraftwerken ist die allgemeine Kostenformel (8) die Grundlage. Werden, wie dies in Österreich üblich ist, keine Konzessionsabgaben und kein Wasserzins für die Ausnutzung eines Flußlaufes zur Stromerzeugung eingehoben, so fällt zunächst das die Brennstoffkosten berücksichtigende Glied weg und die Formel vereinfacht sich auf

$$k = \frac{\alpha a + c_b}{t} \cdot \frac{r}{1 - \varepsilon} + b\ [\text{S/kWh}].$$

Bei Laufkraftwerken ist es möglich, Überholungen der Einrichtungen in Zeiten niedriger Wasserführung zu verlegen, in der ein Teil der Aggregate ohnehin abgestellt wird. Außerdem sind Wasserkraftmaschinen weniger störanfällig als die Einrichtungen von

Wärmekraftwerken. Es ist üblich, besonders im Alpenbereich, in dem das höchste Dargebot zeitlich nicht mit der Bedarfsspitze zusammenfällt und daher bei Laufkraftwerken ohnehin eine ausreichende Ergänzungsleistung verfügbar sein muß, den Reservefaktor $r = 1$ zu setzen. Man geht dabei von der Voraussetzung aus, daß die Ausbauleistung N_i des Laufwasserkraftwerkes, soweit dies die Wasserführung zuläßt, ausgefahren wird. Auch bei Speicherkraftwerken rechnet man aus den dargelegten Gründen für das Werk selbst mit einem Reservefaktor $r = 1$, es sei denn, daß eine gewisse Leistung des Speicherkraftwerkes und ein entsprechender Anteil des Speicherinhaltes als Reserve für den Ausfall *anderer* parallel arbeitender Werke bereitgehalten werden.

Während bei Wärmekraftwerken die Kostenfaktoren c_b und b eine fühlbare Rolle spielen, treten sie bei Wasserkraftwerken gegenüber dem Kostenglied $\alpha \cdot a$ stark zurück. Es hat sich daher bei der Berechnung der Erzeugungskosten von Wasserkraftwerken eingebürgert, die beiden Kostenfaktoren c_b und b als Verhältniswert zu den Anlagekosten auszudrücken und in den Jahresfaktor α einzubeziehen. Die Formel für die Erzeugungskosten eines Wasserkraftwerkes vereinfacht sich so auf den Ausdruck:

$$k = \frac{\alpha \cdot a}{t} \cdot \frac{1}{1 - \varepsilon} \text{ [S/kWh]}. \tag{10}$$

Dazu ist noch zu bemerken, daß der Eigenbedarf bei Wasserkraftwerken im Gegensatz zu Wärmekraftwerken eine ganz untergeordnete Rolle spielt. Während bei Dampfkraftwerken der Eigenbedarf im allgemeinen je nach Brennstoff etwa zwischen 5 und 8% angenommen werden kann, liegt er bei Wasserkraftwerken in der Größenordnung von 0,35%. Er wird daher in Abwägung der möglichen Genauigkeit der Dargebotsermittlung in der Kostenformel oft vernachlässigt.

Bei Laufwasserkraftwerken ist es auch vielfach üblich, die spezifischen Anlagekosten nicht auf das ausgebaute kW, sondern auf die kWh mittlerer Jahreserzeugung zu beziehen. Sind

$$a_0 = \frac{A}{E} \text{ [S/kWh]}$$

diese Anlagekosten, so werden die Stromerzeugungskosten

$$k = \alpha \cdot a_0 \text{ [S/kWh]}. \tag{10a}$$

12. Das kalorische Kostenäquivalent als Grundlage für die Optimierung von Wärmekraftwerken

Bei der Planung eines Wärmekraftwerkes ist es wirtschaftlich gesehen eine wesentliche Aufgabe, die leistungs- und arbeitsabhängigen Kosten bzw. die sie maßgeblich beeinflussenden Größen, Anlagekosten und Wärmeverbrauch, so aufeinander abzustimmen; daß bei der vorgesehenen Ausbauleistung, den zu erwartenden Betriebsverhältnissen und Brennstoffpreisen, die Stromerzeugungskosten ein Minimum werden. Nun sind die spezifischen Anlagekosten a und der spezifische Wärmeverbrauch w_0 bei der Auslegungslast keine voneinander unabhängigen Größen. Eine wesentliche Senkung der Anlagekosten a, wie sie bei niedrigen Benutzungsdauern anzustreben ist, bedingt z. B. bei Dampfkraftwerken eine einfachere Kessel- und Turbinenkonstruktion, die Wahl eines niedrigeren Dampfdruckes, eine Vereinfachung der Vorwärmung und ähnliche Maßnahmen. Sie hat zwangsläufig eine Verschlechterung des thermischen Wirkungsgrades, der Maschinen- und Kesselwirkungsgrade und damit eine Erhöhung des Wärmeverbrauches zur Folge. Umgekehrt erfordert die Erreichung eines niedrigen Wärmeverbrauches eine Wärmeschaltung, die die Möglichkeiten, welche eine Dampfdruck- und Temperatursteigerung, die Anzapfvorwärmung des Speisewassers und die Zwischenüberhitzung bieten, weitgehend ausnützt und auch aus den Betriebsmitteln durch eine hochwertige Ausführung einen hohen Wirkungsgrad der Energieumwandlung herausholt.

Das hier für Dampfkraftwerke Gesagte gilt grundsätzlich auch für andere Kraftwerksarten. Bei Gasturbinenanlagen, von denen z. B. ein sehr niedriger spezifischer Wärmeverbrauch verlangt wird, müssen hohe Anfangstemperaturen, niedrige Abgastemperaturen und eventuell Zwischenüberhitzung angestrebt werden. Diese Maßnahmen haben die Verwendung hochwertigster Werkstoffe, großer Wärmeaustauscher, unter Umständen eine mehrwellige Ausführung mit mehreren Brennkammern, also eine Erhöhung der Anlagekosten zur Folge. Umgekehrt wird man bei Anlagen, die im wesentlichen der Reserve oder als Zusatzwerke in Wasserkraftnetzen für Trockenjahre dienen, die also nur kurzzeitig in Betrieb sind, möglichst einfachen Ausführungen mit kleinerem Wärmeaustauscher unter Verzicht auf einen sehr hohen Wirkungsgrad zuneigen.

Genau genommen ist der Aufwand für Bedienung und Unterhalt, erfaßt durch c_b und b, auch etwas von den Anlagekosten abhängig, denn eine einfache Bauart wird im allgemeinen niedrigere Unterhaltskosten erfordern als eine hochwertige Ausführung der Betriebsmittel. Diese Abhängigkeit kann jedoch wegen ihres verhältnismäßig geringfügigen Einflusses auf die Gesamtgestehungskosten (siehe auch Abb. 33) vernachlässigt werden. Die Optimierung beruht daher praktisch auf der Abhängigkeit zwischen Anlagekosten a und Wärmeverbrauch w. Nehmen wir an, daß einer ursprünglichen Auslegung eines Wärmekraftwerkes eine Variante gegenübergestellt wird und sich bei dieser die Anlagekosten um Δa [S/kW] und der spezifische Wärmeaufwand bei Auslegungslast um Δw_0 [kcal/kWh] ändert. Die übrigen Kostenglieder würden gleich bleiben. Die ursprünglichen Stromerzeugungskosten wären, wie bereits abgeleitet:

$$k = \frac{\alpha \cdot a + c_b}{t} \cdot \frac{r}{1 - \varepsilon} + \delta \cdot w_0 \cdot p_w + b \quad \text{[S/kWh]}.$$

Es wird dann

$$k' = \frac{\alpha\,(a + \Delta a) + c_b}{t} \cdot \frac{r}{1 - \varepsilon} + (w_0 + \Delta w_0) \cdot \delta \cdot p_w + b.$$

Die Umwandlungskosten bleiben die gleichen, wenn

$$k' = k$$

ist, also

$$\frac{\alpha \cdot \Delta a}{t} \cdot \frac{r}{1 - \varepsilon} = -\,\Delta w_0 \cdot p_w \cdot \delta.$$

Löst man diese Gleichung nach $\frac{\Delta a}{\Delta w}$ auf, so erhält man

$$\frac{\Delta a}{\Delta w_0} = -\,\frac{\delta \cdot t \cdot p_w}{\alpha} \cdot \frac{1 - \varepsilon}{r} \left[\frac{\text{S/kWh}}{\text{kW} \cdot \text{kcal}} = \frac{\text{S} \cdot \text{h}}{\text{kcal}}\right]. \qquad (11)$$

Dieser Differenzenquotient gibt an, welche Erhöhung der Anlagekosten je kW zulässig ist, um eine kcal zugeführter Energie einzusparen bzw. welche Änderung des Energieaufwandes auf die Umwandlungskosten den gleichen Einfluß ausübt, wie die Änderung der Anlagekosten um 1 S/kW. Es sei daher der Quotient $\frac{\Delta a}{\Delta w}$ als *kalorisches Kostenäquivalent* bezeichnet. Es ist proportional dem Preis der zugeführten Energie und der Benutzungsdauer und umgekehrt proportional dem Jahres- und Reservefaktor. Je höher die Benutzungsdauer ist, umso höhere spezifische Anlagekosten können je kcal Wärmezufuhr aufgewandt werden.

Das kalorische Kostenäquivalent stellt für die Auslegung von Umwandlungsanlagen eine wichtige Kennziffer dar. Es gibt dem planenden Ingenieur einen Anhalt, in welchem Umfang Maßnahmen zur Senkung des Energieaufwandes, die gleichzeitig eine Erhöhung des Anlageaufwandes bedingen, zulässig erscheinen. Es ist die Grundlage für die Beurteilung möglicher Auslegungsvarianten von Kraftwerken. Die in der Formel enthaltenen Faktoren, wie Jahresfaktor, Benutzungsdauer, Brennstoffkosten, Reservefaktor, gehören zu den Voraussetzungen für das betreffende Projekt.

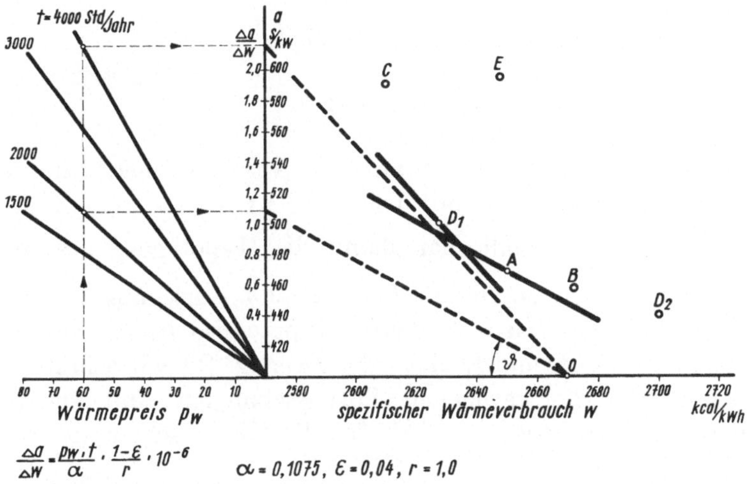

Abb. 35. Graphische Ermittlung des wirtschaftlichsten Turbosatzes aus Angeboten der Lieferfirmen

Eine praktische Anwendung des kalorischen Kostenäquivalentes zeigt beispielsweise Abb. 35, in der es als Kenngröße für einen Angebotsvergleich für einen Turbosatz herangezogen wird. Von den für verschiedene Belastungen angegebenen Wärmeverbrauchsgarantien wird anhand der Belastungskurve in Anlehnung an das in Abb. 32 dargestellte Verfahren der mittlere spezifische Wärmeverbrauch w ermittelt und dieser den spezifischen Anlagekosten a zugeordnet. Dies ist im rechten Teil des Diagrammes geschehen, in dem die Firmenangebote durch die Punkte $A-E$ eingetragen sind, wobei die Firma D zwei Varianten vorgeschlagen hat; D_1

mit niedrigerem Wärmeverbrauch, aber höheren Anlagekosten, D_2 eine einfachere Maschine mit entsprechend höherem Wärmeverbrauch. Im linken Diagramm wird nach der Formel (11) das kalorische Kostenäquivalent als Funktion der Benutzungsdauer t und des Brennstoffpreises p_w [S/Gcal] ermittelt. Die übrigen Größen wurden für dieses Beispiel wie folgt angenommen:

$$\begin{aligned} &\text{Jahresfaktor} && \alpha = 0{,}1075, \\ &\text{Eigenbedarfsanteil} && \varepsilon = 0{,}04, \\ &\text{Reservefaktor} && r = 1. \end{aligned}$$

Man kann im linken Diagramm für verschiedene Werte w und t das kalorische Kostenäquivalent $\frac{\Delta a}{\Delta w}$ ablesen. Nun entspricht $\frac{\Delta a}{\Delta w}$ der Tangens-Funktion eines Winkels

$$\frac{\Delta a}{\Delta w} = -\operatorname{tg} \vartheta.$$

Wählt man maßstabsgerecht auf der Abszisse einen Nullpunkt und verbindet man diesen mit dem auf der Ordinate aufgetragenen Wert für $\frac{\Delta a}{\Delta w}$, so erhält man damit die Hypotenuse des rechtwinkeligen Dreiecks und damit den Winkel ϑ. Auslegungsvarianten, die auf einer Parallelen zu dieser Hypotenuse liegen, sind hinsichtlich ihrer Wirtschaftlichkeit gleichwertig. Die wirtschaftlichste Auslegung für die gegebenen Voraussetzungen sind bei jener Variante zu erwarten, die bei der Parallelverschiebung zuerst berührt wird.

Für das eingetragene Beispiel

$$\begin{aligned} p_w &= 60 \text{ S/Gcal} \\ t &= 2000 \text{ h}/a \end{aligned}$$

wäre $\frac{\Delta a}{\Delta w} = 1{,}08$; verbindet man diesen Ordinaten-Wert mit dem Nullpunkt und verschiebt man diese Gerade parallel, so trifft sie unter den vorliegenden Angeboten zuerst die Variante A. Würde man mit dem gleichen Wärmepreis und einer Benutzungsdauer $t = 4000$ h/a rechnen, so würde das Angebot D_1 die wirtschaftlichste Lösung darstellen. Der Wert dieses graphischen Projektvergleiches liegt nicht nur in der übersichtlichen Darstellung, sondern auch in der Möglichkeit, die Auswirkung von im Laufe der Zeit sich ändernden Werten von t und p_w beurteilen zu können. Außerdem kann man in diesem Diagramm die im Laufe der Vergabeverhandlungen von den Anbietern vorgenommenen Preis- und Auslegungsänderungen eintragen, aber auch feststellen, welchen Preisnachnaß ein Anbieter gewähren müßte, um mit dem Bestbieter Schritt halten zu können und gewinnt so eine Art graphisches Protokoll über die Vergabeverhandlungen.

Man kann aber noch einen Schritt weitergehen und diese Darstellung anwenden, um auch Kraftwerke mit verschiedenen Primärenergieträgern in ihrer Wirtschaftlichkeit global zu vergleichen und die günstigste Lösung herauszusuchen. Da hier auch c_b und b von der Art der zugeführten Energie abhängig sind, so muß man die Kostencharakteristiken der verschiedenen Kraftwerkstypen ermitteln, die vorhin mit

$$K = m \cdot N_h + n \cdot E \quad [\text{S/Jahr}]$$

bzw. $k = \frac{K}{E} = \frac{m}{t} + n \quad [\text{S/kWh}]$

angeschrieben worden sind. Ist

$$k' = \frac{m + \Delta m}{t} + n + \Delta n,$$

so gilt wieder die Grenzbedingung $k = k'$. Damit wird

$$\frac{\Delta m}{t} = -\Delta n,$$

$$\frac{\Delta m}{\Delta n} = -t.$$

Es kann auch hier sinngemäß das Diagramm, Abb. 35, angewendet werden. Im rechten Feld werden als Abszisse die arbeitsabhängigen Kosten [n S/kWh] und als Ordinate die leistungsabhängigen [m S/kW $\cdot$ a] für verschiedene Varianten eingetragen. Als zweite Ordinate ersetzt t das kalorische Kostenäquivalent.

$$t = -\operatorname{tg} \vartheta.$$

Mit der maßstabsgerechten Einzeichnung des O-Punktes kann dann in Abhängigkeit von t die günstigste Lösung in gleicher Weise wie vorhin gefunden werden. Auf diese Möglichkeit sei hier nur der Vollständigkeit halber kurz hingewiesen, ohne damit der nachfolgenden Erörterung von Wirtschaftlichkeitsvergleichen vorzugreifen.

Kann man den Zusammenhang zwischen spezifischen Anlagekosten a und Wärmeverbrauch w_0 kurvenmäßig darstellen, also von

$$a = f(w_0)$$

ausgehen, so ist eine Optimierung möglich. Das Kriterium für die wirtschaftlichste Auslegung ist die Bedingung, daß

$$\frac{da}{dw} = 0$$

ist. Geht man wieder von der Formel für die umgewandelte Energie aus und differenziert diese nach w_0, so erhält man unter der Voraussetzung, daß c_b und b, wie vorhin, als unabhängige Größen angesehen werden können

$$\frac{dk}{dw_0} = \frac{\alpha}{t} \cdot \frac{da}{dw_0} \cdot \frac{r}{1-\varepsilon} + \delta \cdot p_w = 0$$

die optimalen Umwandlungskosten werden demnach erreicht, wenn

$$\frac{da}{dw_0} = -\frac{t \cdot \delta \cdot p_w}{\alpha} \cdot \frac{1-\varepsilon}{r} = -\operatorname{tg} \vartheta. \tag{12}$$

Der Ausdruck ist derselbe, wie für das kalorische Kostenäquivalent. Dies ist einleuchtend, da es sich, wie in Abb. 36 ange-

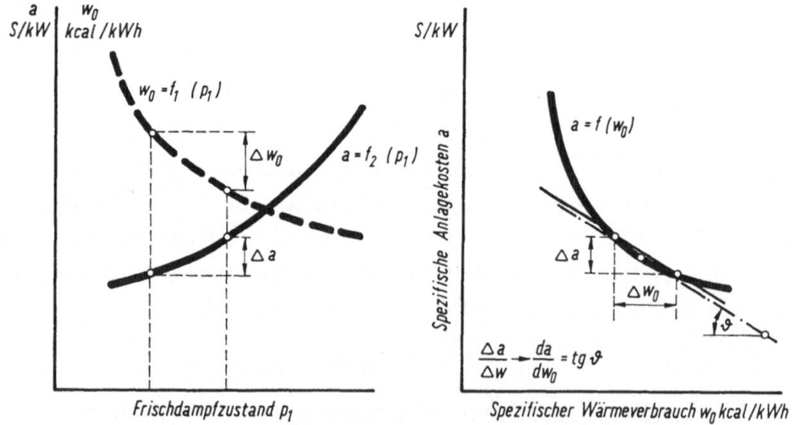

Abb. 36. Zusammenhang zwischen Wärmeverbrauch und Anlagekosten

deutet, um den Übergang vom Differenzenquotienten auf den Differenzialquotienten handelt. Der praktische Fall einer solchen Optimierungsmöglichkeit liegt z. B. bei der Festlegung des

Frischdampfzustandes für ein Kondensationskraftwerk vor. Im linken Diagramm der Abb. 36 ist die Abhängigkeit des spezifischen Wärmeverbrauches w_0 und der Anlagekosten vom Frischdampfzustand p_1 angedeutet, wobei dem Frischdampfdruck jeweils eine übliche Temperatur zugeordnet ist. Durch Kombination der Kurven

$$w_0 = f_1 (p_1)$$

und

$$a = f_2 (p_1)$$

erhält man im rechten Diagramm den Zusammenhang

$$a = f (w_0).$$

Zieht man an diese Kurve unter dem Winkel ϑ die Tangente, so erhält man den wirtschaftlichsten Frischdampfzustand für die durch die Formel (12) gegebenen Voraussetzungen. Man kann auf die analoge Weise z. B. die optimale Vorwärmtemperatur des Speisewassers bei Dampfkraftwerken, die Größe des Wärmeaustauschers bei Gasturbinenanlagen, die wirtschaftlichste Aggregatzahl und ähnliches ermitteln.

13. Die Kosten der Umwandlung in veredelte Energie mit mehreren Endprodukten

Die beiden vorhergehenden Abschnitte waren dem elektrischen Kraftwerk gewidmet, in dem der verwendete Rohenergieträger in nur eine veredelte Energieform, den elektrischen Strom, umgewandelt wird. Nun gibt es aber, wie das Schema der Energieumwandlung, Abb. 10 zeigte, Möglichkeiten, die Rohenergie zu veredeln, bei denen mehrere Endprodukte entstehen, die im wesentlichen als veredelte Energieformen dem Verbraucher, zum Teil aber der Weiterverarbeitung für andere Zwecke, zugeführt werden. Das Heizkraftwerk gibt Strom und Wärme ab, die Gaserei bzw. Kokerei Gas, Koks, Teer, Benzol und Phenol, die Raffinerie Benzin, Dieselöl, leichtes und schweres Heizöl und Raffineriegas, daneben noch Bitumen und Schmieröl. Es stellt sich nun die Frage, wie man die abgeleitete Kostenformel für Umwandlungsanlagen auch in diesen Fällen anwenden und die Gestehungskosten auf die erhaltenen Produkte anteilig umlegen kann.

Schon beim einfachsten Fall, dem Heizkraftwerk, erkennt man, daß eine exakte Aufteilung der Umwandlungskosten auf

Strom und Wärme nicht möglich ist. In der Literatur finden sich verschiedene Arbeiten, in denen dieses Problem behandelt und versucht wurde, auf analytischem Wege die einzelnen Kostenelemente und ihren Anteil an der Dampf- und Stromlieferung zu erfassen. Bei den Anlageteilen, die nur der Stromlieferung dienen, wie z. B. Generatoren, Umspanner, Schaltanlage, Kühlwasserversorgung, oder die lediglich durch die Dampfabgabe bedingt sind, wie z. B. Dampfumformer, ist diese Kostentrennung einfach. Bei den anderen, sowohl durch die Strom- als auch durch die Dampflieferung beanspruchten Einrichtungen, ist eine solche Aufgliederung vielfach gar nicht korrekt durchführbar, so daß auch solche kostenanalytische Verfahren ohne gewisse willkürliche Annahmen nicht auskommen.

An sich ist es üblich, in solchen Fällen die gesamten Jahreskosten K [S/a] der Umwandlungsanlage im Sinne der Formel (1) zu ermitteln, wobei als „Brennstoffkosten" das Produkt

Erforderliche Primärenergiemenge × Preis der Energieeinheit frei Umwandlungsanlage

einzusetzen ist. Der Eigenbedarf der Umwandlungsanlage ist, soweit er nicht mit einer der abgegebenen Energieformen identisch ist und daher wie beim reinen Kraftwerk die Nutzabgabe mindert — dies wären bei Gasereien und Raffinerien Strom und Dampf — im Kostenfaktor b mitzuerfassen. Diesen Jahreskosten K werden die für die abgegebenen Endprodukte erzielten Erlöse gegenübergestellt, die in ihrer Summe jedenfalls die Gestehungskosten decken müssen, will die Errichtung dieser Anlage wirtschaftlich berechtigt sein.

Ausgehend von der Formel für die spezifischen Gestehungskosten von Umwandlungsanlagen soll nun im nachstehenden versucht werden, unbeschadet der oben angedeuteten Problematik, für die hier in Frage kommenden Fälle Kostencharakteristiken abzuleiten, die für die später zu behandelnden Wirtschaftlichkeitsbetrachtungen eine geeignete Grundlage darstellen. Solche Kostencharakteristiken setzen voraus, daß man zunächst die Kosten auf das hochwertigste von der Umwandlungsanlage gelieferte Produkt bzw. auf dasjenige umlegt, dessen Bedarf für die Errichtung der Anlage ausschlaggebend ist. Bei Heizkraftwerken z. B. würden die Umwandlungskosten auf den elektrischen Strom als das höherwertige Produkt, bei Raffinerien auf die Treibstoffe, bei Gaswerken auf das Stadtgas, bei den der Hüttenkokserzeugung dienenden Kokereien auf den Koks umgelegt werden, d. h. also, daß die Gesamtjahreskosten K durch die Menge dieses Produktes zu dividieren wären, um fiktive spezifische Umwandlungskosten k' zu erhalten. Die Ableitung dieser Kostencharakteristiken soll nun für Heizkraftwerke, Kokereien bzw. Gasereien und Raffinerien getrennt durchgeführt werden. Wenn auch Sinn und Rechnungsgang derselbe sind, so haben doch die Dimensionen der Formelgrößen andere Bedeutung.

a) Heizkraftwerke. Bezeichnet man mit

E die vom Heizkraftwerk jährlich abgegebene elektrische Energie [kWh/a],

W die jährlich ab Werk abgegebene Wärmemenge [Gcal/a],

K die jährlichen Gesamtkosten für das Heizkraftwerk [S/a],

k_E den auf die Stromabgabe umgelegten Kostenanteil für die Umwandlung [S/kWh],

k_W den auf die Wärmeabgabe umgelegten Kostenanteil [S/Gcal],

so gilt der Ansatz:

$$K = E \cdot k_E + W \cdot k_W \ [\text{S}/a]$$

oder

$$\frac{K}{E} = k' = k_E + \frac{W}{E} \cdot k_W \ [\text{S/kWh}].$$

$\frac{E}{W}$ [kWh/Gcal] wird als *Stromkennzahl* der Heizkraftkupplung bezeichnet. Es sei hiefür das Formelzeichen σ eingesetzt. Damit wird

$$k' = k_E + \frac{k_W}{\sigma} \ [\text{S/kWh}]. \tag{13}$$

k' ist nach Formel (7) zu berechnen:

$$k' = \frac{\alpha\, a + c_b}{t} \cdot \frac{r}{1 - \varepsilon} + \delta \cdot w_0 \cdot p_w \cdot 10^{-6} + b \ [\text{S/kWh}].$$

Die Anlagekosten des Heizkraftwerkes und der leistungsabhängige Anteil für Bedienung und Unterhalt sind auf das installierte kW zu beziehen, der Wärmeverbrauch $\vartheta \cdot w_0$ auf die dem Kessel zugeführte Wärmemenge W

$$\delta \cdot w_0 = \frac{W}{E} \ [\text{kcal/kWh}]$$

d. h., daß mit dem anteiligen Brennstoffaufwand für die Wärmeabgabe zunächst die elektrische Energie belastet wird.

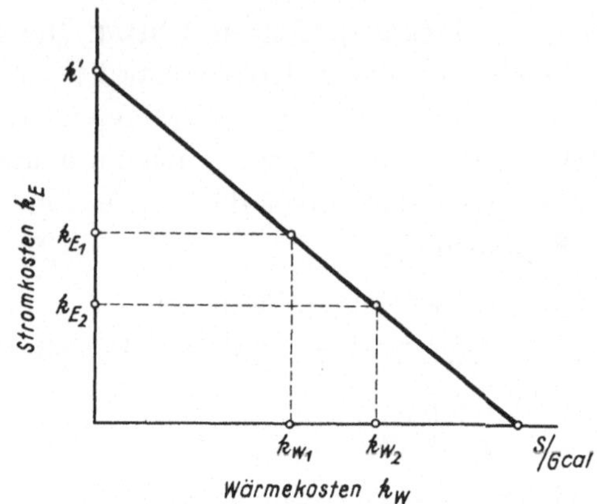

Abb. 37. Kostencharakteristik eines Heizkraftwerkes

In Abb. 37 ist die Formel (13) graphisch ausgewertet. Die Kostencharakteristik des Heizkraftwerkes besagt, daß bei einem auf die Stromabgabe umgelegten Kostenanteil von k_E [S/kWh] auf die Wärmeabgabe ein Anteil von k_W [S/Gcal], bei k_{E2} ein solcher von k_{W2} entfallen würde. Die Kosten der Stromerzeugung entsprechen dem Grenzwert k', wenn man die Wärmeabgabe kostenmäßig überhaupt nicht belasten würde ($k_W = 0$), umgekehrt wäre für $k_E = 0$

$$k_W = k' \cdot \sigma \text{ [S/Gcal]}.$$

Der Einfluß der Benutzungsdauer des Heizkraftwerkes ist in k' enthalten. k' ist aber auch von der Stromkennzahl σ abhängig. Die Kostenkennlinie verläuft jedenfalls mit steigender Stromkennzahl, das heißt mit Vergrößerung der Vorschaltleistung flacher. Die Kostencharakteristik, Abb. 37, ist das Wirtschaftlichkeitskriterium für eine Heizkraftkupplung. Auf die praktische Anwendung wird im VII. Abschnitt noch im einzelnen eingegangen werden.

b) Kokereien bzw. Gasereien. Kokereien und Gasereien haben dasselbe Umwandlungsverfahren gemeinsam: Der Rohenergieträger Steinkohle wird entgast, wobei außer einigen Nebenprodukten, wie Teer, Benzol und Phenol in erster Linie Koks und Gas als veredelte Produkte anfallen. Der Unterschied zwischen Kokereien und Gasereien besteht lediglich darin, daß im ersten

Fall primär auf die Erzeugung von sogenanntem Hüttenkoks für den Hochofenbetrieb, im zweiten Fall von Stadtgas Wert gelegt wird. In der Kokerei ist der Koks das Hauptprodukt und das Koksofengas das Nebenprodukt, bei der Gaserei umgekehrt die Erzeugung von Stadtgas der Hauptzweck. Bei diesen Umwandlungsanlagen ist es noch weniger möglich, die Kosten konkret auf die entstehenden Produkte aufzuteilen als bei Heizkraftwerken. Es ist daher im Sinne der in diesem Abschnitt angestellten grundsätzlichen Überlegungen, wenn man die gesamten Kosten der Umwandlung im Fall der Kokerei auf 1 t Koks, bei der Gaserei auf 1 Nm^3 Gas umlegt. Dementsprechend werden auch die Eigenschaften der zum Einsatz gelangenden Steinkohle ausgewählt: Für die Kokerei Kohle, die gasarm ist, mechanisch aber standfesten Koks ergibt, für die Gaserei gasreichere Kohlensorten. Für eine bestimmte Kohlensorte liegt das Verhältnis zwischen Gas- und Koksmenge praktisch fest, man hat es lediglich durch die Beheizungsart der Koksöfen in der Hand, dieses Verhältnis in gewissen Grenzen zu variieren. Selbständige, z. B. der Zeche angeschlossene Kokereien verwenden für die Unterfeuerung der Öfen einen Teil des erzeugten Gases, Kokereien in der Nähe von Hochofenanlagen das minderwertigere Gichtgas. Es ist also festzuhalten, daß für eine bestimmte Kohlenqualität und Feuerungsart Gas- und Koksausbeute voneinander nicht unabhängig sind, sondern in einem bestimmten durch die Feuerungsweise der Öfen begrenzt beeinflußbaren Mengenverhältnis stehen. Auf die energiewirtschaftlichen Folgerungen wird noch später eingegangen werden.

Die bei der Entgasung der Steinkohle entstehenden Nebenprodukte, die in einer Nebenproduktenverwertungsanlage weiter verarbeitet werden, sind gegenüber den beiden Hauptprodukten Koks und Gas von untergeordneter Bedeutung. Sie dienen auch, abgesehen von der Verfeuerung von Rückständen aus der Teerverarbeitung unter Kesseln, nicht energetischen Zwecken. Das hier Gesagte wird durch Zahlen aus der Betriebsstatistik einer größeren Kokerei unterstrichen, die neben Gichtgas noch Koksofengas für die Unterfeuerung der Öfen verwendet. Die Werte sind auf 1000 Gcal Wärmeinhalt des gelieferten Kokses reduziert:

Koks	1000 Gcal
Nach außen abgegebenes Koksofengas	202 Gcal
Der Nebenproduktenverwertungsanlage zugeführte Nebenprodukte	65 Gcal

Nach Wärmeinhalt bewertet, machen die Nebenprodukte nur rund 5% der beiden Hauptprodukte aus. Auch geldwertmäßig ergibt sich ein ähnliches Verhältnis. Sie spielen somit im Rahmen der Umwandlungskosten eine nur untergeordnete Rolle. Bei Gasereien kommt man zu einem ähnlichen Ergebnis. Da sich zudem der Absatz dieser Nebenprodukte an irgend welchen Marktpreisen orientieren muß, also außerhalb von energiewirtschaftlichen Überlegungen bleibt, so erscheint es für energiewirtschaftliche Untersuchungen berechtigt, den jährlichen Gewinn aus der Nebenproduktenverwertung, nämlich die Differenz aus Erlös abzüglich der zusätzlichen jährlichen Aufwendungen für eine Weiterverarbeitung direkt von den Kosten der Umwandlungsanlage abzusetzen. Bezeichnen wir den Jahresgewinn aus dem Absatz der Nebenprodukte mit G [S/Jahr] und ermitteln zunächst k' nach der Formel (2a), so würde die weitere Berechnung der Umwandlungskosten von der Beziehung

$$k'' = k' - \frac{G}{E} \text{ [S/t] oder [S/Nm}^3\text{]} \tag{14}$$

auszugehen haben, wobei als E die jährlich erzeugte Koks- bzw. Gasmenge einzusetzen ist.

Für die Umwandlungskosten einer Entgasungsanlage wäre also unter sinngemäßer Anwendung der Formel (2a) anzuschreiben:

$$k' = \frac{\alpha a + c_b}{t} \cdot r + e \cdot p_e + b \text{ [S/t Koks].} \tag{15}$$

Dabei gelten die Dimensionen

	Dimension der Formelgrößen	
	für Kokerei	für Gaserei
a spezifische Anlagekosten, bezogen auf die installierte Leistung ...	S je t Koks/d	S je Nm³ Gas/d
c_b leistungsabhängiger Anteil für Bedienung und Unterhalt	S je t Koks/$d \cdot a$	S je Nm³ Gas/$d \cdot a$
e den spezifischen Verbrauch an Steinkohle	t Kohle/t Koks	t Kohle/Nm³ Gas
p_e den Preis der Steinkohle	S/t Kohle	S/t Kohle
b den arbeitsabhängigen Anteil für Bedienung, Unterhalt und für Hilfsenergie	S/t	S/Nm³

Der Eigenbedarfsanteil ε kommt hier nicht zur Geltung, da für den Eigenbedarf üblicherweise nicht das Hauptprodukt verwendet wird. Das für die Unterfeuerung verwendete Koksofengas erscheint dann nicht, wenn es von vornherein von der Abgabe nach außen abgezogen wird. Wasser, Dampf, Strom und eventuell Gichtgas sind unter b zu erfassen. Der Reservefaktor r ist hier zu berücksichtigen, da zumindest eine zusätzliche Ofeneinheit als Reserve anzunehmen ist. Man kann nun nach Formel (14) k'' ausrechnen und unter Berücksichtigung, daß hier

E_K die jährlich abgegebene Koksmenge [t/a],

E_G die jährlich abgegebene Gasmenge [Nm^3/a],

k_K die auf die Koksabgabe anteilig umgelegten Umwandlungskosten [S/t],

k_G die auf die Gasabgabe anteilig umgelegten Kosten [S/Nm^3]

bedeuten, analog dem Rechnungsgang bei Heizkraftwerken anschreiben:

Für Kokereien	Für Gasereien
$k'' \cdot E_K = E_K \cdot k_K + E_G \cdot k_G$	$k'' \cdot E_G = E_G \cdot k_G + E_K \cdot k_K$
$k'' = k_K + \frac{E_G}{E_K} \cdot k_G$	$k'' = k_G + \frac{E_K}{E_G} \cdot k_K$
$\frac{E_G}{E_K} = \psi$	$\frac{E_K}{E_G} = \psi'$
$k'' = k_K + \psi \cdot k_G$ (15a)	$k'' = k_G + \psi' \cdot k_K$ (15b)

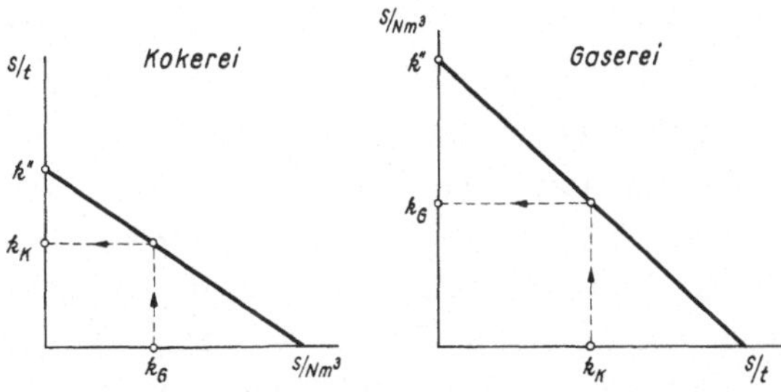

Abb. 38. Kostencharakteristiken von Kokereien und Gasereien

Abb. 38 zeigt wieder dasselbe Kostenbild wie vorhin für Heizkraftwerke. Man kann ablesen, wie sich die Kosten für das Hauptprodukt verändern, wenn man jeweils das zweite Produkt mit einem mehr oder weniger großen Anteil belastet. Die hier abgeleiteten Kostenformeln mögen lediglich als Rüstzeug für energiewirtschaftliche Betrachtungen angesehen werden. Die daraus zu ziehenden Folgerungen sollen späteren Abschnitten dieses Buches vorbehalten werden.

c) Raffinerien. Bei Raffinerien ist die Zahl der entstehenden Koppelprodukte noch größer als bei Gasereien und Kokereien. Die verhältnismäßigen Anteile hängen von der Herkunft des Rohöles ab und streuen daher mehr oder weniger um Mittelwerte. Solche mehrjährigen Mittelwerte sind in den beiden ersten Spalten der nachstehenden Tabelle wiedergegeben [19]. Die dritte Spalte entspricht der Produktenverteilung einer größeren Raffinerie im Jahre 1970.

		%	%	%
Treibstoffe	Motorenbenzin, normal	8,5		
	super	7,3		
	Test- und Spezialbenzin	0,3		
	Petroleum und Düsentreibstoffe	1,8		
	Gasöl (Dieselöl)	22,5	40,4	43,6
Heizöl			46,0	41,6
Nebenprodukte	Flüssiggas	1,9		
	Bitumen	4,9		
	Schmieröle	5,3		
	Sonstige Produkte	1,5	13,6	14,8
			100,0	100,0

Man kann auch hier wieder grundsätzlich drei Gruppen von Produkten unterscheiden: Die Treibstoffe, deren Anteil in der Größenordnung von 40 bis 45% liegt, das Heizöl mit einem Anteil von 40 bis 46% und die Nebenprodukte, darunter die hochwertigen Schmieröle, die mengenmäßig 13—15% ausmachen. Wenn auch innerhalb der Gruppe der Treibstoffe die einzelnen Produkte je nach Ausmaß der Energiebedürfnisse und Marktlage verschiedene Wertigkeit besitzen, so sollen sie hier, um das vorhin zugrunde gelegte Schema beizubehalten, zusammengefaßt und mit durchschnittlichen Kosten k_T [S/t] belastet werden. Da die Treibstoffe als das Hauptprodukt anzusehen sind, so seien in Anlehnung an die vorhin durchgeführten Untersuchungen, die Jahreskosten der Raffinerie auf diese umgelegt. Es gilt wieder wie vorhin die Beziehung:

$$k = \frac{\alpha \cdot a + c_b}{t} \cdot r + e \cdot p_e + b \text{ [S/t Treibstoff]}.$$

Dabei bedeutet wieder

- a die spezifischen Anlagekosten, bezogen auf die installierte Leistung [S/je t Treibstoff/d],
- c_b den leistungsabhängigen Anteil für Bedienung und Unterhalt [S/t Treibstoff/d],
- e den spezifischen Verbrauch an Rohöl [t Rohöl/t Treibstoff],
- p_e den Preis des Rohöles [S/t],
- b den arbeitsabhängigen Anteil für Bedienung und Unterhalt und Hilfsenergie [S/t].

Der Anteil an Nebenprodukten ist hier mengen-, aber auch wertmäßig größer als bei Kokereien, der erzielte Erlös ist aber grundsätzlich ebenso wie im Falle der Kokerei durch den Marktwert dieser Produkte bedingt, so daß man auch hier vom Jahresgewinn aus dem Absatz der Nebenprodukte ausgehen und die Formel (14) anwenden kann.

$$k'' = k' - \frac{G}{E_T} \text{ [S/t Treibstoff]}.$$

Darin stellt E_T [t/a] die jährlich abgegebene Menge an Treibstoffen dar. Bezeichnen wir noch mit

- E_H die jährlich abgegebene Heizölmenge [t/a],
- k_T die auf Treibstoff anteilig umgelegten Umwandlungskosten [S/t],
- k_H die auf das Heizöl anteilig umgelegten Kosten [S/t].

So gilt die Beziehung:

$$E_T\, k'' = E_T \cdot k_T + E_H\, k_H \text{ [S/}a\text{]},$$

$$k'' = k_T + \frac{E_H}{E_T} \cdot k_H \text{ [S/}a\text{]},$$

$$\frac{E_H}{E_T} = \varphi$$

$$k'' = k_T + \varphi \cdot k_H \text{ [S/}a\text{]}. \qquad (16)$$

Damit erhält man die gleiche Charakteristik für Umwandlungskosten einer Raffinerie, wie vorhin in Abb. 37 für eine Heizkraftkupplung. k_E und k_W sind entsprechend durch k_T und k_H zu ersetzen. Man kann wieder ablesen, wie sich die durchschnittlichen Umwandlungskosten für Treibstoff als Hauptprodukt ändern, wenn man das Heizöl in Anpassung an die Marktlage mit einem entsprechenden Kostenanteil belastet.

IV. Die Kosten des Energietransportes

14. Die Kostenfaktoren des Energietransportes

Die bisherigen Kostenberechnungen bezogen sich lediglich auf die Energieumwandlung. Will man die Energiekosten beim Abnehmer oder in den Verbrauchsschwerpunkten ermitteln, so muß man auch den Aufwand für den Energietransport berücksichtigen. Wie die Abb. 11 zeigte, kann der Energietransport auf verschiedene Weise durchgeführt werden: Per Bahn, Schiff, auf der Straße, durch Rohrleitungen, über elektrische Freileitungen oder Kabel. Bei Bahn- und Schiffstransport errechnen sich die Kosten aus den nach Entfernungen gestaffelten Frachtsätzen pro t und km des zu befördernden Gutes. Beim Straßentransport mit fremden Fahrzeugen gilt grundsätzlich dasselbe, bei eigenem Fahrpark haben wir es mit festen Kosten in Abhängigkeit von den Aufwendungen für die Transportmittel selbst und mit beweglichen Kosten, abhängig von der Transportentfernung zu tun. Je nach Transportkapazität und Auslastung der verwendeten Fahrzeuge und deren Einsatzplänen lassen sich entsprechend den Darlegungen im 10. Abschnitt die Transportkosten pro t und km ausrechnen, so daß man bei nicht leitungsgebundenem Transport eines Energieträgers — es handelt sich hierbei um feste und flüssige Brennstoffe — dessen Kosten in gleicher Weise ermitteln kann, ob es sich um fremde oder eigene Transportmittel handelt. Bezeichnen wir mit

p_T die Transportgebühr [S/t · km],
L den Transportweg [km],
H_u den unteren Heizwert des Brennstoffes [kcal/kg],
k_T die Transportkosten [S/Gcal]

dann kann man anschreiben:

$$k_T = \frac{10^6}{H_u} \cdot \frac{1}{10^3} \cdot L \cdot p_T = \frac{10^3}{H_u} \cdot L \cdot p_T \quad \text{[S/Gcal]}. \qquad (17)$$

Die spezifischen Transportkosten sind also umgekehrt proportional dem Heizwert des Brennstoffes. Je niedriger der Heizwert, umso unwirtschaftlicher ist der Transport über größere Entfernungen, umso „standortgebundener“ wird der Energieträger an seine Gewinnungsstätte. Braunkohle mit niedrigem Heizwert — bei Rheinischer Braunkohle z. B. herunter bis rund 1600 kcal/kg — wird daher unmittelbar bei der Grube in Kraftwerken verfeuert oder in Brikettfabriken in einen Energieträger mit höherem Heizwert umgewandelt und so transportfähig gemacht.

Interessanter ist der Aufbau der Kostenformel beim *Energietransport über Leitungen.* Es ergibt sich auch hier, wie vielfach bei Umwandlungsprozessen, eine optimale Auslegung der Leitungen bzw. für bestimmte gewählte Leitungsdimensionen ein optimaler Durchsatz mit den niedrigsten spezifischen Transportkosten. Wir wollen uns daher mit den Fortleitungskosten der Energie über Leitungen näher befassen und zunächst wieder, ähnlich wie bei der Erörterung der Umwandlungskosten, die einzelnen Kostenfaktoren in der folgenden Tabelle zusammenstellen:

<table>
<tr><td rowspan="6">Leistungsabhängige Kosten</td><td rowspan="4">Kapitalabhängige Kosten</td><td>Verzinsung des Anlagekapitals</td><td rowspan="5">$\alpha_L \cdot a_L \cdot L$</td></tr>
<tr><td>Abschreibung des Anlagekapitals</td></tr>
<tr><td>Steuern</td></tr>
<tr><td>Versicherungen</td></tr>
<tr><td rowspan="2">Betriebsbedingte Kosten</td><td>Bedienung und Unterhalt</td></tr>
<tr><td>Arbeitsunabhängige Verluste (Abstrahlungsverluste)</td><td>$\tau \cdot v_1 \cdot k_1 \cdot L$</td></tr>
<tr><td colspan="2">Arbeitsabhängige Kosten</td><td>Arbeitsabhängige Verluste</td><td>$v_2 \cdot k_2 \cdot L$</td></tr>
</table>

Wir haben auch hier wieder die beiden Gruppen der leistungsabhängigen und arbeitsabhängigen Kosten, wobei sich die leistungsabhängigen Kosten in kapitalabhängige und betriebsbedingte gliedern. Bei den kapitalabhängigen finden wir die gleichen Kostenfaktoren wie bei der Umwandlung, so daß sich hier ein nochmaliges Eingehen auf die einzelnen Größen erübrigt. Sie sind proportional dem Anlagekapital und können durch den Jahresfaktor α_L erfaßt werden. Während bei Umwandlungsanlagen Bedienung und Unterhalt, teils von der Anlagegröße, teils aber von der Höhe der Energieabgabe abhängig sind, also genau genommen auf leistungs- und arbeitsabhängige Kosten aufzuteilen sind, sind hier diese Kostenelemente von der übertragenen Energiemenge unabhängig. Sie beziehen sich im wesentlichen auf Kontrolle der Leitungsanlage, Behebung von Korrosions- und Isolationsschäden und Seilrissen, Freihalten der Leitungstrasse und ähnliches.

Zu den leistungsabhängigen Kosten gehören auch die sogenannten arbeitsunabhängigen Verluste, die sich während der Einschaltungszeit der betreffenden Leitung fühlbar machen. Es handelt sich hier bei elektrischen Leitungen hoher Spannungsstufen um die Koronaverluste, die von der Dimensierung der Leitung und von den klimatischen Verhältnissen abhängig sind, bei Rohrleitungen um die Isolationsverluste, deren Höhe durch die Temperaturdifferenz gegenüber der Umgebung und durch die Güte der Isolierung bedingt ist. In der Gruppe der arbeitsabhängigen Kosten verbleiben nur die Kosten der sogenannten Wirkverluste, also bei elektrischen Leitungen die Ohmschen Verluste, bei Rohrleitungen die Druckverluste, die zu ihrer Deckung einen entsprechenden Energieaufwand bzw. Verlust an Arbeitsvermögen bedingen. In der dritten Spalte der Tabelle wurde versucht, die einzelnen Kostenfaktoren mathematisch auszudrücken. Es bedeutet dabei

a_L die spezifischen Kosten der Leitung [S/km],

L die Leitungslänge [km],

α_L den Jahresfaktor,

τ die jährliche Betriebszeit der Leitung [h/Jahr],

v_1 die Strahlungsverluste (Koronaverluste, Wärmeverluste) [kW/km, Gcal/km],

k_1 die Kosten in S je Einheit der arbeitsunabhängigen Verluste,

v_2 die Wirkverluste,

k_2 die Kosten in S je Einheit der arbeitsabhängigen Verluste.

Damit kann man ganz allgemein die jährlichen Kosten des Energietransportes durch folgenden Ausdruck erfassen:

$$K_L = \alpha_L \cdot a_L \cdot L + \tau \cdot v_1 \cdot k_1 \cdot L + v_2 \cdot k_2 \cdot L \text{ [S/Jahr]}. \quad (18)$$

Es ist nicht Aufgabe dieses Buches auf die Auslegung und Berechnung von Leitungen im einzelnen einzugehen. Es soll hier nur die Bedeutung des Energietransportes über Leitungen für die Wirtschaftlichkeit der Energieversorgung und ihre Wettbewerbsfähigkeit gegenüber anderen Transportarten behandelt werden.

15. Die Kosten der Fortleitung von elektrischer Energie

Bei der Übertragung von elektrischer Energie sind die Kostenfaktoren k_1 und k_2 [S/kWh] identisch; sie stellen die Stromkosten am Leitungsbeginn dar. Die Verluste v_1 sollen bei Fortleitungen die Koronaverluste erfassen, sie werden ausgedrückt in kW/km Leitungslänge und sind in der Zeit τ wirksam, in der die Leitung eingeschaltet ist.

Der Verlustfaktor v_2 berücksichtigt die Ohmschen Verluste in kWh/*a* · km. Für eine Drehstrom*einfachleitung* gilt die Formel

$$V_h = \frac{3\, r_0 \cdot J_h^2}{1000} \quad [\text{kW/km}].$$

Darin bedeuten

J_h die Stromstärke bei Höchstbelastung der Leitung [Amp.],

r_0 den Wirkwiderstand [Ω/km].

Würde die Leitung während des ganzen Jahres die Höchstlast übertragen, so wären die Jahresverluste

$$8760 \cdot V_h \quad [\text{kWh}/a \cdot \text{km}].$$

Der Durchsatz wird jedoch während des Jahres veränderlich sein. Es ist daher auch bei Übertragungsanlagen notwendig, mit einem Verlustfaktor

$$\delta_L = f(t)$$

zu operieren. Der Verlustfaktor δ_L bei Leitungen hat in Abhängigkeit von der Benutzungsdauer t einen anderen Verlauf als der für thermische Kraftwerke. Während er in letzterem Fall größer als 1 ist, tritt bei elektrischen Leitungen der Wert 1 als Höchstwert bei Höchstlast auf und weist wegen der quadratischen Abhängigkeit der Leitungsverluste von der Übertragungsleistung einen der Parabel nahekommenden Verlauf auf. In Abb. 39 ist die Abhängigkeit des Verlustfaktors δ_L von der Benutzungsdauer t anhand durchschnittlicher Jahresdauerlinien wiedergegeben [11]. Diese δ_L-Kurve gilt unter der Voraussetzung, daß die Leitung während des ganzen Jahres in Betrieb ist. Ist sie nur während der Zeit τ

eingeschaltet, so ist die tatsächliche Benutzungsdauer t auf einen reduzierten Wert

$$t' = \frac{\tau}{8760} \cdot t \text{ h/Jahr}$$

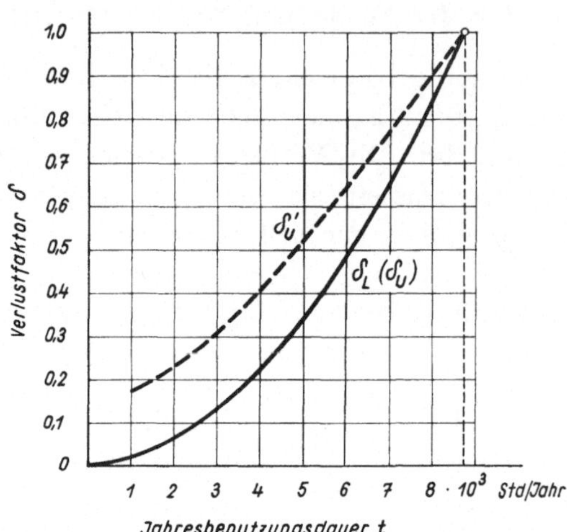

Abb. 39. Verlustfaktoren δ_L und δ_U für Leitungen und Umspanner in Abhängigkeit von der Jahresbenutzungsdauer t (nach *Musil* [11])

umzurechnen und der diesem Wert zugeordnete Verlustfaktor δ_L abzulesen. Mit Einführung des Verlustfaktors δ_L errechnen sich die jährlichen Verluste zu

$$v_2 = 8{,}76 \cdot \delta_L \cdot 3 \cdot r_0 \cdot J_h^2 \text{ [kWh/a]}.$$

Bezieht man die Verluste nicht auf die Stromstärke I_h, sondern auf die übertragene elektrische Leistung

$$N_h = \sqrt{3} \cdot U \cdot J_h \cdot \cos\varphi \text{ [kW]},$$

wobei U [kV] die verkettete Spannung ist, so wird

$$v_2 = \frac{8{,}76 \cdot \delta_L \cdot r_0 \, N_h^2}{U^2 \cos^2\varphi} \text{ [kWh/km} \cdot \text{a]}.$$

Das dritte Glied der Kostenformel wird somit bei elektrischen Leitungen

$$\frac{8{,}76 \, \delta_L \cdot r_0 \cdot N_h^2}{U^2 \cos^2\varphi} \cdot k_1 \text{ [S/km} \cdot \text{a]}.$$

Setzt man die abgeleiteten Ausdrücke für die Kostenglieder in die Formel für K ein und ermittelt die spezifischen Fortleitungskosten je übertragene kWh, so erhält man die Formel

$$k_L = \frac{K_L}{E} = \frac{K_L}{N_h \cdot t} =$$

$$= \left[\frac{\overbrace{\alpha L \cdot a_L}^{c_1} + \overbrace{\tau \cdot v_s \cdot k_1}^{c_2}}{N_h} + \overbrace{\frac{8{,}76\,\delta_L \cdot r_0 \cdot k_1}{U^2 \cdot \cos^2 \varphi}}^{c_3} \cdot N_h\right] \frac{L}{t} \text{ [S/kWh].} \quad (19)$$

Für Drehstromdoppelleitungen gilt die gleiche Formel, es ist nur die Zahl 8,76 zu halbieren, also durch 4,38 zu ersetzen.

Die im Klammerausdruck enthaltenen Koeffizienten sind für eine bestimmte Leitungsauslegung gegebene Größen, so daß man die Formel (19) vereinfacht, wie folgt, anschreiben kann:

$$k_L = \left(\frac{c_1 + c_2}{N_h} + c_3 \cdot N_h\right) \cdot \frac{L}{t} \text{ [S/kWh].} \quad (19\text{a})$$

Bei Fortleitung elektrischer Energie treten neben den durch die Leitungsanlagen selbst verursachten Kosten noch solche für die Umspannung auf ein anderes Spannungsniveau auf. Bei an Kraftwerke angeschlossene Leitungen ist üblicherweise die Aufspannung auf die Transportspannung bereits in die Kraftwerkskosten einbezogen. Es sind aber die Kosten für die an den Enden der Übertragung erforderlichen Abspannanlagen zu berücksichtigen. Die Verluste der Umspanner setzen sich ebenso wie Leitungsverluste aus arbeitsabhängigen und arbeitsunabhängigen zusammen, die ersteren sind wieder die Kupferverluste, die letztgenannten die Eisenverluste. Man kann also für die Ermittlung der Jahreskosten der Umspanner sinngemäß von der Formel (18) ausgehen, es sind lediglich die Dimensionen der einzelnen Faktoren zu ändern. Das zweite Glied erfaßt die arbeitsunabhängigen Verluste, das dritte die arbeitsabhängigen. Es betragen also die Jahreskosten einer Umspannanlage:

$$K_U = \alpha_U \cdot a_u \cdot \frac{N_h}{\cos \varphi} + \tau \cdot v_1 \cdot \frac{N_h \cdot k_1}{\cos \varphi} + v_2 \cdot E \cdot k_1 \text{ [S/}a\text{].}$$

Darin bedeuten

a_U die spezifischen Anlagekosten des Umspannungswerkes [S/kVA],

α den Jahresfaktor, der außer Kapitaldienst, Versicherung und Steuern, auch Bedienung und Unterhalt einschließt,

$\cos \varphi$ den Leistungsfaktor,

N_h die Höchstlast [kW],

E die von der Umspannanlage abgegebene elektrische Energie [kWh/a],

k_1 die Stromkosten am Umspannwerk [S/kWh],

v_1 die Eisenverluste [kW/kVA Umspannerleistung]

v_2 die Kupferverluste [kWh/kWh].

Bezeichnen wir noch mit

v_h die spezifischen Kupferverluste bezogen auf die Nennleistung des Umspanners [kW/kVA],

δ_U den Verlustfaktor bezogen auf Kupferverluste,

so kann man für die Kupferverluste anschreiben:

$$v_2 \cdot E = 8760 \cdot \delta_U \cdot v_h \cdot \frac{N_h}{\cos\varphi} \quad \text{[kWh/a]}.$$

Damit wird

$$K_U = [\alpha_U \cdot a_U + (\tau \cdot v_1 + 8760 \cdot \delta_U \cdot v_h) \cdot k_1] \cdot \frac{N_h}{\cos\varphi} \quad \text{[S/a]}$$

und

$$k_U = \frac{K_U}{E} = \frac{K_U}{N_h \cdot t} =$$

$$= [\alpha_U \cdot a_U + (\tau \cdot v_1 + 8760\, \delta_u \cdot v_h) \cdot k_1] \frac{1}{t \cdot \cos\varphi} \quad \text{[S/kWh]}. \qquad (20)$$

Da die Kupferverluste von Umspannern in gleicher Weise von der Leistung abhängig sind, wie die Ohmschen Verluste von Leitungen, so gilt die Kurve für den Verlustfaktor δ_L in der Abb. 39 auch für δ_U. Auch hinsichtlich des Einflusses der Einschaltdauer τ auf δ_U gilt das bei den Leitungen Gesagte.

Die spezifischen Anlagekosten a_U S/kVA beziehen sich auf das gesamte Umspannwerk, sie erfassen also die Kosten der Umspanner a_{U1}, der Schaltanlage und der Nebeneinrichtungen wie Werkstätte, Lager, Personalunterkunft usw. (a_{U2}). Nun werden mitunter in wichtigen Umspannwerken zur Erhöhung der Versorgungssicherheit Reserveumspanner fest eingebaut, wenn man glaubt, sich nicht mit einer zentralen Reservehaltung von Umspannern begnügen zu können. In diesem Fall muß natürlich bei der Ermittlung der Kosten a_U der Reservefaktor r berücksichtigt werden:

$$a_U = r \cdot a_{U1} + a_{U2} \quad \text{[S/kVA]}.$$

Genau genommen ist auch noch der Eigenbedarf des Umspannwerkes mit seinen Nebenanlagen dadurch zu berücksichtigen, daß man

$$\frac{k_u}{1 - \varepsilon_U} \quad [\mathrm{S/kWh}]$$

einsetzt. Nach Erfahrungen liegt für größere Umspannwerke ε_U in der Größenordnung von 0,17%, spielt also praktisch keine Rolle.

Unterteilt man bei der Kostenermittlung die Verluste nicht in Eisen und Kupferverluste, sondern geht vom Wirkungsgrad η_U der Umspannung entsprechend einem Verlust von V_h [kW] bei Nennlast aus, so kann man in Anlehnung an die vorhin abgeleiteten Ansätze die Jahreskosten K_U wie folgt anschreiben:

$$K_U = \alpha_U \cdot a_u \cdot \frac{N_h}{\cos\varphi} + 8760 \cdot \delta_U' \cdot V_h \cdot k_1 \quad [\mathrm{S}/a]$$

$$\frac{N_h}{N_h + V_h} = \eta_U; \; N_h \cdot (1 - \eta_U) = V_h \cdot \eta_U,$$

$$V_h = N_h \cdot \frac{1 - \eta_U}{\eta_U} \quad [\mathrm{kW}].$$

Damit wird

$$k_u = \frac{K_U}{N_h \cdot t} = \left(\alpha_U \cdot \frac{a_U}{\cos\varphi} + 8760 \cdot \delta_U' \frac{1 - \eta_U}{\eta_U} \cdot k_1\right) \cdot \frac{1}{t} \quad [\mathrm{S/kWh}]. \qquad (20\,\mathrm{a})$$

Da bei dieser Berechnungsweise die Eisenverluste durch den Verlustfaktor miterfaßt werden, nimmt er als Funktion der Benutzungsdauer t andere Werte δ_U' an. Der Verlauf der δ_U'-Kurve hängt vom Verhältnis Eisen- zu Kupferverlusten, also von der Auslegung des Umspanners ab. In Abb. 39 ist für mittlere Verhältnisse auch eine δ_U'-Kurve eingezeichnet.

Die oben durchgeführte Kostenrechnung betrifft jeweils *eine* Leitung bzw. *ein* Umspannwerk. Will man den Anteil des Transportes der elektrischen Energie an der abgegebenen kWh in einem größeren Versorgungsgebiet oder Teilen von diesem berechnen, so sind die Kosten der in Zusammenhang stehenden Leitungen bzw. Netzteile zu addieren und durch die von diesen insgesamt an die angeschlossenen Verbraucher gelieferte Energiemenge E zu dividieren. Dabei ist die für die Anlageteile jeweils in Frage kommende Benutzungsdauer t zu berücksichtigen. Für die durchschnittlichen Kosten des Energietransportes in ein bestimmtes Netz gilt demnach die Formel:

$$k_{\varnothing} = \frac{\sum_{1}^{z} (k_L \cdot E) + \sum_{1}^{z} (k_U \cdot E)}{E_{\text{ges}}} \quad [\text{S/kWh}].$$

16. Die Kosten des Energietransportes mittels Rohrleitungen

Auch für die Berechnung der Kosten des Energietransportes über Rohrleitungen bildet die Formel (18) die Grundlage. Es sei zunächst die Ermittlung der Kosten einer Leitung durchgeführt, die Flüssigkeiten mit einer gegenüber der Umgebung höheren Temperatur fördert. Diese Voraussetzung trifft für Heißwasserfernheizanlagen oder auch für Heizölleitungen zu. Der Faktor v_1 erfaßt die Wärmeverluste je km Leitungslänge und hat die Dimension Gcal/h · km, k_1 wäre der Preis je S/Gcal für die zugeführte Wärme. Handelt es sich um den Transport von Medien, deren Temperatur etwa der Umgebungstemperatur entspricht so ist $v_1 = 0$.

Das dritte Glied der Formel (18) ergibt sich aus dem Druckverlust. Im Fall einer Flüssigkeitsleitung ist dieser durch Pumparbeit auszugleichen, der erforderliche Energieaufwand wird durch den Faktor v_2 [kWh/km · a] ausgedrückt. Auch hier wird analog zu den elektrischen Leitungen der Verlust durch den Leitungswiderstand zunächst auf die höchste Übertragungsmenge G_h (t/h) bezogen und die Umrechnung auf den Jahresverlust mittels des Verlustfaktors δ_L durchgeführt.

Aufgrund der in der Literatur und technischen Fachbüchern enthaltenen Formeln [20] gilt für die Wärmeverluste:

$$v_1 = \pi \cdot \lambda \cdot \frac{d}{s} \cdot \Delta t_m \cdot 10^3 \quad [\text{Gcal/h} \cdot \text{km}], \tag{21}$$

darin bedeutet

λ die Wärmeleitzahl [kcal/m · h · °C],

d den Leitungsdurchmesser [cm],

s die Isolierstärke [cm],

Δt_m die mittlere Temperaturdifferenz [°C].

Für den *Druckabfall* in einer Rohrleitung gilt sowohl für Flüssigkeiten, als auch für Dampf und Gas nach [20] folgende Beziehung:

$$\Delta p = \frac{\lambda R \cdot w^2 \cdot L \cdot \gamma_m}{2 g \cdot d} \quad [\text{kg/cm}^2] \tag{22}$$

und

$$w = \frac{G}{\gamma_m \cdot F} \quad [\mathrm{cm}/s].$$

In diesen Formeln bedeutet

λ_R	den Reibungsbeiwert,
g	die Gravitationskonstante [cm],
d	den äquivalenten Leitungsdurchmesser [cm],
L	Gesamtlänge der Leitung [cm],
γ_m	mittleres spezifisches Gewicht [kg/cm³],
G	Durchflußmenge [kg/sec],
F	$\frac{\pi}{4} \cdot d^2$ [cm²].

Setzt man in Anpassung an die hier verwendeten Dimensionen

$$L \text{ in km}, \quad G \text{ in t/h} \quad (g = 981 \text{ cm})$$

ein, so wird für die maximale Durchflußmenge G_h

$$\Delta p = 0{,}64 \cdot \frac{\lambda_R}{\gamma} \cdot \frac{G_h^2}{d^5} \quad [\mathrm{kg/cm^2 \cdot km}].$$

Nun kann man Δp durch die Förderhöhe H der erforderlichen Pumpen ausdrücken

$$H = \frac{\Delta p}{\gamma} \cdot 10^{-2} \quad [\mathrm{m}].$$

Für die Förderleistung der Pumpen gilt

$$\frac{9{,}8 \cdot G_h \cdot H}{\eta_P} = \frac{9{,}8 \cdot G_h \cdot \Delta p}{\eta_P \cdot \gamma} \cdot 10^{-2} \quad [\mathrm{kW/km}].$$

Damit wird die Verlustleistung V_h bei dem höchsten Durchsatz G_h

$$V_h = \frac{9{,}8 \cdot G_h \cdot \Delta p \cdot 10^{-2}}{\eta_P \cdot \gamma} = \frac{6{,}28 \cdot \lambda_R \cdot 10^{-2}}{\eta_P \cdot \gamma^2 \cdot d^5} \cdot G_h^3 \quad [\mathrm{kW/km}].$$

Würde die Leitung während des ganzen Jahres den Höchstdurchsatz transportieren, so wären die Jahresverluste

$$V_h \cdot 8760 \quad [\mathrm{kWh/km \cdot a}].$$

Ist dies jedoch nicht der Fall, so können die Jahresverluste v_2 [kWh/km · a] wieder durch den Ansatz

$$8760 \cdot \delta_L \cdot V_h \quad [\mathrm{kWh/km \cdot a}]$$

erfaßt werden, wobei δ_L wie bei den elektrischen Leitungen eine Funktion der Jahresbenutzungsdauer t und kleiner als 1 ist. Abb. 40 zeigt unter Annahme mittlerer Belastungsverhältnisse die

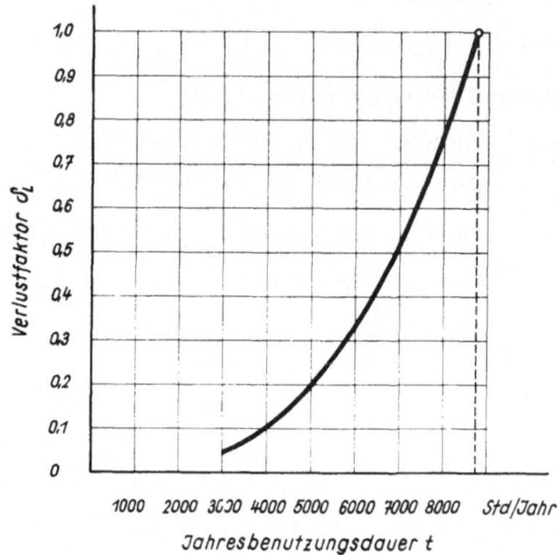

Abb. 40. Verlustfaktor δ_L in Abhängigkeit von der Jahresbenutzungsdauer für Rohrleitungen

Abhängigkeit des Verlustfaktors δ_L von der Benutzungsdauer t. Die Kurve ist nur für höhere Benutzungsdauern gezeichnet, da praktisch kleinere Werte kaum in Frage kommen. Bei Leitungen, die nur während eines Teiles des Jahres in Betrieb sind, wie z. B. Fernheizleitungen, ist mit einer reduzierten Benutzungsdauer

$$t_{\text{red}} = \frac{\tau}{8760} \cdot t \quad [\text{h/a}]$$

zu rechnen. Setzt man die oben abgeleiteten Ausdrücke für die Kostenglieder in die Formel für K ein und ermittelt die spezifischen Fortleitungskosten bei Rohrleitungen bezogen auf 1 t, so erhält man

$$k_L = \frac{K}{G_h \cdot t} = \left[\frac{\overbrace{(\alpha \cdot a_L}^{c_1} + \overbrace{\tau \cdot \pi \cdot \lambda \cdot \frac{d}{s} \cdot \Delta t_m \cdot k_1 \cdot 10^{-3}}^{c_2}}{G_h} + \right.$$

$$\left. + \frac{\overbrace{550 \cdot \delta_L \cdot \lambda_R \cdot k_2}^{c_3}}{\eta_p \cdot \gamma^2 \cdot d^5} \cdot G_h^2 \right] \frac{L}{t} \ [\text{S/t}]. \tag{23}$$

Für gegebene Voraussetzungen und eine bestimmte Dimensionierung der Leitung und Isolation sind die im Klammerausdruck enthaltenen Koeffizienten konstante Größen, so daß man wieder in vereinfachter Form anschreiben kann:

$$k_L = \left(\frac{c_1 + c_2}{G_h} + c_3 \cdot G_h^2\right) \cdot \frac{L}{t} \text{ [S/t]}. \tag{23a}$$

Auf eine analoge Kostenformel wie (23a) kommt man auch bei *Gasleitungen*, hier tritt anstelle der Pumparbeit die Verdichterarbeit. In diesem Falle ist $c_2 = 0$.

Bei *Dampfleitungen* sind zwei Möglichkeiten in Betracht zu ziehen:

1. Die Leitung wird *direkt* aus einer Kesselanlage beliefert.
2. Die Leitung wird mit Abdampf aus einer Gegendruck- oder Entnahmeturbine gespeist.

Im allgemeinen wird der Druck am Leitungsende von den Bedürfnissen des Verbrauchers vorgeschrieben sein. Im ersten Fall hat ein größerer Leitungswiderstand einen höheren Frischdampfzustand am Heizkessel zur Folge. Es wären also als k_2 die Mehrkosten der Umwandlung je t/h Dampflieferung und je at Druckabfall einzusetzen, wobei dann bei Berechnung von c_3 von der vorher abgeleiteten Formel (2) für Δp auszugehen ist. Im zweiten Fall bedeutet jedes at größeren Druckverlust eine entsprechende Verkleinerung des Wärmegefälles im Gegendruckbetrieb und damit eine Mindererzeugung an elektrischer Energie in der Turbine, deren Wert je t/h Dampflieferung und at Druckverlust zu ermitteln und dann in gleicher Weise wie im ersten Fall in der Kostenformel weiter auszuwerten wäre.

17. Die wirtschaftliche Optimierung der Auslegung von Leitungsanlagen

Die vereinfachte Kostenformel (19a) für die Fortleitung von elektrischer Energie läßt erkennen, daß die beiden Kostenglieder sich in Abhängigkeit von der größten Übertragungsleistung N_h — eine bestimmte Benutzungsdauer t vorausgesetzt — gegenläufig verhalten. Das erste Glied ist zu N_h verkehrt, das zweite Glied direkt proportional. Für eine Leitung bestimmten Querschnittes, gegebener Spannung und Stromkosten am Leitungsanfang wird das erste Glied mit zunehmendem N_h kleiner, das zweite größer. Man erhält also bei einer bestimmten Leistung ein Kostenminimum und damit die wirtschaftlichste Übertragungsleistung $N_{h\,\mathrm{opt}}$. Der Verlauf der beiden Kostenglieder und der Fortleitungskosten k_L selbst ist im linken Diagramm der Abb. 41 dargestellt. Man kann solche Kurven für verschiedene Querschnitte ermitteln und erhält für sonst gleiche Ausgangswerte (Spannung, Benutzungsdauer, Stromkosten) eine Kurvenschar, aus denen der Zusammenhang zwischen $N_{h\,\mathrm{opt}}$ und dem Leitungsquerschnitt abgeleitet werden kann [21, 22].

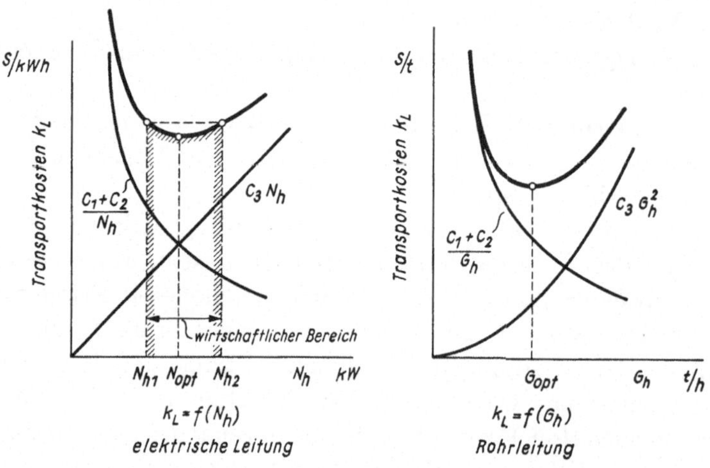

Abb. 41. Die optimale Transportleistung von Leitungen

Diese wirtschaftlichste Übertragungsleistung $N_{h\,\mathrm{opt}}$ [kW] kann auch aus der Formel (19a) in einfacher Weise ermittelt werden, wenn man k_L nach N_h differenziert und den Differentialkoeffizienten 0 setzt. Für elektrische Leitungen wäre das Kriterium

$$\frac{d k_L}{d N_h} = -\frac{c_1 + c_2}{N_h^2} + c_3 = 0$$

$$N_{h\,\mathrm{opt}} = \sqrt{\frac{c_1 + c_2}{c_3}}\ [\mathrm{kW}].$$

Für die Kosten der Energie beim Verbraucher bzw. in den Verbrauchsschwerpunkten ist es von großer Bedeutung, mit der Leitungsbelastung in der Nähe des $N_{h\,\mathrm{opt}}$ zu bleiben. Man wird erfahrungsgemäß mit steigendem Stromabsatz etwa in einem Bereich 1 : 2, wie in Abb. 41 angedeutet, um das Minimum pendeln, d. h. der Bau einer neuen Übertragungsleitung wird aktuell, wenn mit steigender Leistungsinanspruchnahme die Belastung N_{h2} erreicht ist. Der Bau einer zweiten gleichen Leitung z. B. würde die Belastung jeder der beiden Leitungen zunächst wieder auf N_{h1} zurückführen, so daß dann wirtschaftlich eine neuerliche Verdopplung möglich wäre, es sei denn, die Entwicklung des Absatzes drängt zu einer anderen neuen Lösung.

In analoger Weise kann man auch für Rohrleitungen die Abhängigkeit der Transportkosten k_L [S/t] von der Durchflußmenge G_h [t/h] nach Formel (23a) ermitteln (Abb. 41 rechtes Diagramm). Der Unterschied gegenüber elektrischen Leitungen besteht nur darin, daß hier das den Leitungswiderstand erfassende Kostenglied von G_h in der zweiten Potenz abhängig ist. Auch hier läßt sich $G_{h\,\mathrm{opt}}$ aus der Formel (23a) durch Bildung des Differentialkoeffizienten errechnen:

$$\frac{dk}{d\,G_h} = -\frac{c_1 + c_2}{G_h^2} + 2\,c_3 \cdot G_h = 0$$

$$G_{h\,\mathrm{opt}}^3 = \frac{c_1 + c_2}{2\,c_3}$$

$$G_{h\,\mathrm{opt}} = \sqrt[3]{\frac{c_1 + c_2}{2\,c_3}}\ [\mathrm{t/h}].$$

Bestimmt man das Optimum für verschiedene Leitungsdurchmesser, so kann man, ähnlich wie bei den elektrischen Leitungen, den Zusammenhang zwischen Leitungsdimension und optimaler Durchflußmenge ermitteln.

Es muß noch darauf hingewiesen werden, daß zwischen den Faktoren c_1 und c_2 ebenfalls eine gegenseitige Beeinflussung besteht. Dies gilt grundsätzlich sowohl für elektrische, als auch vor allem für Rohrleitungen, die von Medien mit höheren Temperaturen als die der Umgebung durchströmt werden. Bei elektrischen Leitungen wird dieser Zusammenhang erst bei Höchstspannungen (von 220 kV aufwärts) fühlbar. Die Abstrahlungsverluste sind vom Leitungsdurchmesser abhängig. Die Einführung von Bündelleitern war das Ergebnis solcher Wirtschaftlichkeitsüberlegungen. Bei Rohrleitungen ist diese Wechselwirkung zwischen Wärmeverlusten und Investitionsaufwand wesentlich fühlbarer. Stärkere Wärmeisolierung verringert c_2, bedingt aber höhere Anlagekosten und damit eine Vergrößerung von c_1. Die Kostenglieder c_1 und c_2 sind also vorerst so aufeinander abzustimmen, daß ihre Summe $c_1 + c_2$ ein Minimum wird. In Abb. 42 ist ein Beispiel für die Optimierung der Isolierstärke einer Rohrleitung wiedergegeben.

Es ist noch hervorzuheben, daß $N_{h\,\text{opt}}$ und $G_{h\,\text{opt}}$ unabhängig von der Leitungslänge L sind. Diese wirkt sich nur auf den absoluten Wert des Druck- bzw. Spannungsabfalles aus. Bei langen elektrischen Leitungen z. B. kann der bis zum Verbraucher noch zulässige Spannungsabfall den Wert $N_{h\,2}$ unter dem wirtschaftlich

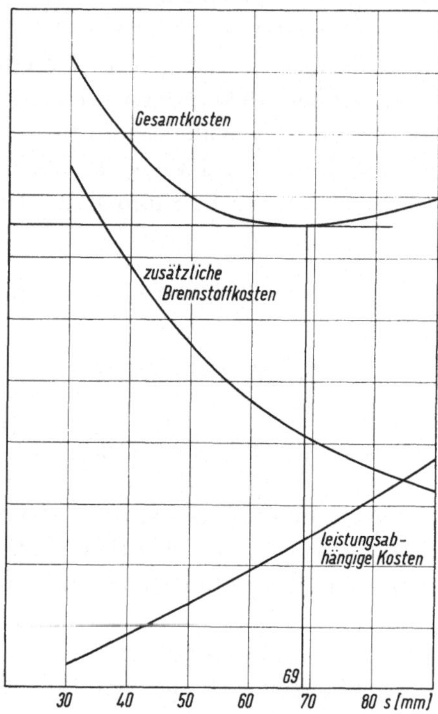

Abb. 42. Ermittlung der optimalen Isolierstärke s

zweckmäßigen begrenzen und den Bereich $N_{h\,1} \ldots N_{h\,2}$ im Diagramm nach links verschieben bzw. ist die Spannung durch in geeigneten Abständen eingebaute Regeltransformatoren jeweils wieder aufzustocken. Dasselbe gilt für längere Rohrleitungen, wie z. B. Rohöl- oder Erdgasleitungen, bei denen die Rolle der Regeltransformatoren Pumpen bzw. Kompressorstationen übernehmen.

Die Benutzungsdauer t hat nur indirekt auf den Wert von $N_{h\,\text{opt}}$ und $G_{h\,\text{opt}}$ Einfluß, und zwar durch die Abhängigkeit des Verlustfaktors δ_L und der Energiekosten k_2 von der Benutzungsdauer. Dabei ist der Einfluß von

$$\delta_L = f_1(t)$$

stärker als die etwas kompensierende Wirkung von

$$k_2 = f_2(t).$$

Dies hat die Folge, daß mit abnehmender Benutzungsdauer die Neigung der Geraden, die den Anteil der Wirkverluste an den

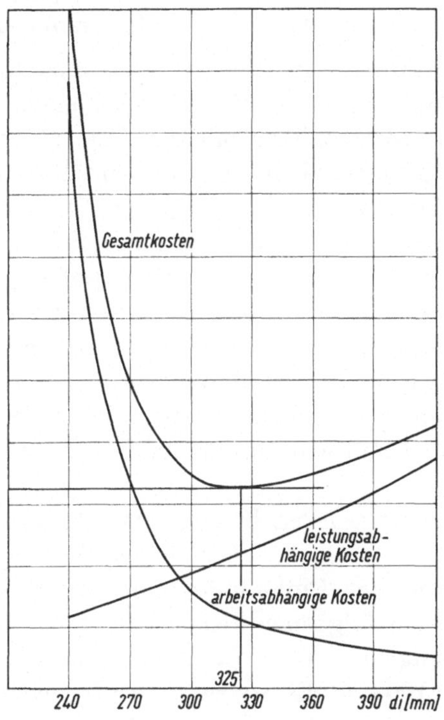

Abb. 43. Ermittlung des optimalen Rohrleitungsdurchmessers

Kosten der Leitungsanlage darstellt, kleiner wird. Damit rückt das Optimum in Abb. 41 nach rechts.

Es wurde schon im vorhergehenden Abschnitt darauf hingewiesen, daß Abdampfleitungen hinter einer Gegendruck- oder Entnahmeturbine — ein Fall, der in der wärmeverbrauchenden Industrie häufig vorkommt — einer Sonderbetrachtung bedürfen. Zunächst gilt auch hier die wirtschaftliche Abstimmung zwischen Abstrahlungsverlust und Isolierungsaufwand, also der Faktoren c_1 und c_2 in Formel (23a). Darüber hinaus gilt es, ein wirtschaftliches Optimum zwischen c_1 als Funktion des Rohrleitungsdurchmessers und des Verlustgliedes c_3 zu finden, wobei sich die Kosten k_2 auf den Leistungsverlust in der vorgeschalteten Turbine beziehen, der mit dem Druckverlust bei vorgeschriebenem Leitungsenddruck beim Verbraucher zusammenhängt. Abb. 43 zeigt eine solche Optimierung des Rohrleitungsdurchmessers einer Dampfleitung zwischen Gegendruckturbine und Dampfverbraucher.

18. Der Einfluß der Kosten des Energietransportes auf Standort und Größe von Umwandlungsanlagen

Die Transportkosten der Energie sind auch für die Standortwahl der Umwandlungsanlage von entscheidender wirtschaftlicher Bedeutung. In Zusammenhang mit der Abb. 11 wurde bereits auf diesen Einfluß grundsätzlich hingewiesen. Die Auswirkung der Fortleitungskosten auf die Energiekosten im Verbrauchsschwerpunkt ist so wesentlich, daß hier im Anschluß an die Erörterung der Fortleitungskosten doch noch näher darauf eingegangen werden soll. Die Zusammenhänge seien am besten an einem typischen Beispiel deutlich gemacht. Es behandelt die Frage: Soll ein Wärmekraftwerk in der Nähe des Gewinnungsortes des zu verwendenden Primärenergieträgers oder beim Verbrauchsschwerpunkt errichtet werden? Im ersten Fall wird der Strom, im anderen der Brennstoff transportiert.

Im 14. Abschnitt wurden bereits mit Formel (18) die Kosten des Brennstofftransportes in Form eines Wärmepreises [S/Gcal] angeschrieben und der Einfluß des Heizwertes des Brennstoffes herausgestellt. Dem folgenden Beispiel liegt ein Kraftwerksblock mit einer Leistung von $N_h = 120$ MW zugrunde, die Transportstrecke betrage 100 km. Es sollen in Abhängigkeit von der Benutzungsdauer die jährlichen Transportkosten verglichen werden. Im übrigen wird die wirklichkeitsnahe Annahme gemacht, daß das Kraftwerk bei beiden Varianten gleich ausgelegt ist, also nur den Standort wechselt, auch Kühlwasserbeschaffung, Bahnanschluß, Aschentransport usw. wären in gleicher Weise durchführbar, so daß die eigentlichen Umwandlungskosten als vom Standort unabhängig vorausgesetzt werden. Diese Voraussetzungen werden getroffen, um den Einfluß des Energietransportes deutlich zu machen. Sollten sie nicht zutreffen, so müßten entsprechende Kostenkorrekturen angebracht werden, die das Ergebnis nach der einen oder der anderen Seite beeinflussen könnten. Nach dem 9. Abschnitt beträgt der Wärmeverbrauch eines Wärmekraftwerkes mit den bereits dort erläuterten Formelzeichen

$$\delta \cdot w_0 \cdot N_h \cdot t \quad [\text{kcal/a}].$$

Dem entspricht eine erforderliche Brennstoffmenge von

$$\frac{\delta \cdot w_0 \cdot N_h \cdot t}{H_u} \cdot 10^{-3} \quad [\mathrm{t/a}].$$

Beträgt die Transportgebühr für eine Entfernung von L (km) p_T [S/t], so sind die Aufwendungen für den *Brennstofftransport*

$$\frac{\delta \cdot w_0 \cdot N_h \cdot t \cdot p_T}{H_u} \cdot 10^{-3} \quad [\mathrm{S/a}].$$

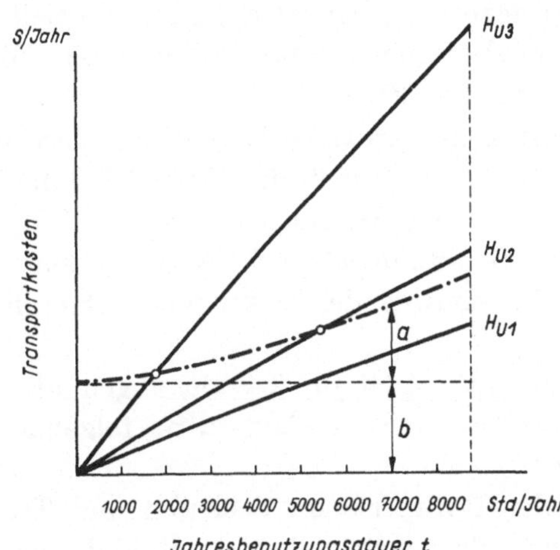

Abb. 44. Auswirkung der Transportkosten der Energie auf den Standort der Umwandlungsanlage

Für das hier behandelte Beispiel sind in Abb. 44 die Transportkosten des Brennstoffes für drei verschiedene Heizwerte H_u in Abhängigkeit von der Benutzungsdauer eingetragen, dabei entspricht der Heizwert $H_{u\,3} = 2200$ kcal/kg einer österreichischen Braunkohle, die beiden anderen Heizwerte hochwertigen Brennstoffen. Die schwache Krümmung der Kostenkurve hat ihre Ursache in der Abhängigkeit des Verlustfaktors δ von der Benutzungsdauer.

Die Kosten für die *Fortleitung der elektrischen Energie* verhalten sich in Abhängigkeit von der Benutzungsdauer entsprechend der strichpunktierten Kurve, wobei ihr Verlauf durch den entgegengesetzten Einfluß von δ_L und den Kosten am Leitungsanfang k_1 bestimmt wird. Die Abb. 44 führt zu folgender Erkenntnis: Je niedriger der Heizwert H_u des Brennstoffes ist, um so kleiner wird die Grenzbenutzungsdauer, bei der der Brennstofftransport berechtigt ist, um so wirtschaftlicher wird die elektrische Übertragung. Für Öl- und vor allem Kernkraftwerke besteht daher bei einigermaßen größeren Benutzungsdauern die Tendenz, ihren Standort in die Nähe des Verbrauchsschwerpunktes zu legen.

Aber auch die technische Entwicklung im Kraftwerksbau, die zu niedrigeren Wärmeverbrauchswerten w_0 führt, spielt eine Rolle. Die steigenden Blockleistungen, höhere Frischdampfdrücke und -temperaturen, mehrstufige Zwischenüberhitzung, aber auch kombinierte Dampf-Gasturbinenprozesse haben eine Verringerung des Wärmeverbrauches und somit nach der Formel für die Kosten des Brennstofftransportes deren Senkung zur Folge. Dies wirkt sich dahin aus, daß der Benutzungsdauerbereich, in dem der Brennstofftransport der Fortleitung der elektrischen Energie überlegen ist, größer wird.

Das hier Gesagte gilt auch für Überlegungen über den optimalen *Raffineriestandort.* Hier stehen z. B. folgende Varianten einander gegenüber:

1. Errichtung der Raffinerie im Seehafen und Transport der Produkte per Bahn oder eventuell über Produktenleitungen zu den Verbrauchsschwerpunkten.

2. Errichtung der Raffinerie im Verbrauchsschwerpunkt und Transport des Rohöles per Bahn oder mittels einer Rohölleitung zwischen Seehafen und Raffineriestandort.

Ein ähnliches Diagramm wie das in Abb. 44 dargestellte wird auch hier die richtige Entscheidung zahlenmäßig untermauern können.

Geht es bei der *Standortwahl* von Umwandlungsanlagen — dabei ist an solche gedacht, die der Veredlung der Rohenergie dienen — in Abhängigkeit von den Transportkosten um eine „entweder — oder“-Entscheidung, so handelt es sich bei Festlegung der *Größe* der Umwandlungsanlage um eine Optimierungsaufgabe. Die Kosten des Abtransportes der von der Umwandlungsanlage abgegebenen Energie zu den Verbrauchsschwerpunkten beeinflussen nämlich den wirtschaftlichen Versorgungsbereich und bei gegebener Verbrauchsdichte auch die Ausbaugröße der Umwandlungsanlage. Diese Erkenntnis gilt ebenso für eine Raffinerie wie für ein Kraftwerk, das nicht standortgebundene Primärenergie verwertet, auch für ein Fernheizwerk. Im Falle der Elektrizitätserzeugung sind die Verhältnisse insofern etwas komplizierter als, wie in einem späteren Abschnitt gezeigt wird, die Gesamtbelastung auf die einzelnen Kraftwerke je nach deren Kostencharakteristiken wirtschaftlich aufzuteilen ist. Es kann hier also eigentlich nur von wirtschaftlichen Versorgungsbereichen von Kraftwerken mit bestimmtem Belastungscharakter (Grundlast-, Spitzenwerke) gesprochen werden. Trotz dieser Einschränkung gelten auch hierfür sinngemäß die hier angestellten Überlegungen, wobei man sich bewußt sein muß, daß jeder Einzelfall besonders zu studieren ist, es sich hier also nur um eine grundsätzliche Betrachtung handeln kann.

Die spezifischen Umwandlungskosten haben mit steigender Ausbaugröße der Umwandlungsanlagen fallende Tendenz. Sowohl die spezifischen Anlagekosten als auch die spezifischen Umwandlungsverluste und der Bedienungsaufwand b weisen eine Kostendegression auf, so daß sich in Abhängigkeit von der Größe der Anlage, Umwandlungskosten ergeben, die im unteren Leistungsbereich zunächst stärker fallen und dann im Bereich größerer Leistung sich einer Asymptote nähern. Stellt man sich nun vor, daß diese Umwandlungsanlage ein Gebiet mit einer bestimmten Verbrauchsdichte versorgt, so muß die umgewandelte Energie in einem um so größeren Bereich untergebracht werden, je kleiner die zu erwartende Verbrauchsdichte ist. Idealisiert man das Absatzgebiet als Kreisfläche, so würde sich folgender Zusammenhang ergeben:

$$E = N_h \cdot t = \sigma \cdot R^2 \cdot \pi \quad \text{[Energieeinheiten/Jahr]}.$$

Darin ist wieder

N_h die Ausbauleistung [kW, t/h, t/d],

t die Benutzungsdauer [h/Jahr],

σ die Verbrauchsdichte [Energieeinheiten/km²],

R der Versorgungsradius [km].

$$R = \sqrt{\frac{N_h \cdot t}{\sigma \cdot \pi}} \quad \text{[km]}.$$

Bei gegebener Benutzungsdauer t und Verbrauchsdichte σ vergrößert sich der Versorgungsradius und damit der Transportweg der umgewandelten Energie mit der Quadratwurzel der Ausbauleistung N_h. Abnehmenden Umwandlungskosten stehen somit steigende Transportkosten gegenüber, so daß bei einer bestimmten Ausbauleistung die Summe aus Umwandlungs- und Fortleitungskosten als resultierende Kosten, bezogen auf die Verbrauchszentren, ein Optimum ergeben. Es ist leicht einzusehen, daß diese optimale Ausbauleistung der Umwandlungsanlage um so kleiner wird, je niedriger σ ist, da dann die Transportkosten als Funktion der Ausbauleistung der Umwandlungsanlage einen steileren Verlauf annehmen müssen.

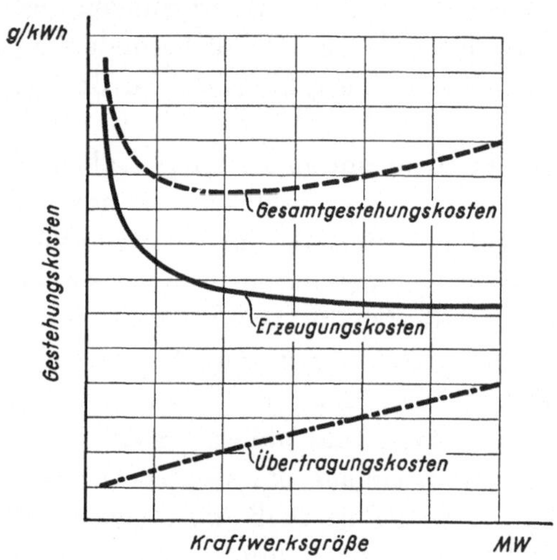

Abb. 45. Ermittlung der wirtschaftlichen Kraftwerksgröße

In Abb. 45 ist das Ergebnis eines Rechenbeispiels wiedergegeben, das sich auf die Ermittlung der wirtschaftlichen Kraftwerksgröße bezieht. Man sieht, daß auch hier eine wirtschaftlichste Größe der Umwandlungsanlage und damit bei gegebener Verbrauchsdichte auch ein wirtschaftlichster Versorgungsbereich festzustellen ist. Strebt man eine wirtschaftliche Energieversorgung an, so kann man an solchen Überlegungen nicht vorbeigehen. Im Beispiel Abb. 46 wurde davon ausgegangen, daß das Kraftwerk im Schwerpunkt des Versorgungsgebietes liegt. An dem Ergebnis ändert sich aber grundsätzlich nichts, wenn das Kraftwerk vom Speisepunkt weggelegt wird und in diesen über eine entsprechende leistungsfähige Leitung einspeist. Es müssen in diesem Fall die Kosten dieser Speiseleitung zum Verbrauchsschwerpunkt in Abhängigkeit von der Kraftwerksgröße den Stromerzeugungskosten zugeschlagen werden. Dieser Fall wird dann gegeben sein, wenn dem Werk im entfernteren Standort billigere Brennstoffe zur Verfügung stehen und die Kosten der elektrischen Übertragung geringer sind als die der Heranschaffung des Brennstoffes zum Hauptspeisepunkt. Es können aber auch Fragen der Kühlwasserversorgung, der Umweltbeeinflussung und ähnliches zu einer Verschiebung des Kraftwerkstandortes im hier gemeinten Sinn führen.

V. Die Wirtschaftlichkeitsrechnung in der Energieversorgung

19. Voraussetzungen und Fragestellung für Wirtschaftlichkeitsrechnungen in der Energieversorgung

Die beiden vorhergehenden Abschnitte behandelten die Umwandlungs- und Transportkosten der Energie. Sie stellen neben dem zeitlichen Verlauf des Bedarfes und des nicht anpassungsfähigen Energiedargebotes von der Kosten- bzw. Ausgabenseite her die Grundlage für die Durchführung von Wirtschaftlichkeitsrechnungen dar, mit deren grundsätzlicher Bedeutung wir uns nun befassen wollen. Zunächst sind zweierlei Aufgaben der Wirtschaftlichkeitsrechnung auseinanderzuhalten:

1. Die Investitionsrechnung, die die Entscheidung über die Errichtung einer Anlage wirtschaftlich zu untermauern hat.

2. Die Beurteilung des optimalen Einsatzes der Betriebsmittel, also der wirtschaftlichen Betriebsweise, bei gegebener Anlagenkapazität.

Die Wirtschaftlichkeitsrechnung im Zuge eines Investitionsvorhabens ist ein Abschnitt der Planung, für deren Durchführung *Schneider* [23] folgende Reihenfolge aufzählt:

Phase I: Formulierung der Aufgabe, Festlegung der möglichen Alternativlösungen.

Phase II: Klärung und Festlegung der technischen und sonstigen Zusammenhänge, Ermittlung der Kosten-, Zinsen- und Nutzungsdaueransätze usw.

Phase III: Durchführung der Wirtschaftlichkeitsrechnung.

Phase IV: Kritik und Bewertung der Rechnungsergebnisse unter Berücksichtigung des Unsicherheitsgrades der Rechnungsgrößen, der Finanzierungsmöglichkeiten und -bedingungen usw.

Dieser Phasenfolge schließt sich dann die verantwortliche Entscheidung über die Verwirklichung der beabsichtigten Investition an. Da die Planung technischer Anlagen Aufgabe des Ingenieurs und die Wirtschaftlichkeitsrechnung als eine Teilaufgabe im Zuge der Planungsarbeiten anzusehen ist, so ergibt sich daraus folgerichtig, daß die Wirtschaftlichkeitsuntersuchungen in den Verantwortungsbereich des Ingenieurs fallen, wobei er sich in Einzelfragen, wie z. B. Finanzierungsweise, der Unterstützung des Kaufmannes bedienen muß. Die aus dem Planungsablauf begründete Federführung des Ingenieurs bei der Wirtschaftlichkeitsrechnung setzt allerdings voraus, daß er sich auch das nötige betriebswirtschaftliche Rüstzeug aneignet.

Die im 2. Abschnitt aufgezeigten Eigenheiten der Energieversorgung drücken auch der Wirtschaftlichkeitsrechnung in diesem Wirtschaftszweig ihr Gepräge auf. Dies gilt sowohl für die Voraussetzungen und Fragestellung, als auch für die Durchführung. Es sei im nachstehenden versucht, diese Problematik in großen Zügen zu kennzeichnen. Dabei muß man sich im klaren sein, daß die Voraussetzungen für eine Investitionsrechnung in der Energieversorgung auch für deren einzelne Sparten recht unterschiedlich sind. So fällt bei jenen Zweigen der Energieversorgung, bei denen eine Versorgungs*pflicht* besteht, die freie Wahl des Zeitpunktes der Investition insofern weg, als er zwar aus Gründen, die mit der Bedarfsdeckung direkt nichts zu tun haben, wie günstige Finanzierungs- oder vorteilhaftere Einkaufsmöglichkeiten, wohl vorverlegt werden kann, im übrigen aber durch die Notwendigkeit, den prognostizierten Bedarfszuwachs zu befriedigen, bestimmt ist.

Ein weiterer Umstand, der bei Wirtschaftlichkeitsrechnungen in der Energieversorgung eine Rolle spielt, sind die gegenüber anderen Wirtschaftszweigen langen Abschreibungszeiten, die z. B. in der Elektrizitätsversorgung bei Wärmekraftwerken, Leitungen und Umspannwerken im allgemeinen bei 20—25 Jahren, bei Wasserkraftwerken aber in der Größenordnung von 50 Jahren liegen. Diese langen „Lebensdauern" und die große Kapitalintensität hat zur Folge, daß eine Neuinvestition die Wirtschaftlichkeit des Versorgungsunternehmens über einen weiten Zeitraum nach der positiven oder negativen Seite beeinflußt, daher die Wirtschaftlichkeitsrechnung sich diesen Gegebenheiten anpassen muß.

Welches ist nun die Fragestellung und welche Erkenntnis erwartet man von einer Wirtschaftlichkeitsrechnung auf dem

Investitionssektor der Energieversorgung? Eine kritische Betrachtung der Gegebenheiten führt zum Schluß, daß trotz der Mannigfaltigkeit der Problemstellungen im einzelnen diese in zwei grundsätzliche Gruppen eingeordnet werden können:

1. Vergleich mehrerer Varianten auf der *Kosten*seite,
2. Gegenüberstellung von Kosten und Erlösen.

In der Energieversorgung steht der unter 1. genannte Rechnungsgang im Vordergrund. Es bedient sich seiner vor allem der *Letztverbraucher*, der ein bestimmtes Energiebedürfnis, z. B. Wärme oder mechanische Energie zu decken und zu entscheiden hat, auf welche Weise dies am wirtschaftlichsten möglich ist. Solche Überlegungen beginnen bereits bei der Raumheizung. Ausgangsbasis ist ein bestimmter Bedarf an *Nutzwärme*, gegeben durch den Verlauf der Außentemperatur, Raumvolumen und Güte der Wärmedämmung. Der Verbraucher kann nun auf verschiedene Primärenergieträger zurückgreifen, so auf Brennstoffe wie Kohle, Heizöl, Stadt- oder Erdgas, aber auch auf elektrische Energie. Er wird die Kosten dieser Varianten, denen kein „Erlös" gegenübersteht, das heißt also, nur die Kosten vergleichen, sie hinsichtlich ihrer Wirtschaftlichkeit reihen und vielleicht zugunsten der Bequemlichkeit Konzessionen machen. Dieselben Überlegungen gelten auch für die industrielle Wärmeanwendung, soweit nicht technologische Bedingungen, wie z. B. die Höhe der Prozeßtemperaturen oder eine hohe Regelfähigkeit, die Wahl der Umwandlungsprozesse und damit der Primärenergieträger mehr oder weniger einengen.

Für das Bedürfnis an *mechanischer* Energie gilt grundsätzlich das gleiche. Gegeben ist das Drehmoment an der Kupplung der anzutreibenden Maschinen und, soweit mehrere Antriebsmöglichkeiten zur Wahl stehen, ist ein Vergleich der Umwandlungskosten im Sinne der Darlegungen im 10. Abschnitt durchzuführen. Auch die Deckung der Energiebedürfnisse für Transportzwecke läuft auf einen Vergleich verschiedener Antriebsarten hinaus. Schon bei Straßenfahrzeugen stellt sich die Frage: Ist der Dieselmotor oder der Ottomotor wirtschaftlicher, bei der Zugförderung, ob die elektrische oder die Diesellokomotive aus wirtschaftlichen Überlegungen vorzuziehen ist. Dies sind nur einige Beispiele, um darzutun, daß bei der Deckung der Nutzenergiebedürfnisse die Wirtschaftlichkeitsrechnung sich auf die Kostenseite beschränkt und auf einen Vergleich der anwendbaren Umwandlungswege erstreckt.

Schließlich sei noch ein Fall erwähnt, der sich auch auf der Endverbraucherebene abspielt, aber insofern von dem bisher erörterten abweicht, als die Variationsmöglichkeit eines technologischen Verfahrens im Vordergrund steht und sich diese auf die Höhe und Art der Energiebedürfnisse auswirkt. Es kann z. B. in der wärmeverbrauchenden Industrie ein Verfahren mehr Strom, das andere mehr Wärme bei verschiedenem Investitionsaufwand und vielleicht verschiedener Güte des erzeugten Produktes oder ein Verfahren in der chemischen Industrie mehr Strom benötigen, das andere aber bei höheren Investitionskosten Strom einsparen. Bei solchen Rentabilitätsvergleichen ist jeweils die Energie nur ein Kostenfaktor, dessen Anteil an den Gesamtkosten das Rechenergebnis nach der einen oder anderen Seite beeinflussen kann. Auch hier spielen sich die Betrachtungen, soweit sie den Energieeinsatz berühren, auf der Kostenseite ab.

Die Wirtschaftlichkeitsrechnung im Bereich der Umwandlungsanlagen, die der *Veredlung der Rohenergie* dienen, beschränkt sich in der überwiegenden Zahl der praktisch auftretenden Fälle ebenfalls auf die Kostenseite. Ob es sich um die Wahl der Kraftwerkstype und des Primärenergieträgers, um die Ausbauleistung, Standort und Auslegung von Umwandlungsanlagen oder um die Entscheidung Eigenerzeugung oder Fremdbezug handelt, es wird immer darum gehen, mehrere Varianten zu vergleichen und die wirtschaftlichste, das ist also jene, welche über den Betrachtungszeitraum die niedrigsten Kosten verursacht, zu ermitteln. Dasselbe gilt auch für den Energietransport, auch hier laufen die Wirtschaftlichkeitsrechnungen auf Kostenvergleiche hinaus, wie das Beispiel Abb. 44 zeigte.

Es gibt aber im Bereich der Energieveredlung doch Fälle, in denen die Wirtschaftlichkeitsrechnung ohne eine Gegenüberstellung von Kosten und erzielbaren Erlösen nicht auskommt. Diese Fälle beziehen sich vor allem auf Umwandlungsanlagen, die *Koppelprodukte* erzeugen und zwar, wenn ein- oder mehrere Koppelprodukte im Wettbewerb mit anderen Energieträgern stehen und daher der erzielbare Preis und damit der Erlös für diese Koppelprodukte von den Marktverhältnissen her nach oben begrenzt ist. Diese Situation liegt vor:

1. Bei Fernheizkraftwerken für die öffentliche Wärmeversorgung hinsichtlich der Wärmeabgabe. Zunächst ist der Wärmepreis $p_{W\,zul}$ [S/Gcal] durch den Wettbewerb mit Zentralheizungsanlagen,

elektrische Heizung oder Ofenheizung limitiert. Um die Umwandlungskosten hereinzubringen, muß nach Abb. 37 die Stromabgabe des Heizkraftwerkes mit Umwandlungskosten $k_{E\min}$ [S/kWh] belastet werden. Im übrigen läuft dann die Wirtschaftlichkeitsrechnung, wie oben dargelegt, ab, und zwar sind diese Stromkosten $k_{E\min}$ mit den mit anderen Kraftwerkstypen zu erzielenden zu vergleichen. Das Ergebnis entscheidet über die Wirtschaftlichkeit des Heizkraftwerkes.

2. Bei Raffinerien hinsichtlich des Heizölabsatzes und bei Kokereien hinsichtlich des Koksofengases, die auf dem Wärmesektor zu anderen Energieträgern in Konkurrenz liegen. Der erzielbare Erlös für diese Zweitprodukte bestimmt den Anteil der Gesamtumwandlungskosten, der auf diese umgelegt werden kann und damit nach Abb. 38 die auf das Hauptprodukt Treibstoff bzw. Hochofenkoks entfallenden Umwandlungskosten. Damit tritt die Rechnung wieder in die Kostenseite ein, und es geht dann um die Frage, ob die eigene Kokerei kostengünstiger als der Fremdbezug von Koks ist, wobei Fragen der Versorgungssicherheit auch hineinspielen oder ob die Errichtung der geplanten Raffinerie wirtschaftlich zu vertreten ist, z. B. gegenüber der Kapazitätsausweitung einer bereits vorhandenen.

3. Bei Gasereien hinsichtlich der Gas- *und* Koksabgabe. Erst- und Zweitprodukt stehen hier auf dem Energiemarkt in Wettbewerb zu anderen Energieträgern — die erzielbaren Preise bestimmen die Erlöse. Liegen diese in Abb. 38 innerhalb der Kostencharakteristik der Gaserei, dann können die Umwandlungskosten nicht gedeckt werden, die Gaserei liegt also auf der Verlustseite.

Unter den Rohenergieträgern nehmen *Kernenergie* und *Wasserkraft* insofern eine Sonderstellung ein, als sie nur über den Zwischenzustand elektrische Energie dem Verbrauch nutzbar gemacht werden können. Da der überwiegende Teil der Stromerzeugungskosten durch die für die Energieumwandlung notwendigen Investitionen verursacht wird, dem gegenüber die Kosten der Rohenergie kaum ins Gewicht fallen, bzw. bei Wasserkraft im allgemeinen gar nicht gerechnet werden, so ist es folgerichtig, wenn die Wirtschaftlichkeitsrechnung auf die Kosten der elektrischen Energie bezogen wird, die mit dem Aufwand für andere Varianten der Stromerzeugung zu vergleichen sind. Anders ist es aber bei den *fossilen* Brennstoffen. Wie aus dem Umwandlungsschema, Abb. 10, hervorgeht, stehen diese Rohenergiearten auf dem Energiemarkt zueinander in Wettbewerb, die erzielbaren Preise und damit die Erlöse sind durch die Marktlage bestimmt. Dies gilt vor allem für die Kohle, die sich auf dem Wärmesektor gegen Erdgas, aber auch veredelte Energieträger, wie Heizöl, Stadtgas, Koks, elektrischen Strom, zu behaupten versuchen muß. Hier entscheidet die verbleibende Spanne zwischen Erlös und Kosten über die Aufrechterhaltung des Grubenbetriebes bzw. über einen Neuaufschluß, wenn nicht Gesichtspunkte außerhalb einer Rentabilitätrechnung bei einer solchen Entscheidung mitsprechen.

Eingangs dieses Abschnittes wurde als zweite Aufgabe einer Wirtschaftlichkeitsrechnung in der Energieversorgung auf die Beurteilung des optimalen Einsatzes der Betriebsmittel bei gegebenem Ausbau hingewiesen. Ein praktisches Beispiel ist die Aufteilung der Belastung auf die einzelnen in einem Verbundsystem arbeitenden Kraftwerke, an die die Forderung zu stellen ist, daß jederzeit unter Berücksichtigung der Fortleitungskosten die resultierenden Kosten dem möglichen Kostenminimum entsprechen. Auch diese Aufgabe wird durch einen Kostenvergleich gelöst. Maßgebend sind die sogenannten Lastzuwachskosten, bezogen auf die Verbrauchsschwerpunkte in Abhängigkeit von der Belastung der einzelnen Werke bzw. Kraftwerksblöcke, nach deren Staffelung die Aufeinanderfolge des Einsatzes der Blöcke im Belastungsdiagramm erfolgt.

20. Grundsätzliche Erörterung der Methoden

Wurde im vorhergehenden Abschnitt der Rahmen der Wirtschaftlichkeitsrechnung abgesteckt, so ergibt sich nun die Frage nach der Methode. Man findet in der Praxis verschiedene Auffassungen, die zum Teil zu den Erkenntnissen einer neuzeitlichen Betriebswirtschaftslehre im Gegensatz stehen. Es erscheint daher in diesem Zusammenhang notwendig, sich mit dieser Frage grundsätzlich zu beschäftigen. Vielleicht kommt die Problematik des Rechnungsvorganges bei Wirtschaftlichkeitsuntersuchungen am deutlichsten zum Ausdruck, wenn wir davon ausgehen, wie eine in einem bestimmten Jahr getätigte Investition sich auf die Geschäftsabschlüsse der späteren Jahre auswirkt. Nehmen wir z. B. an, ein Wasserkraftwerk würde ausschließlich mit Fremdkapital gebaut, so belastet es das Unternehmen, abgesehen von den jährlichen Betriebsausgaben, Versicherungen und kapitalabhängigen

Steuern, mit der Abschreibung und den Fremdzinsen. Auf die Frage, welcher Zinsfuß bei Eigenfinanzierung einzusetzen ist, wird weiter unten noch eingegangen werden. Setzt man eine Nutzungsdauer von 50 Jahren an, so sind dafür im Falle einer linearen Abschreibung pro Jahr 2% des Anlagekapitals aufzuwenden. Nimmt man einen Zinssatz von 7% an, so verläuft die Zinsenbelastung z bezogen auf das *Anlage*kapital entsprechend der in Abb. 46 eingetra-

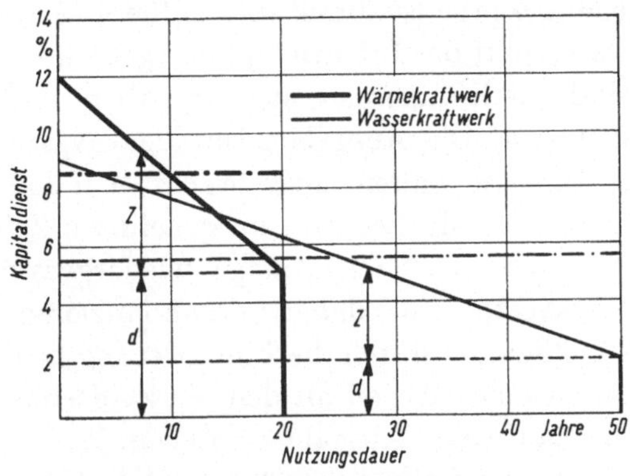

Abb. 46. Verlauf des Kapitaldienstes über der Nutzungsdauer

genen Geraden, da nur das jeweils noch nicht abgeschriebene Kapital zu verzinsen ist. Man kann also feststellen, daß das Wasserkraftwerk bei den hier getroffenen Annahmen im ersten Jahr mit einem Kapitaldienst von 9%, im 25. Jahre z. B. mit 5,25%, im 50. Jahr mit 2% des Anlagekapitals belastet wird. Zum Vergleich ist auch der Verlauf des Kapitaldienstfaktors für ein Wärmekraftwerk mit einer 20 jährigen Nutzungsdauer eingetragen. Tatsächlich gibt es Unternehmen der Versorgungswirtschaft, die bei Planungen die zu erwartenden Kosten in dieser Weise ermitteln.

Eine solche Rechnung mag sinnvoll sein, wenn man sich ein Bild machen will, wie sich eine bereits festgelegte Neuinvestition auf den zukünftigen finanziellen Status des Unternehmens auswirkt. In einer mittelfristigen *Finanzplanung* des Unternehmens wird die Investition auf diese Weise erfaßt werden. Wenn man auch in der angedeuteten Weise einen mittleren Kapitaldienstfaktor, auf die Nutzungsdauer bezogen, errechnen kann, so ist eine solche Vorgangsweise aber für einen *Wirtschaftlichkeitsvergleich* zwischen mehreren möglichen Ausbauvarianten nicht geeignet, und zwar einfach deshalb, weil, wie die Abb. 46 erkennen läßt, eine gleiche Bezugsbasis fehlt.

Wie auch *H. K. Schneider* und andere Autoren [23, 24] feststellten, ist bei Investitionsrechnungen im Anlagebereich die einfache Summierung von Kosten oder Erlösen bzw. Einnahmen oder Ausgaben verschiedener Zeitpunkte nicht statthaft. Es sei hier im nachstehenden der Argumentation Schneiders gefolgt. Jede Einnahme und jede Ausgabe ist durch ihre Höhe *und* durch ihre Entfernung vom Zeitpunkt der Inbetriebnahme gekennzeichnet. Direkt summierbar sind nur Einnahmen oder Ausgaben, die dem gleichen Zeitpunkt angehören. Die Ausgaben für die Investition, die zum Zeitpunkt der Inbetriebnahme aufgebracht sein müssen, können erst nach einem mehr oder weniger ausgedehnten Zeitraum innerhalb der „Nutzungsdauer" der Anlage wiedergewonnen werden. Die Anschaffungskosten sind daher vorzufinanzieren. Ihr Wiedergewinn, einschließlich der durch die Finanzierung bedingten Zinsen können nur durch einen Anteil an den Verkaufseinnahmen neben der Deckung der laufenden Ausgaben erfolgen. Es ist jener Faktor, der bei der Kostenermittlung im 9. und 14. Abschnitt als Abschreibung des Anlagekapitals berücksichtigt worden ist. Es ist offensichtlich, daß die Beträge, über die schon im ersten Jahr verfügt werden kann, wertvoller sind, als solche in gleicher Höhe in einem späteren Jahr. Vergleicht man also im Rahmen einer Investitionsrechnung mehrere Varianten, womöglich mit verschiedenen Nutzungsdauern, so sind die jährlichen Kosten bzw. Ausgaben verschiedener Zeitpunkte auf eine Einheitszeitbasis zu beziehen, als die zweckmäßig die Gegenwart gewählt wird.

Es ist also die Frage gestellt: Welchen Wert haben Ausgaben bzw. Kosten, die im n^{ten} Betriebsjahr entstehen heute? Dieses Problem ist mit der Zinseszinsrechnung leicht zu lösen. Z. B. wächst ein heute verfügbarer Geldbetrag, ertragbringend angelegt, nach einem Jahr auf

$$X + X \cdot \frac{z}{100} = X \cdot \left(1 + \frac{z}{100}\right)$$

an, worin z den Zinsfuß in % bedeutet. Nach 2 Jahren steigt der Betrag bereits auf

$$X \cdot \left(1 + \frac{z}{100}\right)^2$$

an, weil der Betrag des ersten Jahres bereits einen eigenen Ertrag abwirft. Nach i Jahren der Nutzungsdauer der Investition gilt dann

$$X_i = X\left(1 + \frac{z}{100}\right)^i$$

und nach n Jahren

$$X_n = X\left(1 + \frac{z}{100}\right)^n.$$

Es ist also

$$X = \frac{X_n}{\left(1 + \frac{z}{100}\right)^n} = \frac{X_n}{q^n}. \tag{24}$$

Das heißt also: Eine im n^{ten} Jahr entstehende Einnahme oder auch Ausgabe in Höhe von X_n ist auf den in der Gegenwart liegenden Betrachtungszeitpunkt mit dem Betrag X zu bewerten. Die jährlichen Ausgaben X_i bestehen, wie wir im 9. und 14. Abschnitt gesehen haben, aus den arbeitsabhängigen Kosten und den Aufwendungen für Versicherungen, kapitalabhängigen Steuern, wobei letztere, als vom Anlagekapital abhängig, in den Jahresfaktor α einbezogen worden sind. Vergleicht man nun mehrere Projektvarianten, so ist vom wirtschaftlichen Standpunkt betrachtet jenes Projekt das günstigste, dessen Gesamtaufwendungen auf den Betrachtungszeitpunkt bezogen, die niedrigsten sind. Man nennt diesen Vergleichsbetrag den *Barwert* der Investition und dieses Rechenverfahren die *Barwertmethode.* Wir wollen ihn mit B [S] bezeichnen. Es gilt somit

$$B = A + \frac{X_1}{q} + \frac{X_2}{q^2} + \ldots \frac{X_i}{q^i} + \ldots \frac{X_n}{q^n} \text{ [S]}. \tag{25}$$

Mit A [S] sind die Anlagekosten erfaßt. Diese Barwertmethode gestattet auch jährlich veränderliche Betriebsausgaben, z. B. eine Steigerung der Personal- oder Brennstoffkosten im Laufe der Nutzungsdauer zu berücksichtigen und ihre Auswirkung auf einen Rentabilitätsvergleich festzustellen. Geht man aber von der Annahme aus, daß die jährlichen Betriebsausgaben während der Nutzungsdauer unverändert bleiben, eine Voraussetzung, die für Wirtschaftlichkeitsrechnungen meist getroffen wird, so erhält man

$$B = A + X\left(\frac{1}{q} + \frac{1}{q^2} + \ldots + \frac{1}{q^i} + \ldots \frac{1}{q^n}\right) =$$

$$= A + X \cdot \frac{q^n - 1}{q^n (q - 1)} \text{ [S]}. \tag{25a}$$

Man nennt den Ausdruck

$$\frac{q^n - 1}{q^n (q - 1)} = \beta \tag{25b}$$

den *Barwertfaktor*. Immer unter der Voraussetzung gleichbleibender Jahresausgaben X [S/a] kann man auch schreiben:

$$\beta \cdot B = \frac{A}{\beta} + X \text{ [S/a]}.$$

$\beta \cdot B$ sind die auf eine Nutzungsdauer von n Jahren bezogenen *durchschnittlichen* jährlichen Ausgaben, die wir in den Kostenrechnungen mit K [S/Jahr] bezeichnet haben, der reziproke Wert des Barwertfaktors $\frac{1}{\beta}$ ist der sogenannte *Annuitätsfaktor* oder Kapitaldienstfaktor, der Abschreibung und Verzinsung in Prozent der Anlagekosten erfaßt. Berücksichtigt man auch, daß Versicherungen und kapitalabhängige Steuern als Jahresausgaben ebenfalls proportional zum Anlagekapital sind und fügt diesen Prozentsatz dem Annuitätsfaktor hinzu, so erhält man den Jahresfaktor α und damit

$$K = \alpha \cdot A + X \quad \text{[S/a]}.$$

Dabei sind in X alle Jahresausgaben, die nicht kapitalabhängig sind, enthalten. Wir kommen damit auf die in den früheren Abschnitten erläuterten Kostenformeln, in denen bereits stillschweigend vorausgesetzt wurde, daß Verzinsung und Abschreibung durch den Annuitätsfaktor $\frac{1}{\beta}$ erfaßt werden. Man nennt diese Rechenmethode die *Annuitätsmethode*. Barwert- bzw. Annuitätsfaktoren sind in Abhängigkeit von der Nutzungs- oder „Lebensdauer" und dem Zinssatz aus der Literatur [25] oder einschlägigen Handbüchern zu entnehmen.

Barwert- und Annuitätsmethode sind keine verschiedenen Verfahren, die zweitgenannte leitet sich aus der ersten ab. Es handelt sich nur um eine andere Darstellungsweise. In der Barwertmethode kommt direkt zum Ausdruck, welche Betrachtungszeit zugrunde gelegt wird, bei dem Annuitätsverfahren erscheint diese nicht direkt, weil es eine auf den Zeitabschnitt des Jahres bezogene Größe liefert. Der Unterschied ist jedoch nur formal, denn die Größe des Annuitätsfaktors hängt von Zinsen *und* von der Anzahl der Jahre ab, die als Betrachtungszeit gewählt werden. Die Annuitätsmethode wird in der Praxis wohl häufiger angewendet und genügt, wenn man mit gleichbleibenden arbeitsabhängigen Kosten über die Nutzungsdauer rechnet. Wir wollen auch bei unseren Betrachtungen die Annuitätsmethode, nach der bereits die Kostenformeln abgeleitet worden sind, beibehalten. Auf die Barwertmethode ist dann zurückzugreifen, wenn die arbeitsabhängigen Kosten während der Nutzungsdauer veränderlich sind, dann gilt die Formel (25). Auch beim Vergleich von Varianten für ein längerfristiges Ausbaukonzept ist, wie wir noch sehen werden, die Ermittlung des Barwertes ein Kriterium für die zu treffende Entscheidung.

Der Vollständigkeit halber ist darauf hinzuweisen, daß der Barwert in gleicher Weise, wie nach Formeln (25) und (25a) auf der Kostenseite auch auf der Erlösseite bestimmt werden kann. Ein solcher Fall liegt z. B. vor, wenn es, wie im vorhergehenden Abschnitt dargelegt, um die Prüfung der Rentabilität einer Kohlengrube geht, die einen Vergleich von Kosten und Erlösen verlangt.

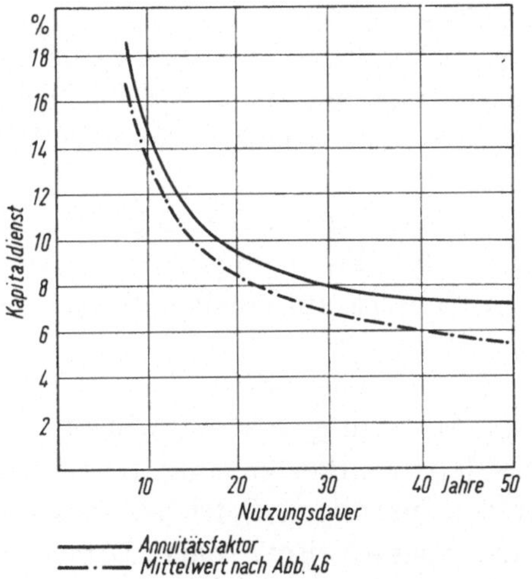

Abb. 47. Kapitaldienst in Abhängigkeit von der Nutzungsdauer, angenommener Zinssatz $z = 7\%$

Vergleicht man die Annuitätsmethode mit der eingangs dieses Abschnittes erwähnten Erfassung von Abschreibungen und Zinsen aufgrund der in den Jahresabschlüssen aufscheinenden Zahlen als Mittelwert über die Nutzungsdauer, so erkennt man, daß die Kapitaldienstfaktoren, die Verzinsung und Abschreibung erfassen, je mehr voneinander abweichen, je größer die Nutzungsdauer der

Anlage ist. In Abb. 47 ist auch der Kapitaldienstfaktor, ermittelt nach der Annuitätsmethode, in Abhängigkeit von der Nutzungsdauer für einen Zinssatz von 7% eingetragen. Dieser liegt im gesamten Bereich über den als arithmetischer Mittelwert aus den Jahresziffern gewonnenen. Der Unterschied ist um so größer, je länger die Nutzungsdauer ist. Es beträgt der annuitätisch ermittelte Faktor bei einer Nutzungsdauer von 20 Jahren das 1,11fache, bei 50 Jahren aber das 1,33fache! Die *arithmetische* Mittelwertbildung der jeweiligen Jahreswerte, wie sie bei manchen Elektrizitätsunternehmen gebräuchlich ist, ergibt also zu niedrige Kosten und führt bei Gegenüberstellung von Varianten mit verschiedenen Ausgangswerten mangels einer gemeinsamen Ausgangsbasis zu einer Selbsttäuschung hinsichtlich des echten wirtschaftlichen Wertes der betrachteten Varianten.

21. Die Problematik der Ausgangsgrößen

War der vorhergehende Abschnitt der Methodik der Wirtschaftlichkeitsrechnung gewidmet, so bedarf es noch einer Abklärung der zu wählenden Ausgangsgrößen. Als solche haben zu gelten:

1. Die sogenannte „Lebensdauer", richtiger Nutzungsdauer der Einrichtungen.
2. Die der Rechnung zugrunde zu legenden Zinssätze.
3. Die zu treffenden Festlegungen über die Brennstoff- und Personalkosten im Hinblick auf mögliche Veränderungen im Laufe des Betrachtungszeitraumes.

Beim Begriff „Lebensdauer" denkt man im Sinne dieses Wortes in erster Linie an Abnutzung und Verschleiß, die einen Umfang erreichen, daß die Reparaturkosten einen Weiterbetrieb der Anlage, zumindest unter den bisherigen Betriebsbedingungen, nicht mehr vertretbar erscheinen lassen. Eine solche Definition der möglichen Einsatzzeit einer Anlage ist nicht mehr aktuell, da bei der immer rasanteren Entwicklung der Technik die Einrichtungen in ihrem technischen Stand früher veraltet angesehen werden müssen als es die Begrenzung der „Lebensdauer" durch Abnutzung ist. Man spricht daher richtiger von einer „Nutzungsdauer" auf die die Wirtschaftlichkeitsberechnung abgestellt werden muß. Es gilt also, diese Nutzungsdauer entsprechend den Gegebenheiten festzulegen. Dabei spielt auch die Frage eine Rolle, wie weit eine Einrichtung nach einer bestimmten Betriebsperiode in anderer Weise verwendet werden kann. Ein praktisches Beispiel wäre der Ersatz eines bisher in der Grundlast arbeitenden Kraftwerkes durch ein solches mit niedrigeren Stromerzeugungskosten. Das vorhandene Werk könnte dann in einem Lastbereich mit kleinerer Benutzungsdauer, der sich wirtschaftlich auf das gesamte Betriebsergebnis weniger auswirkt, innerhalb seiner *Lebens*dauer noch weiter verwendet werden. Eine Verlängerung der anzunehmenden Nutzungsdauer wäre dann gerechtfertigt. Aber auch die Laufzeit von Konzessionen, Genehmigungen oder von Lieferverträgen kann die Nutzungsdauer einengen, wobei man sich im letzteren Fall noch Gedanken machen müßte, ob die Annahme eines Restwertes für die Wirtschaftlichkeitsrechnung berechtigt erscheint. Die Festlegung der in die Wirtschaftlichkeitsrechnung eingesetzten Nutzungsdauer wird auch durch die Richtwerte der Steuerbehörden beeinflußt, die im allgemeinen die Nutzungsdauer einer Anlage nach unten begrenzen. Über diese Grenze hinausgehende jährliche Abschreibungsbeträge werden nicht als Kosten anerkannt, sondern dem Rohgewinn des Unternehmens zugeschlagen und dementsprechend versteuert.

Wie bereits in der Einleitung erwähnt, sind die Nutzungsdauern der Einrichtungen der Energieversorgung als relativ lang zu bezeichnen. Sie liegen im allgemeinen bei 15—50 Jahren, wobei der obere Wert für Wasserkraftanlagen gilt, für die aber auch mitunter noch längere Nutzungsdauern angesetzt werden. Bei diesen langen Nutzungsdauern zeigt sich aber, daß bei Wirtschaftlichkeitsrechnungen nach der Barwert- oder Annuitätsmethode die letzte Zeitspanne der Nutzungsdauer auf das Ergebnis der Rentabilitätsrechnung nur eine geringe Auswirkung hat. Beträgt die Nutzungsdauer z. B. 20 Jahre, so sind am Barwertfaktor, wieder ein Zinssatz von 7% vorausgesetzt,

die ersten 10 Jahre mit 66%,
die ersten 15 Jahre bereits mit 87,5%

beteiligt. Noch deutlicher wird das Zurücktreten der ferner liegenden Nutzungsdauerspanne bei Wasserkraftwerken. Legt man die Nutzungsdauer mit 50 Jahren fest, so machen die ersten 25 Jahre, also die Hälfte der Nutzungsdauer, bereits 84% des Barwertfaktors aus. Man kann daraus schließen, daß bei den für die Energieversorgungsanlagen in Frage kommenden Nutzungsdauern einige Jahre mehr oder weniger auf das Ergebnis der Investitionsrechnung keinen entscheidenden Einfluß ausüben.

Bedeutungsvoller ist die Frage, welcher *Zinssatz* der Investitionsrechnung zugrunde gelegt werden soll. Wie die Annuitätentabellen zeigen, ist die Auswirkung des Zinssatzes auf die Höhe des Jahresfaktors größer als die der Nutzungsdauer. Erfolgt die Finanzierung einer Investition durch Heranziehung von Fremdmittel, so dürfte es kaum eine Meinungsverschiedenheit darüber geben, daß der effektive Zinssatz für dieses zu gelten hat. Anders ist es, wenn es sich um Eigenmittel handelt, die durch eine Erhöhung des Gesellschaftskapitals, aber auch durch Heranziehung von Rücklagen (Innenfinanzierung) aufgebracht werden können. Hier findet man in der Praxis verschiedene Auffassungen vor. Die eine ist, den Satz zugrunde zu legen, mit dem das Gesellschaftskapital verzinst wird, wobei noch die Frage offen ist, wie für den in die Rechnung einzusetzenden Zinssatz die Gewinnsteuern zu behandeln sind. Ein großer Teil der Unternehmen der Energieversorgung, vor allem der Elektrizitäts- und Gasversorgung befinden sich in öffentlicher Hand. Sichtet man die Geschäftsabschlüsse dieser Gesellschaften, so wird man feststellen, daß hier die Renditen in weiten Grenzen streuen und — dies gilt vor allem für österreichische Verhältnisse — zum Teil beim 0-Wert liegen. Die öffentliche Hand verzichtet in solchen Fällen von vornherein auf eine Rendite. Es sei erwähnt, daß in einer solchen Lage befindliche Gesellschaften tatsächlich in ihren Wirtschaftlichkeitsrechnungen die Verzinsung der Eigenmittel mit 0 und einen Mischzinssatz zwischen Eigen- und Fremdmittel annehmen.

Es ist einleuchtend, daß solche Annahmen das Ergebnis von Wirtschaftlichkeitsvergleichen ziemlich willkürlich beeinflussen. Solche Annahmen sind dann besonders bedenklich, wenn es sich um verschiedene Gesellschaften handelt, die jede die Verwirklichung ihres Projektes betreibt und über voneinander abweichende Finanzierungsmöglichkeiten verfügen. Solche Vergleichsrechnungen würden nicht den wirtschaftlichen Wert der Projekte selbst, sondern in erster Linie die Auswirkung der Finanzierungsweisen erfassen. Nimmt man die Annuitätentabelle zur Hand, so wird man feststellen, daß für eine Nutzungsdauer von 50 Jahren, wie sie für Wasserkraftwerke üblicherweise angesetzt wird, der Annuitätenfaktor bei 7% Verzinsung 7,24%, bei einem Mischzinssatz von z. B. 3,5%, 4,26% beträgt. Setzt man die Betriebskosten, Versicherungen und Steuern, die nach den Darlegungen im 11. Abschnitt, bei Wasserkraftanlagen in den Jahresfaktor α einbezogen werden, mit 2% an, so beträgt in einem Fall der Jahresfaktor $\alpha = 9{,}25$, im anderen 6,26%. Macht man, um die Auswirkung dieser Differenz klar herauszustellen, noch die Annahme, daß für beide Projekte sonst die gleichen Voraussetzungen (Leistung, Jahresdargebot usw.) gelten, so wären die beiden Projekte in ihren wirtschaftlichen Auswirkungen gleichwertig, wenn

$$\alpha_1 \cdot a_1 = \alpha_2 \cdot a_2 \quad [\mathrm{S/a}]$$

ist. Setzt man $\alpha_1 = 0{,}0925$ und $\alpha_2 = 0{,}0626$, dann wären diese Bedingungen erfüllt, wenn

$$\frac{a_2}{a_1} = \frac{\alpha_1}{\alpha_2} = \frac{0{,}0925}{0{,}0626} = \sim 1{,}5.$$

Die Anlagekosten dürften also im zweiten Fall um 50% höher sein! Die verschiedenen Annahmen über die Eigenmittelverzinsung verwischen also eine echte wirtschaftliche Bewertung der Projekte selbst.

Gleiche Überlegungen gelten auch für die Innenfinanzierung, also für die Verwendung von Rücklagen für Neuinvestitionen. Auch hierbei herrschen über die anzunehmenden Zinssätze verschiedene Meinungen. So gibt es z. B. in Österreich, Richtlinien der Preisbehörde für die Erstellung und Prüfung von Strompreisen, die eine Verzinsung der Eigenmittel bis zum Zeitpunkt der Abfassung dieses Buches ausschließen. Als Folge davon wurde mitunter in Investitionsrechnungen auf eine Verzinsung dieser Eigenmittel sogar verzichtet. Solche oder andere äußere Einflüsse sollten aber die Durchführung objektiver Vergleichsrechnungen nicht beeinflussen. Vor allem muß man sich sagen, daß die Eigenmittel auch anders angelegt werden könnten als in einer eigenen Investition und auch einen Ertrag bringen würden, der in der Größenordnung der Fremdkapitalzinsen liegen könnte. Der Finanzmann müßte also den Standpunkt vertreten, daß eine Investition von Eigenmitteln im Unternehmen die gleiche Rendite zu ergeben hat, wie deren Anlegung außerhalb des Unternehmens.

Aus diesen Überlegungen ergibt sich folgender Schluß: Wirtschaftlichkeitsrechnungen auf der Kostenseite, die vor allem dem Vergleich verschiedener Investitionsvarianten dienen und die Entscheidung über die zweckmäßigste Lösung zu untermauern haben — und dies gilt grundsätzlich für alle Zweige der Energieversorgung — sind grundsätzlich etwas anderes als spätere Betriebsrechnungen, die in die Jahresabschlüsse eingehen. Sie bezwecken einen *objektiven* Kostenvergleich, der die Projekte bewertet. Dies setzt für solche Rechnungen die Festlegung eines *kalkulatorischen* Zinssatzes für Fremd- und Eigenmittel voraus, der nach dem Vorgesagten der Zinssituation auf dem Kapitalmarkt angepaßt sein sollte. Der Großteil der Unternehmen der Energieversorgung hält sich an eine solche Regel. Sie sollte allgemein Eingang finden.

Einige Bemerkungen sind noch über die Festlegung der arbeitsabhängigen Kosten zu machen, die nicht nur Personal- und Brennstoffkosten, sondern auch z. B. mit der Belastungszunahme steigende Verluste bei Leitungen erfassen. Im allgemeinen ist es für solche Vergleiche üblich, die arbeitsabhängigen Kosten in Anlehnung an die gegenwärtige bzw. an die bei Inbetriebsetzung der Einrichtungen zu erwartende Kostensituation festzulegen. Hat man aber mit erheblichen Steigerungen während des Betrachtungszeitraumes zu rechnen, die z. B. bei einem Vergleich von Wasser- und Wärmekraftwerken eine Verschiebung des Resultats erwarten lassen können, so ist es richtig, einige Varianten für die Kostensteigerungen anzunehmen, um deren Auswirkung auf die Wirtschaftlichkeitsrechnung kennenzulernen. Die Rechnung ist dann nach der Barwertmethode durchzuführen; die Rückrechnung auf die *durchschnittlichen* Jahreskosten ist mittels des Barwertfaktors leicht möglich. Beträgt der Barwert einer Variante B [S/a] und nach den Tabellen der Barwertfaktor für gleiche Jahresausgaben β, so sind die durchschnittlichen Jahreskosten

$$K = \frac{B}{\beta} \text{ [S/Jahr].}$$

22. Beispiele für Wirtschaftlichkeitsrechnungen

Im nachstehenden sei die Anwendung der Barwert- und Annuitätsmethode an drei einfachen Beispielen aus der Elektrizitätsversorgung gezeigt[2]. Preise und Kosten werden in Geldeinheiten [GE] eingesetzt, um nicht von der Veränderlichkeit der Preise abhängig zu sein.

Beispiel 1. Bewertung der Eisenverluste eines Transformators

Für ein Projekt werden zwei Transformatoren angeboten, von

[2] Die Beispiele wurden von Dr. techn. *Norbert Lehner*, Steirische Wasserkraft- und Elektrizitäts-Aktiengesellschaft, zur Verfügung gestellt, dem hier für seine Mitarbeit herzlich gedankt sei.

welchen der eine 40 kW, der andere 45 kW Eisenverluste aufweist. Im Preis unterscheiden sich die beiden Transformatoren um 50 000 GE. Welcher der beiden ist anzuschaffen?

Zur Beantwortung dieser Frage ist die Preisdifferenz dem Barwert jener Kosten gegenüberzustellen, die durch die erhöhten Verluste innerhalb der Nutzungsdauer entstehen. Es werden noch folgende Annahmen gemacht:

Kosten der Eisenverluste (leistungs- und arbeitsabhängige Kosten)	2300 GE/kW · a
Zinssatz	7%
Nutzungsdauer	20 Jahre

Der Barwertfaktor β beträgt nach Tabelle 10,62. Die Differenz der Aufwendungen für die Eisenverluste zwischen den beiden Varianten errechnet sich zu

$$2300 \cdot (45 - 40) = 11\,500 \quad [\text{GE/a}].$$

Einem Barwert der Verlustdifferenz

$$11\,500 \cdot 10{,}62 = 122\,100 \quad [\text{GE}]$$

steht ein Unterschied der Anlagekosten von 50 000 GE gegenüber. Ergebnis: Die Aufstellung des Transformators mit den geringeren Verlusten ist trotz der höheren Anschaffungskosten wirtschaftlicher.

Beispiel 2. Vergleich zweier Varianten für den Netzausbau

Ein Verbrauchsschwerpunkt, dessen Belastung jährlich um einen konstanten Prozentsatz zunimmt, wurde bisher über eine 15 km lange 20-kV-Leitung versorgt. Da die bestehende Leitung baufällig ist, erhebt sich die Frage, ob die Leitung wieder für eine Spannung von 20 kV gebaut oder durch eine 110-kV-Leitung ersetzt werden soll.

Es sind also in ihrer wirtschaftlichen Auswirkung gegenüberzustellen:

Variante A. Vorerst Bau einer neuen 20-kV-Leitung und später einer 110-kV-Leitung.

Variante B. Errichtung einer 110-kV-Leitung von vornherein. Diese 110-kV-Leitung kann anfangs mit 20 kV betrieben werden und erst später, sobald dies aus Gründen der Spannungshaltung notwendig wird oder wenn die Höhe der Verlustkosten den Bau eines 110/20-kV-Umspannwerkes rechtfertigt, auf 110-kV-Betrieb umgestellt werden.

Die Ausgangswerte für die Vergleichsrechnung sind folgende:

Anfangslast (N_0)	2 MW
Leitungslänge	15 km
Lastzuwachs	7,2% p. a. (Zuwachsfaktor $\nu = 1.072$)
Zinssatz	7% p. a. $\left(q = 1 + \frac{7}{100} = 1{,}07\right)$
Nutzungsdauer	20 Jahre
Wert der Verluste k_v	1100 GE/kW · a, bezogen auf einen Verlustfaktor von 0,3.

Zunächst ist die Frage zu klären, wie lange man mit der 20-kV-Leitung auskommt; außerdem müssen die Leitungen entsprechend den gemachten Voraussetzungen optimal ausgelegt werden. Die Ergebnisse dieser vorerst durchzuführenden Berechnungen sind folgende:

Spannung	20 kV	110 kV
Querschnitt	95 mm² Stalu	150 mm² Stalu
Kosten	200 000 GE/km	600 000 GE/km
Dauer der 20-kV-Versorgung	12 Jahre	14 Jahre
Verluste bei Anfangslast (V_0)	59 kW	36 kW

Da nach 12 Jahren auch bei der Variante A eine 110-kV-Leitung zur Verfügung steht, brauchen die Verluste nur bis zu diesem Zeitpunkt berücksichtigt werden. Der Wert der Verluste ist auf das Bezugsjahr umzurechnen. Verluste, die im Jahre i auftreten, sind somit mit dem Wert $K_i \cdot q^{-i}$ einzusetzen.

Demnach ergibt sich für die Verluste folgende Reihe:

Jahr	Höchstlast kW	Verluste S/a	Barwert S
1	N_0	V_0	$k_v \cdot V_0 \cdot q^{-1}$
2	$N_0 \cdot r$	$V_0 \cdot r^2$	$k_v \cdot V_0 \cdot r^2 \cdot q^{-2}$
3	$N_0 \cdot r^2$	$V_0 \cdot (r^2)^2$	$k_v \cdot V_0 \cdot (r^2)^2 \cdot q^{-3}$
⋮	⋮	⋮	⋮
i	$N_0 \cdot r^{i-1}$	$V_0 \cdot (r^2)^{i-1}$	$k_v \cdot V_0 \cdot (r^2)^{i-1} \cdot q^{-i}$
⋮	⋮	⋮	⋮
n	$N_0 \cdot r^{n-1}$	$V_0 (r^2)^{n-1}$	$k_v \cdot V_0 \cdot (r^2)^{n-1} \cdot q^{-n}$

Der Barwert B der Verluste innerhalb der ersten 12 Jahre beträgt:

$$B = \sum_{1}^{n} \cdot \frac{k_v \cdot V_0}{r^2} \cdot \frac{r^{2i}}{q^i} \text{ [GE]}.$$

Setzt man

$$\frac{r^2}{q} = f,$$

so wird

$$B = k_v \cdot \frac{V_0}{r^2} \cdot \sum_{1}^{n} f^i = \frac{k_v \cdot V_0}{r^2} \cdot f \cdot \frac{f^{n-1}}{f-1} \text{ [GE]}.$$

Die Baukosten der nach 12 Jahren zu errichtenden 110-kV-Leitung sind ebenfalls als Barwert auf den Bezugszeitpunkt umzurechnen.

$$B' = \frac{A}{1{,}07^{12}} = \frac{A}{2{,}3} \text{ [GE]}.$$

Das Ergebnis der Vergleichsrechnung ist dann

		Anlagekosten A Mio GE	Barwert B Mio GE	
Variante A	20-kV-Leitung im 1. Jahr	3,0	3,0	
	110-kV-Leitung im 13. Jahr	9,0	3,9	
	Verlustkosten ($V_0 = 59$ kW)		1,12	8,02
Variante B	110-kV-Leitung im 1. Jahr	9,0	9,0	
	Verlustkosten ($V_0 = 36$ kW)		0,68	9,68

Die Variante A ist der Variante B wirtschaftlich überlegen.

Beispiel 3. Vergleich zweier Ausbaukonzepte

Die langen Vorbereitungszeiten, die Investitionen in der Energieversorgung erfordern, nötigen die Unternehmen auch zu einer entsprechend langfristigen Vorausplanung. Ein solches Ausbaukonzept ist auch die Voraussetzung für Bilanzprognosen, die wieder ein Anhalt für Finanzierungsüberlegungen sind. Die Fragestellung an den planenden Ingenieur lautet: Welche Kombination von Umwandlungsanlagen ergibt bei einem angenommenen bestimmten Bedarfszuwachs für einen ausreichenden Betrachtungszeitraum die wirtschaftlich optimale Lösung, also die niedrigsten

Gesamtkosten? Der Gang einer solchen Untersuchung sei an einem für diesen Zweck vereinfachten Beispiel, ebenfalls aus der Elektrizitätsversorgung, geschildert.

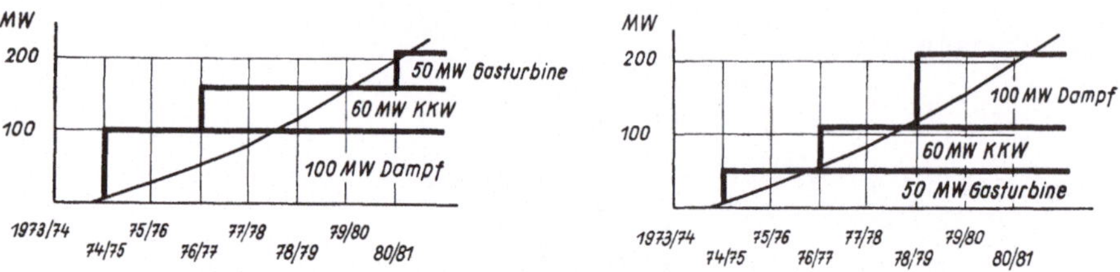

Abb. 48. Ausbauvarianten als Grundlage für eine Vergleichsrechnung bis 1981

In Abb. 48 sind zwei Ausbauvarianten angenommen, die einen 100-MW-Dampfblock, einen Anteil an einem Kernkraftwerk mit 60 MW und eine 50-MW-Gasturbinenanlage umfassen. Der Unterschied zwischen den beiden Varianten besteht lediglich darin, daß im Falle 1 zuerst der Dampfblock und die Gasturbinenanlage erst nach dem Kernkraftwerk errichtet, im Falle 2 der Ausbau zeitlich in umgekehrter Reihenfolge gedacht ist. Bei einem Bedarfszuwachs von 7,2% p. a. sind im Jahre 1981 beide Programme mit der gleichen Ausbauleistung abgeschlossen, so daß dann ein weiterer Ausbau nach neuen Überlegungen unbeeinflußt durch das davorliegende Programm erfolgen kann. Darin besteht auch die vorhin erwähnte Vereinfachung des Beispiels. Das linke Diagramm der Abb. 49 gibt die Jahreskosten der neuen Werke nach der Annuitätenmethode gerechnet und zwar bezogen auf den Zeitpunkt der jeweiligen Inbetriebnahme der Anlagen wieder. Da die Einsatzweise der bereits bestehenden Anlagen durch die geplanten beeinflußt wird, so befaßte sich eine Voruntersuchung mit der Frage, wie nach Inbetriebnahme der geplanten Werke die Benutzungsdauer der vorhandenen Anlagen und deren Brennstoffaufwand geändert wird, wenn man sich eine optimale Lastaufteilung mit den niedrigst möglichen Brennstoffkosten zum Ziel setzt. Es wurden daher nicht nur die Betriebsausgaben der zu errichtenden Anlagen, sondern die jährlich auftretenden gesamten Brennstoffkosten aufgrund einer Optimierungsrechnung auf der EDV-Anlage in die Jahreskosten aufgenommen. Die Rechnung wurde für einige ausgeprägte Punkte durchgeführt und diese durch Kostenlinien verbunden. Das Diagramm zeigt, daß zwischen 1978 und 1979 beide Varianten zu gleichen Jahreskosten führen, vorher die Variante 2, nachher die Variante 1 günstigere Ergebnisse erwarten läßt. Die schraffierten Flächen sind ein Maß für die Differenz der Jahreskosten. Bei den hier getroffenen Annahmen läßt der Vergleich der beiden Flächen erkennen, daß insgesamt die Variante 1 die wirtschaftlich günstigere ist.

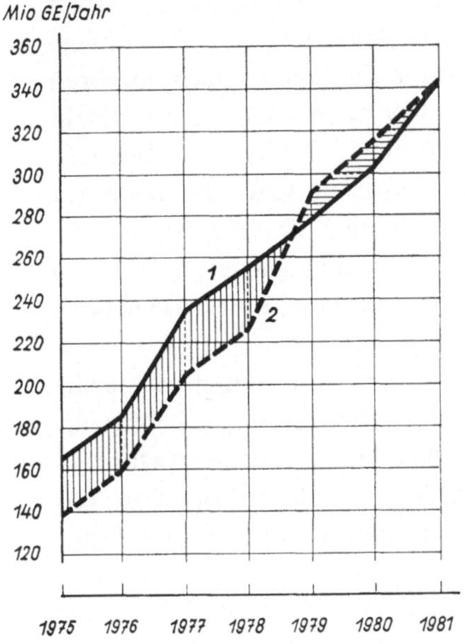

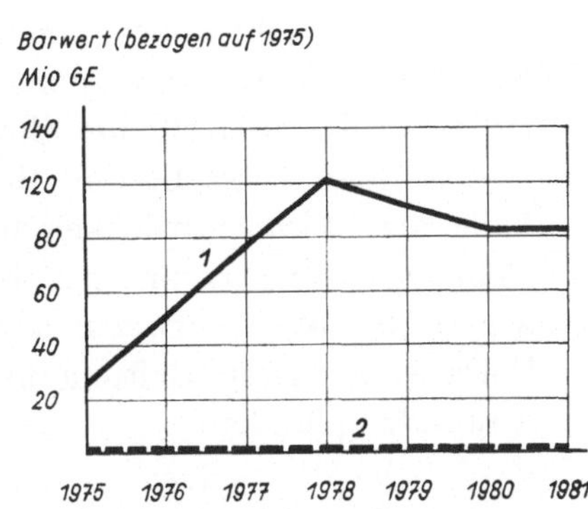

Abb. 49. Wirtschaftlicher Vergleich der Ausbauvarianten bis 1981. Gesamte Brennstoffkosten + leistungsabhängige Kosten der neuen Werke. Preisniveau 1969/70. Bedarfsanstieg 7,2% p. a.

Nicht so ausgeprägt ist das Ergebnis, wenn die Blockleistungen bei beiden Varianten verschieden sind, d. h., daß die Varianten nicht in einem bestimmten Jahr die gleiche Gesamtleistung erreichen, wie dies im Beispiel im Jahre 1981 der Fall wäre, sondern die weiteren Ausbaustufen zu unterschiedlichen Zeiten erfolgen. Es werden dann auch die Jahreskosten einen anderen Verlauf nehmen, die Kostenlinien sich nicht noch einmal schneiden. Es könnte dann der Unterschied zwischen den Jahreskosten (horizontal schraffierte Fläche) bestehen bleiben, ja vielleicht sogar größer werden. Dann kompensieren sich in einem bestimmten Jahr die vertikal und horizontal schraffierten Flächen. Von diesem Jahr an erlangen letztere das Übergewicht. Es stellt sich nun die Frage, welchen Zeitraum unterstellt man der Betrachtung und wie trifft man in einem solchen Fall überhaupt die Entscheidung? Konkrete Richtlinien lassen sich hierfür nicht aufstellen, aber eine wesentliche Aussage gibt der Barwert. Im rechten Diagramm ist der Unterschied der Barwerte zwischen den Varianten 1 und 2 des einfachen Beispiels, bezogen auf den Betrachtungszeitpunkt, das ist hier das Jahr 1975, gezeichnet. Wie schon dargelegt worden ist, kommen im Barwert fernerliegende Einnahmen und Ausgaben oder Kostenunterschiede weniger zum Ausdruck als die näherliegenden. Die Barwertdifferenz nimmt daher einen ganz anderen Verlauf als die Jahreskostenlinien. Der Unterschied ist darin begründet, daß diese jeweils, wie üblich, auf den Inbetriebsetzungstermin der einzelnen Werke abgestellt sind. Es bedeutet also bei schwerer durchschaubaren Wirtschaftsvergleichen die Barwerterrechnung, bezogen auf den Betrachtungszeitpunkt, also den Inbetriebsetzungszeitpunkt der *ersten* Anlage, eine wesentliche Hilfe für die zu treffende Entscheidung.

Die hier betrachteten Beispiele sollen nur einige typische Fälle der Wirtschaftlichkeitsrechnung kennzeichnen. Es braucht nicht besonders betont zu werden, daß diese Rechenverfahren, Annuitäts- und Barwertmethode, auch in anderen Sparten der Energieversorgung Geltung haben und dort ebenso mannigfaltig Anwendung finden.

VI. Die wirtschaftliche Nutzung der Wasserkräfte

23. Grundsätze der neuzeitlichen Wasserkraftnutzung

Zwischen dem alten idyllischen Wasserrad und dem sachlichen Zweckbau eines neuzeitlichen Wasserkraftwerkes liegt eine langjährige Entwicklung, die sich nicht nur im ausschließlich Konstruktiven erschöpft, sondern in steigendem Maß auch die wirtschaftliche Seite in den Vordergrund treten ließ. Das Streben nach einer rationellen Wasserkraftnutzung führte schließlich von der Behandlung von Einzelanlagen zu solcher zusammenhängender Kraftwerksgruppen und Kraftwerksketten an ausbauwürdigen Flußläufen. Das Ziel ist dabei, das *Roharbeitsvermögen* des betreffenden Flußlaufes mit dem besten wirtschaftlichen Effekt nutzbar zu machen. Dies bedeutet nicht, daß der Betrieb der Kraftwerke in einer Hand sein muß, sie können von verschiedenen Unternehmen betreut werden; Bedingung ist nur die Unterordnung unter ein Konzept für Planung und Betriebsweise, dessen

Einhaltung nur im Interesse aller Betreiber liegen muß. Der Gedanke der einheitlichen *wasserkraftwirtschaftlichen* Gesamtplanung für die einzelnen Flüsse mit ihren Zubringern hat in letzter Zeit immer mehr Eingang gefunden und darf als wichtigstes Merkmal einer neuzeitlichen Wasserkraftwirtschaft betrachtet werden.

Der sich im Kreislauf immer wieder erneuernde Wasserabfluß darf aber nicht nur mit den Augen des Energiewirtschaftlers gesehen werden, er ist für unser Dasein überhaupt von ausschlaggebender Bedeutung. Denken wir nur an die lebensnotwendige Trink- und Nutzwasserversorgung, die Flurbewässerung, die Möglichkeit des Gütertransportes auf dem Wasserwege, die Fischzucht, um den Umfang der Nutzung unserer Wasserläufe zu erkennen. Auf der anderen Seite aber bringen sie uns auch Hochwasser mit ihren Schäden an Fluren und Siedlungen und Versumpfung von Kulturland. Es wäre daher nicht zu vertreten, energiewirtschaftliche Planungen ohne Rücksichtnahme auf diese anderen Belange vorzunehmen, so daß sich immer mehr die Auffassung durchgesetzt hat, diese verschiedenen Zweige der Wasserwirtschaft miteinander in Einklang zu bringen. Sie bedürfen noch einer Ergänzung durch die Rücksichtnahme auf den *Naturschutz*. Es ist verständlich, daß man von dieser Seite her ein zeitweise trockengelegtes Flußbett bei Umleitungs- oder Jahresspeicherwerken in landschaftlich schönen Gegenden mit Fremdenverkehr ablehnt. Es gibt aber Beispiele genug, die dafür zeugen, daß umgekehrt eine das ganze im Auge behaltende Planung Wasserkraftbauten zu einer Fremdenverkehrsattraktion machen und zur Planung neuer Erholungsräume, aber auch zu einer Belebung des Wassersportes beitragen können.

Der oben angedeutete Gedanke einer wasserkraftwirtschaftlichen Gesamtplanung muß also in eine allgemeine wasserwirtschaftliche Planung hineingestellt werden. Wir sprechen dann von *wasserwirtschaftlichen Rahmenplänen* für die einzelnen Flußgebiete. Diese Pläne haben zu berücksichtigen:

Die mögliche Wasserkraftnutzung,

die Schiffahrt,

die Wassernutz- und Schutzwirtschaft — hierher gehört auch der Kühlwasserbedarf von Wärmekraftwerken mit seinen Auswirkungen,

den Hochwasserschutz,

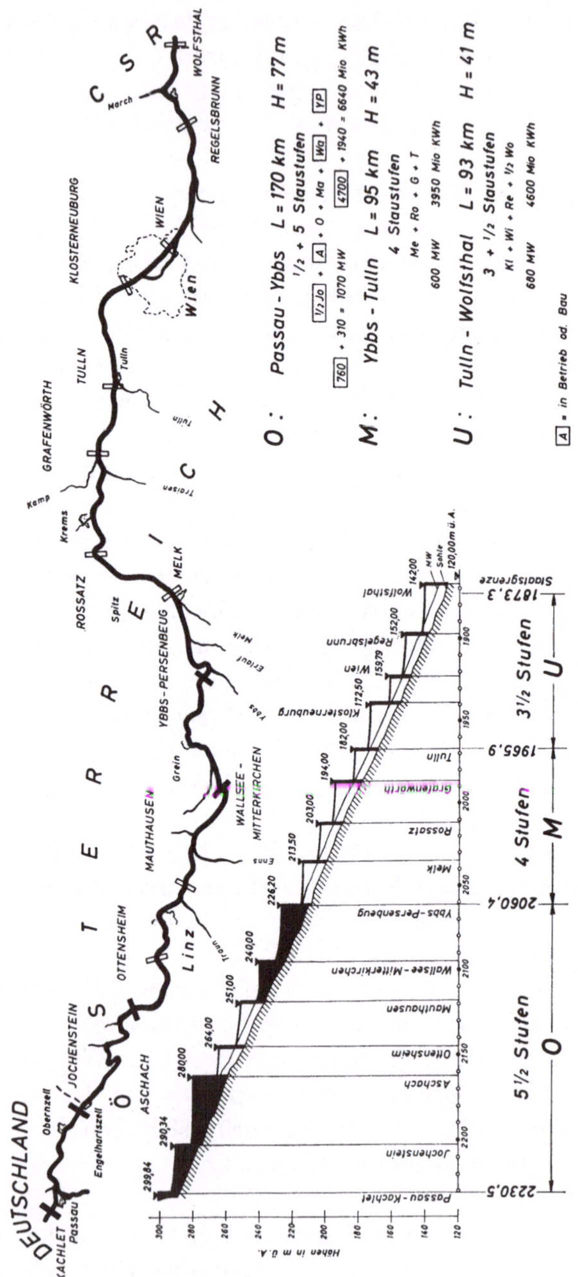

Abb. 50. Kraftwerkskette der Donau

den Landschaftsschutz, die Siedlungswirtschaft,

den Fremdenverkehr, Erschließung von Erholungsräumen in Verbindung mit Anlagen für den Wassersport.

Nur eine auf diese verschiedenartigen Interessen abgestimmte und damit koordinierte Planung zur Gesamtnutzung eines Flußes kann zu einem volkswirtschaftlich optimalen Ergebnis führen. Als eines der ersten großen Vorbilder einer solchen Generalplanung kann wohl das Wirken der Tennessee Stromtalverwaltung [26] betrachtet werden, die das ganze wirtschaftliche Leben des Flußgebietes in ihren Aufgabenbereich einbezogen hat und über schöne Erfolge berichten konnte.

Aber auch in Österreich hat der Gedanke einer wasserkraftwirtschaftlichen Gesamtplanung von Flußsystem, unter Rücksichtnahme auf die anderen hier hervorgehobenen Belange, bald nach dem zweiten Weltkrieg Fuß gefaßt. Auf Betreiben der obersten Wasserrechtsbehörde entstanden für einzelne Flußgebiete wasserwirtschaftliche Rahmenpläne, die bei grenzüberschreitenden Flüssen auch auf den zwischenstaatlichen Bereich ausgeweitet worden sind. Es sind hier als Beispiele vor allem die Enns und die Donau mit dem Inn zu nennen. Die Enns ist zwischen dem steirischen Gesäuse und ihrer Mündung in die Donau in Form einer Laufwerkstreppe weitgehend ausgebaut. Ein Tages- und Wochenendspeicher am Beginn und ein großer Stauraum im Zug der Kette bieten die Möglichkeit zu einem Schwellbetrieb. Trotz des Ausbaues durch zwei voneinander unabhängige Versorgungsunternehmen wird durch eine abgestimmte Betriebsführung die optimale Nutzung erreicht. Der Ausbau der Donau setzt in größerem Ausmaß bei Ulm ein und fällt ab Kehlheim mit dem Ausbau der Europaschiffahrtsstraße (Rhein—Main—Donau) zusammen [27, 28]. Das Planungskonzept umfaßt auf deutschem Gebiet bis Passau 24 Anlagen mit einem Arbeitsvermögen von rund 2 TWh/a, die österreichische Strecke von Passau bis Hainburg 13 Stufen mit rund 14,9 TWh/a. Abb 50 gibt einen Überblick über den österreichischen Teil der Kraftwerkskette an der Donau, die als typischer Mehrzweckausbau zu werten ist. Energiegewinnung, Schiffahrt und Hochwasserschutz sind dessen Hauptkomponenten.

Es wurde schon vorhin darauf hingewiesen, daß die Ausbauplanung eines Flußsystems in Form einer zusammenhängenden Kraftwerkskette die wirtschaftliche Ausnutzung des sogenannten

Roharbeitsvermögens des Flusses zum Ziele hat. Das Roharbeitsvermögen ist ein Maß für die energiewirtschaftliche Wertigkeit eines Flußlaufes und kann als Kriterium für die Ausbauwürdigkeit angesehen werden. Bezeichnen wir mit

Q_{mx} das langjährige Mittel der Jahresfließe im Bezugspunkt x (m³/s),

i_x das dort auftretende Gefälle des Flusses [‰],

N_{mRx} die mittlere Rohleistung [kW/km] am Ort x,

E_{mRx} das mittlere Roharbeitsvermögen am Ort x [GWh/Jahr · km]

so kann man anschreiben:

$$N_{mRx} = \frac{1000 \cdot Q_{mx} \cdot i_x \cdot 0{,}736}{75} = 9{,}8 \cdot Q_{mx} \cdot i_x \quad [\mathrm{kW/km}],$$

$$E_{mRx} = 8760 \cdot N_{mRx} \cdot 10^{-6} = 8760 \cdot 9{,}8 \cdot Q_{mx} \cdot i_x \cdot 10^{-6}, \quad [\mathrm{GWh/Jahr \cdot km}],$$

$$E_{mRx} = \frac{Q_{mx} \cdot i_x}{11{,}6} \quad [\mathrm{GWh/Jahr \cdot km}]. \tag{26}$$

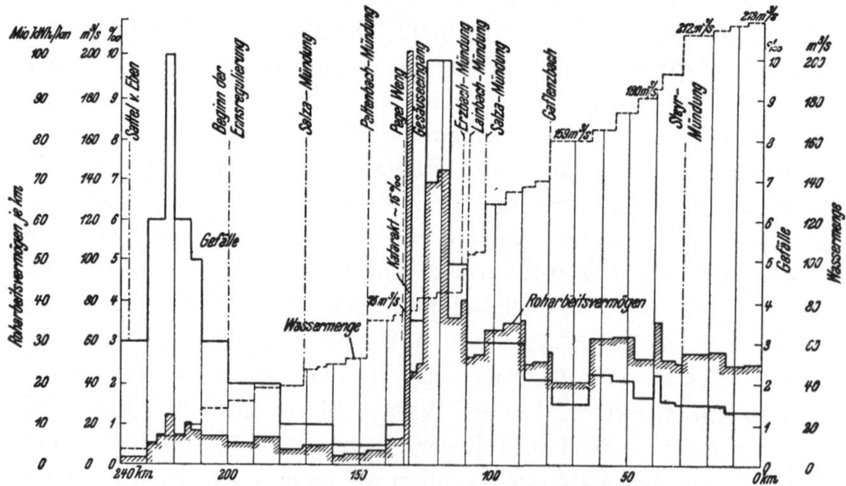

Abb. 51. Wassermenge, Gefälle und Roharbeitsvermögen der Enns

Die Ermittlung des Roharbeitsvermögens und seine Bedeutung für die energiewirtschaftliche Bewertung eines Flußlaufes sei am Beispiel der Enns erläutert (Abb. 51). Als Abszisse ist die Flußstrecke in km, als Ordinate sind mittlere Jahresfließe, Gefälle und Roharbeitsvermögen je km aufgetragen. Das Schaubild zeigt die charakteristisch ansteigende Wassermengentreppe vom Ursprung bis zur Mündung. Das Gefälle weist im Mittellauf seine größten Werte auf, es handelt sich hierbei um die als ,,Gesäuse“ bekannte Flußstrecke. Im übrigen ist das Gefälle im Unterlauf gleichmäßiger als in der Strecke oberhalb des Gesäuses. Die kleinsten Gefälle zeigt der Ennslauf zwischen Öblarn und Gesäuseeingang.

Aus den Gefälls- und Fließenwerten wurde nach der oben abgeleiteten Formel das spezifische Roharbeitsvermögen E_{mRx} errechnet und ebenfalls im Diagramm eingetragen. Die Höchstwerte ergaben sich im Gesäuse streckenweise mit über 70 bzw. 100 Mio kWh/km · Jahr. Flußabwärts verläuft das spezifische Roharbeitsvermögen bei durchschnittlich 25—30 Mio kWh/km · Jahr ziemlich konstant. Oberhalb des Gesäuses bleibt es durchwegs unter 10 Mio kWh/km · Jahr. Auch die Mandlingstrecke mit ihrem größten Gefälle (Fluß-km 210—230) bringt wegen der geringen Wassermenge keine größeren Ausbeuten, so daß eine Wasserkraftnutzung von vornherein als nicht lohnend erscheint. Rein energiewirtschaftlich betrachtet, würde somit die Gesäusestrecke das größte Interesse verdienen. Es ist daher nicht überraschend, daß die planenden Ingenieure sich in erster Linie mit diesem Ennsabschnitt befaßten. Mehrere Projektsvarianten, die alle die Wasserentnahme aus der Enns beim Gesäuseeingang, jedoch die Rückgabe an verschiedenen Punkten flußabwärts von Hieflau vorsahen, legen heute noch Zeugnis über die außerordentlich wirtschaftliche Stromgewinnung aus dieser Ennsstrecke ab. Aber gerade diese Projekte waren ein Beispiel dafür, daß nicht die Wasserkraftnutzung allein entscheidend ist, sondern im Sinne einer koordinierten Betrachtungsweise ein Abwägen der Vor- und Nachteile für andere Belange das Schicksal dieser Planungen bestimmte. Die Bedenken des Naturschutzes und die Interessen des Fremdenverkehrs wogen stärker als die Vorteile einer wirtschaftlichen Energiegewinnung. Die landschaftliche Schönheit der Ennsstrecke zwischen Gesäuseeingang und Gstatterboden wurde behördlicherseits unter Naturschutz gestellt. Roharbeitsvermögen und andere berücksichtigungswerte Interessen waren also die Ursache, daß sich die Rahmenplanung für die wasserkraftwirtschaftliche Nutzung der Enns auf die Strecke zwischen Gstatterboden und ihrer

Mündung in die Donau beschränkte. Ihr Ausbau geht in Kürze seiner Vollendung entgegen.

Das Roharbeitsvermögen kann auch vorteilhaft für einen grundsätzlichen Vergleich von Flußläufen untereinander hinsichtlich ihrer energiewirtschaftlichen Wertigkeit herangezogen werden und als Unterlage für eine Art Rangordnung in der Ausbaufolge dienen. Allerdings darf man nicht den Fehler machen, den Wert solcher Diagramme zu überschätzen und daraus allein ein Urteil ableiten zu wollen. Es gibt, wie betont, lediglich ein Bild über die Ausbauwürdigkeit von seiten des Energiedargebotes her, wobei von der Überlegung ausgegangen wird, daß das größere spezifische Roharbeitsvermögen einen wirtschaftlicheren Ausbau erwarten lasse. Im einzelnen werden natürlich die örtlichen geologischen Verhältnisse, die Geländeform, die Lage von Verkehrswegen und Siedlungen die Ausbauweise und die Zuteilung der Gefällsstrecken und damit die Errichtungskosten bestimmen. Diese Einflüsse können die rein dargebotsmäßige Bewertung zugunsten einer ober- oder unterhalb liegenden Gefällsstrecke mit vielleicht geringerem Roharbeitsvermögen verschieben.

24. Hydrologische Grundlagen

Für eine energiewirtschaftliche Nutzung der Wasserkräfte ist eine möglichst genaue Kenntnis der oberirdischen Abflußverhältnisse sowohl nach Jahresmengen als auch nach ihrem zeitlichen Verlauf Voraussetzung. Welchen jährlichen und mehrjährigen Schwankungen die Wasserführung unterworfen ist, wurde bereits im 4. Abschnitt gekennzeichnet. Mit dem Übergang auf wasserkraftwirtschaftliche Rahmenpläne für einzelne Flußläufe oder Systeme kommt der Erfassung der hydrologischen Grundlagen eine noch größere Bedeutung zu, als für den Entwurf einer einzelnen Anlage. Der Feststellung der Abflußverhältnisse dient die *Hydrographie.* Sie auf eine möglichst breite Grundlage zu stellen, ist heute eine allgemein anerkannte Notwendigkeit, dienen die von ihr gelieferten Erkenntnisse nicht nur als Ausgangswerte für die Planung von Wasserkraftwerken, sondern auch für die notwendigen Maßnahmen im Bereich des Hochwasserschutzes und der Schiffahrt. Die Hydrographie befaßt sich neben anderen Aufgaben sowohl mit der Feststellung der Niederschlagshöhen in den einzelnen Bereichen, als auch mit Pegelmessungen an den wasserwirtschaftlich interessanten Flußläufen. Heute überzieht ein Netz von schreibenden Wasserstandmessern (zum Teil mit Fernübertragung der Meßwerte) die in Frage kommenden Flußbereiche, die nicht nur Planungsgrundlagen liefern, sondern auch die Voraussetzung für einen Hochwasserwarndienst bilden.

Die Aufzeichnung der Abflußwerte ist zweckmäßig zu ergänzen durch Erhebungen über die Geschiebeführung des betreffenden Flusses, die den baulichen Entwurf stark beeinflussen kann. Je längere Beobachtungsreihen zur Verfügung stehen, umso mehr ist die Gewähr gegeben, daß die Auslegung des Kraftwerkes dem durch die örtlichen Voraussetzungen bedingten wirtschaftlichen Optimum nahekommt.

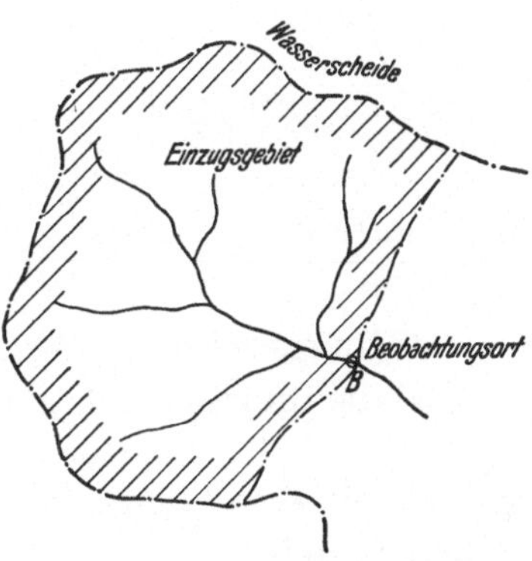

Abb. 52. Schematische Darstellung des Einzugsgebietes eines Flußlaufes bezogen auf den Beobachtungspunkt B

Für *Vorstudien*, wie z. B. die Ermittlung des spezifischen Roharbeitsvermögens, genügen vielfach, wenn keine Pegelmessungen für den betreffenden Flußlauf vorliegen, die Niederschlagshöhen als Ausgangswerte. Bezeichnen wir mit

h_m die Niederschlagshöhe als langjährigen Durchschnittswert [mm],

β den sogenannten *Abflußbeiwert*, der den Anteil des oberflächlichen Abflusses erfaßt,

F das einer geplanten Ausbaustrecke vorgelagerte, sogenannte Einzugsgebiet (Abb. 52), [km²],

so errechnet sich daraus der mittlere Jahresabfluß

$$Q_m = F \cdot \beta \cdot h_m \cdot 10^{-3} \text{ [hm}^3\text{/a]}.$$

($\beta \cdot h_m$) wird auch als *Abflußhöhe* definiert. Der Rest der Niederschlagshöhe teilt sich auf Verdunstung, Verbrauch der Pflanzen und Versickerung auf. Die Grenzen des Einzugsgebietes, also die Bodenfläche, die oberhalb der betrachteten Stelle in den Flußlauf entwässert, fallen nicht immer mit den topographischen Wasserscheiden zusammen (Abb. 53). Je nach der geologischen Beschaffenheit des Gebirges, dem Einfallswinkel der Gesteinsschichten, kann die hydrologische Wasserscheide mehr oder weniger von der topographischen abweichen.

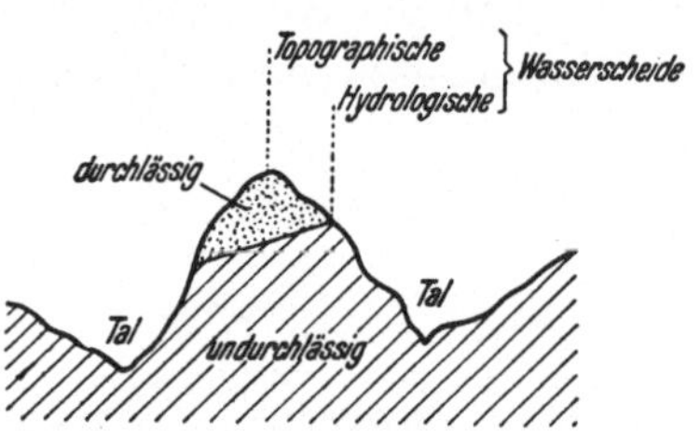

Abb. 53. Topographische und hydrologische Wasserscheide

Man kann diese Ermittlungsweise der Abflußmenge benutzen, um von Gewässern, für die hinreichend genau Beobachtungen vorliegen, auf die Abflußverhältnisse von solchen mit ähnlich beschaffenen Einzugsgebieten zu schließen, für die keine direkten Messungen zur Verfügung stehen. Allerdings wird man so errechnete Zahlen nur für überschlägige Untersuchungen und Vorprojekte anwenden dürfen. Ausführungsreife Projekte und verantwortliche Entscheidungen über die Auslegung und Bauinangriffnahme von Kraftwerken sollten jedoch durch direkte Beobachtungen über genügend lange Zeiträume untermauert sein.

Welche Werte sind für die energiewirtschaftliche Beurteilung einer Wasserkraftnutzung wichtig und werden in erster Linie benötigt? Es interessieren vor allem die durchschnittlichen Gestehungskosten der erzeugten elektrischen Energie, für deren Berechnung das langjährige Mittel der Jahreserzeugung maßgebend ist. Will man aber eine unrichtige Beurteilung der langfristigen *mittleren* Energieausbeute vermeiden, so sollte sie bei Laufkraftwerken nicht aus der gemittelten Abflußkurve bestimmt werden, sondern man erhält die richtigen Mittelwerte der ausnutzbaren Wassermenge aus den Dauerlinien, wenn diese als

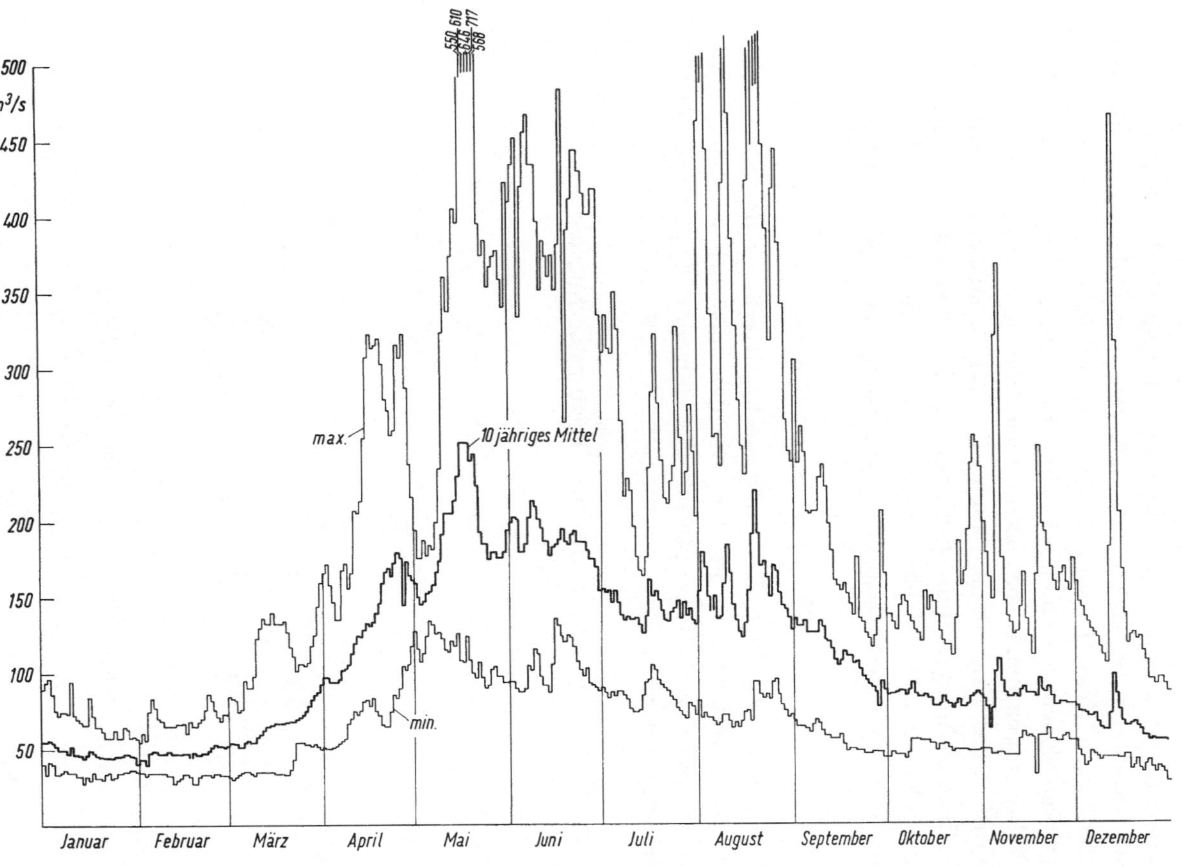

Abb. 54. Gemittelte, größte und kleinste Werte des Tagesganges der Mur gemessen in Pernegg für die Jahresreihe 1961—1970

Mittel aus den den einzelnen Wassermengen für die gesamte Beobachtungsperiode zugeordneten Zeiten gebildet werden.

Neben dem langjährigen Mittel des Jahresabflusses sind die kleinsten Werte der Monatsfließen, besonders in den Wintermonaten, von Bedeutung, da sich aus diesen die größte bereitzustellende Zusatzleistung ergibt. Die höchsten Werte, also die größten Hochwassermengen, sind für die Dimensionierung der Wehre maßgebend, sie beeinflussen die Errichtungskosten des Kraftwerkes und damit auch die Wirtschaftlichkeit der betreffenden Anlage. Abb. 54, die für die Mur die ermittelten größten und kleinsten Werte einer zehnjährigen Reihe wiedergibt, zeigt, in welch großem Bereich die Wassermengen veränderlich sind.

25. Laufwasserkraftwerke

Unter dem Begriff Laufwasserkraftwerke faßt man jene Wasserkraftanlagen zusammen, die den natürlichen Abfluß *zeitgleich* verwerten. Man unterscheidet folgende Typen von Laufwasserkraftwerken:

1. Reine Staukraftwerke.
2. Umleitungskraftwerke mit Triebwasserführung
   a) im offenen Kanal,
   b) im Stollen.

Die Abb. 55 kennzeichnet diese drei Typen.

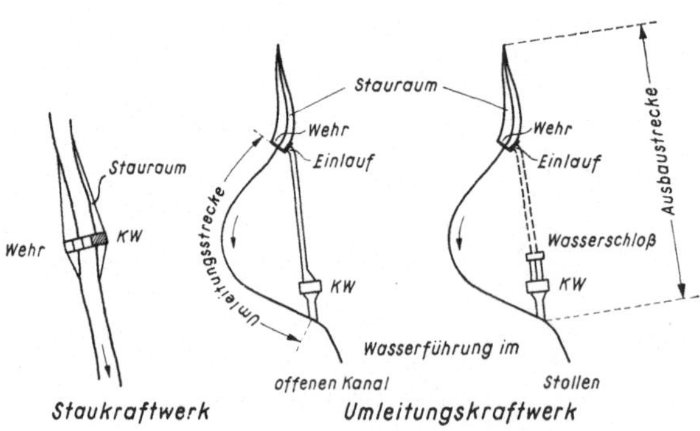

Abb. 55. Laufkraftwerkstypen

a) Die Ermittlung der elektrischen Energieausbeute aus einem Laufkraftwerk. Für die energiewirtschaftliche Beurteilung eines Wasserkraftvorkommens ist, wie bereits erwähnt, die Kenntnis des langjährigen Mittels des Dargebotes an elektrischer Energie von Bedeutung, wobei es von der Bewertungsweise des erzeugten Stromes (z. B. nach Jahreszeiten gestaffelte Strompreise) abhängt, ob die Ermittlung der Ausbeute an elektrischer Energie über das ganze Jahr vorgenommen oder jahreszeitlich unterteilt wird. Im nachstehenden sei der Rechnungsgang kurz erläutert. Bezeichnen wir mit

Q_x die Fließe zur Zeit x [m³/s],

H_{nx} die mit der Wassermenge Q_x korrespondierende Nutzfallhöhe [m],

η_{Tx} den zugehörigen Turbinenwirkungsgrad,

η_{Gx} den Generatorwirkungsgrad,

η_{Ux} den Umspannerwirkungsgrad,

N_x die elektrische Leistung an den oberspannungsseitigen Umspannerklemmen ohne Berücksichtigung des Eigenbedarfes [kW],

so kann für diese elektrische Leistung folgende Formel angeschrieben werden:

$$N_x = \frac{1000 \cdot Q_x \cdot H_{nx} \cdot 0{,}736}{75} \cdot \eta_{Tx} \cdot \eta_{Gx} \cdot \eta_{Ux} =$$

$$= 9{,}8 \cdot Q_x \cdot H_{nx} \cdot \eta_{Tx} \cdot \eta_{Gx} \cdot \eta_{Ux} \qquad (27)$$

und für das mittlere Dargebot im Zeitraum $0-\tau$

$$E = \int_0^\tau N_x \cdot dx \; [\text{kWh}].$$

Die *nutzbare* Abgabe ist um den Eigenbedarf des Kraftwerkes kleiner als das nach vorstehender Formel errechnete Dargebot. Der Eigenbedarf liegt bei Laufwasserkraftwerken in der Größenordnung von etwa 0,2—0,3%. Nennen wir diesen Eigenbedarfsanteil wieder ε, so wird die nutzbare Abgabe

$$E = (1 - \varepsilon) \cdot \int_0^\tau N_x \cdot dx \; [\text{kWh}]. \qquad (27\text{a})$$

Die Werte Q_x entnimmt man der Wassermengendauerlinie. Wie diese als langjähriges Mittel erhalten wird, wurde im vorhergehenden Abschnitt erläutert: Man summiert die jeder Wassermenge Q_x zugeordnete Zeitdauer ihres Vorhandenseins über die gesamte Beobachtungszeit und dividiert die Summe durch die Anzahl der Beobachtungsjahre.

Die Nutzfallhöhe H_{nx} ergibt sich aus der Rohfallhöhe nach Abzug aller Fließverluste. Bei konstanter Lage des Oberwasserspiegels, und dies ist der normale Fall, ist H_{nx} von der Fließe Q_x abhängig, da die Fließhöhe im Flußbett eine Funktion der Wassermenge ist und sich damit der Unterwasserspiegel am Kraftwerk ändert. Es ist also

$$H_{nx} = f\,(Q_x).$$

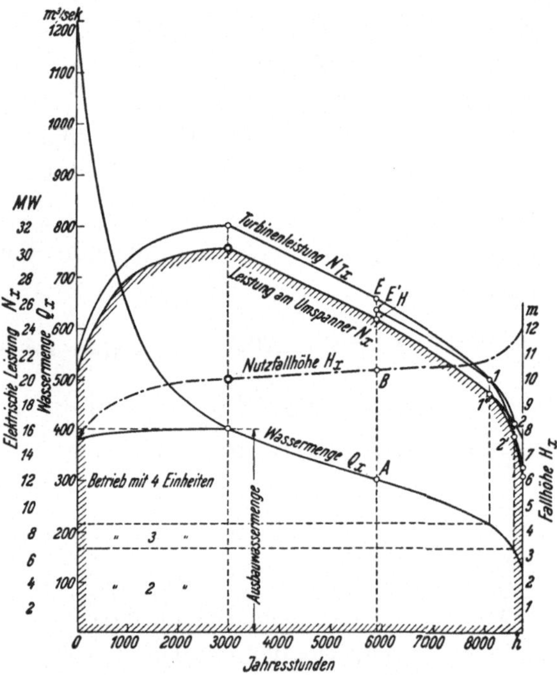

Abb. 56. Ermittlung des Dargebotes an elektrischer Energie aus der gemittelten Wassermengendauerlinie

Je größer die Wasserführung, umso höher der Rückstau auf der Unterwasserseite des Kraftwerkes, umso kleiner die verbleibende Fallhöhe, die sich aus der Differenz zwischen Ober- und Unterwasserspiegel ableitet. Je niedriger die auszubauende Stufe ist, umso mehr macht sich der Einfluß des veränderlichen Unterwasserspiegels fühlbar.

Wir wollen nun die Ermittlung des mittleren Jahresdargebotes an elektrischer Energie an einem *Beispiel* erläutern. In Abb. 56

ist die mittlere Jahresdauerlinie der Wassermenge und der Verlauf der Nutzfallhöhe in Abhängigkeit von der Fließe Q_x über den Jahresstunden eingezeichnet. Es ist nun die Ausbauwassermenge Q_A [m³/s] festzulegen. Im behandelten Beispiel beträgt sie 400 m³/s. Dieser Ausbauwassermenge entspricht eine zugeordnete Fallhöhe H_A (m). Daraus ergibt sich die Auslegung der Turbine, wenn man auch über die Anzahl der aufzustellenden Maschinensätze eine Festlegung getroffen hat. Kleinere Fallhöhen als die der Auslegung zugrunde gelegte vermindern entsprechend den Muschelkurven die Grenzschluckfähigkeit der Turbine (linker Bereich des Diagrammes). Der Turbinenwirkungsgrad ist abhängig von der Beaufschlagung der Turbine und von der Nutzfallhöhe. Er kann aus den sogenannten „Muschelkurven“ abgelesen werden. In Abb. 57 sind diese Kurven gleicher Wirkungsgrade in Ab-

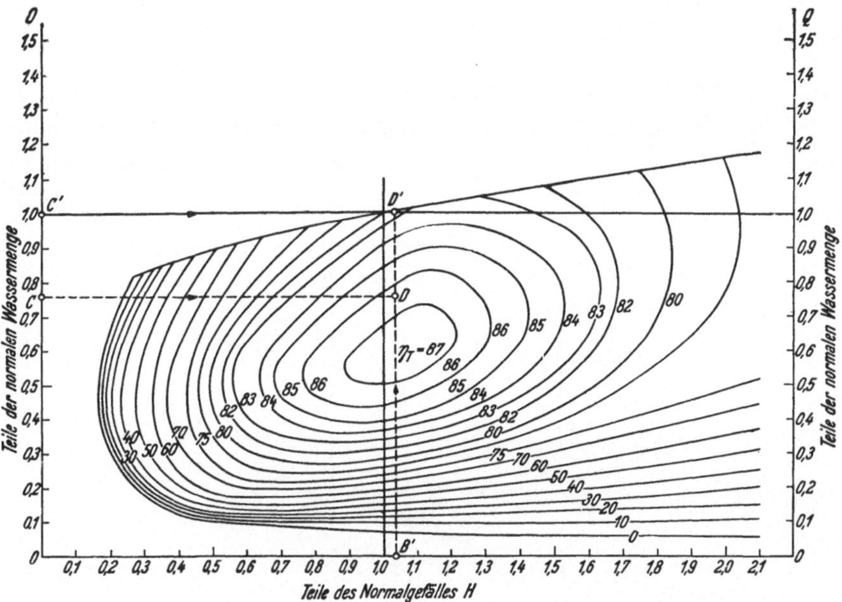

Abb. 57. Muschelkurven einer Kaplanturbine nach Voith

hängigkeit von Turbinenwassermenge und Nutzfallhöhe für eine Kaplanturbine dargestellt, wobei Beaufschlagung und Fallhöhe in Relation zu den Auslegungswerten aufgetragen sind. Es muß dazu gesagt werden, daß das hier herangezogene Turbinenmodell keine sehr hohen Wirkungsgrade erreicht. Dies ist aber für die Darstellung des grundsätzlichen Rechnungsganges belanglos.

Setzt man gleich große Aggregate voraus, so hat man die Werkswassermenge gleichmäßig auf die in Betrieb befindlichen Turbinen aufzuteilen. Man bedient sich dabei zweckmäßigerweise eines Diagrammes, das den Zusammenhang zwischen Kraftwerks- und Maschinenbelastung in Abhängigkeit von der Maschinenzahl herstellt und in Abb. 58 für ein Kraftwerk mit 4 Maschinensätzen

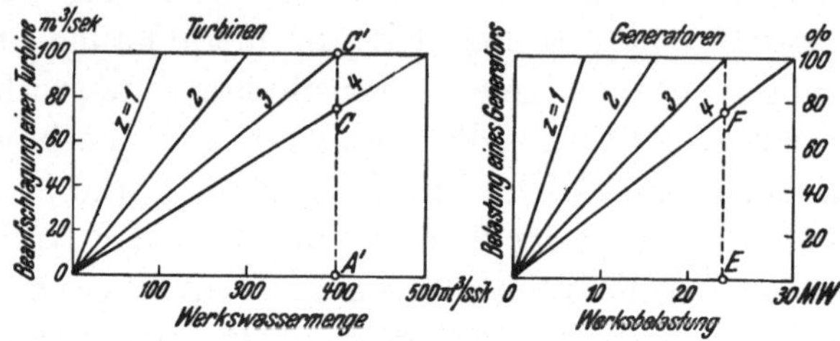

Abb. 58. Zusammenhang zwischen Werks- und Maschinenbelastung
z = Zahl der in Betrieb befindlichen Einheiten

wiedergegeben ist. Man kann nun für Q_x und H_x aus den Muschelkurven, die auch die Grenzbelastung der Turbine erkennen lassen, den jeweils zugehörigen Turbinenwirkungsgrad η_{Tx} und aus Abb. 59

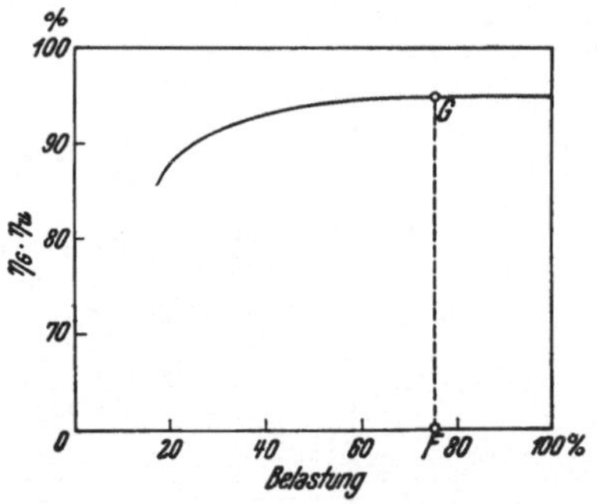

Abb. 59. Gesamtwirkungsgrad der Gruppe Generator — Umspanner $\eta_G \cdot \eta_U$

das Produkt der Wirkungsweise $\eta_{Gx} \cdot \eta_{Ux}$ für eine Gruppe ablesen und so nach Formel (27) die elektrische Leistung N_x, gemessen hinter dem Umspanner ausrechnen. Bei Teillasten, die kleiner als

$$\frac{z-1}{z} \cdot 100\ (\%)$$

sind, wobei z die Anzahl der installierten Maschinengruppen bedeutet, ist aufgrund des Wirkungsgrades $\eta_t = f\,(Q_x,\ H_n)$ und des Wirkungsgrades ($\eta_G \cdot \eta_U$) zu ermitteln, wann bei abnehmender Last Maschinengruppen abgeschaltet werden, um die optimale kWh-Ausbeute aus dem Wasserkraftdargebot zu erreichen. Sind die Wirkungsgradkurven später durch Betriebsmessungen überprüft und berichtigt, so kann man auf diese Weise der Betriebsführung das Einsatzdiagramm für die Maschinensätze an die Hand geben. In Abb. 56 sind nun unter Berücksichtigung der optimalen Einsatzweise der Maschinensätze die Leistungen N_x, der jeweiligen Wassermenge Q_x zugeordnet, über der zugehörigen Jahresstundenzahl eingetragen. Man erhält so die Kurve der elektrischen Leistung innerhalb der angenommenen Ausbauwassermenge Q_A. Die Fläche unterhalb der Leistungskurve multipliziert mit $(1-\varepsilon)$ ergibt dann das jährliche Dargebot E (kWh/Jahr), bezogen auf eine Ausbauwassermenge Q_A.

In gleicher Weise wie hier das *Jahres*dargebot errechnet worden ist, kann man auch das Dargebot während des Winter- oder Sommerhalbjahres oder noch weiter unterteilt feststellen, wenn man die gemittelte Dauerlinie auf den zu untersuchenden Zeitabschnitt bezieht.

b) Der Zusammenhang zwischen Ausbauwassermenge und Umwandlungskosten bei Laufkraftwerken. Im vorhergehenden Abschnitt wurde die Ermittlung des Dargebotes an elektrischer Energie bei einer angenommenen Ausbauwassermenge Q_A dargelegt. Für eine wirtschaftliche Wasserkraftnutzung ist aber die richtige Wahl der Ausbauwassermenge von grundsätzlicher Bedeutung. Das Kriterium sind zweifellos die Gestehungskosten der elektrischen Energie. Im 11. Abschnitt wurde für die spezifischen Kosten der Energieumwandlung in einem Laufwasserkraftwerk die Beziehung

$$k = \alpha \cdot a_0 \quad [\text{S/kWh}]$$

abgeleitet, darin ist

$$a_0 = \frac{A}{E} \quad [\text{S/kWh}].$$

A sind die Anlagekosten des Wasserkraftwerkes, E ist das mittlere Dargebot an Nutzenergie und α der Jahresfaktor, der auch Bedienungs- und Unterhaltskosten einschließt. Die Aufgabe besteht darin, die Abhängigkeit

$$k = f(Q_A) \quad [\text{S/kWh}]$$

zu ermitteln und dann unter Berücksichtigung des Belastungsverlaufes die optimale Auslegung auszuwählen. Dazu ist die Kenntnis der Zusammenhänge zwischen den Anlagekosten A bzw. dem Jahresdargebot E und der Ausbauwassermenge Q_A Voraussetzung.

$$E = f_1 (Q_A) \quad [\mathrm{kWh/a}],$$

$$A = f_2 (Q_A) \quad [\mathrm{S}].$$

Das Dargebot E kann in der vorhin erläuterten Weise für verschiedene Werte Q_A bestimmt werden. Es ist der Ausbauwassermenge Q_A so lange proportional, bis diese der während des ganzen Jahres vorhandenen entspricht, darüber hinaus verringert sich entsprechend dem Verlauf der Wassermengendauerlinie der Dargebotszuwachs und nähert sich asymptotisch dem Dargebot, das dem Ausbau auf die Höchstfließe entsprechen würde. Es ist für die hier anzustellenden grundsätzlichen Betrachtungen zweckmäßig, die absoluten Werte auszuschalten und eine geeignete Vergleichsgrundlage dadurch zu schaffen, daß man das Dargebot, das der Wasserführung während 95% eines mittleren Jahres entspricht, also während 8300 h auftritt, mit 1 einsetzt. Es ist meistens üblich, diesen Wert als quasi jahreskonstante Energie zu betrachten, um nicht abstrakt zu rechnen. Die Ausbauwassermenge wird ebenso wie das Dargebot als Vielfaches von Q_{95} bzw. E_{95} ausgedrückt.

$$Q_A = \nu \cdot Q_{95} \quad [\mathrm{m^3/s}],$$

$$E = \zeta \cdot Q_{95} \quad [\mathrm{kWh/a}].$$

Man kann also ζ als Funktion von ν darstellen, wie dies in Abb. 60 anhand eines praktischen Beispiels geschehen ist.

Die Abhängigkeit der Anlagekosten von der Ausbauwassermenge wird grundsätzlich anders geartet sein, je nachdem, ob es sich um Stau-, Kanal- oder Stollenkraftwerke handelt. Bei reinen Staukraftwerken bleiben die Kosten für Grunderwerb, Baustelleneinrichtung, Wehr und für Arbeiten im Stauraum die gleichen, gleichgültig, ob es sich um eine kleinere oder größere Ausbauwassermenge handelt. Variabel sind im wesentlichen die Kosten für das Krafthaus mit den maschinellen und elektrischen Einrichtungen. Die Funktion $A = f_2 (Q_A)$ wird also eine verhältnismäßig schwache Neigung aufweisen. Bei Kanal- und Stollenkraftwerken erweitern sich die von der Ausbauwassermenge abhängigen Anlageteile um den Kanal bzw. den Stollen. Die Anlagekostenlinie wird daher im allgemeinen steiler verlaufen als bei Staukraftwerken. Nach einer Studie des österreichischen Wasserwirtschaftsverbandes (ÖWWV) [30] können die Anlagekosten von Laufwasserkraftwerken in Abhängigkeit von der Ausbauwassermenge durch folgende Formel erfaßt werden:

$$\frac{A}{A_{95}} = 1{,}0 + \beta \cdot \left(\frac{Q_A}{Q_{95}} - 1\right) = 1{,}0 + \beta\,(\nu - 1). \qquad (28)$$

Darin bedeuten

A die Anlagekosten bei der Ausbauwassermenge Q_A [S],

A_{95} die Anlagekosten bei der Ausbauwassermenge Q_{95} [S],

β einen vom Kostenanteil für Krafthaus und Triebwasserführung abhängigen Beiwert.

Der ÖWWV gibt in der oben erwähnten Untersuchung für β folgende Richtwerte an, deren Gültigkeit anhand von durchgearbeiteten Projekten erhärtet werden konnte.

Für Staukraftwerke $\beta = 0{,}09 \ldots 0{,}145$,

für Umleitungskraftwerke $\beta = 0{,}25 \ldots 0{,}35$.

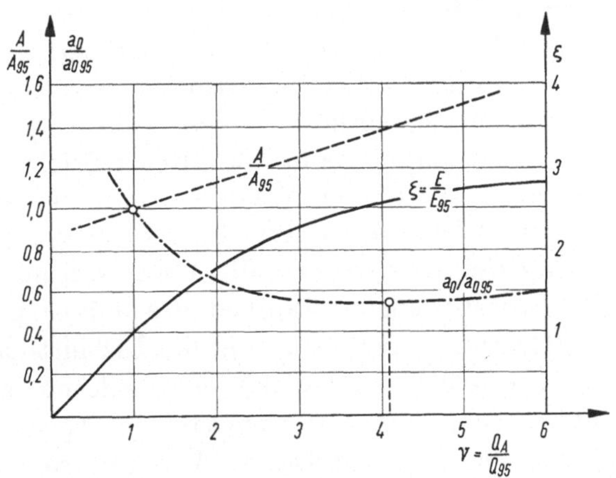

Abb. 60. Spezifische Anlagekosten eines Laufkraftwerkes in Abhängigkeit von der Ausbauwassermenge Q_A m³/s

Im Beispiel Abb. 60 ist für den Verlauf der Anlagekosten in Abhängigkeit von der Ausbauwassermenge $\beta = 0{,}125$ zugrunde gelegt worden. Da die spezifischen Stromerzeugungskosten k in einem Laufkraftwerk den spezifischen Anlagekosten a_0, bezogen auf das mittlere Jahresdargebot, proportional sind, so kommt es auf die Abhängigkeit der Anlagekosten a_0 [S/kWh] von der Ausbauwassermenge an. Unter Verwendung der vorhin definierten Verhältniswerte können die spezifischen Anlagekosten wie folgt angeschrieben werden:

$$a_0 = \frac{A}{E} = \frac{1 + \beta(\nu - 1) \cdot A_{95}}{\zeta \cdot E_{95}} = \frac{1 + \beta(\nu - 1)}{\zeta} \cdot a_{0\,95} \quad [\text{S/kWh}],$$

$$\frac{a_0}{a_{0\,95}} = \frac{1 + \beta(\nu - 1)}{\zeta}. \tag{28a}$$

In Abb. 60 ist auch der Quotient $\frac{a_0}{a_{0\,95}}$ eingetragen, der ein Minimum beim 4,1fachen von Q_{95} aufweist. Es wäre also jene Ausbauwassermenge, die den niedrigsten Stromerzeugungskosten des Laufkraftwerkes entspricht. Der planende Ingenieur wird vielleicht, falls er nicht die energiewirtschaftlichen Auswirkungen in seine Überlegungen einbezieht, geneigt sein, von diesem Ergebnis bei seinen weiteren Arbeiten auszugehen. Die Frage ist also, ob man nicht noch andere Gesichtspunkte, die man als absatzorientiert bezeichnen kann, berücksichtigen muß und wie diese die Wirtschaftlichkeit eines Laufkraftwerkprojektes und die Ausbauwassermenge beeinflussen.

c) Gesichtspunkte für die wirtschaftliche Beurteilung von Laufkraftwerken. Die vorhin ermittelte Ausbauwassermenge, die den niedrigsten Stromerzeugungskosten des Laufkraftwerkes entspricht, hätte tatsächlich nur dann eine wirtschaftliche Bedeutung, wenn die kleinsten Werte der Wassermengendauerlinie zeitlich mit den kleinsten Werten der Energiebedürfnisse zusammenfallen würden oder konkret ausgedrückt, die Voraussetzung wäre, daß Bedarfs- und Dargebotskurve während des Jahres parallel verlaufen. Eine Betrachtung der im 4. und 6. Abschnitt dargestellten Kurven läßt aber schließen, daß mit einer solchen Wahrscheinlichkeit nicht zu rechnen ist, am wenigsten im Alpenbereich. Bei den hier herrschenden klimatischen Verhältnissen treten die geringsten Wasserführungen im Winter zur Zeit der Belastungsspitzen auf, es liegt also eine ausgeprägte Gegenläufigkeit von Energiedargebot und Nachfrage vor. Man hat daher grundsätzlich mit zwei Möglichkeiten zu rechnen:

1. Das Dargebot des Laufkraftwerkes bzw. einer am gleichen Fluß liegenden Werkskette (z. B. die Donaustrecke) ist gegenüber dem Bedarf des Versorgungsgebietes so groß, daß während gewisser

Zeitspannen das Dargebot nicht im eigenen Bereich verwertet werden kann. Kraftwerke, die von vornherein für einen vollen oder teilweisen Stromexport bestimmt sind und deren Absatz durch langfristige Verträge gesichert ist, fallen nicht unter diese Betrachtung.

2. Das Dargebot kann wohl verwertet werden, es ist aber eine Ergänzungsleistung bereitzustellen, um zu Zeiten von Q_{95} den Anforderungen seitens der Verbraucher nachkommen zu können.

Beide hier genannten Folgen des zwangsläufigen Dargebotes beeinflussen die Wirtschaftlichkeit von Laufkraftwerken, weshalb sie in Kostenvergleiche, die den Anspruch erheben, wirklichkeitsnahe zu sein, einbezogen werden müssen.

Der Anfall von *Überschußenergie* tritt im allgemeinen nur während der wirtschaftlichen Anlaufzeit eines Kraftwerkes auf. So lange mit steigendem Stromkonsum zu rechnen ist, wird das Dargebot nach einer entsprechenden Zeitspanne auch im eigenen Versorgungsgebiet verwertet werden können. Trotzdem wird man sich unter Zugrundelegung einer zu erwartenden Verbrauchssteigerung darüber Rechenschaft ablegen müssen, in welchem Ausmaß Überschußenergie anfällt. Das im 7. Abschnitt erläuterte Niveauliniendiagramm, aber auch das dort ebenfalls beschriebene Seidnersche Näherungsverfahren, ermöglichen in einfacher Weise die Ermittlung der überschüssigen Energiemengen während der wirtschaftlichen Anlaufzeit des Kraftwerkes. Es wird bereits Aufgabe der Planung sein, den Absatz dieser im eigenen Versorgungsgebiet nicht verwertbaren Energiemengen durch zeitliche und leistungsmäßig entsprechend begrenzte Verträge mit vereinbarten Preisen zu sichern. Je länger die wirtschaftliche Anlaufzeit im Vergleich zur Nutzungsdauer des Werkes ist, um so stärker ist ihre wirtschaftliche Auswirkung, die bei einem Rentabilitätsvergleich mit anderen Umwandlungsmöglichkeiten zu berücksichtigen ist.

Der die Wirtschaftlichkeit eines Laufkraftwerkes stärker beeinflussende Fall ist der zweite, der, wie schon erwähnt, vor allem im Alpenbereich zur vollen Auswirkung kommt, da bei dem zeitlichen Verlauf von Bedarf und Dargebot mit einer ausgesprochenen Gegenläufigkeit zu rechnen ist, das heißt, der größte Bedarf fällt mit dem Mindestdargebot N_{95} zusammen. Diese Feststellung läuft eigentlich darauf hinaus, daß das Wasserkraftdargebot praktisch auf ein Jahresband, entsprechend der Ausbauleistung N_A des Laufkraftwerkes, ergänzt werden muß. Es ist also noch zusätzlich eine Ergänzungsleistung

$$N_Z = N_A - N_{95} \quad [\text{kW}]$$

bereitzustellen, sei es in einem eigenen Kraftwerk oder durch Fremdbezug. Es ist klar, daß ein richtiger Wirtschaftlichkeitsvergleich zwischen verschiedenen Ausbauvarianten diesen Umstand berücksichtigen muß. Auch die wirtschaftliche Ausbauwassermenge wird durch die Beschaffung der Ergänzungsenergie beeinflußt. Geht man im Sinne des oben Gesagten folgerichtig davon aus, daß eine Leistung N_A während 95% des Jahres, also während 8300 h zur Verfügung stehen soll, so ist jene Ausbauwassermenge Q_A die wirtschaftlichste, für die die spezifischen Umwandlungskosten für eine solche Bandenergie, auf das mittlere Jahr bezogen, ein Minimum werden. Bezeichnen wir mit

A die Anlagenkosten des Laufkraftwerkes [S] bei einer Ausbauwassermenge Q_A,

E_W die Erzeugung des Laufkraftwerkes in einem mittleren Jahr für einen Ausbau auf Q_A [kWh/a],

N_A die Ausbauleistung des Laufkraftwerkes [kW],

N_{95} die Leistung des Laufkraftwerkes entsprechend einer Fließe von Q_{95} [kW],

E_Z die erforderliche Ergänzungsenergie [kWh/a],

m die leistungsabhängigen Kosten der Ergänzungsenergie [S/kW · a],

n deren arbeitsabhängige Kosten [S/kWh],

so können die maßgebenden Jahreskosten für die Lieferung dieser Bandenergie angeschrieben werden zu:

$$K = \alpha \cdot A + m \cdot N_Z + n \cdot E_Z \quad [\text{S/a}].$$

Nun ist

$$E = E_W + E_Z = 8300 \cdot N_A \quad [\text{kWh/a}] \quad \text{bzw.}$$

$$E_Z = 8300 \cdot N_A - E_W \quad [\text{kWh/a}].$$

Macht man die vereinfachende, nur annähernd richtige Annahme, daß

$$\frac{N_A}{N_{95}} \sim \frac{Q_A}{Q_{95}} = \nu,$$

somit

$$N_Z = N_{95} \cdot \nu - N_{95} = N_{95} (\nu - 1) \quad [\mathrm{kW}]$$

ist, so kann man für E_Z anschreiben:

$$E_Z = 8300 \cdot \nu \cdot N_{95} - \zeta \cdot E_{95} \quad [\mathrm{kWh/a}],$$

$$E_{95} = 8300 \cdot N_{95} \quad [\mathrm{kWh/a}],$$

$$E_Z = 8300 \cdot N_{95} (\nu - \zeta) \quad [\mathrm{kWh/a}].$$

Damit werden

$$K = \alpha \cdot A + m (\nu - 1) N_{95} + n \cdot 8300 (\nu - \zeta) \cdot N_{95} \quad [\mathrm{S/a}],$$

$$k = \frac{K}{E} = \frac{K}{N_A \cdot 8300} = \frac{K}{8300 \cdot \nu \cdot N_{95}} =$$

$$\frac{\alpha \cdot A}{8300 \cdot \nu \cdot N_{95}} + \frac{m \cdot (\nu - 1)}{8300 \cdot \nu} + n \frac{(\nu - \zeta)}{\nu}.$$

Man kann nun das erste Glied dieser Formel mit Hilfe der Beziehung (28) umformen:

$$\frac{\alpha \cdot [1 + \beta (\nu - 1)] \cdot A_{95}}{8300 \cdot \nu \cdot N_{95}} = \frac{\alpha [1 + \beta (\nu - 1]}{\nu} \cdot a_{095}$$

und erhält dann

$$k = \frac{1 + \beta (\nu - 1)}{\nu} \cdot \alpha \cdot a_{095} +$$

$$+ \frac{m}{8300} \cdot \frac{\nu - 1}{\nu} + n \frac{\nu - \zeta}{\nu} \quad [\mathrm{S/kWh}]. \tag{29}$$

Das erste Glied dieser Formel stellt den Anteil des Laufkraftwerkes an den resultierenden spezifischen Kosten, die beiden anderen den der Ergänzungsenergie dar. Ausgehend von dem in Abb. 60 wiedergegebenen Beispiel wurde das dort gewonnene Ergebnis nunmehr in Abb. 61 der Berechnung der Kosten der 8300stündigen Bandenergie entsprechend der Formel (29) zugrunde gelegt. Im Schaubild sind zum Vergleich die Gestehungskosten des Wasserkraftwerkes allein nach Abb. 60 eingezeichnet. Bei den getroffenen Annahmen sind die Kosten der 8300stündigen Bandlieferung nicht nur höher als die Gestehungskosten des Wasserkraftstromes allein, es liegt auch das wirtschaftliche Optimum bei einer kleineren Ausbauwassermenge. Jedenfalls ist die Ausbauwassermenge Q_A eines Laufkraftwerkes unter Berücksichtigung der erforderlichen Ergänzungsenergie derart festzulegen, daß die resultierenden Gestehungskosten für Laufenergie und Ergänzungsenergie ein Minimum werden. Diese Kosten, auf die Dargebotsverhältnisse eines mittleren Jahres bezogen, stellen dann die Ausgangswerte für die Beurteilung der Frage dar, ob die Errichtung eines solchen Wasserkraftwerkes wirtschaftlich berechtigt ist.

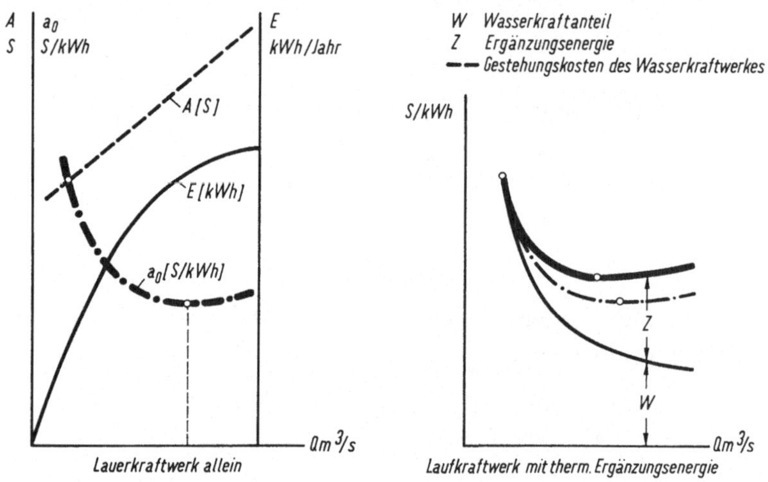

Abb. 61. Wirtschaftliche Ausbaugröße eines Laufkraftwerkes unter Berücksichtigung von thermischer Ergänzungsenergie

Welches sind nun die Kriterien für die *Wirtschaftlichkeit eines Laufkraftwerkes?* Sie ergeben sich aus dem Vergleich mit anderen Möglichkeiten der Strombeschaffung, sei es ein anderes Wasserkraftwerk, ein Wärmekraftwerk oder Fremdstrombezug, wobei als Vergleichsbasis nach dem vorhin Gesagten von einer Benutzungsdauer von 8300 Std./a auszugehen wäre. Steht das Wasserkraftwerk mit einem Wärmekraftwerk in Wettbewerb, dann ist bei letzterem mit Rücksicht auf die hohe Benutzungsdauer ein ausreichender Reservefaktor r zur berücksichtigen, dessen Wahl vom Umfang des Verbundbetriebes und damit auch von der Höhe der bereits vorhandenen Reserveleistung im Verbundnetz abhängig ist. Für die Kombination Laufkraftwerk—Ergänzungskraftwerk erscheint die Wahl eines Reservefaktors $r = 1$ als zulässig, da die Überholung der Anlageteile jeweils in die leistungsschwache Periode gelegt werden kann, beim Wasserkraftwerk, mehrere Einheiten vorausgesetzt, in den Winter, beim Ergänzungskraftwerk in den Sommer.

Bei einem Kostenvergleich mit anderen Strombeschaffungsmöglichkeiten sind bei den Aufwendungen für das Wasserkraftwerk noch die Kosten für die Leistungsbereitstellung zum Ausgleich des Leistungsrückganges in einem trockenen Winter gegenüber dem Dargebot in einem mittleren Jahr zu berücksichtigen. Welches Ausmaß der sogenannte *Überjahresausgleich* annehmen kann, darüber gibt Abb. 62 Aufschluß. Der Untersuchung wurden

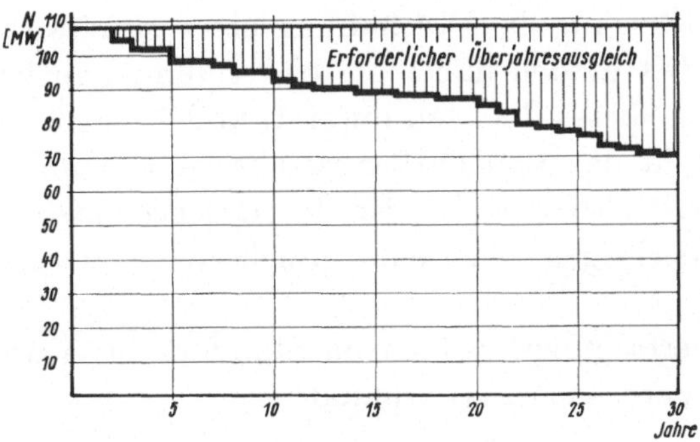

Abb. 62. Winterleistung der Wasserkrafterzeugung eines Landesversorgungsunternehmens in Abhängigkeit vom Abflußcharakter des Jahres (Reihe 1933 bis 1962)

Pegelablesungen über einen Zeitraum von 30 Jahren zugrunde gelegt, und die zu beantwortende Frage lautete dann: Welche Mindestleistung wäre in den einzelnen Jahren zu erwarten gewesen, wenn auch später errichtete Anlagen während des gesamten Zeitraumes gearbeitet hätten? Diese Leistungen wurden nach ihrer Größe geordnet im Diagramm eingetragen. Für die betrachtete Gruppe von Laufkraftwerken liegt der Schwankungsbereich zwischen 70 und 108 MW. Der Mittelwert liegt bei knapp 90 MW, so daß mit der zusätzlichen Bereitstellung von etwa 20%, bezogen auf das langjährige Mittel, zu rechnen ist. Ein korrekter Wirtschaftlichkeitsvergleich muß auch noch die Übertragungskosten zwischen den Kraftwerksstandorten und den in Frage kommenden Verbrauchsschwerpunkten einbeziehen.

Die Wirtschaftlichkeitsrechnung für ein Laufkraftwerk hat also folgende Faktoren zu erfassen:

Laufkraftwerk:

1. Die Gestehungskosten der Kombination Laufkraftwerk — Aufbringung der Ergänzungsenergie, ermittelt für die wirtschaftlichste Ausbaumenge gemäß dem Beispiel Abb. 61, unter Zugrundelegung einer 8300stündigen Bandlieferung.

2. Die Kosten der zusätzlichen Leistungsbereitstellung für die Bedarfsdeckung im Trockenjahr.

3. Die Übertragungskosten für die erzeugte elektrische Energie zu den Verbrauchsschwerpunkten.

Vergleichskraftwerk:

1. Die Kosten für die Beschaffung einer gleichwertigen Bandenergie. Handelt es sich dabei um ein anderes Laufkraftwerk, so gelten auch für dieses die eben unter 1. und 2. gemachten Voraussetzungen; steht das Laufkraftwerk aber mit einem thermischen Kraftwerk in Wettbewerb, so ist der Reservefaktor für letzteres so zu berücksichtigen, daß eine gesicherte Versorgung gewährleistet ist.

2. Die Übertragungskosten vom Standort des Vergleichskraftwerkes zum Verbrauchsschwerpunkt.

Falls die Alternative Errichtung eines neuen Laufkraftwerkes oder Fremdstrombezug lautet, so sind die Vergleichskosten entsprechend den Lieferbedingungen für den Strombezug einzusetzen und auch die Übertragungskosten zwischen Übergabestelle des Fremdstromes und den Verbrauchsschwerpunkten zu erfassen.

Eine gewisse Problematik ergibt sich bei Wirtschaftlichkeitsrechnungen über *Mehrzweckanlagen*, vor allem solcher, die der Stromerzeugung und der Schiffahrt dienen, wie dies bei den Donaustufen ab Kelheim der Fall ist. Eine Donaustufe für Zwecke der Schiffahrt errichtet, würde mit Wehr, Stauraum und Schleusen diese allein belasten, ein Staukraftwerk ohne Rücksicht auf Belange der Schiffahrt, die Kosten für Wehr, Stauraum und Krafthaus tragen müssen. Das Problem liegt nun bei der Mehrzweckanlage in einer angemessenen Aufteilung der Aufwendungen für die gemeinsamen Erfordernisse, das sind Wehr und Stauraum. *Fellner* hat sich in einer Veröffentlichung über die wirtschaftliche Bedeutung des österreichischen Donauausbaues [29] unter anderem mit dieser Frage beschäftigt und kommt mit Hilfe sehr eingehender Kostenanalysen für die 4 Donaustufen Ybbs, Aschach, Wallsee und Ottensheim zu folgender durchschnittlicher Kostenaufteilung:

Krafthaus		43,8%
Schleuse		22,0%
Gemeinsame Anlagen:		
Wehr	15,5%	
Stauraum	18,7%	34,2%
		100,0%

Würde das Staukraftwerk allein errichtet werden, so wären somit die Aufwendungen 78% der Investitionskosten der Mehrzweckanlage. Die Staustufe nur für Schiffahrtszwecke würde 56,2% erfordern. Man könnte z. B. eine Aufteilung der Kosten der gemeinsamen Anlagen im Verhältnis 50 : 50 als berechtigt ansehen, da diese beiden Zwecken in gleicher Weise dienen. Es würde dann auf die Stromerzeugung 60,9%, auf die Schiffahrt 39,1% der Errichtungskosten der Mehrzweckanlage entfallen. Der Vergleich der hier wiedergegebenen Zahlen zeigt, daß eine Mehrzweckanlage dieser Art bei einer vernünftigen Kostenaufteilung für beide Partner gegenüber Alleinzweckanlagen wirtschaftlichen Nutzen bringt.

Beschäftigt man sich etwas eingehender mit dem Kostenschlüssel für die gemeinsamen Anlagen, so liegt hinsichtlich der Wirtschaftlichkeitsbetrachtungen eine gewisse Parallele zu den Umwandlungsanlagen mit mehreren Endprodukten nahe. Man denke nur an ein Heizkraftwerk, bei dem in einer genauen Analyse der Errichtungskosten einige Einrichtungen nur der Stromerzeugung, andere nur der Wärmeabgabe dienen, aber ein wesentlich größerer Anteil als beim Staukraftwerk gemeinsame Kosten darstellen, deren Aufteilung, wie schon im 13. Kapitel betont, rein willkürlich wäre. Überträgt man die dort angestellten Überlegungen ihrem Sinn nach auf die Mehrzweckanlagen, so wird man davon ausgehen müssen, daß die Stromerzeugung aus diesen in Wettbewerb zu anderen Kraftwerkstypen steht und den Wirtschaftlichkeitsvergleich bestehen muß. Auf Seite der Schiffahrt gibt es für die Frachtsätze auch irgendeine Grenze nach oben, bei der die Benutzung der Wasserstraße wirtschaftlich fragwürdig wird. Die Problematik ist also tatsächlich sehr ähnlich, nur die Lösung in dem Falle der Mehrzweckanlagen wesentlich schwieriger, da die Wahrung der Interessen im Gegensatz zu den Veredelungsanlagen mit mehreren Endprodukten doch in verschiedenen Händen liegt.

26. Laufkraftwerke mit Schwellbetrieb

Die Verwirklichung des Gedankens, Flußläufe durch geschlossene Kraftwerksketten energiewirtschaftlich auszunützen, ermöglicht die Anwendung der sogenannten Schwellspeicherung. Sie ist eine Kurzzeitspeicherung und setzt bei der obersten Stufe einen entsprechend großen Stauraum, der mit veränderlichem Spiegel betrieben wird oder einen davorgelagerten Kurzzeitspeicher voraus (Beispiel: Ennskette). Bei Beginn des Schwellbetriebes sind die Stauhaltungen auf vollen Inhalt gebracht, der Gegenspeicher

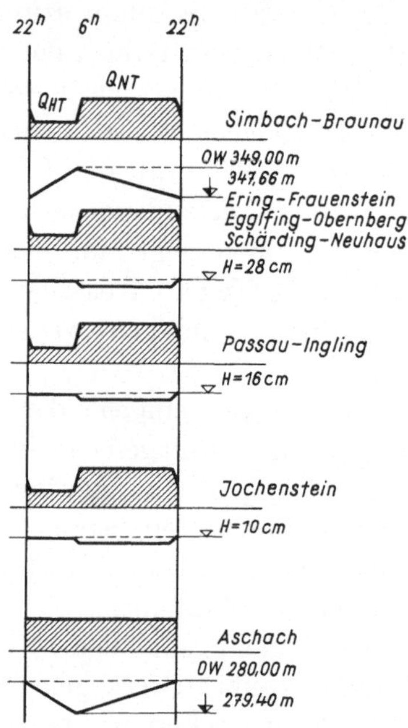

Abb. 63. Schwellbetrieb der Kraftwerkskette Unterer Inn — Donau [28], Speicherentladedauer $t_s = 16\,h/d$

unterhalb der untersten Stufe, der zum Ausgleich der Wasserführung für die Unterlieger dient, oder wenn ein solcher nicht besteht, die Stauhaltung der letzten Stufe, ist auf die tiefste vorgesehene Stauhöhe abgefahren. Die aus dem obersten Stauraum entnommene zusätzliche Fließe ΔQ m³/s wird zeitgleich auch aus den anderen Stauhaltungen entnommen, so daß ein Schwall gleicher Wassermenge die Kette bis zum Gegenspeicher bzw. in den Stauraum der untersten Stufe durchläuft, in der der Wasserspiegel bei Abschluß des Schwellbetriebes die oberste Kote erreicht. Je größer die Stufenzahl, um so geringer ist, auf die gesamte Kette bezogen, die Einbuße an Fallhöhe, um so wirksamer ist der Schwellbetrieb. Zu Zeiten geringen Leistungsbedarfes verläuft das Spiel umgekehrt. Der Gegenspeicher bzw. unterste Stauraum entleert sich, während sich der oberste auffüllt. Voraussetzung für die Durchführbarkeit der Schwellspeicherung ist, daß die nutzbaren Stauinhalte der einzelnen Stufen dem von der obersten Stufe abgelassenen Schwall entsprechen und die einzelnen Stufen möglichst lückenlos aufeinander folgen, da sonst die Fließzeiten zwischen den Stufen die Zeitgleichheit des Durchflusses verhindern. Diese hier beschriebene Betriebsweise wird in Abb. 63 veranschaulicht, die einer Studie über die Möglichkeit des Schwellbetriebes zwischen dem Kraftwerk Simbach—Braunau am Inn und dem Kraftwerk Aschach an der Donau entnommen ist [27]. Der Gedanke dabei ist, in den Nachtstunden zwischen 22 und 6 Uhr Wasser zurückzuhalten und während der 16 Tagesstunden zwischen 6 und 22 Uhr zuzusetzen, so daß die Stromabgabe in den einzelnen Stufen den schraffierten Flächen entspricht. Die Veränderung des Stauzieles ist ebenfalls eingetragen, sie bestätigt das vorhin Gesagte. Die energiewirtschaftliche Auswirkung eines solchen Schwellbetriebes stellt sich nach *Bauer* [27] folgendermaßen dar:

Zahlen in GWh/a

		Normaler Laufwerksbetrieb	Schwellbetrieb	HT-Gewinn	NT-Verlust
Winter	HT	1283,03	1409,07	126,04	
	NT	641,52	471,35		170,17
Übergangsperiode (April, September)	HT	437,99	461,33	23,34	
	NT	450,36	408,18		42,18
Sommer	HT	1089,01	1104,16	15,15	
	NT	1108,40	1086,94		21,46
Gesamt		5010,31	4941,03	164,53	233,81
Schwellverlust %			1,38		

HT = Hochtarifzeit, NT = Niedertarifzeit

Aus dieser Zahlentafel ist zu schließen, daß der Schwellbetrieb am wirkungsvollsten bei niedriger Wasserführung ist, im durchgerechneten Beispiel in den Wintermonaten. Er ermöglicht auch eine bessere Ausnutzung der Ausbauleistung während der belastungsstarken Tageszeiten und wirkt sich günstig auf die bereitzustellende Ergänzungsleistung aus. Außer dem oben ausgewiesenen Verlust verursacht der Schwellbetrieb keine besonderen Aufwendungen. Seine Wirtschaftlichkeit ist dann gegeben, wenn der finanzielle Gewinn in der Hochtarifzeit, unter Berücksichtigung der eventuell einzusparenden Ergänzungsleistung erlösmäßig größer ist als der Verlust in der Niedertarifzeit. Maßgebend für das Ergebnis ist dabei, wie die einzelnen Stromqualitäten aufgrund des Preisgefüges zu bewerten sind.

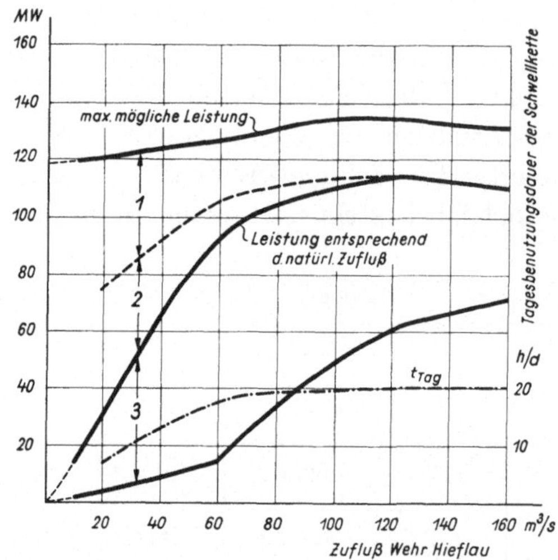

Abb. 64. Auswirkung des Schwellbetriebes der steirischen Ennsstufen. 1 Möglicher Leistungsgewinn durch Speicher im Kraftwerk Hieflau, 2 möglicher Leistungsgewinn durch Schwellbetrieb in den folgenden Laufstufen, 3 Leistungsrückgang bei Speicherfüllung

Als zweites Beispiel sei die Auswirkung des Schwellbetriebes auf den steirischen Teil der Kraftwerkskette an der Enns geschildert. Die oberste Stufe ist das Kraftwerk Hieflau mit 3 $\times$ 21 MW Ausbauleistung und einem Kurzzeitspeicher, der zwischen Stollen und Wasserschloß liegt. Der Stollen ist für die Vollbeaufschlagung von zwei Maschinen, entsprechend 60 m³/s ausgelegt. Die dritte Maschine ist an den Speicher angeschlossen. Dies bedeutet, daß während 8 h bei abgestelltem Werk der Speicher gefüllt wird und dann während 16 h das Werk bei 90 m^3/s Vollast fahren kann, vorausgesetzt, daß ein Wasserzufluß von 60 m^3/s zur Verfügung steht. Der Speicherinhalt ist einer solchen Einsatzweise entsprechend bemessen worden. Die drei nachfolgenden Umleitungsstufen besitzen einschließlich Wehrturbinen eine Gesamtausbauleistung von rund 77 MW. In Abb. 64 ist nun das Ergebnis einer Studie wiedergegeben, die die Feststellung des maximal möglichen Leistungsdargebotes dieser Kette im Schwellbetrieb bezweckte. Die Leistungen wurden in Abhängigkeit von der Fließe vor dem Wehr der obersten Stufe Hieflau aufgetragen. Das Diagramm läßt die Auswirkung des Speichers auf das zugehörige Kraftwerk (1), den möglichen Leistungsgewinn durch den Schwellbetrieb (2) und den gesamten Leistungsrückgang während der Nachtstunden, in denen das Wasser zurückgehalten wird (3), erkennen. Die der maximalen Leistung zugeordnete Benutzungsdauer t_{tag} gibt ein Bild über die mögliche Einsatzweise der Gruppe. Der Schwellbetrieb läßt auch hier eine bessere Ausnutzung der Laufstufen bei niedriger Wasserführung zu. Es wird schließlich, wie schon vorhin betont, auch hier darauf ankommen, wie dieses Dargebot in das Belastungsdiagramm hineinpaßt und wie die gewonnenen Tages- zu den verlorenen Nacht-kWh zu bewerten sind.

27. Speicherkraftwerke mit natürlichem Zufluß

Die Aufspeicherung des natürlichen Zuflusses vor Wasserkraftanlagen stellt ein wichtiges Hilfsmittel der Wasserkraftnutzung dar, um einen gewissen zeitlichen Ausgleich des Verlaufes von Dargebot und Bedarf zu erreichen. Die Schaffung ausreichender und wirtschaftlich tragbarer Speicherräume ist daher das Bestreben der Wasserkraftwerke planenden Ingenieure. Sie gewinnen umso mehr an Bedeutung, je einseitiger die Energieversorgung eines Wirtschaftsgebietes auf Wasserkraftbasis abgestellt ist. Man teilt dic Speicher ein

1. nach ihrer Lage zum Kraftwerk,
2. nach der zeitlichen Dauer eines Arbeitsspieles (Füllung und Entleerung).

Nach der Lage unterscheidet man *Werks-* und *Fern*speicher. Von einem *Werks*speicher spricht man, wenn der Stauraum in unmittelbarem Zusammenhang mit einem Kraftwerk steht, das heißt, daß das Auslaufbauwerk des Speichers gleichzeitig auch die Wasserfassung des Kraftwerkes darstellt. Bei einem Fernspeicher liegt zwischen dem Speicher und dem nächstfolgenden Kraftwerk eine mehr oder weniger lange Flußstrecke. Ein Speicher kann aber auch beide genannten Funktionen erfüllen.

Nach der zeitlichen Dauer des Arbeitsspieles unterscheidet man

1. Kurzzeitspeicher
   a) Tagesspeicher
   b) Wochenendspeicher
2. Langzeitspeicher
   a) Jahresspeicher
   b) Überjahresspeicher

Der *Tagesspeicher* gleicht die innerhalb eines Tages auftretenden Differenzen zwischen Dargebot und Bedarf, der Wochenendspeicher die Schwankungen innerhalb einer Woche aus. Während der Tagesspeicher also im wesentlichen dazu dient, den Nachtüberschuß zurückzuhalten und während der Zeit der Bedarfsspitzen auszunützen, hat der Wochenendspeicher noch die zusätzliche Aufgabe, den während des Wochenendes auftretenden Energieüberschuß an den folgenden Wochentagen zu verwerten. Der *Jahresspeicher* hat den jahreszeitlichen Ausgleich herbeizuführen, der *Überjahresspeicher* dient sinngemäß dem Ausgleich des Abflusses in mehreren aufeinanderfolgenden Jahren. Er wird wegen der dafür notwendigen Größe nur in vereinzelten, besonders begünstigten Fällen, vor allem wenn natürliche Seen herangezogen werden können, in Frage kommen.

Die Einsatzweise eines Speichers läßt sich durch den sogenannten *Füllfaktor* kennzeichnen. Der Füllfaktor gibt an, wie viele Arbeitsspiele je Jahr bei mittlerem Dargebot auftreten.

Nennen wir

E_s die gesamte gespeicherte Energiemenge [kWh/a],

I den Nutzinhalt des Speichers [kWh],

so gilt für den Füllfaktor der Ansatz

$$f = \frac{E_s}{I}.$$

Die zahlenmäßigen Werte des Füllfaktors liegen in folgenden Bereichen:

Tagesspeicherung	$f = 150 \;-300$
Wochenspeicherung	$f = 45 \;-100$
Jahresspeicherung	$f = 1 \;-\; 2$
Überjahresspeicherung	$f = 0{,}7 -\; 1{,}2$

Bezeichnet man mit

S den nutzbaren Wasserinhalt des Speichers [m³],

H_s die mittlere Fallhöhe als Höhenunterschied des Schwerpunktes des Speicherinhaltes S und des Unterwasserspiegels [m],

$\eta_R, \eta_T, \eta_G, \eta_U$ die Wirkungsgrade der Rohrleitung bzw. des Stollens, von Turbine, Generator und Umspanner,

ε den Anteil des Eigenbedarfes,

so beträgt, da 1 kWh = 367 mt ist, die Speicherkapazität

$$I = \frac{S \cdot H_s}{367} \cdot \eta_{\text{Ges}} \,[\text{kWh}]. \tag{30}$$

Darin ist

$$\eta_{\text{Ges}} = \eta_R \cdot \eta_T \cdot \eta_G \cdot \eta_U \cdot (1 - \varepsilon).$$

Die je m³ Nutzwasserinhalt erzeugbare elektrische Energie nennen wir den *Arbeitswert*. Für ihn kann geschrieben werden

$$e = \frac{I}{S} = \frac{H_s}{367} \cdot \eta_{\text{Ges}} \;\; [\text{kWh/m}^3].$$

Der Arbeitswert ist also proportional der Fallhöhe H_s. Stellt man sich ein Hochgebirgstal und die Lage des Kraftwerkes am Talausgang vor und variiert die Höhenlage der Wasserfassung, das heißt die Fallhöhe H_s, so kommt man anhand eines in Abb. 65 wiedergegebenen Beispiels zu folgendem Schluß: Je größer die Fallhöhe H ist, um so größer wird die Ausbeute je m³ gespeicherter Wassermenge. Je höher jedoch das Niveau der Wasserfassung liegt, um so kleiner wird das zugeordnete Einzugsgebiet. Vom Gesichtspunkt der optimalen Nutzung der Rohwasserkraft würde sich also eine günstigste Höhenlage der Wasserfassung ergeben. Sie hängt in starkem Maße von der Höhe der Gebirgszüge ab. Innerhalb der Alpen z. B. ist der westliche Teil gegenüber dem östlichen diesbezüglich in Vorteil. Von Bedeutung ist auch die Höhenlage des Kraftwerkes. Bei niedriger Seehöhe des Kraftwerkes (Beispiel: Oberitalienische Flüsse) ergeben sich wesentlich günstigere Verhältnisse, gleichen Fallhöhen sind dann nicht nur größere Einzugsgebiete zugeordnet, auch die Baudurchführung wird erleichtert. Material- und Personaltransporte an die Baustelle, die Baustelleneinrichtung selbst, aber auch die jährlich mögliche Bauzeit hängen

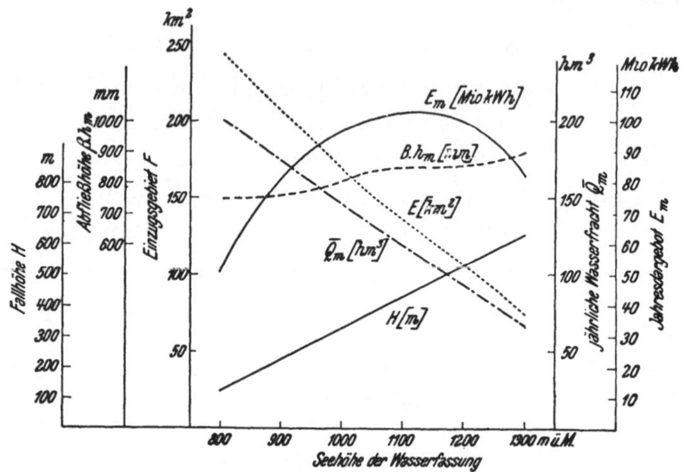

Abb. 65. Zusammenhang zwischen der Seehöhe der Wasserfassung und dem Jahresdargebot

von der Höhenlage ab und üben auf die Wirtschaftlichkeit des Bauvorhabens einen nicht zu unterschätzenden Einfluß aus. Einen Eindruck von der Mannigfaltigkeit der Gegebenheiten vermittelt die Abb. 66. Sie stellt eine Abwicklung der Alpen von der Westschweiz bis an ihren Ostrand in der Steiermark mit einer Auswahl von Speicherkraftwerken dar. Im Schaubild sind die Seehöhen von Speicher und Kraftwerk, Jahreswasserzufluß und Speicherinhalt eingetragen. Diese Darstellung bestätigt die oben angestellten Überlegungen.

Vom Gesichtspunkt der optimalen Ausnutzung der Rohwasserkraft sollte man also Speicherräume in der Nähe dieser günstigsten Höhenlage anstreben. Die Natur wird aber wohl nur ganz selten diese Möglichkeiten bieten, man wird sich daher den gegebenen Verhältnissen anpassen und damit begnügen müssen, in einigermaßen zufriedenstellender Lage Speicherräume zu finden, die den Anforderungen gerecht werden. Die Wahl wird durch folgende Gegebenheiten beeinflußt:

1. Geländeform.
2. Geologische Verhältnisse.
3. Landwirtschaftliche oder sonstige Nutzung des zu überstauenden Geländes.
4. Bestehende Wasserrechte von Unterliegern.

Die angeführten Punkte sind für die mögliche Lage und Größe des Speicherraumes bestimmend, letzten Endes auch für seine Kosten entscheidend. Nun sind aber bei einem Speicherkraftwerk nicht nur die Aufwendungen für den Speicher selbst, sondern auch

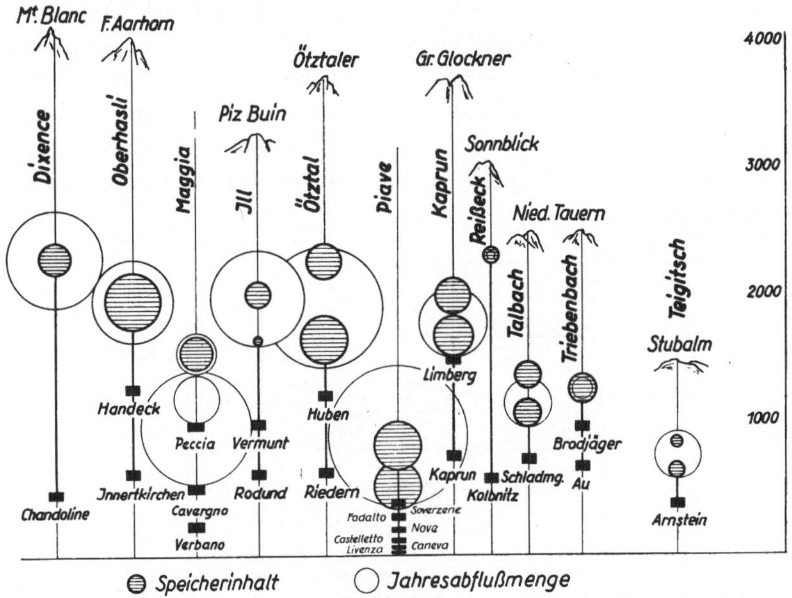

Abb. 66. Speicherinhalt, Fallhöhen und Jahreswassermengen von Alpenspeicherkraftwerken

die Kosten für die Triebwasserführung von größter Bedeutung, die abgesehen von der geologischen Beschaffenheit der zu durchfahrenden Gesteinsschichten von den Geländeverhältnissen abhängig sind. Ist z. B. das Gefälle des Flußlaufes in dem für die Anlegung des Speichers in Frage kommenden Gebiete verhältnismäßig klein, so ist jedenfalls zu prüfen, ob die Vergrößerung des Gefälles um ΔH_m [m] den Aufwand für eine Verlängerung der Triebwasserführung um ΔL_m [m] wirtschaftlich rechtfertigt. Der Entscheidung über Lage und Größe des Speicherraumes sind die summierten

Aufwendungen für den Speicherraum *und* für die Triebwasserführung zugrunde zu legen.

Diese Überlegungen beeinflussen in erster Linie den *Entwurf* des Speicherkraftwerkes gemäß der Forderung, für die Ausnutzung der betreffenden Wasserkraft die wirtschaftlichste Lösung zu finden. Für die *Verwirklichung* eines solchen Speicherprojektes ist jedoch die Frage entscheidend: Welchen Nutzen bringt es für die Energieversorgung? Abgesehen von dem Wert eines Speicherkraftwerkes als Schnellreserve bei genügend großer Speicherkapazität, geht es um die Wirtschaftlichkeit. Die Frage lautet also: Wie hoch sind die Gestehungskosten für die vom Speicherkraftwerk abgegebene elektrische Energie, verglichen mit der Beschaffung von anderswo bei gleichem zeitlichen Verlauf des Einsatzes? Die Durchführung eines solchen Wirtschaftlichkeitsvergleiches sei im nachstehenden anhand von zwei Beispielen, einem Jahres- und einem Tagesspeicherkraftwerk behandelt, wobei wir uns auf das Grundsätzliche beschränken wollen.

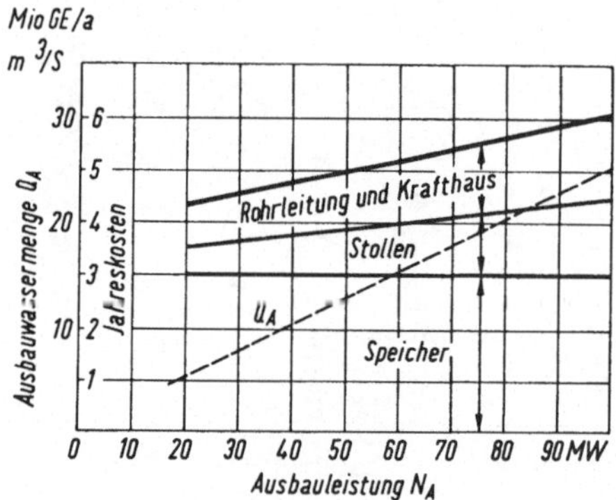

Abb. 67. Kosten eines Wasserkraftwerkes mit Jahresspeicherung und reiner Winterabgabe

Es sei ein Jahresspeicherwerk angenommen, dessen Zufluß der Alpenflußcharakteristik entspricht, das heißt, der Zulauf wird während der Sommermonate zum größten Teil gespeichert und im Winter abgearbeitet. Bei gegebenem Dargebot und festgelegtem Nutzinhalt des Speichers ist über die Höhe der Ausbauleistung zu entscheiden; von ihrer Wahl wird weitgehend die Wirtschaftlichkeit dieses Speicherkraftwerkes, verglichen mit anderen Beschaffungsmöglichkeiten gleichwertiger elektrischer Energie, abhängen. Variiert man die Ausbauleistung N_A, so bleiben die Anlagekosten für den Speicher selbst unverändert, die Aufwendungen für Stollen, Druckrohrleitung und Krafthaus erhöhen sich naturgemäß mit steigendem N_A. Abb. 67 gibt das Ergebnis der Kostenermittlung für ein solches Projekt wieder. Die in Abhängigkeit von der Ausbauleistung N_A aufgetragenen Jahreskosten K unterscheiden sich von den Anlagekosten A nur durch den annuitätisch angesetzten Jahresfaktor α. Die spezifischen Kosten der vom Speicherwerk abgegebenen elektrischen Energie sind dann

$$k = \frac{K}{N_A \cdot t} \quad [\text{S/kWh}].$$

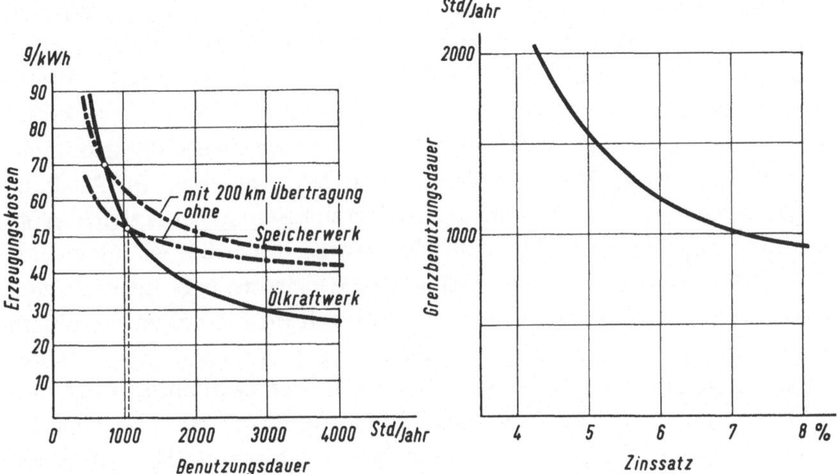

Abb. 68. Einsatzgrenzen von Langzeitspeicherkraftwerken und Ölkraftwerken

Nach dieser Formel sind für das in Abb. 67 behandelte Beispiel die spezifischen Erzeugungskosten in Abhängigkeit von der Benutzungsdauer t ausgerechnet und im linken Diagramm der Abb. 68 eingetragen worden (strichpunktierte Kurve ohne Übertragungskosten).

Würde man dieselbe Energiemenge E mit der gleichen höchsten Leistung $N_h = N_A$ anstatt im Jahresspeicherwerk in einem thermischen Kraftwerk erzeugen oder durch Fremdbezug beschaffen, so wären die Kosten

$$k = \frac{m}{t} + n \quad [\text{S/kWh}].$$

Auch diese Vergleichskosten, auf gleicher Preisbasis ermittelt, sind aus Abb. 68 zu ersehen. Oberhalb einer bestimmten Grenzbenutzungsdauer, im Beispiel $t = 1000$ h/a, ist das in Wettbewerb stehende Ölkraftwerk, unterhalb das Speicherkraftwerk die wirtschaftlichere Lösung. Ölkraftwerke können im allgemeinen in der Nähe der Verbrauchsschwerpunkte errichtet werden, Jahresspeicherwerke liegen im Gebirge. Die Verwertung ihres Dargebotes erfordert daher mehr oder weniger lange Übertragungsleitungen, die den Einsatzbereich der Jahresspeicherwerke im Vergleich zu nicht an die Brennstoffbasis gebundene thermische Kraftwerke noch weiter verkleinern (obere strichpunktierte Kurve im linken Diagramm der Abb. 68).

Eine entscheidende Rolle in diesem Wirtschaftlichkeitsvergleich spielt der Jahresfaktor α, dessen Höhe wieder vom geltenden Zinssatz abhängt. Wie sich der Zinssatz auf die wirtschaftliche Wettbewerbsfähigkeit der besonders kapitalintensiven Wasserkraftwerke auswirkt, läßt das rechte Diagramm der Abb. 68 erkennen. Der Verlauf dieser Grenzkurve macht den Unterschied im Ausbaukonzept der schweizerischen und österreichischen Elektrizitätsversorgung, auf den im 6. Abschnitt hingewiesen worden ist, verständlich. Die schweizerischen Elektrizitätsversorgungsunternehmen konnten durch eine lange Periode hindurch ihre Anlagen bei einem Zinsniveau um 3% herum ausbauen, wogegen zu gleicher Zeit der effektive Zinssatz in Österreich bereits in der Größenordnung von 5 bis 6% lag. Auch zur Zeit der Abfassung dieses Buches liegt der schweizerische Zinssatz unter dem österreichischen. Die schweizerische Elektrizitätsversorgung konnte daher ihre Jahresspeicherwerke für eine wesentlich höhere Benutzungsdauer auslegen, so daß ihr Einsatz während des Winters im Trapezbereich des Belastungsdiagramms erfolgt. Die österreichische Elektrizitätsversorgung dagegen mußte von vornherein die Speicherwerke mit großer Leistung und kleinerer Benutzungsdauer, also vorwiegend für die Deckung der Belastungsspitzen bemessen.

Der zweite Fall, der hier zu behandeln ist, ist die *Kurzzeitspeicherung*. Welche Überlegungen sind hier für einen Wirtschaftlichkeitsvergleich maßgebend? Sieht man von den im vorhergehenden Abschnitt behandelten Laufkraftwerken mit Schwellspeicherung, die auch als Kurzzeitspeicherung anzusehen sind, ab, so wird es sich im allgemeinen um Umleitungskraftwerke handeln, bei denen es die örtliche Gegebenheit gestattet, entweder vor der Umleitung oder zwischen der Umleitungsstrecke und dem Kraftwerkseinlauf einen Speicherraum zu schaffen, der einen gewissen Tages- oder Wochenendausgleich zuläßt. Der Kurzzeitspeicher ist somit eigentlich als Ergänzung eines Laufkraftwerkes anzusehen. Er gestattet, die Ausbauleistung auch in Zeiten geringer Wasserführung besser auszunutzen und mit einer geringeren Ergänzungsleistung auszukommen. In Abb. 69 wurde versucht, den wirtschaft-

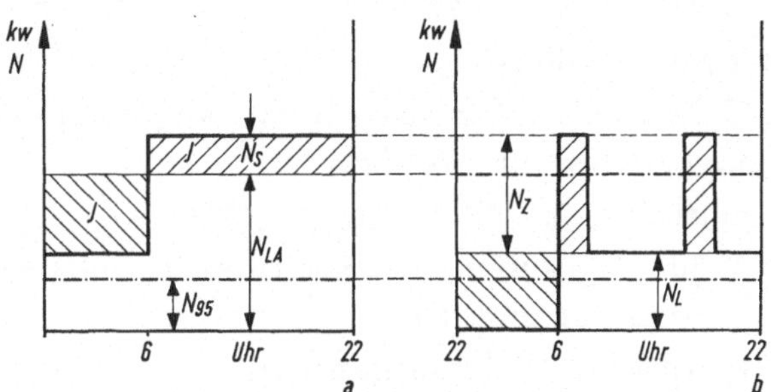

Abb. 69. Schematische Darstellung des Einsatzes eines Tagesspeichers

lichen Zweck einer Tagesspeicherung in einem einfachen Schema darzustellen. Im Schaubild a wurde davon ausgegangen, daß die augenblickliche Wasserführung der ausgebauten Laufwasserleistung N_{LA} [kW] entspricht, die Speicherkapazität sei I [kWh], die beispielsweise in der angedeuteten Weise eingesetzt würde. Die Ausbauleistung des Kraftwerkes beträgt somit

$$N_{LA} + N_S \quad [\text{kW}].$$

Für das rechte Schema wurde angenommen, daß der Zufluß nur eine Laufwerksleistung N_L ermöglicht. Während der Nachtstunden würde das Dargebot zurückgehalten und in den Morgenstunden und Abendstunden in der angedeuteten Weise eingesetzt werden, im Beispiel so, daß die Ausbauleistung voll ausgenützt sein würde. Ob eine solche Betriebsweise realisiert werden kann, hängt von der Form des Belastungsdiagrammes ab, vor allem des Spitzenlastbereiches und davon, ob im betreffenden Versorgungsgebiet für die Deckung der Spitzen bestehende Werke wirtschaftlich ersetzt bzw. ergänzt werden können. Es ist also die Einsatzmöglichkeit des Speicherwerkes anhand der Belastungsdiagramme und deren mutmaßliche, zukünftige Entwicklung zu prüfen und die jährlich speicherbare Energiemenge E_S [kWh/a] des geplanten Werkes zu ermitteln. Jedenfalls wäre der Bedarf an Ergänzungsleistung als

Auswirkung der Tagesspeicherung um einen Betrag N_Z [kW] kleiner.

Die Kosten der Kurzzeitspeicherung setzen sich aus den Kosten für den Speicher und die Leistungsvergrößerung des Kraftwerkes zusammen. Bezeichnen wir wieder mit

I das Speichervermögen in [kWh],

a_{0s} die spezifischen Anlagekosten des Speichers [S/kWh],

f den Speicherfüllfaktor,

α den Jahresfaktor, bezogen auf eine angenommene mittlere Nutzungsdauer des Werkes,

E_s die jährlich gespeicherte Energie [kWh/a],

A_s die Mehranlagekosten des Kraftwerkes, entsprechend der Speicherleistung N_S [S],

a_s die spezifischen Mehranlagekosten des Kraftwerkes je gespeicherte kWh [S/kWh],

n_n den Wert der in den Nachtstunden nicht ins Netz gelieferten Energie [S/kWh],

so sind die Kosten der Speicherung

$$k_s = \frac{\alpha \cdot a_{s0} \cdot I + \alpha \cdot A_s + n_n \cdot E_s}{E_s}$$

$$k_s = \alpha \cdot \left(\frac{a_{s0}}{f} + a_s\right) + n_n. \tag{31}$$

Die Kosten sind zu vergleichen mit der Beschaffung von E_s [kWh/a] mit einer Leistung N_z kW auf andere Weise, sei es z. B. durch ein thermisches Kraftwerk oder durch Fremdstrombezug. Diese Kosten können angeschrieben werden zu

$$k_z = m \cdot \frac{N}{E_s} + n = \frac{m}{t_z} + n \quad \text{[S/kWh]}.$$

Das Kriterium für die Wirtschaftlichkeit einer solchen Tagesspeicherung ist dann

$$k_s > k_z.$$

28. Die wirtschaftliche Bedeutung der Pumpspeicherung

Bei der Pumpspeicherung wird der Stauraum nicht durch natürlichen Zufluß, sondern durch Hochpumpen des Wassers von einem tieferliegenden Niveau aus gefüllt. Die für das Hochfördern notwendige Energie wird dem elektrischen Netz entnommen. Die Pumpspeicherung stellt daher keine Speicherung der Rohenergie, sondern der bereits veredelten Energie dar, die in eine speicherfähige Energieform um- und nachher wieder rückgewandelt wird. Abb. 70 zeigt schematisch die grundsätzliche Schaltung eines Pump-

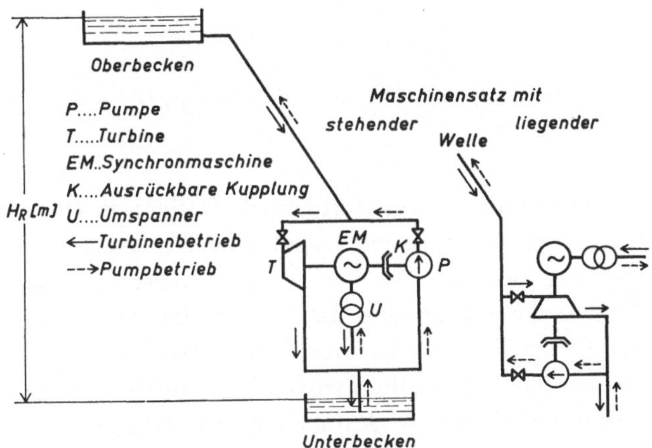

Abb. 70. Schematische Darstellung der Pumpspeicherung

speicherwerkes mit Dreimaschinensätzen. Verschiedentlich wird aber auch die sogenannte „Pumpenturbine“ verwendet, die unter Umkehrung der Drehrichtung beide Funktionen in sich vereinigt. Um die Wassermenge Q [m³] über eine Förderhöhe H_p [m] hochzupumpen, ist eine elektrische Energiemenge von

$$E_p = \frac{Q \cdot H_p}{367 \cdot \eta_p} \text{ [kWh] notwendig.}$$

Darin wird mit η_p der Gesamtwirkungsgrad des Pumpbetriebes erfaßt. Bei der Abarbeitung über die Fallhöhe H_t [m] leistet die gleiche Wassermenge die Arbeit

$$E_t = \frac{Q \cdot H_t}{367} \cdot \eta_t \quad \text{[kWh].}$$

Das Verhältnis der wiedergewonnenen zur aufgewandten elektrischen Energie, das wir als *Rückgewinnungsgrad* ϱ der Pumpspeicherung bezeichnen wollen, ist demnach

$$\varrho = \frac{E_t}{E_p} = \frac{H_t}{H_p} \cdot \eta_p \cdot \eta_t \, (1 - \varepsilon).$$

Mit dem Faktor ε wird der Eigenbedarf des Pumpspeicherwerkes berücksichtigt. Der Gesamtwirkungsgrad der Pumpspeicherung ist dann

$$\eta_{sp} = \eta_p \cdot \eta_t (1 - \varepsilon)$$

und der Rückgewinnungsgrad

$$\varrho = \frac{H_t}{H_p} \cdot \eta_{sp}.$$

Ist $H_t = H_p$, so wird der Rückgewinnungsgrad

$$\varrho = \eta_{sp}.$$

Dies ist der Normalfall. Es gibt aber eine Reihe von Pumpspeicherwerken, bei denen die örtlichen Gegebenheiten es ermöglichen, daß die Abarbeitung des im Oberbecken gespeicherten Wassers über eine größere Höhe erfolgt als die Pumphöhe zu seiner Füllung. Dies ist dann der Fall, wenn das Pumpwasser einem Wasserlauf in größerer Seehöhe entnommen wird, als die des Turbinenauslaufes. Nimmt man einen Gesamtwirkungsgrad der Pumpspeicherung von z. B. 0,65 an, ein Wert, der bei größeren Anlagen jedenfalls erreichbar ist, so wird der Rückgewinnungsgrad größer als 1 wenn

$$H_t > \frac{H_p}{\eta_{sp}} > \frac{H_p}{0{,}65} > 1{,}54\, H_p.$$

Es gibt eine ganze Reihe von Beispielen von Pumpspeicherbetrieben, bei denen der Rückgewinnungsfaktor größer als 1 ist, in den meisten Fällen handelt es sich dabei um Speicheranlagen mit natürlichem Zufluß und einer *zusätzlichen* Pumpspeicherung, ein Fall, auf den wir später noch zurückkommen.

Befassen wir uns zunächst mit reinen Pumpspeicherwerken, deren Unterbecken an einem Flußlauf liegt und deren Oberbecken vielleicht auf einer Bergkuppe angeordnet ist (Beispiele: Vianden in Luxemburg, Bringhausen, Geesthacht und Herdecke in der BRD). Die Anlagekosten eines solchen Pumpspeicherwerkes setzen sich aus zwei Kostengliedern zusammen, einem leistungsabhängigen Anteil für Krafthaus, Rohrleitungen und Stollen und einem vom Speicherinhalt abhängigen für die Erstellung von Ober- und Unterspeicher.

$$A_{sp} = a_n \cdot N_s + a_s \cdot J \quad [\mathrm{S}].$$

Bei Pumpspeicherwerken ist die höchste Leistungsabgabe N_s gleich der installierten Leistung N_i. Der Reservefaktor kann mit $r = 1$ angesetzt werden. Die spezifischen Anlagekosten a_s sind dann

$$a_{sp} = \frac{A_{sp}}{N_s} = a_n + a_s \frac{I}{N_s} = a_n + a_s \frac{J \cdot t_s}{E_s} =$$

$$= a_n + \frac{a_s}{f} \cdot t_s \quad [\text{S/kW}].$$

a_n [S/kW] sind die spezifischen Anlagekosten für den leistungsabhängigen Teil, a_s [S/kWh] die Anlagekosten für den Speicherraum. Normalerweise wird bei Errichtung eines Pumpspeicherwerkes auch eine Anschlußleitung an das Netz erforderlich sein, dann sind in a_n auch die auf das kW bezogenen Leitungskosten und in η_s die Leitungsverluste für Zu- und Abtransport der Energie zum und vom Pumpspeicherwerk einzurechnen. Die Jahreskosten K für das Pumpspeicherwerk setzen sich zusammen aus

den kapitalabhängigen Kosten $\alpha \cdot A_{sp}$ [S/a],

den arbeitsabhängigen Kosten für den Pumpstrom $\frac{E_s \cdot p_s}{\varrho}$ [S/a],

worin

E_s die vom Pumpspeicherwerk jährlich abgegebene Energiemenge [kWh/a],

p_s den Preis der Pumpenergie [S/kWh]

bedeuten. Für die Jahreskosten kann man dann anschreiben

$$K = \alpha \cdot A_{sp} + \frac{E_s \cdot p_s}{\varrho} = \alpha \cdot a_{sp} \cdot N_s + \frac{E_s \cdot p_s}{\varrho} \quad [\text{S/a}],$$

$$k = \frac{K_s}{E_s} = \frac{\alpha \cdot a_{sp}}{t_s} + \frac{p_s}{\varrho} \quad [\text{S/kWh}]. \tag{32}$$

Für die Beurteilung der Wirtschaftlichkeit eines reinen Pumpspeicherwerkes wird man wieder den Vergleich mit einem thermischen Kraftwerk und zwar mit einem Spitzenkraftwerk durchführen, dessen Kostencharakteristik in Anlehnung an das vorhin Gesagte

$$k = \frac{m}{t_s} + n \quad [\text{S/kWh}]$$

sei. Der Pumpstrom kann als Nacht- oder Sommerüberschuß aus eigenen Laufwasserkraftwerken, aus thermischen Grundlastwerken, deren Nachtbelastung dadurch erhöht wird oder bei günstigem

Angebot als Fremdstrom bezogen werden. Bei der Festlegung der Werte n für das den Pumpstrom liefernde thermische Grundlastwerk und für das Vergleichspitzenkraftwerk ist zu berücksichtigen, daß in der vorstehenden Kostenformel die Leerlaufkosten bereits in den leistungsabhängigen Kosten m enthalten sind, n neben dem *Unterhalt bereits die reinen* Brennstoffzuwachskosten enthält. Der Unterschied zwischen p_s und n des Vergleichsspitzenwerkes beruht also im wesentlichen auf einer anderen Auslegung von Grundlast- und Spitzenkraftwerken.

Das Pumpspeicherwerk wäre wirtschaftlich, wenn

$$\frac{\alpha \cdot a_{sp}}{t_s} + \frac{p_s}{\varrho} < \frac{m}{t_s} + n \quad [\text{S/kWh}]$$

$$a_{sp} < \frac{1}{\alpha}\left[m - \left(\frac{p_s}{\varrho} - n\right) t_s\right] \quad [\text{S/kW}] \qquad (32\text{a})$$

ist. Diese Formel kann als Kriterium für die Wirtschaftlichkeit einer Pumpspeicherungsanlage, eingesetzt als Spitzenkraftwerk, angesehen werden. Ist die Differenz der arbeitsabhängigen Kosten

$$\frac{p_s}{\varrho} - n > 1,$$

dann muß $\alpha \cdot a_{sp}$ um mindestens diese Differenz kleiner sein als m, wenn die Pumpspeicherung wirtschaftlich sein soll. Diese Voraussetzung ist bei günstigen örtlichen Verhältnissen, vor allem bei größeren Fallhöhen gegeben. Dabei fällt auch der Unterschied der Jahresfaktoren α, für das Vergleichskraftwerk in m enthalten, wegen der verschieden langen Nutzungsdauer zugunsten des Pumpspeicherwerkes ins Gewicht. Es kommt dann darauf an, die Auswirkung der Differenz der arbeitsabhängigen Kosten möglichst gering zu halten, das heißt, die Anlage im Belastungsdiagramm mit jener kWh-Abgabe einzusetzen, die der Pumpspeicherleistung N_s als Minimum entspricht. Dies bedeutet, wie in Abb. 71 ersichtlich, den sogenannten „horizontalen Einsatz" der Anlage in der Jahresdauerlinie. Ist dagegen

$$\frac{p_s}{\varrho} - n < 1,$$

so trägt jede vom Pumpspeicherwerk abgegebene kWh zu einer Verbesserung der Wirtschaftlichkeit bei, man wird in diesem Fall bestrebt sein, die Benutzungsdauer t_s des Speicherwerkes möglichst zu vergrößern. Es ergibt sich dann ein „schräger Einsatz" im

Belastungsdiagramm (Abb. 71). Dieser Fall ist denkbar, wenn für das Pumpen überschüssiger Nachtstrom aus Laufkraftwerken zur Verfügung steht oder die Energie aus modernen, thermischen Grundlastwerken (z. B. Kernkraftwerken) geliefert wird, für die dann nur der Zuwachswärmeverbrauch der Blöcke in Rechnung zu stellen ist. Aber auch ein großer Rückgewinnungsfaktor ϱ (kleinere Förder- als Fallhöhe) wirkt sich auf die Differenz der arbeitsabhängigen Kosten in gleicher Weise aus.

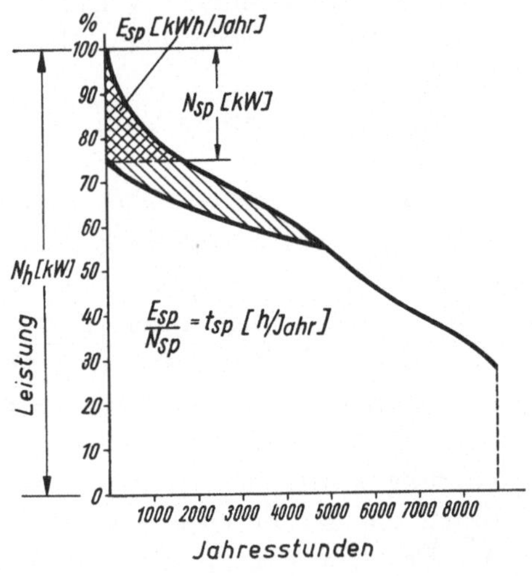

Abb. 71. Einsatzweise von Pumpspeicherwerken

Der Pumpspeicherung fallen neben dem Zweck, Belastungsspitzen wirtschaftlich zu decken, in einem größeren Verbundnetz noch andere Aufgaben zu. Diese sind:

1. Belastungserhöhung der Blöcke in thermischen Kraftwerken in den Nachtstunden, so daß Einheiten, ohne abgestellt zu werden, durchfahren können. Dadurch werden nicht nur die An- und Abstellverluste verringert, sondern auch die Betriebsmittel weniger beansprucht und die Instandhaltungskosten herabgesetzt.

2. Die Frequenzregelung in großen Netzen, wofür die Summe

von Turbinen- und Pumpleistung $N_T + N_p$ zur Verfügung steht (Beispiel: Vorarlberger Illwerke).

3. Bei ausreichendem Speicherraum die Wirkung als Momentanreserve, da das Pumpspeicherwerk automatisch sehr rasch hoch gefahren und von Pump- auf Turbinenbetrieb bzw. umgekehrt umgestellt werden kann.

Wesentlich günstigere wirtschaftliche Voraussetzungen ergeben sich bei der *zusätzlichen Pumpspeicherung* zu einem Jahresspeicherkraftwerk mit natürlichem Zufluß. Die Aufwendungen bestehen hier eigentlich nur in der Aufstellung der Pumpe mit ihrem Zubehör. Sie wird normalerweise mit dem Hauptmaschinensatz gekuppelt.

Eine solche Zusatzpumpspeicherung kann zwei Aufgaben übernehmen:

a) Die zusätzliche Füllung von Speicherräumen, die von der Natur gegeben sind, wo aber der natürliche Zufluß nicht ausreicht, den Speicherraum zu füllen.

b) Ein sogenannter Wälzbetrieb durch Tages- und Wochenspeicherung mit dem Ziele, die Nachtlast in großen thermischen Blockkraftwerken zu erhöhen und zur Frequenzregelung beizutragen.

Die Pumpspeicherung wurde in einer Zeit in der Elektrizitätsversorgung eingeführt, als die Betriebe von thermischen Kraftwerken sich vor das Problem gestellt sahen, daß der Lastanstieg und -rückgang steiler verläuft als die mögliche Laständerungsgeschwindigkeit der Betriebsmittel. Es war die Zeit zwischen etwa 1925—1932, in der auch andere Speicherverfahren (Dampfgefällespeicher, Gleichdruckspeicher, Akkumulatorenbatterien) stark in Mode waren. Die technische Entwicklung führte zu Fortschritten hinsichtlich der Regelfähigkeit von Kraftwerken und zur Entwicklung von wesentlich elastischeren Kesselfeuerungen, so daß auch die Pumpspeicherung an Bedeutung verlor. Erst in den letzten zwei Jahrzehnten gewann sie wieder an Interesse, das nicht zuletzt auf die Ausweitung des Verbundbetriebes auf den überstaatlichen Bereich, die Steigerung der Blockleistung in den thermischen Kraftwerken, vor allem auf die Anwendung von Kernkraftwerken und der wirtschaftlich bedingten Notwendigkeit, sie mit hoher Benutzungsdauer zu betreiben, zurückzuführen ist, die eine Lösung der vorhin erwähnten zusätzlichen Aufgaben erstrebenswert erscheinen ließen.

VII. Die wirtschaftliche Nutzung der fossilen Brennstoffe

29. Grundlagen der Brennstoffwirtschaft

Die Grundlagen der Brennstoffwirtschaft werden eigentlich durch die Anforderungen umrissen, die von den Verbrauchern fossiler Brennstoffe an diese gestellt werden. Sieht man von den Brennstoffen Holz und Torf ab, die in der Gesamtenergiebilanz nur eine untergeordnete Rolle spielen, so fallen in die Gruppe der fossilen Brennstoffe, wie bereits im 4. Abschnitt gekennzeichnet, Kohle, Erdöl und Erdgas bzw. deren in Umwandlungsanlagen gewonnene weiterverarbeitete Produkte. Wie sind nun die Kriterien für die Beurteilung der Eignung eines Brennstoffes seitens des Verbrauchers? Als wesentliche Merkmale sind zu nennen:

1. Der Heizwert als Maßstab für die benötigte Brennstoffmenge.
2. Der Wärmepreis frei Verwendungsort als Basis für seine Wirtschaftlichkeit.
3. Die Brenneigenschaften für die technische Anwendbarkeit.
4. Aschengehalt und -eigenschaften hinsichtlich Verschmutzung der Umwandlungseinrichtungen und der Kosten für die Aschenbeseitigung.
5. Der Schwefelgehalt mit seinen Auswirkungen auf die Umwandlungseinrichtungen und die Umgebung.

Bei Brennstoffen, die Wasser in den Verbrennungsprodukten enthalten, wie z. B. bei der Braunkohle, unterscheidet man zwischen oberen und unteren Heizwert [kcal/kg bzw. kcal/Nm^3]. Der obere Heizwert oder die Verbrennungswärme H_o ist diejenige Wärmemenge, die 1 kg oder 1 Nm^3 Brennstoff entwickelt, wenn die Verbrennungsprodukte auf die Bezugstemperatur abgekühlt werden, so daß der Wasserdampf vollständig kondensiert. Im unteren Heizwert H_u ist die nicht ausnutzbare Verdampfungswärme des Wassers bereits abgezogen. Da die im Wasserdampf der Verbrennungsgase enthaltene Wärme bei praktisch vorkommenden Feuerungen nicht ausgenützt wird, ist es in Europa üblich, mit dem unteren Heizwert zu rechnen.

Bei einem bestimmten gegebenen Wärmeverbrauch W/Gcal und einem Umwandlungsgrad η ist der Brennstoffaufwand

$$G = \frac{W \cdot 10^3}{H_u \cdot \eta_u} \text{ [to]}.$$

Je niedriger der Heizwert, um so höher die erforderliche Brennstoffmenge, um so teurer die Zufuhr, um so größer die Transporteinrichtungen und Vorratsräume, aber auch die Umwandlungsanlage, auf gleiche Wärmeleistung bezogen. Ist die Vorratshaltung von W/Gcal vorgeschrieben und z. B. γ t/m³ das spezifische Gewicht bzw. das Schüttgewicht des Brennstoffes, so beträgt der Rauminhalt des Lagers

$$V = \frac{W \cdot 10^3}{H_u \cdot \gamma \cdot \eta_u} \; [\mathrm{m}^3].$$

Die Lagerung von Brennstoff mit niedrigem Heizwert, z. B. Braunkohle (H_u 1650—2400 kcal/kg), oder die Speicherung von Gichtgas ($H_u \sim 1000$ kcal/kg) wäre wegen des großen Raumbedarfes eine sehr kostspielige Angelegenheit. Es wird daher in beiden Fällen auf eine größere Vorratshaltung beim Verbraucher, der schon wegen der hohen Transportkosten dem Energielieferanten benachbart ist, verzichtet.

Wie sich ein niedriger Heizwert auf die Umwandlungsanlagen auswirkt, möge ein kleines Beispiel erläutern. Wird die Verschlechterung des Heizwertes H_u durch hohen Wassergehalt verursacht, so steigt z. B. der umbaute Raum eines Dampfkessels für 100 t/h, 80 atü unter sonst gleichen Auslegungsbedingungen bei Verwendung einer Kohle mit einem $H_u = 2000$ kcal/kg gegenüber einer solchen mit 7000 kcal/kg um etwa 60%, der Kostenaufwand um rund 20% [18]. Der Kesselwirkungsgrad dagegen sinkt infolge des höheren Wasserdampfgehaltes in den Abgasen und der dadurch größeren Abgasverluste um rund 3 Punkte. Über die Größenordnung der Heizwerte der in der Natur vorkommenden Brennstoffe gibt nachstehende Zusammenstellung einen allgemeinen Überblick [20, 32].

a) Förderkohle:

	Unterer Heizwert H_u kcal/kg	Schüttgewicht t/m³
Rohbraunkohle	1600—2400	0,65—0,8
Glanzkohle	2800—4600	0,7 —0,83
Steinkohle	6900—7600	0,72—0,86

b) Erdöl:

$$H_u = 9300 - 10\,400 \text{ kcal/kg}$$

Spezifisches Gewicht 0,75—1,00 t/m³

c) Erdgas:

$$H_u = 8000-10\,000 \text{ kcal/Nm}^3$$

Spezifisches Gewicht 0,77–0,87 kg/Nm³

Der *Wärmepreis* des Brennstoffes wurde bereits im 10. Abschnitt behandelt; auch er ist, wie dort gezeigt, vom Heizwert abhängig. Es ist dann nur eine Frage der Gewinnungsmöglichkeiten bzw. -methoden (z. B. Braunkohlen-Großtagebaue), wie weit diese den Nachteil des niedrigen Energiewertes je geförderte Mengeneinheit wettmachen können. Noch stärker wirkt sich der Heizwert auf die Transportkosten aus, auf die ebenfalls und zwar im 14. Abschnitt eingegangen wurde. Mit den früher abgeleiteten Beziehungen wird der Wärmepreis eines Brennstoffes beim Verbraucher

$$p_w = \frac{10^3}{H_u}(p_B + p_T \cdot L) \quad [\text{S/Gcal}].$$

Darin stellt

p_B den Brennstoffpreis ab Gewinnungsstätte einschließlich Verladekosten [S/t],

p_T die Transportkosten [S/t · km],

L die Transportstrecke [km]

dar.

Sind zwei Energiegewinnungsanlagen L km voneinander entfernt, so liegt zwischen den beiden eine Grenze, an der die Wärmepreise gleich sind. Es ergibt sich somit für jedes Kohlenrevier ein gewisser *wirtschaftlicher Absatzbereich*, dessen Radius, abgesehen von der Differenz der Gestehungskosten ab Grube, vom Heizwert und dem Transporttarif (Bahn-, Schiffs- oder Straßentransport) abhängig ist. Diese aus den Wärmepreisen ermittelte Grenze verschiebt sich dann bei abweichenden Eigenschaften der Brennstoffe nach der einen oder anderen Seite, wenn man die dadurch entstehenden Kostendifferenzen, z. B. Aschenabtransport, notwendige Schornsteinhöhe und ähnliches berücksichtigt. Rohbraunkohle z. B. mit Heizwerten um 2000 kcal/kg und darunter ist nur in kleinerem Bereich wirtschaftlich absatzfähig, sie kann entweder nur auf der Grube zur Stromerzeugung verwertet oder durch Entzug des Wassers transportfähig gemacht werden.

Für die *Brenneigenschaften* ist bei *festen* Brennstoffen der Gehalt an flüchtigen Bestandteilen, bei flüssigen Viskosität und Flammpunkt bzw. Zündtemperatur, bei gasförmigen Zündgeschwindigkeit und Zündgrenze von Bedeutung. Nach *Gumz* [32] wird die Kohle nach der Höhe der flüchtigen Bestandteile in der reinen Kohle und nach der Beschaffenheit des daraus erzeugten Kokses wie folgt eingeteilt:

Flüchtige Bestandteile der Reinkohle [%]	Kohlenbezeichnung	Koks und Gas
6—10	Anthrazitkohle	Koks, pulvrig; kurze, nicht leuchtende Flamme
10—14	Magerkohle	Koks, pulvrig; kurze, nicht leuchtende Flamme
14—19	Eßkohle	Koks, gesintert, zum Teil locker; kurze, wenig leuchtende Flamme
19—28	Fettkohle	Koks, stark gebacken, fest; kurze, leuchtende Flamme
28—35	Gaskohle	Koks, gebacken, zerklüftet; lange, leuchtende Flamme
35—40	Gasflammkohle	Koks, gesintert, zum Teil locker; lange, leuchtende Flamme
45—55	Ältere Braunkohle, dunkelbraun, dicht	
55—60	Jüngere, lignitische Braunkohle, hellbraun	Koks, körnig, zerfallend; matte, lange Flamme

Gasreiche Kohlen brennen leichter, zünden auch bei niedrigen Temperaturen im Feuerraum, neigen aber zu stärkerer Rauch- und Rußbildung. Die älteren, gasarmen Kohlen brennen langsamer, sie erfordern höher vorgewärmte Verbrennungsluft.

Neben dem Gasgehalt ist für die Eignung des Brennstoffes auch die *Backfähigkeit* entscheidend. Backende Kohle verhindert z. B. bei Rostfeuerung den Durchfall zwischen den Roststäben, sie ist dagegen für Gasgeneratoren nicht geeignet. Hochofenkoks muß aus gut backender Kohle erzeugt werden, um das darauf lastende Beschickungsgewicht aufnehmen zu können. Seitens der Gaswerke werden an die Backfähigkeit nicht so hohe Anforderungen gestellt, wie seitens der Zechenkoks herstellenden Kokereien; man verwendet hier vornehmlich weniger backende, aber dafür gasreichere Kohle.

Für die Brenneigenschaften von *flüssigen* Brennstoffen sind neben der Dichte, die bei 15° C durch Vergleich mit der des reinen Wassers bestimmt wird, wie schon erwähnt, die Viskosität, Flammpunkt und Zündtemperatur von Bedeutung. Die *Viskosität* wird im deutschen Sprachraum in Engler Grade [° E] ausgedrückt. Bei Ölfeuerungen muß die Zähigkeit möglichst konstant gehalten werden, um einen gleichbleibenden Durchsatz in den Brennern zu erhalten. Für einen einwandfreien Betrieb von Ölbrennern wird im allgemeinen eine Zähigkeit von 2 bis 3° E verlangt. Für die Förderung des Öles und den Transport in Leitungen genügt hingegen eine Zähigkeit von 30 bis 80° E. Die erforderlichen Viskositätswerte sind durch entsprechende Aufwärmung des Öles erreichbar. Diagramme über den Zusammenhang von Viskosität und Temperatur sind in Hand- und Fachbüchern verschiedentlich veröffentlicht worden [20, 33]. Als *Flammpunkt* ist jene Temperatur definiert, bei der die über dem flüssigen Brennstoff stehenden Dämpfe beim Annähern einer Zündflamme erstmals kurz aufflammen. Er ist nur für die Lagerung und den Transport der flüssigen Brennstoffe maßgebend. Behördliche Vorschriften unterscheiden nach Höhe des Flammpunktes verschiedene Gefahrenklassen, wenn dieser unter 100° C liegt. Beim *Zündpunkt* dagegen tritt spontan Selbstentzündung beim Erhitzen ein.

Bei *gasförmigen* Brennstoffen ist neben der Zündtemperatur, die bei Erdgas in der Größenordnung von 550 bis 650° C liegt, noch die Zündgeschwindigkeit für die Brenneigenschaften maßgebend. Sie ist in erster Linie abhängig von der Wärmeleitung von der Flamme her, entgegen der Strömungsrichtung des Brenngases. *Schuster* [34] weist auf sehr unterschiedliche Zündgeschwindigkeiten der einzelnen Gase und auf den Einfluß des Gehaltes von N_2 und CO_2 und auf die Druckabhängigkeit der Zündgrenzen bei Naturgas hin.

Hoher *Aschengehalt* läßt eine größere Verschmutzung der Umwandlungsanlagen erwarten (die chemische Beschaffenheit der Asche ist hier auch von Bedeutung) und verursacht vielfach durch die Notwendigkeit einer Vergrößerung und Auflockerung der Wärmeübertragungsflächen eine weitere Verteuerung. Außerdem ergeben sich auch durch die Beseitigung und Unterbringung der Asche zusätzliche Ausgaben. Dies gilt hinsichtlich der mengenmäßigen Auswirkung vor allem für Kohle, bei der Wasser- und Aschengehalt als unverbrennliche Bestandteile der Rohkohle unter dem Begriff „Ballast" zusammengefaßt werden. Man spricht also von ballastreicher Kohle, wenn sie hohen Wasser- und Aschengehalt aufweist. In Abb. 72 ist die Zusammensetzung einer ganzen Reihe von europäischen Kohlensorten dargestellt, die zeigt, in welch starkem Ausmaß der untere Heizwert der Rohkohle vom

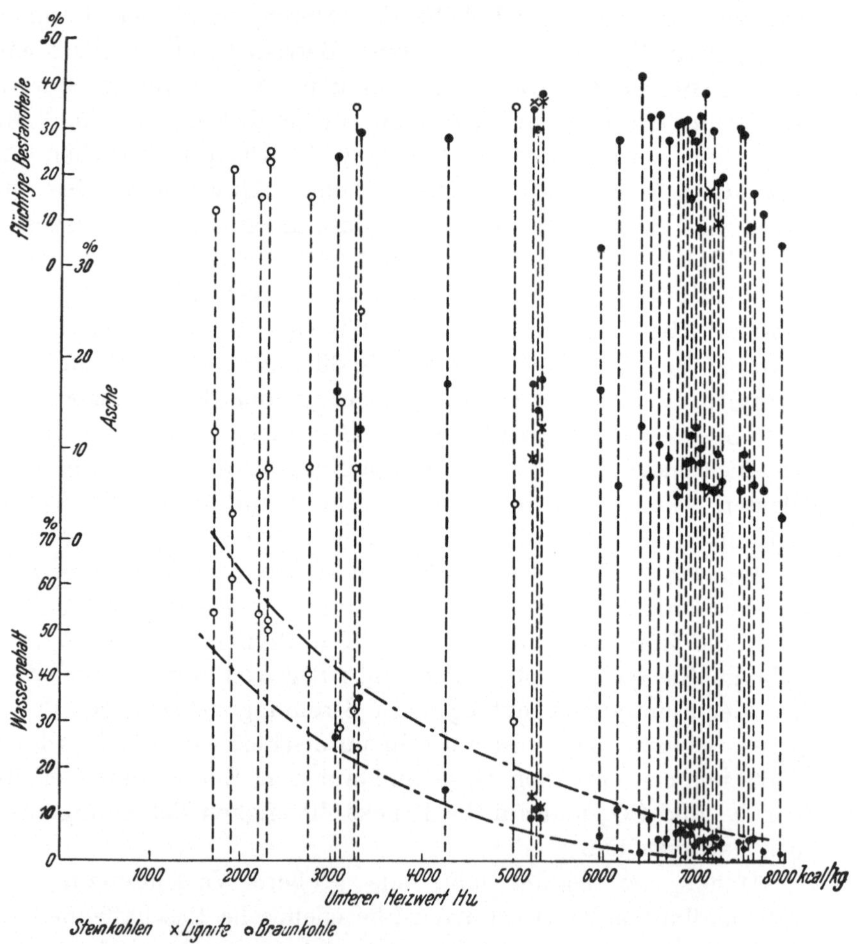

Abb. 72. Zusammensetzung von europäischen Kohlen

„Ballast" abhängig ist. Ein Aschenanteil von 20% in der Rohkohle ist keine Seltenheit. Seine Auswirkung läßt sich zweckmäßig anhand einer Aschenbilanz der Umwandlungseinrichtung (Kessel oder Ofen) beurteilen. Bezeichnen wir mit

g den Aschengehalt des Brennstoffes [%],

f den Anteil der Flugasche an der gesamten Aschenmenge [%],

σ den Entstaubungsgrad einer Rauchgasreinigungsanlage [%],

η den Wirkungsgrad der Umwandlungseinrichtung,

so wird für eine von der Umwandlungseinrichtung abgegebene Gcal im Brennstoff eine Aschenmenge von

$$\frac{10^6}{\eta} \cdot \frac{1}{H_u} \cdot \frac{g}{100} = \frac{g \cdot 10^4}{H_u \cdot \eta} \text{ kg/Gcal}$$

zugeführt. Auch darauf ist der Heizwert des Brennstoffes von entscheidendem Einfluß. Legen wir z. B. einer Steinkohle mit $H_u = 7000$ kcal/kg einen Aschengehalt von 20% und einen Umwandlungswirkungsgrad von 88% zugrunde, so beträgt die der Umwandlungseinrichtung zugeführte Aschenmenge

$$\frac{20 \cdot 10^4}{7000 \cdot 0{,}88} = 32{,}5 \text{ kg/Gcal.}$$

Würde man Braunkohle mit einem Heizwert von 2000 kcal/kg verfeuern, so käme man auf die gleiche Menge bereits bei einem Aschengehalt von

$$g = \frac{32{,}5 \cdot 2000 \cdot 0{,}88}{10^4 \cdot 2} = 5{,}7\%.$$

Von dieser Aschenmenge bleiben $(100 - f)$ [%] in der Umwandlungseinrichtung und müssen aus dieser entfernt werden. Von der Flugasche werden in einer Rauchgasreinigungsanlage σ% ausgeschieden, so daß der Flugaschenanfall in der Entstaubungsanlage

$$\frac{f \cdot \sigma}{100} \, [\%]$$

beträgt. Mit dem Rauchgas wird dann aus dem Schornstein eine Aschenmenge von

$$f\left(1 - \frac{\sigma}{100}\right) [\%]$$

ausgeworfen. Die Aschenbilanz einer Umwandlungseinrichtung für die Verfeuerung von festen Brennstoffen sieht also folgendermaßen aus:

Anfall in der Umwandlungseinrichtung	$(100 - f)$	[%]
Anfall in der Rauchgasreinigungsanlage	$\frac{f \cdot \sigma}{100}$	[%]
Insgesamte zu entfernende Aschenmenge	$100 - f\left(1 - \frac{\sigma}{100}\right)$	[%]
Mit den Rauchgasen aus dem Schornstein ausgetragen	$f\left(1 - \frac{\sigma}{100}\right)$	[%]
Insgesamt	100	[%]

Die Beseitigung der Asche erfordert Investitionen für Rauchgasreinigung und Aschenlagerung bzw. Verwertung und ausreichende Schornsteinhöhen, die bei hohen Aschenmengen und bei den sich immer mehr steigernden behördlichen Forderungen nach Maßnahmen zur Verhinderung der Umweltverschmutzung sich fühlbar bemerkbar machen. Aber auch die laufenden Aufwendungen, verursacht durch ihren Abtransport und den Verschleiß von Kohlenstaubmühlen und -leitungen, nehmen mit steigendem Aschengehalt zu.

Bei Umwandlungseinrichtungen mit mittelbarer Wärmeübertragung (Dampfkessel, Warmwasserbereiter usw.) wirkt sich neben der Aschenmenge noch die chemische Zusammensetzung der Asche ungünstig aus. Haben große Aschenmengen aufgelockerte und vergrößerte Heizflächen zur Folge, so bedeutet eine niedrige Aschenschmelztemperatur niedrige Rauchgaseintrittstemperaturen vor der Berührungsheizfläche, damit große Brennkammern, um Ansinterungen nach Möglichkeit hintanzuhalten.

Bei flüssigen Brennstoffen ist der Aschengehalt sehr gering, so daß er mengenmäßig keine Rolle spielt. Die Zusammensetzung der Asche ist aber sehr unterschiedlich. Der sich am unangenehmsten bemerkbar machende Bestandteil ist das Vanadiumpentoxyd. Sein Schmelzpunkt liegt sehr niedrig, so daß an Heizflächen mit flüssigen Ablagerungen zu rechnen ist, die korrosiv wirken. Auch die SO_3-Bildung wird gefördert und führt zu einer Herabsetzung des Taupunktes. Der Zusatz von Additiven wirkt diesen Einflüssen entgegen.

Neben dem Aschengehalt des Brennstoffes ist auch sein *Schwefelgehalt* ein zu beachtender Faktor. Er steht heute noch mehr im Blickfeld der Allgemeinheit. Das Aschenproblem kann man durch hochentwickelte Entstaubungsanlagen, wenn auch mit entsprechenden Kosten, in erträglichen Grenzen halten, die SO_2-Abgabe von Feuerungsanlagen jeder Art stellt aber besonders in Gebieten mit hoher Siedlungs- und Industriedichte ein echtes Problem dar, zumal bis heute kein praktisch wirksamer und dabei wirtschaftlich einigermaßen tragbarer Weg gefunden wurde, das SO_2- bzw. SO_3-Gas auszuscheiden [35]. Geht man zunächst von der ungünstigsten Annahme aus, daß die Asche keinen Schwefel enthält, so erhält man unter Berücksichtigung der chemischen Beziehung, wonach 1 kg S mit 1 kg O 2 kg SO_2 bildet, die SO_2-Menge in den Abgasen zu

$$\frac{10^6}{\eta} \cdot \frac{2}{H_u} \cdot \frac{1}{100} = \frac{2 \cdot s \cdot 10^4}{H_u \cdot \eta} \text{ [kg/Gcal].}$$

In dieser Beziehung bedeutet s den Schwefelgehalt des Brennstoffes in % auf den Rohbrennstoff, also nicht auf die asche- und wasserfreie Substanz bezogen. Beträgt z. B. der Heizwert eines flüssigen Brennstoffes 9300 kcal/kg und sein Schwefelgehalt 1,5%, so würde wieder bei einem Umwandlungswirkungsgrad von 0,88 eine SO_2-Menge von

$$\frac{2 \cdot 1{,}5 \cdot 10^4}{9300 \cdot 0{,}88} = 3{,}66 \text{ kg/Gcal}$$

aus dem Schornstein der Anlage entweichen. Ein Heizwerk mit einer Wärmeleistung von 50 Gcal/h z. B. würde bei Vollast eine SO_2-Menge von 167 kg/h abgeben.

Bei Kohle liegt der Schwefelgehalt zwischen 0,5 und 6%. Der Anteil von aus Pflanzen stammendem organischen Schwefel wird bei der Verbrennung größtenteils gebunden und geht in die Asche. Für die SO_2-Bildung in den Rauchgasen ist der Rest, der aus Pyriten, sonstigen Sulfiden und Sulfaten besteht, verantwortlich. Bei Berechnung des SO_2-Gehaltes der Rauchgase von Kohlenfeuerungen ist darauf Rücksicht zu nehmen. Bei flüssigen Brennstoffen dagegen geht deren Schwefelgehalt in die Rauchgase ein. Er liegt je nach Herkunft des Rohöls und der Qualitätsklasse des daraus gewonnenen Brennstoffes in einem Bereich von 2 bis 5%. Der hohe Schwefelgehalt verursacht nicht nur Verschmutzungen und Korrosionen bei Umwandlungsanlagen mit mittelbarer Wärmeübertragung, sondern übt auf die Umgebung der Anlage bei Überschreitung bestimmter spezifischer Werte gesundheitsschädliche Wirkungen und nachteilige Folgen für landwirtschaftliche Kulturen aus. Dem Vorteil des praktisch vernachlässigbaren

Aschengehalts steht ein SO_2-Auswurf gegenüber, dem man in Siedlungsgebieten nur durch extrem hohe Schornsteine einigermaßen Rechnung tragen kann, wenn die schon vorhandene schlechte Luftqualität nicht überhaupt die Errichtung einer weiteren, größeren, flüssige Brennstoffe verfeuernden Anlage verbietet. Vielfach wird die Auflage gemacht, bei Inversionswetterlagen Öle mit niedrigem Schwefelgehalt zu verbrennen. Dies bedeutet die getrennte Lagerung verschiedener Brennstoffqualitäten. Für die Ermittlung der mindest zulässigen Schornsteinhöhe gelten heute als Unterlage Normblätter in Form von Rechentafeln [36]. Der ständig steigende Energiebedarf und die starke Zunahme des Anteils der flüssigen Brennstoffe in der Energiebilanz der einzelnen Länder wird eines Tages zu einer Lösung der Entschwefelungsfrage zwingen, sei es beim Brennstofflieferanten oder beim Verbraucher.

30. Überblick über die Brennstoffgewinnung und Veredelung

Im vorhergehenden Abschnitt wurde, ausgehend von den Anforderungen, die von den Verbrauchern fossiler Brennstoffe gestellt werden, deren Eigenschaften gekennzeichnet. Zwischen den aus dem Verwendungszweck abgeleiteten Verbraucherwünschen und den Gegebenheiten der in der Natur vorkommenden Brennstoffe eine Brücke herzustellen, ist eigentlich Aufgabe der Brennstoffwirtschaft. Dazu gehört eine den Anforderungen des Verbrauchers gerecht werdende Aufbereitung und Veredelung des Brennstoffes. Ihr steht auf der Verbraucherseite die Aufgabe gegenüber, die ihm von der Brennstoffwirtschaft zur Verfügung gestellten Energieträger zweckentsprechend und möglichst wirtschaftlich einzusetzen und zu verwerten. Diese Aufgabe fällt in den für die wirtschaftliche Energieversorgung eines Gebietes wichtigen Bereich der *Wärmewirtschaft*. In Abb. 73 wurde versucht, in einem gemeinsamen Schema die Bereiche der Brennstoff- und Wärmewirtschaft mit einer Beschränkung auf das Wesentliche darzustellen. Die Nahtstelle zwischen den beiden Bereichen bilden die Energieträger in der Form, wie sie nach Aufbereitung und Veredelung dem Verbraucher angeboten werden, wobei Heiz- und Kraftwerke nach den früheren Ausführungen (5. Abschnitt) auch zu den Veredelungsanlagen gehören und deshalb im oberen Teil des Schemas enthalten sind, mit der Brennstoffwirtschaft in dem hier gemeinten Sinn jedoch nichts zu tun haben. Nach dem Schema fallen bei der Kohle in den Bereich der Brennstoffwirtschaft im wesentlichen ihre Sortierung und Aufbereitung und eine daran anschließende Veredelungsstufe, beim Erdöl dessen Verarbeitung

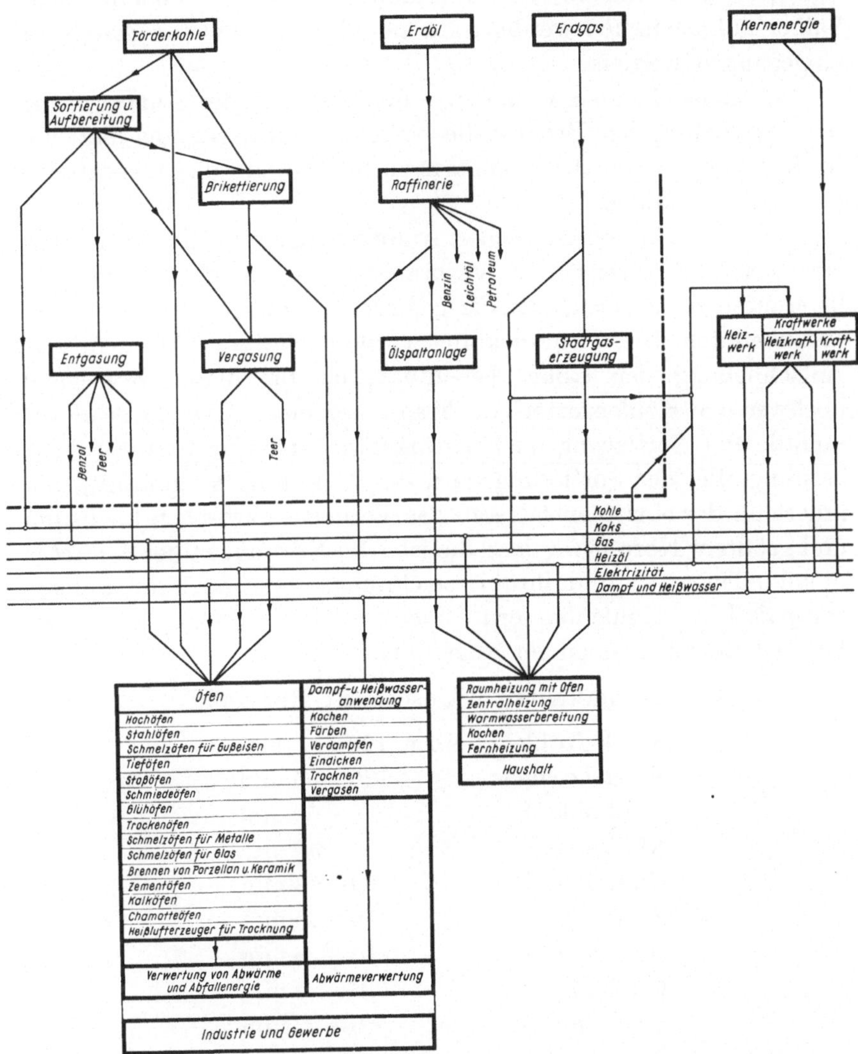

Abb. 73. Schematische Darstellung der Brennstoff- und Wärmewirtschaft

in den Anforderungen der Verbraucher angepaßten Fraktionen. Das Erdgas wird, abgesehen von einer verschiedentlich vorgenommenen Heizwertreduzierung auf Stadtgasnormen für städtische

Gasnetze für Energiezwecke keinem weiteren Umwandlungsprozeß unterzogen. Die Kernenergie, man spricht ja vielfach vom Kern-„Brennstoff", gehört nicht zu den fossilen Brennstoffen, mit denen wir uns hier beschäftigen, mußte aber in dem gemeinsamen Schema der Brennstoff- und Wärmewirtschaft der Vollständigkeit halber aufgenommen werden; auf sie wird im nächsten Abschnitt eingegangen werden.

Im nachstehenden wollen wir uns nun mit der Aufbereitung und Veredelung der Brennstoffe befassen, wobei wir uns hier, um im Rahmen des gestellten Themas zu bleiben, auf das Wesentliche beschränken wollen.

a) Kohle. Die mannigfachen Anforderungen an die Brennstoffeigenschaften seitens der Verbraucher haben die Brennstofflieferanten dazu veranlaßt, die geförderte Kohle zu sortieren und aufzubereiten. Diese Entwicklung wurde noch durch die chemische Aufschließung der Kohle beeinflußt, da für diese vorwiegend hochwertige Kohlensorten in Frage kommen. Die *Aufbereitung* umfaßt eine Sortierung nach Korngrößen und eine teilweise Entaschung. Bei der Sortierung wird die Abstufung so gewählt, daß innerhalb der einzelnen Klassen das Verhältnis zwischen kleinstem und größtem Korn etwa dasselbe ist. Die Körnungen der *deutschen* Steinkohlensorten und ihre Bezeichnungen, die auch in anderen europäischen Kohlenländern übernommen wurden, seien als Beispiel im nachstehenden angeführt:

Förderkohle	Unsortierte Rohkohle
Stück-Kohle	über 120 mm
Würfelkohle	120—80 mm
Nußkohle I	80—50 mm
Nußkohle II	50—30 mm
Nußkohle III	30—18 mm
Nußkohle IV	18—10 mm
Nußkohle V	10— 6 mm
Feinkohle I	10— 0 mm
Feinkohle II	6— 0 mm
Staubkohle	1— 0 mm

Auch in England und USA sind grundsätzlich ähnliche Sortierungen gebräuchlich.

Grobkörnige Kohle wird bzw. wurde vorwiegend für Lokomotiven und Schiffe verwendet, soweit sie in diesem Anwendungsbereich nicht durch Öl bzw. in der Zugförderung auch durch die Elektrizität verdrängt wird. Für mechanische Industrieroste eignet sich am besten Nuß IV. Für Haushaltszwecke sind Nußsorten gesucht, für Gaserzeuger vor allem die kleineren Nußsorten geeignet, wobei nicht backende Kohlen zu bevorzugen sind. Es würde hier zu weit führen, auf die Verwendung der verschiedenen Kohlensorten und Kornklassen noch näher einzugehen. Wir müssen uns hier damit begnügen, ein Bild über die Mannigfaltigkeit der Ansprüche an die Brennstoffeigenschaften von Seite der Verbraucher und über die Möglichkeiten, diesen Rechnung zu tragen, zu geben.

Bei der Kohlenaufbereitung durch Naßwäsche steigt der verbleibende Aschengehalt mit Verkleinerung des Kornes an. Feinkohle enthält daher den größten Aschenanteil. In der Wäsche fallen neben den aschenarmen Kohlensorten die sogenannten Waschberge mit stärkstem Aschengehalt, die auf die Halde gefahren werden und das mit Asche durchwachsene sogenannte *Mittelprodukt*, der Kohlenschlamm und die bei der weiteren Aufbereitung des Kohlenschlammes durch Flotation zurückbleibenden Feinberge an. Die Kennwerte dieser *Abfallkohlen* liegen in folgender Größenordnung:

	Wasser %	Asche %	Unterer Heizwert kcal/kg
Mittelprodukt	4—10	20—40	3500—4500
Schlammkohle aus der Wäsche	25—35	10—30	3000—4500
Flotation-Schlamm	10—15	40—50	2500—3500

Die Bestrebungen der Kohlenwirtschaft gehen dahin, diese Abfallkohle zu verwerten. Hierauf wird im nächsten Kapitel noch kurz eingegangen werden.

Bei den Braunkohlen ist eine Sortierung im allgemeinen nicht üblich, zumal ihr hoher Gehalt an flüchtigen Bestandteilen gute Brenneigenschaften gewährleistet. Bei den älteren Braunkohlen mit höherem Heizwert, den „Glanzkohlen“, wie sie auch genannt werden, die in einem gewissen Bereich transportfähig sind und für Gas- und Industriebrand verwendet werden, ist jedoch eine gewisse Scheidung nach Korngröße gebräuchlich. Um den wirtschaftlicheren Absatzbereich der Braunkohle zu vergrößern, schritt man zur Trocknung (Fleißner-Verfahren) und zur Trocknung mit nachfolgender Brikettierung unter hohem Druck. Diese Braunkohlenbriketts, die folgende Daten aufweisen,

Unterer Heizwert H_u	=	4800—5100 kcal/kg
Flüchtige Bestandteile der Reinkohle	=	41—53%
Aschengehalt	=	5—12%

werden vorzugsweise für den Hausbrand verwendet, aber auch Gaserzeuger arbeiten vielfach mit Briketteinsatz. Durch die Brikettierungskosten erhöht sich der Wärmepreis ab der der Grube angeschlossenen Brikettfabrik. Dem stehen die niedrigeren Transportkosten je Gcal gegenüber, die jedenfalls eine Ausweitung des Absatzbereiches ermöglichen.

Hatte die Kohlenaufbereitung lediglich eine Qualitätssteigerung und bessere Anpassung an die Erfordernisse der Verbraucher zum Ziele, so ist dagegen die Kohlen*veredelung* bereits als ein Umwandlungsprozeß anzusehen, durch den die naturgegebene Rohenergie auf eine höherwertige Form gebracht wird. Es würde hier zu weit führen, wenn wir die verschiedenen Verfahren in ihren technischen Einzelheiten erläutern wollten, die Fachliteratur gibt hierüber hinreichenden Aufschluß [32, 34]. Die allgemein gebräuchlichen Verfahren zur Kohlenveredelung lassen sich folgendermaßen kennzeichnen:

1. Das Entgasungsverfahren:
   a) Kokereien, bei denen die Erzeugung von Hochofenkoks im Vordergrund steht,
   b) Gasereien (Gaswerke), die in erster Linie der Erzeugung von Stadtgas dienen.
2. Das Vergasungsverfahren:
   a) Erzeugung von Generatorgas,
   b) Erzeugung von Wassergas.

Daneben gibt es noch die nach dem Entgasungsverfahren betriebene Kohlenschwelung, die Hydrierung und die Benzinsynthese, Verfahren, die energiewirtschaftlich gesehen, zu Zeiten einer Verknappung von Teer und Raffinerieprodukten (im und nach dem 2. Weltkrieg) Interesse fanden. Sie konnten wirtschaftlich mit diesen nicht in Wettbewerb treten, es wäre aber möglich, daß sie vielleicht einmal in Zukunft, je nach Entwicklung auf dem Erdölmarkt, wieder in Erwägung gezogen werden.

Bei der *Entgasung* gibt die unter Luftabschluß erhitzte Steinkohle ihre flüchtigen Bestandteile Gas und Teer ab. Dieser zersetzt sich über etwa 550° C in Gas, der verbleibende Rest wird dickflüssig. Er enthält wertvolle chemische Rohstoffe und kleinere Mengen von Leichtöl, das Gas etwas Benzol. Je nachdem, ob die Herstellung von Koks mit bestimmten qualitativen Anforderungen oder die Gaserzeugung den Hauptzweck der Umwandlung bildet, teilt man die nach dem Prinzip der Kohlenentgasung arbeitenden Umwandlungsanlagen in Kokereien und Gasereien ein.

Die Betriebsweise der *Kokerei* wird durch die Erfordernis der Hüttenwerke bestimmt, die in erster Linie den Koks mit entsprechender Druckfestigkeit verlangen. Wie schon im 13. Abschnitt hervorgehoben, ist hiebei das erzeugte Gas mehr oder weniger als das sekundäre Produkt anzusehen. Die Beheizung der Kammeröfen erfolgt daher entweder mit dem erzeugten Gas oder mit Gichtgas von benachbarten Hochöfen. Für die Erzeugung des Hüttenkokses eignet sich am besten Fettkohle. Die charakteristischen Daten des Hüttenkokses sind:

Unterer Heizwert H_u (lufttrocken)	6700—7250 kcal/kg
Flüchtige Bestandteile	1%
Aschengehalt	8%
Wassergehalt	0,7—1%

Da bei der *Gaserei* das Schwergewicht auf der Gaserzeugung liegt, so wird hier ein Teil des erzeugten Kokses zur Verfeuerung benutzt, außerdem sucht man durch Dampfzusatz einen weiteren Teil des erzeugten Kokses zu vergasen. Für Gasereibetrieb werden gasreichere Kohlensorten vorgezogen. Daß diese einen leichter verbrennlichen Koks geben als eigentliche Kokereikohle, ist im Hinblick darauf, daß Hausbrand, Zentralheizungen und Gasgeneratoren die Hauptabnehmer sind, eher ein Vorteil. Vielfach wird aus Koks noch Wassergas erzeugt und dieses beigemischt, so daß dann ein Mischgas abgegeben wird. Die Daten des Gases sind [32]:

Koksofengas:

Unterer Heizwert H_u	4050—5000 kcal/Nm³
Spezifisches Gewicht bei 0° C	0,488 kg/Nm³

Stadtgas (Mischgas, nicht entgiftet):

H_u	3710—3720 kcal/Nm³
Spezifisches Gewicht	0,591 kg/Nm³

Für den erzeugten Gaskoks gilt:

H_u	6800 kcal/kg
Flüchtige Bestandteile	< 1%
Aschengehalt	8—14%
Wassergehalt	4—9%

Sowohl im Kokerei- als auch im Gasereibetrieb fallen neben Teer und Benzol auch geringe Mengen an Ammoniak an, der aus dem Gas ausgeschieden werden muß.

Beim *Vergasen* der Kohle erfolgt die Umwandlung in gasförmige und flüssige Energieträger, wobei der aus dem Gas ausgeschiedene Teer von minderer Qualität ist als der bei der Entgasung gewonnene. Je nach der Durchführung des Vergasungsprozesses und der Zusammensetzung des erzeugten Gases unterscheidet man zwischen *Generatorgas* und *Wassergas*. Bei der Erzeugung des Generatorgases aus Kohle oder Koks bilden Luft und Wasserdampf das Vergasungsmittel. Der feste Brennstoff wird hiebei restlos vergast. Die Vergasung von Koks gibt teerfreies Gas, diejenige von Kohle teerhaltiges Gas. Entweder wird der Teer mitverbrannt oder durch Kondensation und Wäsche ausgeschieden. Der Brennstoff für Gasgeneratoren, nicht backende Kohle, ist im allgemeinen in der Körnung beschränkt (3—30 mm), ebenso der Wassergehalt (etwa bis 35%). Geht man bei der Vergasung von Braunkohle aus, so werden daher Briketts bevorzugt. Neben den bei atmosphärischem Druck arbeitenden Gasgeneratoren spielt auch der sogenannte *Druckvergaser* (System Lurgi) eine Rolle. Er kann sowohl mit Luft als auch mit Sauerstoff betrieben werden und hat den Vorteil einer größeren spezifischen Leistung, die etwa mit der Quadratwurzel des Druckes steigt. Bei Verwendung von Sauerstoff als Vergasungsmittel erhält man ein Gas, das in seiner Zusammensetzung und seinem Heizwert etwa dem Stadtgas entspricht, während der Heizwert des mit Luft erblasenen Generatorgases, je nach dem Ausgangsbrennstoff und Verfahren zwischen 1100 und 1200 kcal/Nm³ liegt. Das spezifische Gewicht des Generatorgases beträgt 1,157 kg/Nm³.

Im und in der ersten Zeit nach dem Zweiten Weltkrieg hat man sich mit dem Gedanken beschäftigt, die Kohle in Druckvergasern bei etwa 20 at zu vergasen und Gasturbinen zu betreiben [38]. Das Ziel war, mittels der Sauerstoff-Druckvergasung einen hochwertigen Teer zu erhalten. In jüngster Zeit wurde dieser Gedanke abgewandelt wieder aufgegriffen. Hinter den mit Luft beaufschlagten Lurgi-Druckvergasern ist ein aufgeladener Kessel geschaltet [39]. Diesem kombinierten Verfahren wird nicht nur ein höherer Wirkungsgrad als bei einem normalen kohlengefeuerten Dampfkraftwerk nachgesagt, es hat auch den Vorteil, daß die Abgase staubfrei sind und durch Einschaltung einer H_2S-Wäsche hinter der Druckvergasung auch fast SO_2-frei aus dem Schornstein austreten.

Für die *Wassergaserzeugung* wird als Vergasungsmittel lediglich Wasserdampf benutzt. Als Brennstoff kommen Kohle und Koks in Frage. Der Heizwert des Wassergases liegt bei etwa 2450 bis 2600 kcal/Nm³. Wird es mit Teeröl karburiert, erreicht es Heizwerte in der Größenordnung des Stadtgases, so daß es, wie vorhin bereits erwähnt, zur Verschiebung des Koks-Gasverhältnisses zugunsten des letzteren bei der Stadtgaserzeugung dienen kann. Das Wassergas, dessen wesentlicher Bestandteil Wasserstoff ist, erreicht sehr hohe Verbrennungstemperaturen. Es wird daher zum Schweißen verwendet, dient aber neben dem Koksofengas auch als Ausgangsstoff für die Stickstoffsynthese.

b) Die Verwertung des Erdöles für Energiezwecke. Das in der Natur vorkommende Erdöl besteht aus einem Gemisch von Kohlenwasserstoffen, die sich durch verschiedene Siedepunkte unterscheiden. Während die leichtesten Teile des Gemisches bereits bei etwa 40—50° C sieden, liegt der Siedepunkt der schwersten über 400° C. Mit steigender Siedetemperatur nimmt die Brennbarkeit bzw. das Zündvermögen ab. Seitens des Verbrauchers wird die Forderung nach einer Begrenzung von Siedepunkt und Zündvermögen in einem engeren Bereich erhoben. Es ist daher ebenso wie bei der Kohle gebräuchlich geworden, den Rohenergieträger aufzubereiten und nach Sorten zu trennen. War bei der Kohle hiebei die Körnung maßgebend, so ist es beim Rohöl der Siedepunkt.

Die Aufbereitung des Rohöles erfolgt

1. durch Destillieren,
2. durch Kracken.

Die *Destillation* stellt eine physikalische Trennung der bei verschiedenen Temperaturen siedenden Kohlenwasserstoffe dar. Die erhitzten Öldämpfe werden in den Fraktioniertürmen, die über ihre Länge ein entsprechendes Temperaturgefälle aufweisen, stufenweise niedergeschlagen und so nach ihrem Siedepunkt getrennt.

Die Reihenfolge der Fraktionen vom niedrigsten zum höchsten Siedepunkt sind:

unter	200° C	Benzin
	150—300° C	Petroleum
	200—350° C	Gasöl
über	250° C	Schweröl

Die Heizwerte der Fraktionen liegen ebenso wie die des Rohöles um 10 000 kcal/kg.

Das zweite Aufbereitungsverfahren, das *Kracken*, trennt nicht die Kohlenwasserstoffe physikalisch, sondern spaltet das Erdöl bei hoher Temperatur und mittleren Drücken *chemisch* auf. Durch diese chemische Aufspaltung ist es möglich, einen größeren Benzinanteil zu erzielen. Der Rest ist Schweröl, Gas, das als Flaschengas Verwendung findet und ein geringer koksartiger Rückstand in der Reaktionskammer.

Während die leichten Fraktionen als Treibstoffe für die Verbrennungskraftmaschinen (Kolbenmotoren, Verbrennungsturbinen oder Düsentriebwerke) dienen, gehören die schwereren unter dem Sammelbegriff ,,Heizöl", wie aus der Abb. 73 hervorgeht, zu den Energieträgern, auf die sich die Wärmewirtschaft, aber auch die Stromerzeugung in Dampfkraftwerken stützt. In Veröffentlichungen, aber auch in Preislisten sind leider die Bezeichnungen der verschiedenen Qualitäten nicht einheitlich, die Grenze liegt offenbar beim Gasöl, das sowohl als ,,Dieselöl", als auch als ,,leichtes Ofenöl" für Einzelfeuerungen verwendet wird und im Brennstoffhandel unter beiden Bezeichnungen aufscheint, wobei steuerliche Differenzierungen entsprechende Preisunterschiede bewirken. In der nachstehenden Tabelle sei eine Spezifikation der Heizöle gegeben, wie sie in wärmetechnischen Handbüchern zu finden ist [20].

	Unterer Heizwert H_u kcal/kg	Spezifisches Gewicht t/m³
Spezial	10 100—10 200	0,82—0,85
Leicht	10 000—10 200	0,82—0,88
Mittel	9 750— 9 870	0,91—0,96
Schwer	9 525— 9 770	0,93—1,01
Masut/Pakura (extra schwer)	9 000— 9 850	0,93—0,95

31. Die Auswirkung der Wettbewerbssituation auf die Brennstoffwirtschaft

In den beiden vorhergehenden Abschnitten wurden die Anforderungen an die Brennstoffe bzw. Primärenergieträger zur Deckung des Wärmebedarfes und die Maßnahmen der Brennstofflieferanten, sie den Bedürfnissen der Verbraucher anzupassen, in großen Zügen gekennzeichnet. Die von der Brennstoffwirtschaft zur Verfügung gestellten Energieträger sind nur zum Teil nicht substituierbar, wie z. B. die Treibstoffe für Straßen- und Luftfahrzeuge oder der Hüttenkoks, soweit er für den chemischen Reduktionsprozeß im Hochofen benötigt wird. Im übrigen stehen sie aber beim Verbraucher untereinander, aber auch mit sonstigen, nicht aus Brennstoffen gewonnenen Energieträgern in Wettbewerb. Eine weitgehende Substituierbarkeit liegt vor allem bei der Deckung der Wärmebedürfnisse vor. Erinnert man sich an die im 3. Abschnitt genannten Globalziffern über die Aufteilung des Gesamtenergieverbrauches auf die einzelnen Arten von Energiebedürfnissen und an die Feststellung, daß die Wärmebedürfnisse mit einem Anteil von 70 bis 80% die übrigen weit überwiegen, so ist es verständlich, daß sich der Wettbewerb unter den Energieträgern in erster Linie auf dem Wärmesektor abspielt. Die in Abb. 73 eingetragene strichpunktierte Linie ist gewissermaßen die Front, an der sich der Konkurrenzkampf um den Verbraucher abspielt.

Bei der Sortierung und Aufbereitung der Kohle fallen die einzelnen Qualitäten und Korngrößen in einem Mengenverhältnis an, das für eine Kohle aus einem bestimmten Revier im großen und ganzen gegeben ist. Dasselbe gilt auch grundsätzlich für die verhältnismäßigen Anteile der Raffinerieprodukte bei Verarbeitung von Erdöl bestimmter Herkunft. Dieses mehr oder weniger gegebene Mengenverhältnis setzt der Anpassung des Dargebotes an die Nachfrage ziemlich eng gesteckte Grenzen, da die Befriedigung der Nachfrage nach einem Produkt zwangsläufig eine Steigerung des Dargebotes an Koppelprodukten mit sich zieht, die vielleicht gar nicht so sehr gefragt sind. Im 13. Abschnitt, der sich mit den Kosten der Umwandlung in veredelte Energie mit mehreren Koppelprodukten befaßte, wurde bereits auf dieses Problem hingewiesen. Es tritt vor allem bei der Steinkohle in Erscheinung. Sind

K die Jahreskosten eines Bergbauunternehmens, einschließlich direkter und indirekter Vertriebskosten [S/a],

G die Gesamtjahresabgabe [t/a],

$\gamma_1 \ldots \gamma_n$ die Anteile der einzelnen Sorten,

$p_1 \ldots p_n$ die erzielbaren Preise [S/t],

so ist die Bedingung für die Wirtschaftlichkeit des Betriebes, wenn Subventionen und ähnliche Förderungsmaßnahmen ausgeschlossen werden,

$$K < G \cdot p = G(\gamma_1 \cdot p_1 + \gamma_2 \cdot p_2 + \ldots + \gamma_n \cdot p_n) \quad [\mathrm{S/a}].$$

Die Werte γ liegen, wie schon gesagt, in einem engen Bereich fest. Es kommt nun darauf an, die Preise p so zu staffeln, daß einerseits der Absatz der einzelnen Sorten im Wettbewerb mit anderen Energieträgern gewährleistet ist, auf der anderen Seite die Jahreskosten K zumindest gedeckt werden. Das Problem liegt darin, den Absatz der minder gesuchten Sorten zu sichern. Der Verbraucher wird sich zu ihrer Abnahme dann entschließen, wenn geringere Ausgaben für den Brennstoff, die Mehraufwendungen für Maßnahmen, um ihren Einsatz zu ermöglichen, überwiegen. In einer günstigeren Lage sind solche Bergbauunternehmen, die nicht substituierbare Kohlensorten anbieten können, z. B. Kokskohle oder Kohle besonderer Qualität, wie sie die chemische Industrie als Grundstoff für bestimmte Erzeugnisse benötigt. Aus der Notwendigkeit, einerseits den Absatz der minderwertigen Kohlensorten zu sichern, andererseits die durchschnittlichen Kosten hereinzubringen, ergeben sich ganz erhebliche Preisspannen zwischen den einzelnen hochwertigen Steinkohlensorten. So galten z. B. im Juli 1971 innerhalb der Gemeinschaft ab Zeche folgende Relationen zwischen den Listenpreisen [40]:

Arten	Sorten	Ruhrkohle %	Belgische Kohle %
Anthrazit	Nuß 3	157	176
Magerkohle	Nuß 3	132	142
Halbfettkohle	Nuß 4	100	100
Flammkohle	Nuß 2	92	93
Flammkohle	Nuß 5	92	93
Fettkohle	Koksfeinkohle	93	97

Diese Tabelle enthält nicht die minderwertigen Sorten, vor allem nicht die sogenannte Abfallkohle aus Aufbereitungsanlagen mit hohem Aschengehalt und damit niedrigem Heizwert. Diese Kohle ist über eine größere Entfernung wirtschaftlich nicht transportfähig und kann nur unter entsprechend ausgelegten Kesseln von Kraftwerken verfeuert werden, die innerhalb des Grubengebietes liegen. Man muß dabei bedenken, was ein Aschengehalt von z. B. rund 30% bedeutet: Rund ein Drittel der zugeführten Kohlenmenge muß als unnützer Ballast durch das Kraftwerk hindurchgeschleust, dann aus dem Rauchgas ausgeschieden und irgendwie untergebracht werden. Dies hat zur Folge: Große und teure Kessel und umfangreiche Einrichtung für Rauchgasreinigung und Aschenbeseitigung, Schaffung einer entsprechend großen Deponie oder einer Anlage zur Aschenverwertung für Baustoffe. Neben dieser Erhöhung der Anlagekosten steigen auch die Betriebskosten durch größeren Verschleiß, häufigere Kesselreinigung und höhere Transportkosten. Ein entsprechend niedriger Wärmepreis für diese Abfallkohle muß die Erhöhung der übrigen Aufwendungen kompensieren. Es ist verständlich, daß ein Brennstoffverbraucher wenig Neigung zeigt, diese Schwierigkeiten auf sich zu nehmen, es sei denn, die Kohle wäre so billig, daß ein lohnender Anreiz gegeben ist. Interessiert ist aber der Bergbau selbst, diese Kohle zu verwerten. Denkt man an die einfache Kostenformel für ein Kraftwerk

$$k = \frac{m}{t} + n \quad [\text{S/kWh}],$$

so müßte, um auf gleiche Stromkosten zu kommen,

$$\Delta n = -\frac{\Delta m}{t} \quad [\text{S/kWh}]$$

sein. Die Erfüllung dieser Bedingung ist am ehesten bei Aufstellung von sehr großen Blöcken und einer hohen Benutzungsdauer zu erwarten. In dieser Erkenntnis hat sich ein großer Teil des Ruhrbergbaues zur Errichtung von *Gemeinschaftskraftwerken* zusammengetan, in denen nicht marktgängige Kohle verfeuert und die elektrische Energie an die öffentliche Elektrizitätsversorgung zu wettbewerbsfähigen Preisen geliefert wird, soweit sie der Bergbau nicht selbst benötigt.

Bei Braunkohle fällt dieses Sortenproblem insofern weg, als ihr wegen des niedrigen Heizwertes ohnehin nur ein sehr begrenzter Transportradius zukommt. Die Braunkohle wird heute ganz überwiegend im Tagbau gewonnen. Lediglich Glanzkohle wird noch da oder dort im Tiefbau gefördert, wobei für die Aufrechterhaltung des Betriebes überwiegend soziale Überlegungen sprechen. Im Gegensatz zum Steinkohlenbergbau ist der Braunkohlentagbau wegen des dort gebräuchlichen Großgeräteeinsatzes und der starken Mechanisierung als kapitalintensiver Betriebszweig anzusehen. Für die Gestehungskosten im Tagbau ist neben den bereits oben erwähnten Einflüssen das sogenannte Deckenverhältnis, das ist der Quotient Stärke des Deckengebirges: Flözstärke bestimmend, der einen Maßstab dafür gibt, wieviel m³ Abraum je t Kohle zu entfernen ist. Die Möglichkeit der stärkeren Mechanisierung und die Entwicklung von leistungsfähigen Großbaggern hat zur wirtschaftlichen Beherrschung des Abbaues bei immer größeren Deckenverhältnissen und auch bis zu tieferen Flözlagen geführt. Die Kohle wird aus dem Tagbau mit neuzeitlichen Transporteinrichtungen direkt in die Kesselbunker gefördert. Wenn auch Braunkohlenkraftwerke infolge der großen Kessel und des notwendigen Rückkühlbetriebes höhere Investitionen erfordern, so ermöglicht der Wärmepreis, der im Großtagebau gewonnenen Braunkohle auch heute Stromerzeugungskosten, die, wie später noch gezeigt wird, den Wettbewerb mit anderen Energieträgern bestehen. Es hat sich daher die Verwertung der aus der Grube geförderten Rohbraunkohle immer mehr zum elektrischen Kraftwerk verlagert, die Brikettierung tritt dagegen in den Hintergrund. Ein Vergleich der Jahre 1960 und 1970 über den Anteil der Kraftwerke und der Brikettfabriken an der Braunkohlenförderung in Westdeutschland bestätigt dies [40]:

	1960 %	1970 %
Absatz an öffentlichen Elektrizitätswerken ..	44	70
Einsatz in Brikettfabriken	32,5	18,4

Die Problematik der Koppelprodukte tritt auch bei Entgasungsanlagen, also Kokereien und Gasereien auf. Diese sind ein Beispiel dafür, in welchem Maß das Kriterium für die Wirtschaftlichkeit davon abhängig ist, ob Koppelprodukte substituierbar sind oder nicht. Es sei auf die Kostenberechnung für Umwandlungsanlagen, die Koppelprodukte liefern, zurückgegriffen (13. Abschnitt). Es wurde dort dargelegt, daß die von Entgasungsanlagen abgegebenen Hauptprodukte Koksofengas und Koks sind, auch wurde eine Kostencharakteristik abgeleitet, die den Zusammenhang zwischen den diesen Koppelprodukten zugeteilten Kosten festlegen soll. Diese Charakteristik ist in Abb. 74 nochmals wieder-

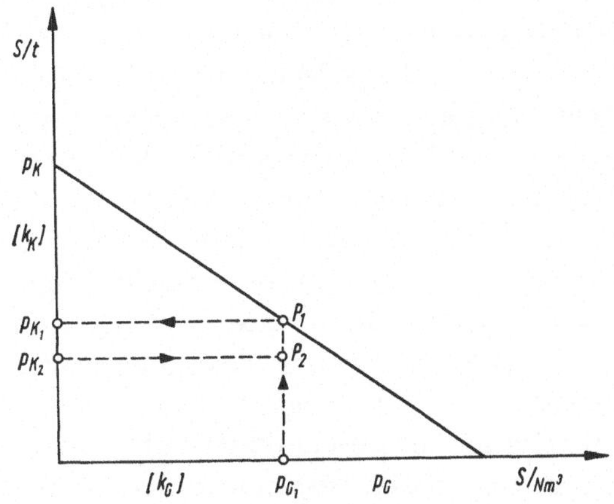

Abb. 74. Das Rentabilitätskriterium für Kokereien und Gasereien

gegeben, wobei hier für Kokereien und Gasereien Abszisse und Ordinate im gleichen Maßstab gewählt worden sind. Legt man auf das Gas Umwandlungskosten in der Höhe von k_G um, so verbleiben für den Koks solche von k_K. Nun lassen sich diese Kosten nicht willkürlich umlegen, ihnen stehen die im Wettbewerb erzielbaren Preise für diese Produkte gegenüber. Der Absatz des Gases ist an den Wärmepreis gebunden, den die Verbraucher im Vergleich zu anderen Möglichkeiten zu bezahlen gewillt sind, die Substituierbarkeit des Koksofengases legt also den erzielbaren Preis fest. Er sei nach Abzug der Leitungskosten ab Umwandlungsanlage p_{G1}. Betrachten wir zunächst den Fall der Kokerei. Der erzeugte Hüttenkoks hat als solcher keinen Konkurrenten, er wird in dem Maße gebraucht, als die Hochöfen und Stahlwerke produzieren. Sein Preis p_{K1} kann sich also auf die Gestehungskosten aufbauen, so daß hierdurch die Anpassung des Gesamterlöses an die Aufwendungen möglich ist. Wird die Kokerei vom Hüttenwerk betrieben und das Gas im eigenen Betrieb verbraucht, so gilt die gleiche Überlegung. Das Koksofengas ersetzt einen anderen Brennstoff, dessen Äquivalenzpreis in gleicher Weise in die Rechnung eingeht.

Anders ist es im Fall der Gaserei. Der erzeugte Gaskoks hat keinerlei Monopolstellung, er ist substituierbar und steht im Wettbewerb zur Kohle, Erdgas, Heizöl, in zunehmendem Maße auch zur Elektrizität (Abb. 73). Der erzielbare Preis wird also durch den vom Abnehmer ermittelten Äquivalenzpreis gegenüber anderen Primärenergieträgern bestimmt. Beträgt er z. B. p_{K2}, so werden die Kosten der Gaserei nicht gedeckt, die Anlage ist unwirtschaftlich. Die Rentabilitätsgrenze wäre in diesem Falle durch einen Kokspreis p_{K1} gegeben. Die Kostencharakteristik der Gaserei ist also auch das Rentabilitätskriterium. Gaswerke weisen mit zunehmender Größe eine starke Kostendegression auf. Es ist daher die Wirtschaftlichkeit gerade von kleinen Gaswerken in Frage gestellt und verständlich, wenn in der Raum- und Siedlungsplanung vielfach die sogenannte einschienige Energieversorgung, soweit es sich um leitungsgebundene handelt, propagiert wird.

Es wurde bereits im 13. Abschnitt darauf hingewiesen, daß bei der Verarbeitung von *Rohöl* bestimmter Herkunft in den Raffinerien die sekundären Energieträger in einem bestimmten Mengenverhältnis anfallen. Die dort angegebenen Ziffern über die Größenordnung der Anteile lassen erkennen, daß zwei fast gleich große Gruppen von Koppelprodukten mit einem Anteil von je 40 bis 45% hervortreten. Die eine umfaßt die Treibstoffe, die andere das Heizöl. Die Treibstoffe sind nicht substituierbar, die Heizöle stehen in Wettbewerb mit einer Reihe anderer Energieträger. Damit gilt für die Raffinerie hinsichtlich der Kostendeckung und der anzustellenden Wirtschaftlichkeitsüberlegungen grundsätzlich dasselbe wie für Kokereien. Es gilt also auch sinngemäß die Wirtschaftlichkeitscharakteristik, Abb. 74, und das im Zusammenhang damit Gesagte. Der Plafond für Heizölpreise ergibt sich aus der Marktlage, der mittlere Treibstoffpreis aus der Wirtschaftlichkeitscharakteristik.

Konkrete Kostenvergleiche, technologisch und regeltechnische Gesichtspunkte, bequemere Handhabung, aber auch Auswirkungen auf die Umwelt beeinflussen den Trend der Brennstoffanwendung seitens des Verbrauchers. Der Brennstofflieferant wird bestrebt sein, durch entsprechende Preisbildung und durch Anpassung an sonstige Verbraucherforderungen, soweit es sich um substituierbare Energieträger handelt, seine Position zu halten, wenn möglich auszuweiten. Handelt es sich dabei um Koppelprodukte, so kommt durch Preisverschiebungen bei *einem* Produkt das ganze Preisgefüge durch die vorhin erläuterte Wechselwirkung stärker in Bewegung, als wenn eine Kopplung nicht besteht. Jedenfalls ist seit Ende des zweiten Weltkrieges ein deutlicher Trend von den festen zu den flüssigen und gasförmigen Brennstoffen hin festzustellen, wozu auch in jüngster Zeit die Kernenergie mit einem steigenden Anteil trat und aufgrund bestehender Ausbaupläne und Prognosen noch in zunehmendem Maß in Erscheinung treten wird. Dies ging, weltweit betrachtet, schon aus Abb. 1 hervor. Dieses Diagramm sei aber noch durch Zahlen über die Entwicklung der westdeutschen Energieversorgung ergänzt, die dem Jahresbericht der Vereinigung industrieller Kraftwirtschaft [40] entnommen worden sind. Sie kann als Beispiel auch für andere Industrieländer gelten.

Zahlen in %

Jahr	Kohle	Mineralöl	Gas	Wasserkraftstrom[1]	Kernenergie	Andere Brennstoffe	Insgesamt
1955	86,6	8,5	0,2	3,3	—	1,4	100,0
1960	74,5	21,0	0,4	3,1	—	1,0	100,0
1961	70,8	24,9	0,4	3,0	0	0,9	100,0
1962	67,3	28,9	0,6	2,5	0	0,7	100,0
1963	64,0	32,5	0,7	2,1	0	0,7	100,0
1964	60,2	36,3	0,9	1,8	0	0,8	100,0
1965	54,6	40,8	1,3	2,6	0	0,7	100,0
1966	48,9	45,7	1,6	3,1	0	0,7	100,0
1967	46,4	47,7	2,1	3,0	0,2	0,6	100,0
1968	43,9	49,3	3,2	2,7	0,2	0,7	100,0
1969	41,8	50,9	4,2	2,1	0,5	0,5	100,0
1970	38,0	53,0	5,5	2,4	0,6	0,5	100,0

[1] Einschließlich Stromeinfuhrüberschuß.

Einer stetigen Abnahme des Kohlenanteiles an der Energieaufbringung steht eine beachtliche Steigerung beim Mineralöl, aber auch mit einer zeitlichen Verschiebung eine solche beim Gas gegenüber. Die Kernenergie steht sozusagen noch am Start. Welche Entwicklung man aber erwartet, geht aus Prognosen über die zu erwartenden Anteile der Energieträger an der Deckung des *Strom*bedarfes in der BRD hervor; *Frewer* [42] nennt folgende Zahlen:

	1970	1980	1990
	Werte in %		
Kernenergie	2	28,5	59,5
Öl	16	21	13,5
Gas	5	8	4,5
Kohle	66	38	19,5
Sonstiges	11	4,5	3
	100	100	100

32. Grundlagen der Wärmewirtschaft

Die vorhergehenden Abschnitte befaßten sich mit dem oberen Teil des in Abb. 73 wiedergegebenen Schemas der Brennstoff- und Wärmewirtschaft. Er umfaßte die Gewinnung, Aufbereitung und Veredelung der Brennstoffe bzw. der Umwandlung der Rohenergie in andere Energieformen, wie sie dem Verbraucher zur Deckung seiner Wärmebedürfnisse zur Verfügung gestellt werden. Wir wollen uns jetzt mit dem Teil des Schemas unter der strichpunktierten Linie und damit mit der Frage näher beschäftigen: Wofür benötigt der Verbraucher die ihm dargebotenen Energieträger, nach welchen Gesichtspunkten setzt er sie ein und welche Maßnahmen kann er anwenden, diese Energieträger möglichst rationell auszunützen? Wir haben hier den großen Bereich der Wärmewirtschaft vor uns, der sich an die Brennstoffwirtschaft anschließt und in Abb. 73 vom Gesichtspunkt der Art der Wärmeumsetzung im wesentlichen gekennzeichnet ist. Der Bereich der Wärmewirtschaft wurde in drei Gruppen gegliedert und zwar:

1. Die Industrieöfen, in denen die Brennstoffenergie direkt umgesetzt wird,
2. die Gruppe der Wärmeprozesse, die sich des Zwischenmittels Dampf oder Heißwasser bedienen,
3. der Haushalt.

Wie schon vorher dargelegt, ist unter den verschiedenen Energiebedürfnissen, das nach Wärme, das weitaus größte. Es ist daher der Nutzeffekt der Wärmeumsetzung von entscheidender Bedeutung für die Wirtschaftlichkeit der gesamten Energieversorgung. Nach dem Schema stehen für die Umsetzung in Nutzwärme aufbereitete bzw. veredelte Brennstoffe, also Kohle, Koks, Gas, Heizöl, aber auch andere veredelte Energieträger, wie elektrische Energie und Dampf bzw. Heißwasser zur Verfügung. Die Umwandlung von *Brennstoffenergie* in Nutzwärme, sofern sie in *einer* Umwandlungsstufe erfolgt, gliedert sich eigentlich in 2 Vorgänge und zwar:

1. In die Freimachung der im Brennstoff enthaltenen Energie durch Verbrennen,

2. in die Übertragung dieser gewonnenen Wärme an das zu beheizende Gut.

Man wird zunächst danach trachten müssen, einen möglichst hohen Wirkungsgrad der Wärmefreimachung zu erzielen. Richtige, an die Eigenheiten des Brennstoffes angepaßte Gestaltung des Verbrennungsraumes, Vorwärmung der Verbrennungsluft, zweckmäßige Anordnung der Wärmeübertragungsflächen, ein guter Wärmeschutz, die Umstellung von intermittierender Betriebsweise mit deren unvermeidlichen Abkühlungsverlusten auf eine kontinuierliche, soweit dies technologisch möglich ist, sind die wesentlichen Voraussetzungen für die wirtschaftliche Umsetzung der Brennstoffenergie. Der wesentliche Faktor ist die Temperatur, mit der die Abgase unausgenutzt ins Freie befördert werden. Welche Bedeutung den Abgasverlusten zukommt, zeigt die Wärmebilanz eines Dampfkessels, in dem die Brenngase ohnehin weitestgehend ausgenützt werden und mit einer Temperatur unter 200° C austreten [18]. Bei einem gesamten Verlust von 13% sind bei wirtschaftlichster Belastung die Abgasverluste allein daran mit 80% beteiligt. Die weitgehende Nutzung der Austrittstemperatur des Heizmittels (Rauchgase, Dampf, Kondensat usw.), die sogenannte „*Abwärmeverwertung*“, ist eine wichtige Aufgabe der Wärmewirtschaft, für die besonders auf dem Gebiete der industriellen Wärmeanwendung ein großes und fruchtbringendes Arbeitsfeld vorliegt.

Für die indirekte Wärmeübertragung auf das zu beheizende Gut gilt folgende Grundformel:

$$Q = k \cdot F\,(t_1 - t_2) \quad [\text{kcal/h}].$$

Hierin bedeuten

F die Fläche auf der die Wärmeübertragung stattfindet [m²],

t_1 die Temperatur des Heizmittels [° C],

t_2 die Temperatur des beheizten Gutes [° C],

k den Wärmedurchgangskoeffizienten durch eine Heizfläche [kcal/m² · ° C · h].

Erfolgt die Übertragung direkt, so tritt an die Stelle des Koeffizienten k die Wärmeübergangszahl α mit gleicher Dimension. Ist für die Wärmeübertragung im wesentlichen die Wärmestrahlung und nicht die Wärmeleitung maßgebend — dies ist bei sehr hohen Temperaturen der Fall — so gilt für die durch Strahlung übertragene Wärmemenge Q die Formel

$$Q = c \cdot F\left[\left(\frac{t_1 + 273}{100}\right)^4 - \left(\frac{t_2 + 273}{100}\right)^4\right] \text{[kcal/h]}$$

worin c [kcal/m² · ° C · h] die Strahlungszahl darstellt.

Die Intensität der Wärmeübertragung Q [kcal/h] auf das zu beheizende Mittel, ob durch Wärmeleitung oder durch Wärmestrahlung, hängt also von der Größe der Heizfläche und bei der normalerweise vorgeschriebenen Temperatur t_2 von der Temperatur t_1 ab. Je größer die Temperaturdifferenz, um so wirksamer ist die Wärmeübertragung. Die Erfahrungszahlen k bzw. α werden vornehmlich durch den Oberflächenzustand, die Strömungsverhältnisse und die Wandstärke der Übertragungsfläche beeinflußt. Die stündlich übertragene Wärmemenge, die Heizfläche und die Temperaturdifferenz Δt zwischen dem Heizmittel und dem beheizten, stehen also in Wechselwirkung. Werden für einen Prozeß nicht extrem hohe Temperaturen t_2 verlangt, die die mögliche Spanne Δt einengen, so ist das Verhältnis Heizfläche F zur Temperaturdifferenz Δt wählbar, wenn der Wert Q [kcal/h], also die Dauer des Wärmeprozesses vorgeschrieben ist. Sind für die Intensität des Vorganges keine Bedingungen gestellt, so sind die Größen Δt, F und Q unter Berücksichtigung des Wirkungsgrades der Brennstoffumsetzung gegenseitig so abzustimmen, daß eine optimale Auslegung der Umwandlungsanlage erzielt wird. Zweckmäßige Konstruktion, richtige Auslegung und eine Abdämmung des beheizten Gutes oder Raumes gegen Wärmeverluste sind die Voraussetzungen für eine wirtschaftliche Wärmeübertragung.

Beim größten Teil der industriellen Wärmeprozesse wird die Wärme nicht chemisch, sondern nur physikalisch verbraucht, sie dient zur Erhitzung des Gutes oder eines Zwischenmittels. Sie könnte bei dessen Abkühlung zu einem mehr oder weniger großen Teil rückgewonnen werden. Grundsätzlich dasselbe gilt für das Trocknen und Verdampfen, bei welchen Prozessen die Wärme in den Brüden enthalten ist, damit auch für Verdampferanlagen in der Zuckerindustrie oder für die Abwärme von Zellstoffkochern oder Papiermaschinen. Hier ergibt sich eine Abwärmeverwertungsmöglichkeit zur Verbesserung der Wärmewirtschaft.

Es sind in diesem Zusammenhang einige Worte über die Abwärmeverwertung überhaupt als eine bedeutungsvolle Maßnahme auf dem Wege zu einer rationellen Wärmewirtschaft zu sagen. Sie ist um so wirksamer, je höher das Temperaturniveau des vorgelagerten technologischen Prozesses und je höher die Temperatur liegt, mit der der Wärmeträger aus diesem Prozeß austritt. Einen Überblick über diese Zusammenhänge gibt Abb. 75 [43], in der die

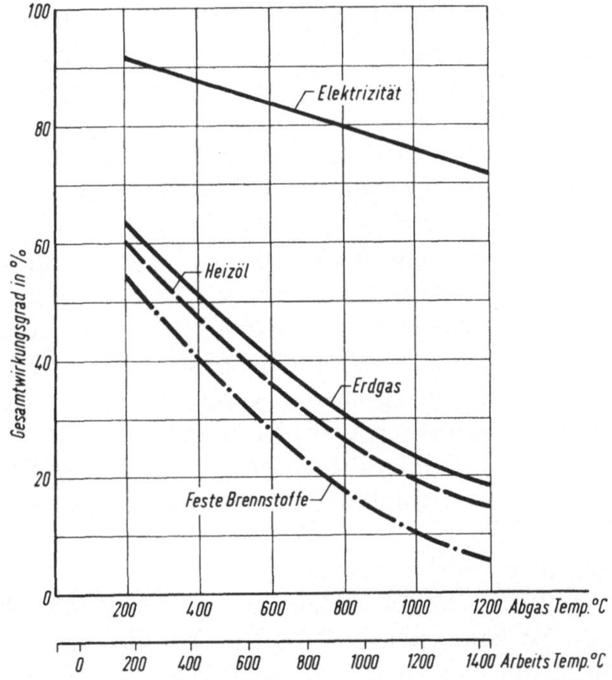

Abb. 75. Thermische Wirkungsgrade in Abhängigkeit von der Arbeitstemperatur

Wirkungsgrade von derartigen Wärmeprozessen *ohne* Verwertung der Abwärme in Abhängigkeit von der Abgastemperatur für verschiedene Primärenergieträger dargestellt sind. Man sieht, daß vor allem bei Brennstoffen diese Wirkungsgrade mit steigender Abgastemperatur rasch absinken und z. B. bei festen Brennstoffen im Bereich von Arbeitstemperaturen in der Größenordnung von 1200 bis 1400° C unter 10% liegen. Es ist einleuchtend, daß die Hebung des Gesamtwirkungsgrades von Primärprozeß + Abwärmeverwertung auf übliche Werte die Investitionen von geeigneten Einrichtungen in diesem hohen Temperaturbereich wirtschaftlich rechtfertigt. Es sind daher Anlagen zur Abwärmeverwertung nicht nur hinter Siemens-Martinöfen, sondern hinter den meisten Arten von brennstoffbefeuerten Industrieöfen zu finden. Die Verwertung der Abwärme geschieht in Dampfkesseln, Heißwassererzeugern oder Lufterhitzern.

Eine besondere Erwähnung aus den mannigfaltigen Möglichkeiten und Anwendungsgebieten der Abwärmeverwertung gebührt der Ausnutzung der Abgase hinter Konvertern von Stahlwerken, die mit Sauerstoff nach dem sogenannten LD-Verfahren arbeiten und Oxygenstahl erzeugen. Bei der dabei erreichten Abkühlung der mit etwa 1700° C aus dem Konverter austretenden Gase in Abhitzekesseln geht es nicht nur um eine Verbesserung der Wirtschaftlichkeit, sondern auch um die Voraussetzung für eine Entstaubung der Abgase, also um eine Maßnahme im Interesse des Umweltschutzes. Eine wirksame Entstaubung mittels Elektrofilter erfordert Gastemperaturen unter 300° C. Die Abhitzekessel hinter diesen Konvertern liefern Dampfmengen in der Größenordnung von 0,1 bis 0,4 t Dampf je t Rohstahl [31]. Der Anfall dieses Dampfes ist, wie Abb. 9 zeigt, entsprechend dem Blasvorgang intermittierend. Bei einer größeren Anzahl von Konvertern kann durch einen wohl überlegten Fahrplan, aber auch zusätzlich durch Eingliederung von Dampfspeichern ein gewisser Ausgleich herbeigeführt werden. Der Dampf wird in das Dampfnetz des Hüttenwerkes eingespeist.

Die notwendige bzw. zweckmäßige Temperatur t_1 auf der Heizseite bestimmt im Bereich hoher Temperaturen die Wahl des Brennstoffes. So kann man z. B. mit Kohle bis etwa 1400° C in Flammöfen Metall anwärmen und Steine brennen, im Schachtofen erreicht man mit Koks Temperaturen bis 1500° C. Das Erschmelzen von Stahl und Glas benötigt aber höhere Temperaturen, die nur durch Gasfeuerung mit Vorwärmung von Gas und Verbrennungsluft erzielt werden können. Bei Temperaturen in der Größenordnung von 2000° C ist der Übergang auf elektrische Beheizung notwendig. Bei niedrigen Prozeßtemperaturen dagegen, unter 200 bis 300° C wird der Wasserdampf als Zwischenmittel bevorzugt. Die hohe Wärmeübergangszahl des kondensierenden Dampfes (kleine Übertragungsflächen), seine wirtschaftliche Fortleitung bei zentraler Umwandlung der Brennstoffenergie in Dampf und die gute betriebliche Anpassungsfähigkeit (leichte Regelbarkeit), sind für die Bevorzugung des Dampfes als Zwischenmittel die ausschlaggebenden Gründe. Sofern für ein bestimmtes Wärmebedürfnis die Wahl zwischen mehreren primären Energieträgern möglich ist, ist für die Entscheidung nicht nur die energiewirtschaftliche Seite, sondern auch die Auswirkung auf die Qualität des Gutes maßgebend, wie dies z. B. bei der Stahl- und Roheisenerzeugung der Fall ist (Schwefelgehalt des Brennstoffes). Sie muß bei einem Wirtschaftlichkeitsvergleich mitberücksichtigt werden.

Die Wirkungsgrade der Wärmeerzeugung schwanken in weiten Grenzen. Man muß zwischen den Wirkungsgraden bei bestimmten Leistungen und dem mittleren Jahreswirkungsgrad einer Umwandlungsanlage unterscheiden, den man als Arbeitswirkungsgrad definieren kann. Dieser Arbeitswirkungsgrad ist für die Ermittlung der Brennstoffkosten maßgebend und auch in den Formeln für die Umwandlungskosten im 10. Abschnitt und den folgenden verwendet worden. Für die Industrieöfen sind Erfahrungswerte in Abhängigkeit von der Arbeits- bzw. Abgastemperatur bereits in Abb. 75 eingetragen worden. Bei der Dampf- oder Heißwassererzeugung für industrielle oder gewerbliche Zwecke wird man 65—80% bei festen Brennstoffen, bis 85% bei gas- oder ölgefeuerten Kesseln und etwa 95% bei Elektrokesseln einsetzen dürfen. Für Haushaltszwecke streut die Wärmeausnutzung in einem viel größeren Bereich.

Raumheizung:

Feste Brennstoffe	
(Bereich Einzelöfen...vollautomatische Zentralheizung)	30...60%
Heizöl	40...60%
Gas	50...80%
Elektrische Energie	
(Zentralheizung...direkte Raumheizung)	70...100%
Kochen	50... 60%

Eine besondere Stellung nimmt der *Hochofen* ein. Die mit dem Koks zugeführte Brennstoffenergie dient zum Teil Wärmezwecken, der andere Teil gilt als chemisch gebundene Energie. Aus wirtschaftlichen Gründen wird verschiedentlich der Teil des Kokses, der nicht für die chemischen Reaktionen erforderlich ist, durch Heizöl ersetzt, in Ländern mit sehr billiger, elektrischer Energie auch durch diese. Hier spielen wirtschaftliche Überlegungen eine Rolle, wobei der Verwendung von Heizöl Grenzen durch dessen Schwefelgehalt gesetzt sind. Beim Hochofenprozeß entsteht das brennbare Gichtgas mit einem unteren Heizwert von etwa 800 bis 900 kcal/Nm³, das für Heizzwecke, aber auch für den Betrieb von Gasturbinen Verwendung findet. Das Gichtgas spielt in der Energiewirtschaft eines Hüttenwerkes, wie wir noch sehen werden, eine sehr wichtige Rolle. In neuer Zeit wird die dem Hochofen zugeführte Luft mit Sauerstoff angereichert. Der Vorteil liegt in einer Koksersparnis und in einer Produktionssteigerung des Hochofens. Diesen Vorteilen stehen die Aufwendungen für die Sauerstofferzeugung gegenüber.

Es würde zu weit führen, im Rahmen dieser Gesamtbetrachtung der Energiewirtschaft auf Einzelfragen der Wärmeerzeugung und Verwertung einzugehen. Doch muß ein Gebiet, das mit der Steigerung des Lebensstandards auch in Zonen mit unseren klimatischen Verhältnissen in Zukunft zunehmende Bedeutung gewinnen könnte — in anderen Gebieten, vor allem in den USA, hat sie diese bereits erworben — zumindestens gestreift werden, das ist die *Raumklimatisierung*. Auch der Trend in der modernen Architektur zu großen Fensterflächen, fördert diese Entwicklung. Es handelt sich dabei um nichts anderes als die Kombination der Heizung für die kalte Jahreszeit mit der Raumkühlung in heißen Sommermonaten. In diesem Zusammenhang hat die schon lange bekannte *Wärmepumpe*, die verschiedentlich nicht nur in der Zuckerindustrie, sondern auch in Heizwerken (Beispiel: Fernheizwerk der ETH Zürich) angewendet worden ist, neuerlich Interesse gewonnen. Das Prinzip der Wärmepumpe besteht darin, daß Umweltwärme aus der Umgebung mit der Temperatur t_0 gewonnen und über einen Wärmezwischenträger, unter Zuführung mechanischer Arbeit auf eine höhere Temperatur t_H gebracht wird. Die zugeführte mechanische Arbeit wird also in Wärme verwandelt und der Umweltwärme hinzugefügt. Würde die Wärmepumpe verlustlos nach dem *Carnot*-Prozeß arbeiten, so könnte sie je 1000 kcal zugeführte mechanische Arbeit die Heizwärmemenge

$$\frac{t_H + 273}{t_H - t_0} \cdot 1000\,\text{kcal}$$

liefern. Man bezeichnet den Quotienten

$$\frac{t_H + 273}{t_H - t_0} = \frac{Q_H}{A_m} = \varepsilon_{H\,0}$$

als die theoretische *Leistungsziffer* des Wärmeprozesses. Darin ist Q_H die abgegebene Wärmemenge und A_m die zugeführte Kompressorarbeit. Die Leistungsziffer ε_{H0} wird umso größer, je geringer die Temperaturdifferenz $t_H - t_0$ ist. Ist z. B. $t_0 = 5°$ C, $t_H = 30°$ C, so erhält man eine theoretische Leistungsziffer

$$\varepsilon_{H0} = \frac{30 + 273}{25} = 12.$$

Die praktischen Werte ε_H sind, bedingt durch die Maschinenwirkungsgrade und sonstige Verluste, niedriger. Sie liegen bei üblichen Werten von Δt, im allgemeinen zwischen 4—6.

Bei der Verwendung der Wärmepumpe zur *Kühlung*, wobei der Kreislauf umgekehrt wird, beträgt unter Übernahme der vorhin verwendeten Bezeichnungen die Leistungsziffer

$$\varepsilon_{K0} = \frac{t_0 + 273}{t_H - t_0}.$$

Ein Vergleich der beiden Formeln zeigt, daß ε_{K0} kleiner als ε_{H0} ist. Auch hier liegen die praktisch erzielbaren Werte infolge der Kompressorverluste und der Wärmeübergangswiderstände an Kondensator- und Verdampferflächen bei kleinen Klimageräten bei 2,5—3,0 und bei Großanlagen zwischen 3,5 und 5,0.

Verwendet man die Anlage für Klimatisierung, also für Heizung im Winter und für Kühlung im Sommer, so sind für die energiewirtschaftliche Beurteilung folgende Größen maßgebend:

Das durchschnittliche Verhältnis von Heiz- zu Kühllast,

das Verhältnis von Heizgradtagzahl zu Kühlgradtagzahl.

Annähernd gilt für den Energieaufwand nachstehender Vergleich [44]:

Heizlast	: Kühllast:	1...2,5 : 1.
Heizgradtagzahl	: Kühlgradtagzahl:	3500 : 450...800.

Aus der Multiplikation der korrespondierenden Mittelwerte dieser Relationen ersieht man, daß der spezifische elektrische Stromverbrauch für Raumkühlung im Mittel nur etwa 10% des Heizwärmebedarfes erreichen kann. Von grundlegender Bedeutung für die Verwendung von Wärmepumpen ist das Vorhandensein und eine möglichst gleichmäßige Temperatur der Wärmeenergiebasis. Diese Forderung wird am besten erfüllt, wenn Grundwasser in genügender Menge zur Verfügung steht, dagegen z. B. nicht bei

Luft. Hier tritt im Hochwinter eine wesentliche Senkung der Leistungsziffer ein, die eine zusätzliche Heizung erforderlich macht.

Nach *Moditz* [44] werden Wärmepumpen bereits für folgende Zwecke wirtschaftlich verwendet:

Wärmepumpensystem	Wärmeenergiebasis	Wärmeenergieträger für Heizung bzw. Klimatisierung	Anwendungsgebiet	Erreichte Leistungsziffern
a) Wasser—Wasser	Grundwasser	Wasser	Ganzjährig betriebene Heiz- und Klimaanlagen	4—6
b) Wasser—Wasser bzw. Wasser—Luft	See- bzw. Flußwasser	Wasser bzw. Luft	Hallenbäder und Freibäder	3—5 (Hallenbäder) 6—7 (Freibäder)
c) Luft—Wasser	Luft	Wasser	Freibäder	8—12
d) Luft—Luft	Luft	Luft	Ganzjährig betriebene Heiz- und Klimaanlagen mit Zusatzheizung im Winter	2,5 (Jahresdurchschnitt) 1,2—1,5 (Winter)

Für die Rentabilität solcher Wärmepumpanlagen ist die Leistungsziffer maßgebend; sie erscheint bei den Anwendungen a) bis c) gegeben.

In letzter Zeit wurde anstelle der mechanischen Wärmepumpe auf das *Peltier-Element* zurückgegriffen, das als Heizelement wirkt, bei Stromumkehr aber zur Kühlung herangezogen werden kann. Diese interessante Möglichkeit befindet sich aber zur Zeit noch in Entwicklung. Eine praktische Verwendung wird sehr davon abhängen, ob eine billige Massenfertigung dieser Elemente, aus denen sich die Konvektoren zusammensetzen, möglich ist. Für die Elektrizitätsversorgung hätte der starke Einsatz von

Klimaanlagen den Vorteil, daß die nur winterliche Heizbelastung durch eine Sommerbelastung ergänzt wird, also eine gewisse Vergleichmäßigung der Energieabgabe eintritt.

Es wurde im vorstehenden versucht, eine Übersicht über das weite Gebiet der Wärmeanwendung und die damit zusammenhängenden wirtschaftlichen Überlegungen zu geben, die mehr oder weniger eine Analyse der anfallenden Aufgaben und ihrer Lösungsmöglichkeiten darstellt. In einem großen Industriebetrieb, in dem Wärme und mechanische Energie für verschiedenste Zwecke benötigt wird, addieren sich die Aufgaben und es kommt nun darauf an, ihre Durchführung so sinnvoll zu kombinieren, daß ein Minimum an Energieverlusten und damit ein Optimum an Wirtschaftlichkeit in der Sparte Energieversorgung erzielt wird. Es ist daher verständlich, daß sich große Unternehmen, wie Hüttenwerke, chemische Werke, Zellstoff- und Papierfabriken eigene Energiewirtschaftsstellen halten, deren Fachleuten die Aufgabe gestellt ist, die Energieversorgung des Unternehmens so zu gestalten, daß die vorhin genannte Forderung erfüllt wird. Welchen Umfang und welche Verflechtung die Energieversorgung eines solchen großen Industriebetriebes annimmt, sei an zwei Beispielen gezeigt.

Abb. 76 stellt das Energieschema eines großen Hüttenwerkes dar. Es ist in drei Bereiche gegliedert. Der Bereich „A“ umfaßt die gesamte Energieversorgung, er ist für die äußere Energiebilanz maßgebend. Sie erfaßt den Bezug von Brennstoff, die Abgabe von Koks, Teer und Benzol und Koksofengas, sowie einen Austausch von veredelter Energie, Dampf und elektrischem Strom. Der Bereich „B“ begrenzt, energiewirtschaftlich betrachtet, die erste Umwandlungsstufe. Er schließt die Kokerei und ihre Nebenproduktenanlagen sowie die Hochofenanlage ein. In diesem Bereich werden aus dem Primärenergieträger Kohle, Koks, Kokereigas, Gichtgas und Teerprodukte erzeugt und, soweit nicht im eigenen Bereich „A“ verwendet bzw. an Dritte abgegeben, dem Bereich „C“ zugeführt. Dieser ist somit energiewirtschaftlich als zweite Umwandlungsstufe aufzufassen. Hier werden die zugeführten Primär- und Sekundärenergien in Strom, mechanische Energie (Gebläse) und industrielle Wärme umgewandelt. Eine Erklärung des Schemas im einzelnen dürfte sich erübrigen. Es sei aber auf eine Einzelheit hingewiesen, da sie als Beispiel für eine teilweise Verwertung der an das erzeugte Produkt gebundenen

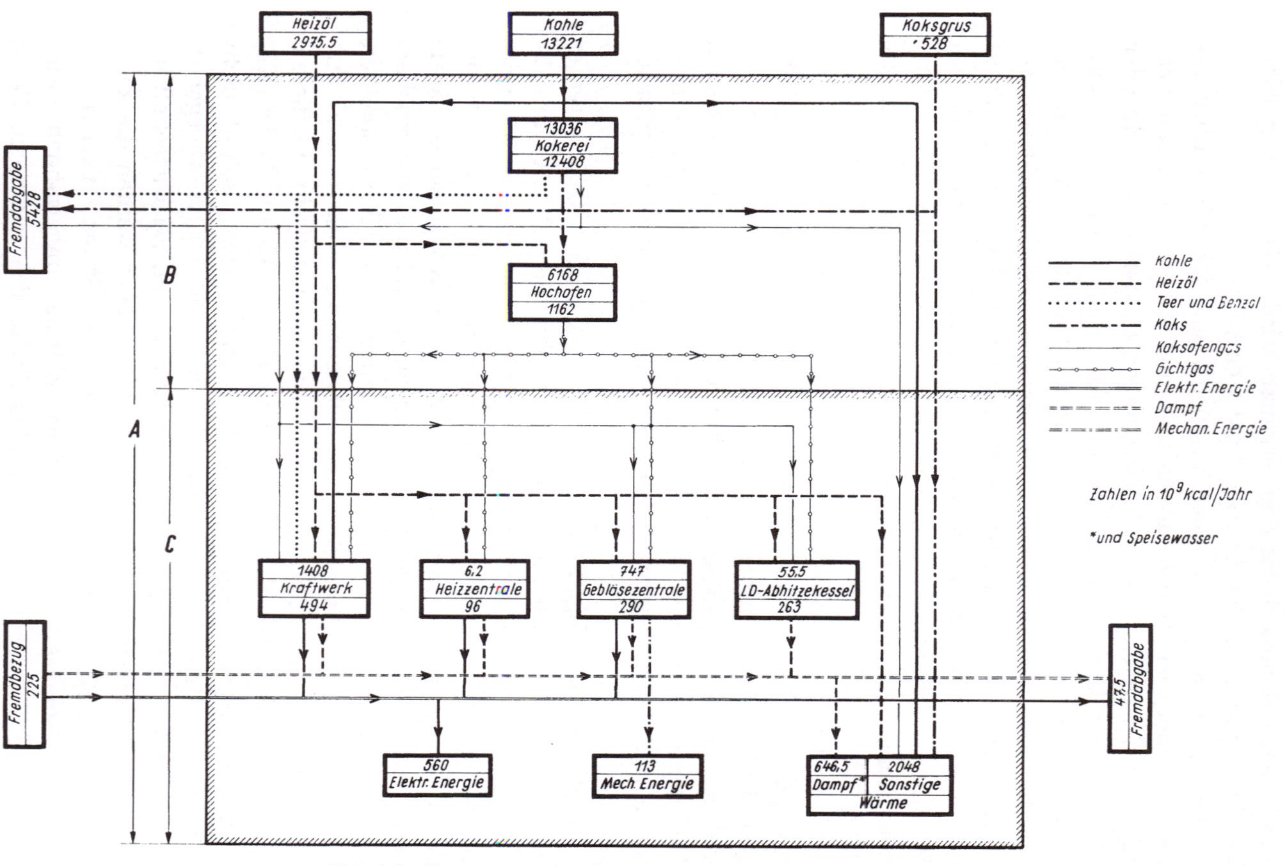

Abb. 76. Gesamtenergieschema eines großen Hüttenwerkes

Wärme gelten kann. Es handelt sich um die Energiebilanz der Abhitzekessel im LD-Stahlwerk. Dem Betrachter des Schemas wird auffallen, daß die abgeführte Energie ein Mehrfaches von der zugeführten beträgt. Die Differenz wird aus einem Teil der im flüssigen Roheisen gebundenen Wärme gedeckt. Wie schon früher erwähnt, verlassen die Abgase die Tiegel mit einer Temperatur von etwa 1600—1700° C, sie führen einen Teil der gebundenen Wärme mit.

Das zweite Beispiel bezieht sich auf einen ganz anders gearteten Betrieb und zwar auf eine Zellstoffabrik, bei der die Sulfitablauge auf etwa 55% Trockenstoffgehalt und einen Heizwert von etwa 2000 kcal/kg eingedampft wird [31]. Es geht dabei um einen zweifachen Zweck: Einerseits um die Beseitigung der Sulfitablauge, deren Einleitung in Flußläufen in zunehmendem Maße untersagt wird, andererseits um eine wirtschaftliche Abwärmeverwertung. Das diese Anlage darstellende Wärmeschaltbild ist in Abb. 77 in vereinfachter Form wiedergegeben. Die eingedampfte Sulfitablauge wird in einem Kessel verfeuert und so zur Dampf- und Stromerzeugung verwertet.

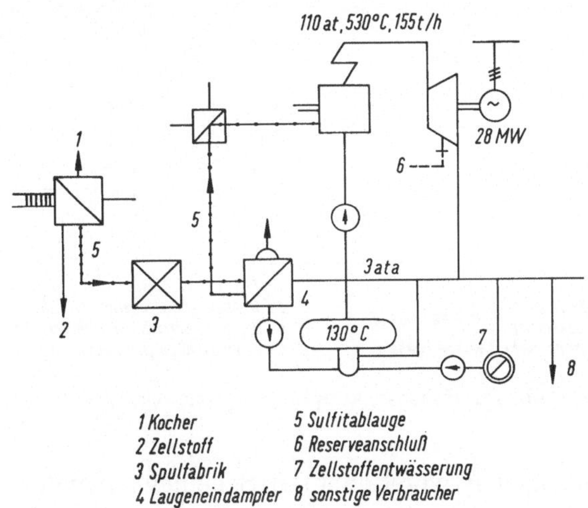

Abb. 77. Wärmeschaltschild einer Zellstoffabrik, Quelle (31)

Es würde hier zu weit führen, die verschiedenen Möglichkeiten von Abwärmeverwertung in Zellstoff- und Papierfabriken im einzelnen zu beschreiben. Es sei nur erwähnt, daß auch die Abwärme von Papiermaschinen in Wärmeaustauschern zur Warmwasserbereitung und Raumheizung ausgenützt wird.

33. Die Bedeutung der Heizkraftkupplung

Zu den wirkungsvollsten Maßnahmen, die zugeführte Wärme mit höchstem Wirkungsgrad auszunützen, gehört die Heizkraftkupplung, so daß es berechtigt erscheint, sich mit ihr in einem eigenen Abschnitt zu beschäftigen. Unter Heizkraftkupplung versteht man die Hintereinanderschaltung von Krafterzeugungsanlagen und Heiznetzen in der Weise, daß der Abdampf oder die Abgase der Kraftmaschinen noch für Wärmezwecke ausnutzbar gemacht werden. In Abb. 78 wurde versucht, die gebräuchlichen

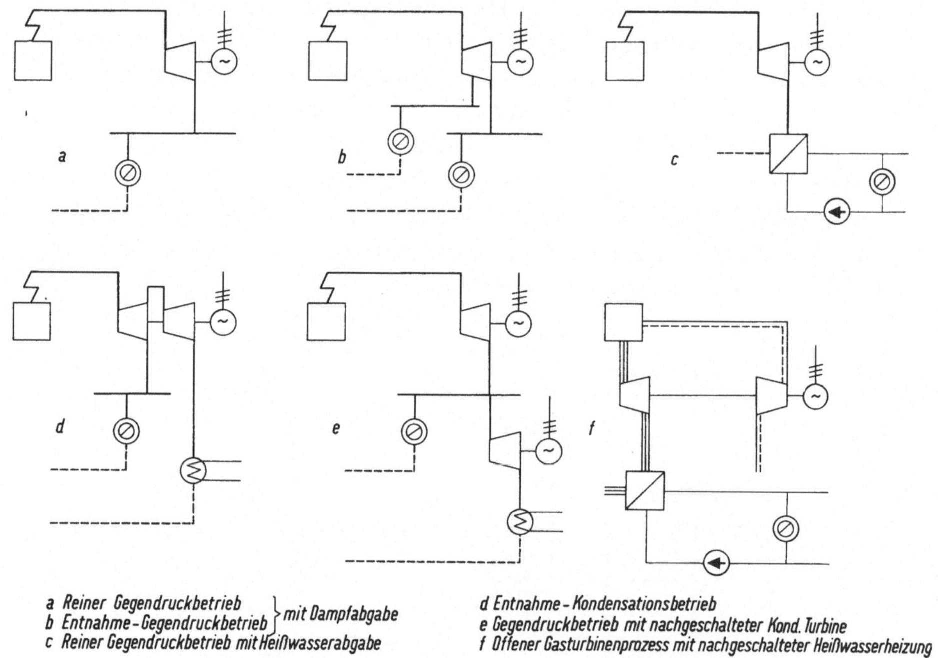

Abb. 78. Heizkraftkupplung — Grundschaltungen

Grundschaltungen in vereinfachten Schemen einander gegenüberzustellen. Die Schemen a, b und c betreffen die reine Heizkraftkupplung. Die Kraftmaschine, in den angedeuteten Fällen eine Dampfturbine, wird von jener Dampfmenge durchströmt, die für die Heizung benötigt wird. Die Stromerzeugung ist also jeweils von der Höhe des Bedarfes an Heizwärme abhängig. Während das Schema a für eine reine Gegendruckturbine mit einem dahinterliegenden Dampfnetz gilt, bezieht sich das Schema b auf eine sogenannte Entnahme-Gegendruckturbine mit zwei Dampfnetzen verschiedener Druckstufen. Der Fall c unterscheidet sich vom Schema a nur dadurch, daß als Wärmeträger für das Heiznetz anstelle von Dampf Heißwasser verwendet wird. Die Schemen d und e gelten für eine Kombination von Gegendruck- und Kondensationsbetrieb, also für keine reine Heizkraftkupplung. Im Fall d wird eine Entnahme-Kondensationsturbine verwendet, e zeigt eine der Gegendruckturbine nachgeschaltete Kondensationsturbine. Bezogen sich die bisher behandelten Schaltungen auf den Dampfprozeß, so ist das Schema f ein Beispiel für die Nachschaltung einer Heizung an eine Gasturbinenanlage, die nach dem sogenannten offenen Prozeß arbeitet. Angeschlossen ist über den Wärmetauscher ein Heißwassernetz. Auch beim geschlossenen Gasturbinenprozeß ist die Heizkraftkupplung zu verwirklichen. Es wurde nur deshalb abgesehen, diesen Fall hier darzustellen, weil er im nächsten Abschnitt im Zusammenhang mit dem Einsatz der Kernenergie behandelt wird.

Die Kostencharakteristik eines Heizkraftwerkes wurde bereits im 13. Abschnitt abgeleitet. Danach sind die laufenden Kosten gedeckt, wenn folgende Gleichung erfüllt ist:

$$k_{E0} = k_E + \frac{k_W}{\sigma} \text{ [S/kWh].}$$

In dieser Beziehung bedeuten

k_{E0} die auf die Stromabgabe umgelegten gesamten Jahreskosten des Heizkraftwerkes [S/kWh],

k_E, k_W die anteilig umgelegten Kosten auf Strom- und Wärmeabgabe ab Werk [S/kWh bzw. S/Gcal],

σ die sogenannte Stromkennzahl [kWh/Gcal].

Die Stromzahl σ ist also durch den Quotienten

$$\frac{\text{abgegebene kWh}}{\text{abgegebene Gcal}}$$

definiert und wird, soweit es sich um eine reine Heizkraftkupplung handelt, durch das Verhältnis des in der Kraftmaschine verarbeiteten Wärmegefälles zu dem für die Heizung verbleibenden, also bei Dampfkraftanlagen durch die Dampfdrücke vor und hinter der Turbine, bestimmt. In Abb. 37 wurde die Wirtschaftlichkeitscharakteristik eines Heizkraftwerkes graphisch dargestellt. Je größer die Stromkennziffer, umso steiler die Wirtschaftlichkeitskennlinie, umso vorteilhafter die Heizkraftkupplung. Größere Werte σ bedeuten aber auch einen günstigeren Wärmeverbrauch w_0 und niedrigere Anlagekosten je kW. Daraus ergibt sich wieder ein kleineres k_0, so daß die Kostenkennlinie weiter nach links rückt. Man kann in einem solchen Kostendiagramm Abb. 37, verschiedene Auslegungen eines Heizkraftwerkes, aber auch die Wirtschaftlichkeit verschiedener Heizkraftwerke miteinander vergleichen.

Nach den hier angestellten Überlegungen könnte man zur Meinung gelangen, daß ein möglichst großes σ, also bei Dampfkraftanlagen eine entsprechende Erhöhung des Frischdampfdruckes die Wirtschaftlichkeit einer Heizkraftkupplung verbessern müßte. Dem ist aber nicht so, denn, abgesehen von der Frage der Absatzmöglichkeit der erzeugten elektrischen Energie in dem betreffenden Verbrauchsbereich, ist vom Turbinenwirkungsgrad her der Steigerung des Eintrittsdruckes eine wirtschaftliche Grenze gesetzt. Anhand des in Abb. 79 dargestellten Beispieles sei dies

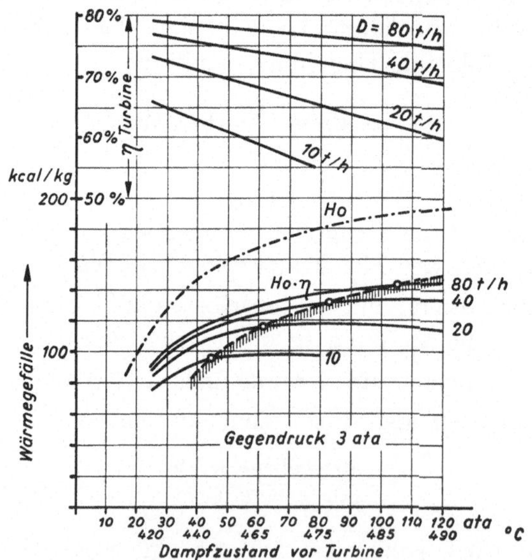

Abb. 79. Nutzbare Wärmegefälle von Gegendruckturbinen

veranschaulicht. Es wird von einem Gegendruck von 3 ata und von der Bedingung ausgegangen, daß der Dampf hinter der Turbine schwach überhitzt ist. Damit ist im i-S-Diagramm der Endpunkt der Expansion gegeben und man kann unter Annahme einer Expansionslinie in der Turbine den einzelnen Frischdampfdrücken die entsprechenden Dampftemperaturen zuordnen, die unter der Abszisse des Diagramms eingetragen worden sind. Über den Frischdampfzustand ist zunächst das adiabatische Wärmegefälle H_0 eingetragen und im oberen Teil in Abhängigkeit vom Dampfdurchsatz durch die Maschine der Zusammenhang zwischen Turbinenwirkungsgrad und Frischdampfzustand. Da bei gegebener Turbinendampfmenge mit steigendem Frischdampfzustand das Durchsatzvolumen kleiner wird, so nimmt der innere Wirkungsgrad ab. Dieser Rückgang des Wirkungsgrades ist umso fühlbarer, je geringer die Turbinendampfmenge ist. Multipliziert man das adiabatische Wärmegefälle mit dem inneren Wirkungsgrad, so erhält man das Nutzgefälle $H_0 \cdot \eta$. Es gibt also bei einem bestimmten Dampfdurchsatz einen Frischdampfzustand, über den hinauszugehen keine Steigerung des Nutzgefälles und damit der Stromkennzahl σ bringt. Da die Anlagekosten mit steigendem Frischdampfzustand zunehmen, so wird es bei der sehr geringen Veränderung des Nutzgefälles in der Nähe des Maximums eher angezeigt sein, in einem Bereich zu bleiben, in dem der Drucksteigerung nach eine fühlbare Zunahme an Nutzgefälle entspricht, wie dies im Schaubild mit der Grenzkurve angedeutet ist. Das Beispiel vermittelt also die Erkenntnis, daß σ nicht willkürlich, im Falle einer Eigenanlage der wärmeverbrauchenden Industrie auch nicht entsprechend dem Strombedarf des Werkes gewählt werden kann, sondern eine Funktion der Turbinendampfmenge, indirekt des Wärmebedarfes W_0 [Gcal/h] ist. Je größer der stündliche Wärmebedarf, umso höher die wirtschaftliche, optimale und zulässige Stromkennziffer σ. Grundsätzlich dasselbe gilt auch für Gasturbinenanlagen mit nachgeschalteter Abwärmeverwertung (Abb. 78, Schema f). Hier bestimmt die Gastemperatur vor der Turbine den Wert σ.

Bei Anwendung der Heizkraftkupplung haben wir zwei grundsätzliche Fälle zu unterscheiden:

1. Die Versorgung eines oder mehrerer Industriebetriebe mit elektrischer und Wärmeenergie. Wir sprechen in diesem Fall schlechtweg von einem *Industriekraftwerk*.

2. Den Anschluß eines größeren Fernheiznetzes an das Kraftwerk zur Wärmeabgabe an Wohnviertel, Gewerbe und kleinere Industriebetriebe. Wir bezeichnen eine solche Anlage als *Fernheizkraftwerk*.

Von den in Abb. 78 dargestellten Schemen gelangt b in Industriekraftwerken, c und f in Fernheizkraftwerken mit Heißwassernetzen, a in erster Linie in Industriekraftwerken — in Fernheizwerken nur, wenn es sich um Dampfnetze handelt — zur Anwendung. In Fernheizkraftwerken erfolgt heute normalerweise eine Umformung in Heißwasser mittels eines Wärmeaustauschers, wie dies im Schema c angedeutet wurde. Die übrigen Fälle finden wir sowohl bei Industrie- als auch Fernheizkraftwerken.

Beide Formen der Einsatzweise der Heizkraftkupplung weisen trotz des gleichen Grundprinzipes der Energieausnutzung doch eine Reihe von abweichenden Voraussetzungen auf, die nicht nur die Auslegung der Anlagen, sondern auch die wirtschaftliche Seite stark beeinflussen. Diese sind im wesentlichen folgende:

1. Die Jahresbenutzungsdauer t_w der Heizspitze (10^6 kcal/h) ist bei Industriekraftwerken, die im allgemeinen einen während des ganzen Jahres durchlaufenden Bedarf an Fabrikationsdampf hat, höher als bei Fernheizkraftwerken. Da bei diesen die Raumheizung der angeschlossenen Wohnviertel den überwiegenden Anteil der Wärmeabgabe darstellt, so werden sie in erster Linie in den Wintermonaten beansprucht. Während die Benutzungsdauer der Heizspitze von Fernheizkraftwerken zwischen 2000 und 3500 h/a liegt, kann man sie bei Industriekraftwerken auf etwa 4000 bis 6000 h/a schätzen, abgesehen von Zuckerfabriken, die nur während der Kampagne arbeiten. Bei diesen beträgt die Benutzungsdauer etwa 1200 h/a.

2. Die Wärmeabgabe ist bei Industriekraftwerken auf ein wesentlich kleineres Gebiet beschränkt als bei Fernheizkraftwerken, die sogenannte Wärmedichte, das ist der spezifische Anschlußwert je km des Heizungsnetzes (10^6 kcal/h · km) ist bei Industriekraftwerken ungleich größer als bei Fernheizkraftwerken. Die Kosten für die Verteilung spielen in ersterem Falle daher eine untergeordnete Rolle.

3. Bei Fernheizkraftwerken wird normalerweise die Wärme mit *einem* bestimmten Druck ins Netz geliefert. Bei Industrieanlagen sind vielfach mehrere Heiznetze mit verschiedenen Temperaturhöhen erforderlich, wobei die Entnahme auch untereinander schwankt.

4. Manche Fabrikationsprozesse dulden keine Unterbrechung der Energiezufuhr, sollen größere materielle Verluste vermieden werden. Da normalerweise solche Industriebetriebe mit dem Netz

der öffentlichen Energieversorgung gekoppelt sind und vielfach ohnehin Ergänzungsenergie beziehen, ist in solchen Fällen der Reservehaltung für die Dampferzeugungsanlage Beachtung zu schenken. Dies gilt hinsichtlich der Wärmelieferung bis zu einem gewissen Grad auch für Fernheizkraftwerke. Die Reservefrage ist dort aber insofern nicht so bedeutungsvoll, weil die Heißwassernetze über eine verhältnismäßig große Speicherfähigkeit verfügen, mit der vorübergehende Unterbrechungen der Einspeisung überbrückt werden können, außerdem, wie noch erläutert wird, für Schwachlastzeiten oder zur Abdeckung der obersten Heizspitze oft eigene Heizkessel installiert sind, die gleichzeitig als Reserve gelten können.

5. Fernheizkraftwerke geben die erzeugte elektrische Energie normalerweise in das öffentliche Versorgungsnetz ab. Eine verschiedene Zunahme des jährlichen Wärme- und Strombedarfes oder jahreszeitliche Änderungen der Bedarfsziffern gegeneinander spielen hier keine Rolle, da die Leistungsunterschiede auf der elektrischen Seite durch die parallel arbeitenden Kraftwerke ausgeglichen werden können. Bei Industriekraftwerken erfordert die Abstimmung des veränderlichen Verhältnisses Wärme zu Strombedarf gegenüber den von der Planung her festgelegten Auslegungswerten des Heizkraftwerkes besondere Maßnahmen.

6. Bei Industriekraftwerken ist infolge der teilweisen Beheizung von Apparaten durch direktes Dampfeinblasen, aber auch durch Verschmutzung des Dampfes mit viel größeren Kondensatverlusten zu rechnen als bei Fernheizkraftwerken. Sie können bei Höchstdruckanlagen mit mehrstufiger Speisewasservorwärmung zwischen 1 und 70—75% der Kesseldampferzeugung liegen. Die Anlagen zur Aufbereitung des Speisewassers haben daher bei Industriekraftwerken eine ganz andere Bedeutung als bei Fernheizkraftwerken und beeinflussen grundlegend Schaltung und Wirtschaftlichkeit des Werkes.

Wir wollen uns nun mit den beiden Typen von Heizwerken, dem Industrie- und dem Fernheizwerk einzeln beschäftigen und die grundsätzlichen wirtschaftlichen Überlegungen, die bei der Planung solcher Anlagen anzustellen und später für das Betriebsergebnis entscheidend sind, erörtern. Es sei zunächst das *Industriekraftwerk* behandelt, dem innerhalb der Gesamtenergieversorgung eines industriereicheren Wirtschaftsgebietes zweifellos die größere Bedeutung zukommt. Wie schon vorhin bei der Kennzeichnung der beiden Typen angedeutet, haben wir es bei Industriekraftwerken nicht nur mit der Stromkennzahl σ der Heizkraftkupplung, sondern auch mit einer solchen σ_0 des Bedarfes zu tun. Abgesehen davon, daß sich das Verhältnis Strom- und Wärmebedarf eines Industriebetriebes innerhalb des Tages, aber auch jahreszeitlich ändern kann, ist auch eine Übereinstimmung einer mittleren Stromkennzahl des angeschlossenen Betriebes mit der des Heizkraftwerkes praktisch nicht erreichbar, da, wie anhand des Beispiels Abb. 79 erläutert wurde, die Höhe des wirtschaftlichen Frischdampfdruckes bei festgelegtem Gegendruck vom Dampfdurchsatz der Gegendruckturbine abhängig, also σ damit eine Funktion der Wärmeabgabe ist. Der Gegendruck an der Turbine ergibt sich aus der für die angeschlossene Fertigung vorgeschriebenen Temperatur, er liegt somit fest, ebenso der zu erwartende zeitliche Verlauf des Wärmebedarfes. Dessen Mittelwert und der Gegendruck sind also für die Auslegung der Turbine maßgebend.

Nach Abb. 79 hängt somit das Ausmaß der Heizkraftkupplung in einem wärmeverbrauchenden Industriebetrieb von dessen Größe ab. Sichtet man die Zahlen von solchen Industriebetrieben, so macht man die Feststellung, daß die wirtschaftlich erreichbare Stromkennzahl σ der Heizkraftkupplung im allgemeinen unter σ_0 des Verbrauches liegt. Die Möglichkeit, daß $\sigma \sim \sigma_0$ ist, besteht nur bei sehr großen Industrieanlagen, vor allem bei solchen mit hohem Wärmeverbrauch, wie z. B. gewisse chemische Prozesse oder auch Brikettfabriken. Ist $\sigma_{\text{wirt}} > \sigma_0$, so würde Überschußenergie anfallen. Es wäre gesamtwirtschaftlich gesehen nicht richtig, wollte man dann einen niedrigen Frischdampfdruck wählen, um σ und σ_0 in der Größenordnung einander anzupassen. Bedenkt man, daß je nach den in Frage kommenden Dampfdrücken bei großen Anlagen für die im Gegendruck erzeugte elektrische Energie Wärmeverbrauchsziffern in der Größenordnung von 1200—1500 kcal/kWh erreicht werden, so sollte sich durch eine Zusammenarbeit zwischen dem betreffenden Industriebetrieb und dem zuständigen Elektrizitätsunternehmen die Verwertung dieser Überschußenergie zu beiderseitigem Vorteil im öffentlichen Netz ermöglichen lassen.

Bei allen diesen Überlegungen ist noch zu berücksichtigen, daß sich die Stromkennziffer σ_0 des Betriebes durch Änderung der technologischen Verfahren oder durch Aufnahme neuer Produktionen im Laufe der Zeit verschieben kann. Ist eine solche Verschiebung mit einem steigenden Energiebedarf verbunden, wie in dem in Abb. 80 dargestellten Beispiel, wird man wirtschaftliche

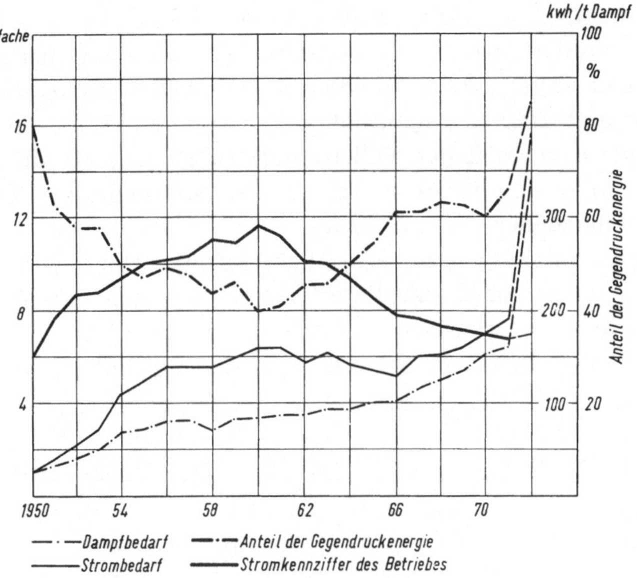

Abb. 80. Entwicklung von Dampf- und Stromverbrauch in einer Kartonfabrik

Vergleichsrechnungen anstellen müssen, ob eine notwendige Erweiterung des Heizkraftwerkes als getrennter Block mit einer den neuen Verhältnissen Rechnung tragenden Auslegung oder mit Rücksicht auf Reservehaltung oder andere Gegebenheiten unter Beibehaltung der bisherigen Dampfdaten als Sammelschienenanlage, geplant werden soll. Das hier Gesagte gilt auch, wenn es sich nicht um eine reine Gegendruckanlage (Schema *a* der Abb. 78), sondern um mehrere Dampfnetze mit verschiedenen Drücken (Schema *b*) handelt.

Wir haben bisher eine reine Heizkraftkupplung betrachtet und kamen dabei zur Feststellung, daß sich die Stromkennziffern σ und σ_0 praktisch nicht aneinander angleichen lassen, abgesehen davon, daß σ_0 selbst Schwankungen und Veränderungen unterworfen ist. Ein reiner Gegendruck- oder Entnahmegegendruckbetrieb erfordert einen zusätzlichen Strombezug aus dem öffentlichen Netz oder, was seltener ist, die Einspeisung von Überschußstrom in dieses. Es ist nun die Frage zu studieren, ob und in welchem Umfang ein kleineres σ durch einen ergänzenden Kondensationsbetrieb an σ_0 angepaßt werden kann, ein Fall, der durch die Schemen d und e in Abb. 78 erfaßt ist. Dabei kann es sich auch um eine mehrstufige Dampfentnahme handeln. Die Schaltung nach Schema d ist die normale; die Aufstellung eines getrennten nachgeschalteten Kondensationssatzes ist nur dann bei größeren Leistungen wirtschaftlich interessant, wenn bei sehr stark gestaffelten Stromtarifen der öffentlichen Versorgung, wie dies in Wasserkraftländern vielfach der Fall ist, der zusätzliche Kondensationsbetrieb nur in den Wintermonaten, also während eines Teiles des Jahres, finanziellen Nutzen bringt.

Damit kommen wir zur eigentlichen Frage: Unter welchen Voraussetzungen ist ein Heizkraftwerk für einen wärmeverbrauchenden Industriebetrieb wirtschaftlich? Es sei versucht, die zu vergleichenden Varianten in einem Schema einander gegenüberzustellen:

<table>
<tr><th rowspan="2">Bedarf</th><th rowspan="2">Variante I</th><th colspan="5">Variante II</th></tr>
<tr><th>A</th><th colspan="2">B</th><th colspan="2">C</th></tr>
<tr><td>Wärme</td><td>Heizwerk</td><td colspan="5">Heizkraftkupplung</td></tr>
<tr><td rowspan="3">Elektrische Energie</td><td rowspan="3">Fremdbezug</td><td>Zusätzlicher Fremdstrombezug</td><td colspan="2">Zusätzlicher Kondensationsbetrieb</td><td colspan="2">Zusätzlicher Kondensationsbetrieb und Fremdstrombezug</td></tr>
<tr><td rowspan="2"></td><td>Eigene</td><td>Fremde</td><td>Eigene</td><td>Fremde</td></tr>
<tr><td colspan="4">Reservehaltung</td></tr>
</table>

Zunächst ist grundsätzlich die Heizkraftkupplung mit der Aufstellung von Heizkesseln und Fremdstrombezug zu vergleichen. Da der Dampfdurchsatz durch die Turbine für die erreichbare Stromkennziffer σ maßgebend ist (siehe Abb. 79), so wird diese bei kleinen Anlagen so niedrig, daß der Gewinn aus der Heizkraftkupplung nicht mehr ausreicht, die Mehrkosten für eine Kraftanlage gegenüber einer reinen Heizanlage zu decken. Handelt es sich um kleine Anlagen, so muß eine Vergleichsrechnung erst nachweisen, ob die Variante II wirtschaftlich berechtigt erscheint. Es wird also hier eine Wirtschaftlichkeitsgrenze geben. Ist die Heizkraftkupplung wirtschaftlich vertretbar, so wird mit steigendem Wärmebedarf zunächst nur die Verwirklichung der Variante II A, also eine reine Gegendruck- oder Entnahmegegendruckanlage in Frage kommen, da die zusätzlichen Einrichtungen für den Kondensationsbetrieb die Investitionskosten zu sehr belasten. Auch der im Kondensationsbetrieb erzielbare Wärmeverbrauch wird hoch sein, so daß die durch den Kondensationsteil bedingten arbeits- und leistungsabhängigen Zusatzkosten mit den Ausgaben für einen äquivalenten Fremdstrombezug nicht in Wettbewerb treten können.

Erst von einer gewissen Größe der Anlage an, hat eine zusätzliche Kondensationsstromerzeugung wirtschaftliche Aussichten gegenüber einem Fremdstrombezug. Dies ist vor allem bei einer Schaltung nach Schema d zu erwarten, da der Kondensationsbetrieb die Kesselanlage einschließlich Hilfseinrichtungen und elektrischem Teil (Generator, Schaltanlage) nur mit den Zuwachskosten belastet, also die spezifischen Anlagekosten je kW-Kondensationsleistung verhältnismäßig niedrig sind. Auch entsteht kaum ein zusätzlicher Bedienungsaufwand, so daß sich spezifische kWh-Kosten ergeben, die mit dem Tarif des Überlandwerkes konkurrieren können. Das öffentliche Elektrizitätsunternehmen kann zwar den Strom in viel größeren Einheiten erzeugen, hat aber die Übertragungskosten in seinen Preis einzubeziehen. Ob man nun die Varianten B oder C wählt, muß auch eine Vergleichsrechnung belegen. Es wird im wesentlichen von den Bedingungen für die Zurverfügungstellung von Aushilfsstrom und von der Staffelung des Tarifes (Sommer und Winter) abhängen, ob man sich bei größeren Anlagen zur Aufstellung eines Kondensationsteiles und zu einem teilweisen Fremdstrombezug entschließt.

Beim *Fernheizkraftwerk* tritt im Gegensatz zum Industriekraftwerk eine Stromkennzahl des Betriebes nicht in Erscheinung. Da die erzeugte elektrische Energie im öffentlichen Netz abgesetzt wird, geht es daher nur um die Stromkennzahl σ des Gegendruckbetriebes bzw. des durch einen Kondensationsteil ergänzten Heizkraftwerkes. Neuzeitliche Fernheizkraftwerke, die der Wärmeversorgung von Wohnvierteln dienen, benützen immer mehr Heißwasser als Wärmeträger für ihr Netz. Es kommt daher die Schaltung nach Schema e, aber auch nach f (Beispiele: Bremen—Vahr, München—Sendling) zur Anwendung, wobei vielfach die Vorlauftemperatur im Heiznetz nach der Außentemperatur geregelt wird. Mitunter wird auch ein Dreileiternetz vorgesehen, in dem ein Vorlaufstrang mit veränderlicher Temperatur der Raumheizung, der andere mit konstanter Temperatur dem Anschluß der während des ganzen Jahres benötigten Warmwasserversorgung oder anderer ganzjähriger Wärmeabnehmer dient. Der Rücklauf ist gemeinsam (Beispiel FHKW Graz). Für die Wirtschaftlichkeit eines solchen Dreileiternetzes ist der Anteil des ganzjährigen, nicht von der Außentemperatur abhängigen Verbrauches entscheidend.

Fernheiznetze mit Heißwasser als Wärmeträger verfügen über eine große Speicherfähigkeit, so daß es im Betrieb möglich ist, die an kalten Tagen in den Morgenstunden auftretenden Heizspitzen durch eine vorherige Temperatursteigerung und darauffolgende Absenkung der Vorlauftemperatur um einen Wert $\Delta t°$ C abzufangen. Umgekehrt können bei Fernheizkraftwerken mit Kondensationsteil auch Bedarfsspitzen auf der Stromseite auf die Weise gedeckt werden, daß für Wärmeverbraucher die Speicherfähigkeit des Heiznetzes herangezogen und die damit frei werdende Dampfmenge dem Kondensationsteil zugeführt wird. Man kann auf diese Weise Kesselleistung einsparen.

Die Planung eines Fernheizkraftwerkes setzt ein Konzept voraus, das festlegt, welche Art von Verbrauchern und in welchem Umkreis man sie anzuschließen beabsichtigt, mit welchem Anschlußwert man von der Struktur des Versorgungsgebietes her überhaupt rechnen kann und wie im zu versorgenden Gebiet die Außentemperatur während des Jahres (Gradtage) aufgrund der meteorologischen Beobachtungen verläuft. Der zu erwartende Anschlußwert als eine entscheidende Planungsgrundlage wird davon abhängen, wie bisher die Beheizung und Warmwasserversorgung erfolgt und in welchem Umfang mit Neubauten oder Siedlungen zu rechnen ist. Es handelt sich dabei um die Feststellung des Anteiles von Zentralheizungsanlagen in bestehenden Gebäuden, der für die Umstellung auf Fernheizung in Frage kommt und in welcher Weise die Energieversorgung neuer Wohnviertel geplant ist (ein- oder mehrschienig). Hier spielen Überlegungen hinein, auf die im 40. Abschnitt noch zurückgekommen wird. Diese Ermittlungen sind notwendig, um die Wärmeverbrauchsdauerlinie des zu versorgenden Gebietes als Planungsgrundlage für das Fernheizkraftwerk festlegen zu können. Vom Verlauf dieser Kurve wird es auch abhängen, für welche Wärmeabgabe man den Gegendruckbetrieb auslegt und welchen Teil der in der kältesten Periode, also mit kleiner Benutzungsdauer auftretenden Heizspitze, man durch zusätzliche Heizkessel abdeckt. Abb. 81 zeigt die Wärmeverbrauchsdauerlinie und die elektrische Leistungserzeugung für ein geplantes Fernheizkraftwerk. Man muß sich auch entscheiden, ob man während der Sommermonate die Stromerzeugung aufrechterhalten oder den geringen Wärmeverbrauch aus reinen Heizkesseln decken

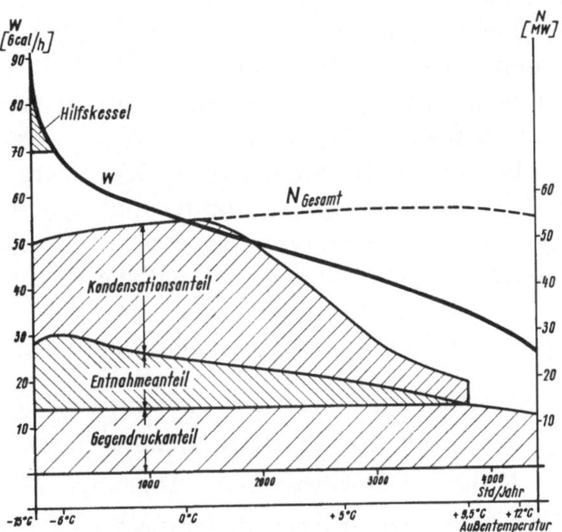

Abb. 81. Wärmeabgabe und Leistungsdargebot eines Fernheizkraftwerkes

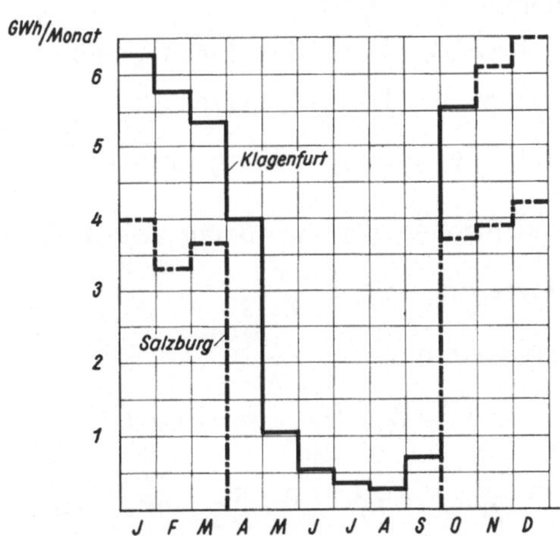

Abb. 82. Monatliche Stromerzeugung von Fernheizkraftwerken

will. In dem in Abb. 81 dargestellten Fall wurden die der winterlicher Spitzendeckung dienenden Heizkessel auch zur Versorgung des im Sommer verbleibenden, am Konstantstrang angeschlossenen

Verbrauches vorgesehen; eine Stromerzeugung außerhalb der Heizperiode wurde nicht in Aussicht genommen. Das Einsatzkonzept auf der elektrischen Seite hängt von der Art der Stromversorgung und des Verbundbetriebes ab und kann von Fall zu Fall unterschiedlich sein, wie Abb. 82 erkennen läßt. Die eine Anlage erzeugt auch in den Sommermonaten Strom, bei der anderen beschränkt sich die Stromabgabe auf das Winterhalbjahr.

Die Kosten der Energieumwandlung in einem Heizkraftwerk wurden im 13. Abschnitt abgeleitet. Sie sind bei einem Fernheizkraftwerk noch durch die Kosten des Heiznetzes zu ergänzen, wenn man die Wirtschaftlichkeit der Heizkraftkupplung für die öffentliche Wärme- und Stromversorgung feststellen will. Für den Fall eines Heißwassernetzes sei vorausgesetzt, daß der Energieverbrauch der Heißwasserumwälzpumpen im Eigenbedarf des Kraftwerkes eingeschlossen ist. Es werden folgende Bezeichnungen eingeführt:

W_A Wärmebedarf beim Abnehmer [Gcal/a],

W Wärmeabgabe ab Heizkraftwerk [Gcal/a],

k_{WA} Kosten der Wärme beim Abnehmer [S/Gcal],

k_W Kosten der Wärme ab Kraftwerk [S/Gcal],

a_L durchschnittliche, spezifische Anlagekosten des Fernheiznetzes [S/km],

α Jahresfaktor für das Leitungsnetz,

L Länge des Leitungsnetzes [km],

$\eta_L = \frac{W_A}{W}$ mittlerer Jahreswirkungsgrad des Leitungsnetzes,

$\varepsilon = \frac{W_A}{L}$ spezifischer Streckenbelag des Leitungsnetzes [Gcal/km · a].

Es gilt dann die Beziehung

$$W_A \cdot k_{WA} = W \cdot k_W + \alpha \cdot a_L \cdot L \quad [\mathrm{S/a}]$$

$$k_W = \frac{W_A}{W} \cdot k_{WA} - \alpha \cdot a_L \cdot \frac{L}{W} \cdot \frac{W_A}{W_A} =$$

$$= \frac{W_A}{W}\left(k_{WA} - \alpha \cdot a_L \frac{L}{W_A}\right)$$

$$k_W = \eta_L\left(k_{WA} - \frac{\alpha \cdot a_L}{\varepsilon}\right) \quad [\mathrm{S/Gcal}] \tag{33}$$

Man kann nun anstelle der Kosten den erzielbaren Wärmepreis

p_{WA} bzw. p_W setzen und anschreiben

$$p_W = \eta_L \left(p_{WA} - \frac{\alpha \cdot a_L}{\varepsilon} \right) \text{ [S/Gcal].} \tag{33a}$$

Ist also bei den Verbrauchern ein durchschnittlicher Wärmepreis p_{WA} erzielbar, so beträgt der Erlös ab Heizkraftwerk nur p_W. Die Fortleitungskosten für die Wärme hängen in starkem Maße vom Streckenbelag ε ab, zu dem sie verkehrt proportional sind. Die Wirtschaftlichkeit einer Fernheizung setzt also eine entsprechende Verbrauchsdichte voraus.

Vielfach wird bei Planungen vom zu erwartenden Anschlußwert W_0 Gcal/h ausgegangen. Ist ψ ein Faktor, der das Verhältnis höchste Wärmeleistung zum Anschlußwert erfaßt, so kann für die höchste Wärmeleistung

$$W_0 \cdot \psi \quad \text{[Gcal/h]}$$

angeschrieben werden. Es ist dann

$$W_0 \cdot \psi \cdot t_W = W_A \quad \text{[Gcal/a].}$$

t_w ist die Jahresbenutzungsdauer der Heizspitze. ψ liegt aufgrund von Statistiken etwa in der Größenordnung von 60 bis 75% [40].

Man kann nun die Wirtschaftlichkeitskennlinie des Fernheizkraftwerkes, Abb. 37, mit den Fortleitungskosten kombinieren und erhält so den Zusammenhang zwischen den anteilig umgelegten Kosten bzw. erzielbaren Erlösen. Für ein bestimmtes Projekt sind in Abb. 83 solche Wirtschaftlichkeitskennlinien dargestellt. Es wurden zwei Werte für den Streckenbelag angenommen. Da es sich bei Fernwärme um eine substituierbare Energieform handelt, so richtet sich der erzielbare Preis nach der Marktsituation. Soll die Fernwärme wettbewerbsfähig sein, darf dieser Grenzpreis nicht überschritten werden. Auch der vom Heizkraftwerk erzeugte Strom ist substituierbar. Er kann in anderen Kraftwerken erzeugt oder von dritter Seite bezogen werden. Damit ist jedenfalls auch auf der Stromseite das Preisniveau festgelegt. Diese zulässigen Preise sind durch die strichpunktierten Linien gekennzeichnet. Im gewählten Beispiel wäre das Fernheizkraftwerk für beide angenommenen Wärmedichten wirtschaftlich. Die erzielbaren Strom- und Wärmepreise decken die Kosten des Heizkraftwerkes, der Schnittpunkt der Linien liegt außerhalb der Kostencharakteristik. Wie man sieht, würde unter Zugrundelegung der erzielbaren Wärmepreise ein niedrigerer Strompreis genügen, um die Kosten des Heizkraftwerkes zu decken. Würde der Schnittpunkt innerhalb der Kostencharakteristik liegen, wäre das Fernheizkraftwerk unwirtschaftlich.

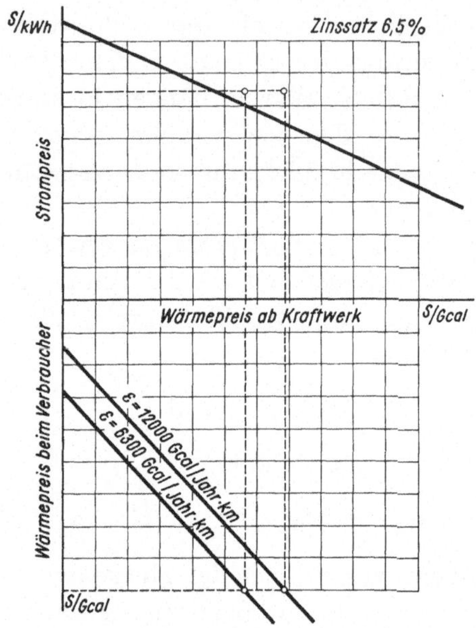

Abb. 83. Wirtschaftlichkeitskennlinien eines Fernheizkraftwerkes

Der zulässige Wärmepreis k_{WA} kann in weiten Grenzen schwanken, je nachdem, ob

1. kleine oder große Wärmeleistungen beim Verbraucher in Frage kommen (Abhängigkeit der Brennstoff-Einkaufspreise von der Abschlußmenge, Einfluß auf Eigenbetriebskosten und Umwandlungswirkungsgrad);

2. es sich um einen Ersatz betriebsfähiger Eigenerzeugungsanlagen oder um den Anschluß von Verbrauchern handelt, die eine Eigenanlage erst errichten oder ohnehin erneuern müssen. Im letzteren Falle erhöht sich der Äquivalenzpreis um den Kapitaldienst der Eigenanlage, während im ersteren Falle nur deren Betriebskosten einschließlich Brennstoff eingespart werden.

Fernheizkraftwerke, die hauptsächlich der Raumheizung dienen, haben noch einen energiewirtschaftlichen Vorteil. Der Anfall der elektrischen Energie in Gegendruckbetrieben entspricht in seinem zeitlichen Verlauf ungefähr den Leistungsanforderungen, die an Winterzusatzkraftwerke in Wasserkraftgebieten gestellt werden.

Die günstige Lage zu den Verbrauchsschwerpunkten und die vorhin geschilderten Möglichkeiten einer wirtschaftlichen Spitzendeckung begünstigt eine solche Verwendungsweise.

Die Wirtschaftlichkeit von Fernheizkraftwerken ist danach von verschiedenen Voraussetzungen abhängig und bedarf von Fall zu Fall einer sorgfältigen Überprüfung. In diesem Zusammenhang ist vielleicht die Entwicklung von Kosten und Erlösen von drei österreichischen Fernheizkraftwerken interessant, die in Abb. 84

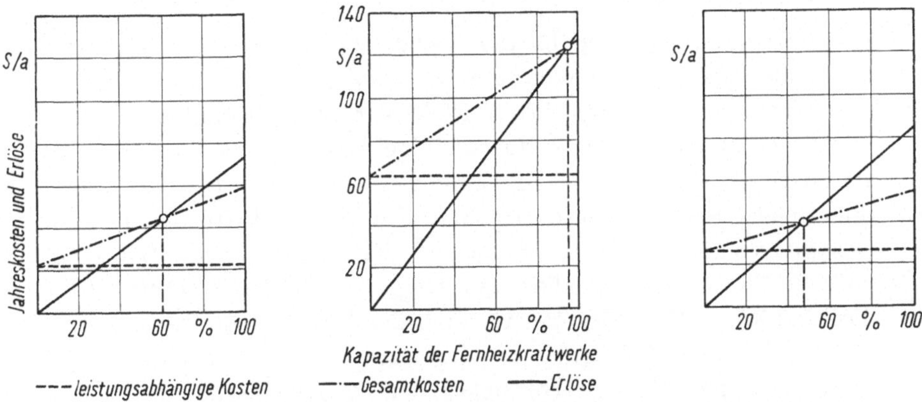

Abb. 84. Kostenstruktur und Erlöse von Fernheizkraftwerken

in ihrem Verlauf wiedergegeben sind. Man kann daraus den Schluß ziehen, daß Fernheizkraftwerke jedenfalls eine ziemlich lange wirtschaftliche Anlaufzeit aufweisen, bis von einer Rentabilität gesprochen werden kann. Sie tritt bei den behandelten Beispielen erst bei Auslastungen von 50 bis 60, in einem Fall sogar erst bei 95% ein.

Neben dieser rein wirtschaftlichen Beurteilung sind Vorteile der Fernheizung nicht außer acht zu lassen, die zahlenmäßig nicht zu erfassen sind, aber städtebauliche und kommunalwirtschaftliche Bedeutung haben. Es sind hier zu nennen: Der Wegfall der Brennstofflagerung in den Häusern und das Freiwerden der Räume für andere Zwecke, die Vermeidung der Brennstofftransporte und -abladung, sowie der Aschenabfuhr in den Straßen, der Fortfall der zahlreichen Schornsteine mit ihrer Abgas- und Rußbelastung usw.

Einen Eindruck von der Bedeutung der Heizkraftwerke der öffentlichen Versorgung gibt eine Statistik über die bestehenden

Anlagen in Westdeutschland [40], aus der im nachstehenden einige hier interessierende Zahlen für das Jahr 1970 wiedergegeben sind.

Gesamte Wärmeabgabe	20,79	10^6 Gcal/a
Wärmehöchstlast	6121,7	Gcal/a
Mittlere Benutzungsdauer	3396	h/a
Nutzbare Stromerzeugung	5322,6	GWh/a
Stromkennzahl σ	256	kWh/Gcal
Streckenbelag ε	7,7	Gcal/a · km

Die nutzbare Stromabgabe der Fernheizkraftwerke macht allerdings nur einen Anteil von rund 3% der gesamten Stromabgabe der westdeutschen öffentlichen Elektrizitätsversorgung aus.

Diese Zahlen seien noch durch einige Angaben aus der Betriebsstatistik des österreichischen Bundeslastverteilers [9] über österreichische Heizkraftwerke ergänzt. Im Jahre 1970 betrug die Gesamterzeugung der thermischen Kraftwerke der *Industrie* 2576 GWh, davon entfallen auf Gegendruckanlagen 1166 GWh, das sind 45%. Der Gesamtverbrauch der Industrie stellte sich auf 7922 GWh. Die Erzeugung in Gegendruckanlagen machte somit rund 15% des Gesamtverbrauches der österreichischen Industrie aus. Die Fernheizkraftwerke der öffentlichen Elektrizitätsversorgung verfügten im Jahre 1970 über eine Engpaßleistung von rund 180 MW, sie gaben 571 GWh ab. Die Benutzungsdauern lagen zwischen 2700 und 5300 h/a. Ihr Anteil an der Deckung der Gesamtabgabe der öffentlichen Elektrizitätsversorgung betrug knapp 3%, der gleiche Betrag, wie vorhin für die BRD festgestellt wurde.

VIII. Die Anwendung der Kernenergie in der Energieversorgung

34. Überblick über Reaktortypen und Brennstoffwirtschaft[3]

Die Energieausbeute aus Atomkernen nach dem Kernspaltungs- (Fission) bzw. Kernverschmelzungsprozeß (Fusion) ist um sechs Größenordnungen höher als die Energieausbeute aus Prozessen in der Elektronenhülle des Atoms, wie dies bei Verbrennung von fossilen Brennstoffen der Fall ist. Kernkraftwerke sind daher durch

[3] Bei Abfassung dieses Abschnittes wurde der Verfasser von Herrn Dir. Dipl.-Ing. *Held* der STEWEAG mit Unterlagen unterstützt und beraten. Es sei ihm hier herzlichst gedankt.

den Verbrauch geringer Brennstoffmengen gekennzeichnet. Diesem relativ geringen Brennstoffverbrauch steht als Nachteil gegenüber, daß ein stationärer Kernspaltungsprozeß zwar unter Umweltbedingungen, jedoch nur bei Vorhandensein einer Mindestbrennstoffmenge, der kritischen Masse, durchführbar ist. Der Fusionsprozeß ist unter Umweltbedingungen überhaupt nicht möglich. Ihn stationär aufrechtzuerhalten setzt neben einer Temperatur von einigen 10^{8}° C auch noch voraus, daß das Produkt aus Teilchendichte und Lebensdauer des heißen Gases einen bestimmten Wert nicht unterschreitet. Obwohl die Möglichkeit der Kernverschmelzung theoretisch früher erkannt wurde als die der Kernspaltung, ist seine Verwirklichung auch im Laboratoriumsmaßstab stationär noch nicht gelungen. Die zu lösenden wesentlichen Probleme können durch die extrem hohe Temperaturdifferenz zwischen dem Plasma und der in der Nähe des absoluten Nullpunkt liegenden Temperatur der Magnetspule auf verhältnismäßig kurze Distanz umrissen werden. Dazu kommt noch die Beanspruchung des das Plasma umschließenden Rohres durch den sehr hohen spezifischen Wärmestrom und dessen Versprödung durch die Neutronenflußdichte. Seiner Arbeitsweise nach fällt der Fusionsreaktor unter die Brutreaktoren. Wenn auch eine Verwirklichung der Kernfusion zeitlich noch nicht abzusehen ist, so läßt sich aus technischen Überlegungen, wie ein solches Kraftwerk aussehen könnte, schließen, daß aus konstruktiven und physikalischen Gründen ein Kernkraftwerk mit Fusionsreaktoren eine Blockleistung von mindestens 3000 bis 5000 MW haben dürfte. Der Brennstoffverbrauch kann je 1000 MW bei 6000 Benutzungsstunden auf 2 t/a Deuterium und 3 t/a Tritium geschätzt werden [54]. Die Kernfusion würde aller Wahrscheinlichkeit nach die Energiebereitstellung nicht nur verbilligen, sondern auch das Dargebot an Primärenergie um etwa fünf Zehnerpotenzen vergrößern, verständlich daher die Bemühungen der Wissenschaftler, für die oben angedeuteten Probleme eine Lösung zu finden.

Nach diesem Ausblick in eine fernere Zukunft seien die nachstehenden Ausführungen der praktischen Verwirklichung der Kernspaltung und einer Übersicht über jene Reaktortypen und Kraftwerksschaltungen gewidmet, die sich in der Praxis durchgesetzt haben bzw. in aussichtsreicher Entwicklung stehen. Fragen wir nach dem wesentlichen Unterschied des Ablaufes des Kernspaltungsprozesses gegenüber der Verbrennung fossiler Brennstoffe, so läßt sich dieser vielleicht wie folgt kurz kennzeichnen:

1. Der in den Reaktionsraum eingebrachte Brennstoff wird nur teilweise, nämlich zu 3—10% verbraucht. Die Ursache liegt in der Notwendigkeit einer „kritischen" Brennstoffüllung, um den Prozeß aufrechtzuerhalten. Wegen des hohen Restwertes des verbrauchten Brennstoffes muß er wiederverwendet werden, nachdem er von der Asche — den Spaltprodukten — gereinigt wurde (Wiederaufbereitungsanlagen).

2. Die Spaltprodukte sind hoch radioaktiv und müssen daher im Reaktionsraum verbleiben bis sie beim Brennelementenaustausch mit den Brennstäben aus dem Reaktor ausgeschleust und in der Wiederaufbereitungsanlage entfernt werden. Während sie im Reaktorraum nur im Falle von Schäden eine latente Gefahr darstellen, muß dieser sogenannte „Atommüll" aus der Aufbereitungsanlage weggeschafft und irgendwo untergebracht werden. Diese Notwendigkeit verlangt umfangreiche Sicherheitsvorkehrungen aktiver wie passiver Art, die recht erhebliche Kosten verursachen. Die Festlegung des Standortes von Wiederaufbereitungsanlagen ist daher ein wesentlich heikleres Problem als die Wahl der örtlichen Lage der Kernkraftwerke selbst.

3. Aus dem Uranisotop U_{238} und Thorium 232 wird im Reaktor neuer spaltbarer Brennstoff Plutonium 239 und Uran 233 zusätzlich zur Wärmeerzeugung gewonnen. Nur dadurch können nicht nur die allein spaltbaren 0,7% des Uranisotops 235, sondern auch ein Teil des normalerweise nicht spaltbaren Uranisotops 238 sowie die großen Vorräte des ebenfalls nicht spaltbaren Thorium 232 ausgenützt werden. Die meisten der heute üblichen Reaktoren erlauben eine Brennstoffausnützung bis zu 7%. Der Vorteil der sogenannten Brutreaktoren liegt in einer Ausnützung in der Größenordnung von 70 bis 80%. Auf die Brennstoffwirtschaft wird noch weiter unten eingegangen werden.

a) Die Schaltung von Kernkraftwerken und die Reaktortypen. Nach dem gegenwärtigen Stand der Technik ist die Nutzbarmachung der bei der Kernspaltung freiwerdende Energie nur über die Energieform Wärme möglich. Es ist also das mit fossilen Brennstoffen betriebene Wärmekraftwerk das Vorbild für das Kernkraftwerk, der Dampfkessel bzw. Gaserhitzer wird durch den Reaktor ersetzt. Wir wollen daher bei Erläuterung der Schaltung von Kernkraftwerken vom konventionellen Kraftwerk ausgehen, wie dies auch in Abb. 85 geschehen ist. Die beiden links übereinander gezeichneten Schaltschemen zeigen die beiden Vorbilder aus dem konventionellen Kraftwerksbau: Das Dampfkraftwerk und den geschlossenen Gasturbinenprozeß, bei dem anstelle des Dampfkessels ein mit fossilen Brennstoffen befeuerter Luft- bzw. Heliumerhitzer tritt. Rechts daneben sind jeweils die abgewandelten Schaltungen für Kernkraftwerke im Prinzip dargestellt. Die Schaltungen 1 und 2 gelten für sogenannte *thermische* Reaktoren. Das sind Reaktoren, bei denen die schnellen Spaltungsneutronen aus Gründen eines geringen Spaltstoffinventars abgebremst werden, so daß sie nur noch die thermische Bewegung entsprechend ihrer Betriebstemperatur besitzen. Bei diesem Reaktortyp ist die Wahl des Moderators das entscheidende Kriterium, weshalb er nach ihm benannt wird.

Schaltungsmäßig unterscheiden wir zwischen direktem (1) und indirektem Kreislauf (2). Die Reaktortypen ordnen sich nach folgendem Schema in die dargestellten Schaltbilder ein:

Reaktortype		Moderator	Kühlmittel	Schaltbild
Leichtwasser	Siedewasser (S)	H_2O	H_2O	1
	Druckwasser (D)	H_2O	H_2O	2
Schwerwasser	Siedewasser (S)	D_2O	H_2O	1
	Druckwasser (D)	D_2O	D_2O	2
Gasgekühlte Reaktoren		Graphit	CO_2	2
		Graphit	He	2

Der Schwerwassertyp ist in einigen Fällen verwirklicht worden, liegt aber gegen den gasgekühlten und vor allem den leichtwassergekühlten Reaktoren im Hintertreffen. Das Schaltbild 3 bezieht sich auf die sogenannten „*schnellen Brüter*". Das sind Reaktoren, bei denen die schnellen Spaltungsneutronen aus Gründen einer hohen Neutronenausbeute pro Spaltung möglichst auf ihrer hohen Geschwindigkeit bleiben sollen. Bei diesen Reaktortypen ist das Kühlmittel das entscheidende Kriterium. Zwei Typen schneller Brutreaktoren sind in der Entwicklung. Sie unterscheiden sich durch das Kühlmittel und zwar in einem Fall Natrium (Schaltbild 3), im anderen Helium (Schaltbild 2). Von den beiden genannten Kühlmitteln zeigt Natrium mit oxydischen, insbesondere aber karbidischen Brennstoffen die optimalen Verhältnisse. Deshalb wird dieser Type in allen Ländern die Priorität eingeräumt. Helium als Kühlmittel wird zunehmend in die Entwicklungsprogramme aufgenommen. In der umstehenden Zahlentafel sind die das Kraftwerk als gesamtes kennzeichnende Daten vom Brennstoff bis zum Wirkungsgrad der Stromerzeugung mit Wasserdampf als Betriebsmittel zusammengestellt.

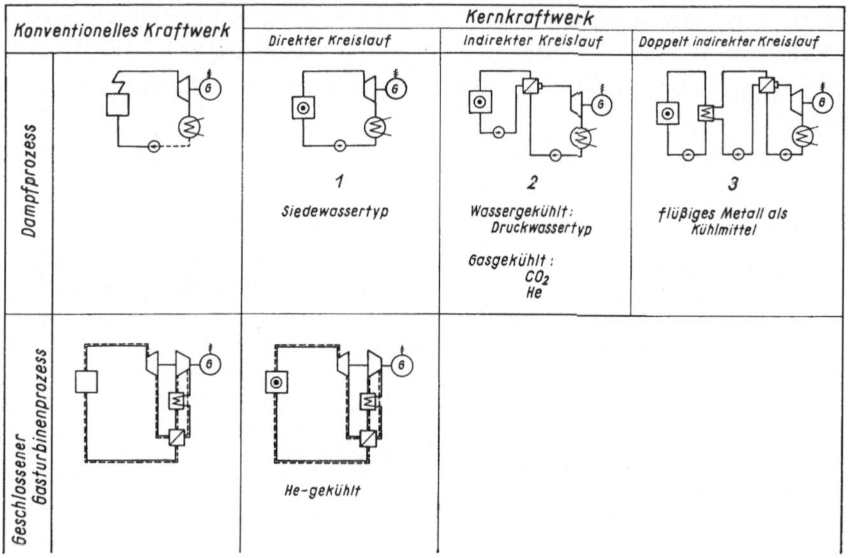

Konventionelles Kraftwerk		Kernkraftwerk		
		Direkter Kreislauf	Indirekter Kreislauf	Doppelt indirekter Kreislauf
Dampfprozess		1 Siedewassertyp	2 Wassergekühlt: Druckwassertyp Gasgekühlt: CO_2 He	3 flüßiges Metall als Kühlmittel
Geschlossener Gasturbinenprozess		He-gekühlt		

Abb. 85. Grundsätzliche Schaltbilder von Kernkraftwerken mit verschiedenen Reaktortypen

Die untere Reihe der Abb. 85 geht vom geschlossenen Gasturbinenprozeß aus. Es handelt sich um den sogenannten AK-Prozeß, vorgeschlagen von *Ackeret* und *Keller* [56], der auf Basis fossiler Brennstoffe mit Heißluft als Wärmeträger arbeitet und einige Male, besonders für Heizkraftkupplungen verwirklicht wurde. Verschiedene Vorteile, vor allem der wesentlich geringere Kühlwasserverbrauch, aber auch solche wirtschaftlicher Art, machen ihn für Kernkraftwerke interessant. Der Lufterhitzer wird durch einen He-gekühlten Hochtemperaturreaktor, die Heißluftturbine durch eine He-Turbine ersetzt. Auch diese Möglichkeit befindet sich zurzeit im Entwicklungs- und Versuchsstadium.

b) Brennstoffwirtschaft. Die in Abb. 85 und der dazugehörigen Zahlentafel erfaßten Reaktortypen unterscheiden sich nach Mode-

Kennzeichnung der Reaktortypen mit Wasserdampf als Betriebsmittel nach *Frewer* [45]

Typ		Graphitmoderiert			Wassermoderiert		Schneller Brüter
		Natur-U	AGR	HTR	S-Wasser	D-Wasser	
Schaltbild		2	2	2	1	2	3
Brennstoff		U_{nat}	< 2% U_{235}	> 90% U_{235}	< 3% U_{235}	< 3% U_{235}	UO_2–PuO_2 > 20%
Moderator		Graphit			H_2O		
Kühlmittel		CO_2		He	H_2O		Na
Druck at		30	31,6	30,5	171	145	Atmosphärendruck
Temperatur °C		400	675	746	286	300	580
Betriebsmittel	at	34	162	163	71	151	170
H_2O-Dampf	°C	390	565	538	286	265	540
η_{netto}		0,29	0,41	0,42	0,32	0,32	0,4

rator, Kühlmittel, Anreicherungsgrad, aber auch nach der Neutronengeschwindigkeit. Die Folge ist eine sehr unterschiedliche Ausnutzung des Brennstoffes. Könnte man nur allein die 0,7% U_{235} verbrennen, so würde die Kernspaltung keinen nennenswerten Beitrag zur Weltenergieversorgung leisten. Auf die Möglichkeiten, die Brennstoffausnutzung zu vergrößern, wurde bereits eingangs dieses Abschnittes hingewiesen. Sie sind im Zusammenhang mit den Kosten der Energieumwandlung für die verschiedenen Reaktortypen zu sehen. Neben der Wechselwirkung zwischen Wirtschaftlichkeit und Brennstoffausnutzung spielt auch noch die Sicherheitsfrage eine Rolle. Es geht nun darum, zwischen diesen drei Faktoren die richtige Abstimmung zu finden. Da wir erst am Anfang der Verwendung der Kernbrennstoffe stehen, und selbst die billigen Vorräte recht groß sind, befinden sich heute die Sicherheit und die

Wirtschaftlichkeit an erster Stelle. Dies wird sich aber in den nächsten Jahrzehnten ändern.

Welche Brennstoffe kommen nun für den Einsatz in Kernkraftwerken in Frage? Es ist zu unterscheiden zwischen *Spaltstoffen* oder *fissilen* Stoffen, wie sie auch genannt werden und *fertilen* Stoffen, das sind solche, die selbst nicht spaltbar sind, aber durch Neutroneneinfang in spaltbaren Brennstoff umgewandelt werden können. Es fallen unter

die fissilen Stoffe: U_{233}, U_{235}, Pu_{239}, Pu_{241}

und unter

die fertilen Stoffe: Th_{232}, U_{238}.

Die letztgenannten können, wie schon erwähnt, in U_{233} und Pu_{239} umgewandelt werden. Reine fissile oder fertile Stoffe bzw. ein Gemisch aus fissilen oder fertilen Stoffen werden als Kernbrennstoffe bezeichnet. Die Brennstoffe der Fissionsreaktoren werden je nach Hülsenmaterial und Kühlmittel, sowie aufgrund ihrer sonstigen physikalischen Eigenschaften, insbesondere der Wärmeleitfähigkeit, in verschiedenen chemischen Verbindungen verwendet. In die im Abschnitt a) aufgezählten Reaktortypen werden zurzeit nur Oxyde eingesetzt, Karbide und Nitrite sind in Erprobung.

Zur Definition der Brennstoffausnutzung hat man den Begriff der *Konversionsrate* eingeführt. Sie gibt das Verhältnis von überschüssig erzeugten zu eingesetztem Spaltstoff an. Ist das Verhältnis größer als 1, wird also mehr Spaltstoff erzeugt als verbraucht, spricht man von einem Brutreaktor. Ist es kleiner als 1, spricht man von einem thermischen oder Konverterreaktor. In der untenstehenden Zahlentafel sind auch die Konversionsraten für verschiedene Reaktortypen angegeben. Die niedrigsten Werte weisen die H_2O-gekühlten Reaktoren auf. Sie sind aber gegenwärtig trotzdem die wirtschaftlichsten. In der Tabelle ist neben der Konversionsrate noch die Brennstoffausnutzung selbst angeführt. Sie gibt an, wieviel Prozent der Vorräte an Uran verbrannt werden können und ist aufgrund der Konversionsrate für Reaktoren mit einer solchen kleiner als 1 nach der Beziehung

$$\text{Brennstoffausnutzung} = 0{,}71 \cdot \frac{1}{1 - KR}$$

zu errechnen. Für die Reaktoren mit einer Konversionsrate größer als 1, also für Brüter ist die sogenannte *Verdopplungszeit* der

Konversionsraten, Brennstoffausnützung und Verdoppelungszeit von Reaktoren

	Natur-Uran-reaktor	Reaktoren mit angereichertem Uran		Brut-reaktoren
		H_2O	HTR	
Konversions- bzw. Brutrate	0,45	0,2	0,6	1,1–1,4
Brennstoff-ausnutzung [%] ..	1,3	0,9	1,8	~ 70
Verdoppelungs-zeit [a]	–	–	–	14–4

Reaktorleistung eine Kenngröße. Sie gibt an, in welcher Zeit aus dem im ersten Reaktor anfallenden überschüssigen fissilen Material in einem zweiten Reaktor die gleiche thermische Leistung im stationären Betrieb abgegeben werden kann. Ist die Verdopplungszeit der Reaktorleistung gleich dem Verbrauchszuwachs des betreffenden Versorgungsgebietes, so wäre dieses vom Spaltstoff her gesehen autark. Es muß lediglich billiger fertiler Brennstoff eingekauft werden. Bei einer kleineren oder gar negativen Verdopplungszeit (Halbwertszeit) muß zusätzlich teurer Spaltstoff eingekauft werden. Die Tabelle enthält auch die Verdopplungszeit für die Brutreaktoren.

Für die Brennstoffwirtschaft von Kernreaktoren ist charakteristisch, daß der in den Reaktor eingesetzte Brennstoff nicht vollständig verbrennt und daß gleichzeitig neben der Energieumwandlung in Wärme weiteres fissiles Material erzeugt wird. Das Kernkraftwerk muß also nicht ausschließlich neuen Brennstoff erhalten, sondern es kann gegebenenfalls der in einer Wiederaufarbeitungsanlage gereinigte alte Brennstoff rückgeführt werden. Es gibt daher je nach Reaktortyp verschiedene Brennstoffkreisläufe. In Abb. 86 wurde der Versuch unternommen, die Brennstoffkreisläufe von im Betrieb aber auch in Entwicklung befindlichen und für die Zukunft der Kernenergieanwendung interessierenden Reaktortypen in einem grundsätzlichen Schema einander gegenüberzustellen. Schema 1 gilt für einen mit dem Gemisch des natürlichen Urans (U_{235}/U_{239}) betriebenen Reaktor. Es handelt sich dabei um den Graphit-moderierten mit CO_2 gekühlten Typ, dessen sonstige Daten in der Tabelle auf Seite 247 in der ersten senkrechten Spalte angeführt sind. Hier haben wir es mit einem reinen Brennstoffdurchlauf zu tun. Der Überschuß besteht nur aus abgereichertem Uran und dem Spaltstoff Pu_{239}.

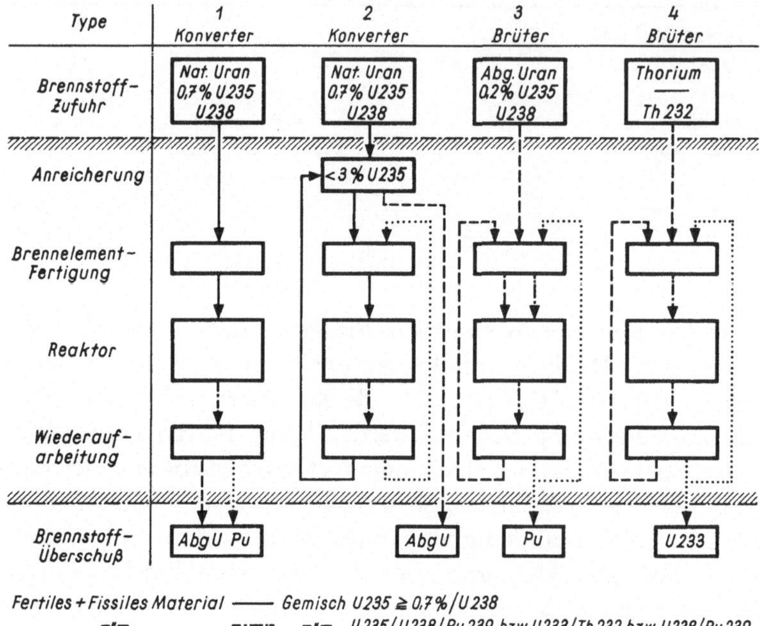

Abb. 86. Schematische Darstellung der Brennstoffkreisläufe von Kernkraftwerken

Die mit angereichertem Uran gespeisten thermischen Reaktortypen werden dagegen im Brennstoffkreislauf betrieben (Schema 2). Das den Reaktor verlassende Brennstoffgemisch wird nach der in der Wiederaufbereitungsanlage erfolgten Trennung von Pu_{239} mit diesem wieder bei der Brennelementenfertigung vermischt und in den Reaktor eingesetzt. Da nicht genügend Pu_{239} erzeugt wird, muß zusätzlich neuer Spaltstoff U_{235} zugeführt werden. Als Brennstoffüberschuß bleibt lediglich das abgereicherte Uran, das bei der Anreicherung als Abfall anfällt.

Das System der Brutreaktoren wird ausschließlich im Brennstoffkreislauf gefahren. Es braucht im Gleichgewicht, d. h. nach der Anfahrphase nur mehr fertiles Material als neuen Brennstoff. Das kann U_{238} oder Th_{232} sein (Schemen 3 und 4). Die Brutreaktoren erzeugen ja sogar mehr Spaltstoff als sie selbst verbrauchen. Der Brennstoffüberschuß besteht daher aus dem Spaltstoff Pu_{239} bzw. U_{233}, der entweder wieder in Brutreaktoren oder in die angereicherten Konverterreaktoren (Schema 2) anstelle von U_{235} eingesetzt werden kann.

35. Wirtschaftliche Gesichtspunkte für den Einsatz von Kernkraftwerken in der Energieversorgung

Im 11. Abschnitt wurde die Formel für die Stromerzeugungskosten von Kernkraftwerken abgeleitet und deren Zusammensetzung dargelegt. Es ging daraus hervor, daß die Kosten des Brennmaterials, wie es in den Reaktor eingesetzt wird, nicht nur aus den reinen Brennstoffkosten bestehen, sondern auch noch eine Reihe von Aufwendungen, vor allem für die Herstellung der Brennstäbe, bei bestimmten Reaktortypen auch für die notwendige Anreicherung des Natururans und für die Wiederaufarbeitung einschließt. Diese Aufwendungen sind je nach Reaktortyp verschieden [62]. In der nachstehenden Tabelle ist die Zusammensetzung der Kosten des Kernbrennstoffes für eine in Ausführung begriffene Anlage mit einem Leichtwasserreaktor angeführt, dessen Brennstoffkreislauf dem Schema 2 in Abb. 86 entspricht.

	%	%
Aufwand:		
Uran	33	
Konversion und Anreicherung	34	
Fertigung der Brennelemente	34	
Steuern	13	
Transport	2	
Wiederaufbereitung und Rückkonversion	6	122
Erlös:		
Plutonium	12	
Uran	10	22
		100

Der Aufwand für das Uran selbst macht etwa ein Drittel der Kosten des im Reaktor einsetzbaren Brennstoffes aus. Je ein weiteres Drittel entfällt auf die Anreicherung und die Brennelementenfertigung.

Es würde über den Rahmen dieses Buches hinausgehen, wollte man hier die wirtschaftlichen Probleme, die mit der Anwendung der Kernenergie in der Energieversorgung zusammenhängen, im einzelnen behandeln. Dies gilt um so mehr, als über die Kosten der verschiedenen Ausführungsformen von Kernkraftwerken noch keine endgültigen Aussagen gemacht werden können. Zum Teil haben diese erst vor nicht allzu langer Zeit den Übergang von Prototypanlagen zur kommerziellen Anwendung gefunden, daher die Preisstellung der einschlägigen Lieferindustrie auch noch nicht auf einer sicheren Basis beruht, zum anderen Teil befinden sie sich erst im Entwicklungsstadium (Brutreaktoren) oder laufen als Prototypanlagen (z. B. Hochtemperaturreaktor mit He-Kreislauf) vielfach mit finanzieller Förderung durch öffentliche Körperschaften. Es sei daher hinsichtlich Einzelfragen auf die einschlägigen Veröffentlichungen (unter anderem [54—59]) und Tagungsberichte verwiesen. Es liegt aber im Leitgedanken dieses Buches, grundsätzlich die wirtschaftlichen Eigenschaften von Kernkraftwerken und ihre Auswirkung auf die zukünftige Gestaltung der Energieversorgung zu betrachten. Diese sollen nun im Anschluß an den vorhergehenden Abschnitt, der sich, soweit es notwendig erschien, mit den technischen Voraussetzungen beschäftigt hat, geschehen. Solche, vom Standpunkt der allgemeinen Energiewirtschaft interessierende Fragen sind:

1. Die Größenordnung der wirtschaftlichen Blockleistungen und die daraus zu ziehenden Folgerungen für das Ausbaukonzept und die gesellschaftliche Organisationsform der Elektrizitätsversorgung.
2. Die Kostencharakteristik von Kernkraftwerken im Vergleich mit herkömmlichen Anlagen.
3. Der Einfluß einer Änderung der Preise von Kernbrennstoffen und fossilen Brennstoffen auf die Erzeugungskosten des elektrischen Stromes.

Zunächst also die Frage: Wie liegen die spezifischen Anlagekosten von Kernkraftwerken gegenüber denen konventioneller Anlagen? Es ist nicht ganz leicht hier zu einigermaßen zutreffenden Relationen zu kommen, streuen doch die in der Fachliteratur veröffentlichten Angaben ebenso wie die von der Lieferindustrie genannten. Dazu tritt noch eine gewisse Unsicherheit ganz allgemein in der Kostenerfassung, hervorgerufen durch die in den letzten Jahren in einer Reihe von Ländern fühlbar werdenden Preisbewegungen. Sichtet man das vorliegende Material, so wird man feststellen, daß wohl der Verlauf der Kosten in Abhängigkeit von der Blockleistung verhältnismäßig gut durch mittlere Kurven erfaßt werden kann. Schwieriger ist es aber für die beiden Vergleichskurven, die Bezugspunkte für ihre Zuordnung zueinander festzulegen. Hier wurde von zwei ziemlich zu gleicher Zeit in Angriff genommenen Anlagen ausgegangen, einem Kernkraftwerk mit Siedewasserreaktor und einem Ölkraftwerk. In Abb. 87 ist dieser

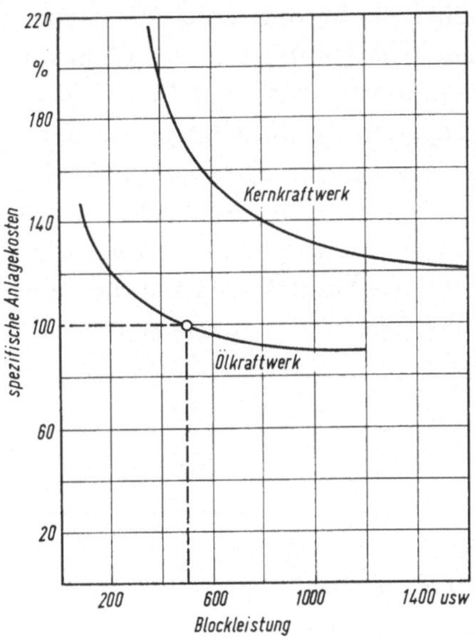

Abb. 87. Abhängigkeit der spezifischen Anlagekosten von der Blockleistung

Vergleich der spezifischen Anlagekosten durchgeführt. Es wurde dabei bewußt auf die Wiedergabe von absoluten Kostenziffern verzichtet, da es für diese Überlegungen im wesentlichen auf die Relationen ankommt, deren Gültigkeit zeitlich eher Bestand hat. Auch in den beiden folgenden Abbildungen wurde aus dem gleichen Grunde von absoluten Maßstäben abgesehen. Der Vergleich der beiden Kurven läßt erkennen, daß die Kostenkurve für das Kernkraftwerk eine etwas größere Degression aufweist und gegenüber derjenigen für das Ölkraftwerk nach oben und rechts verschoben ist. Aus der Lage der Kurven kann gefolgert werden, daß bei einem Vergleich der spezifischen Anlagekosten, deren Höhe für die leistungsabhängigen Kosten maßgebend ist, das Kernkraftwerk wirtschaftlich um so günstiger abschneidet, je größer seine Blockleistung ist. Tatsächlich ist aus diesem Grund ein Trend zu immer größeren Leistungen festzustellen. Während die ersten auf kommerzieller Grundlage errichteten Kernkraftwerke noch Blockleistungen in der Größenordnung von 300 bis 400 MW aufwiesen, liegen die folgenden demnächst in Betrieb kommenden Anlagen bereits bei 600—700 MW. In letzter Zeit erteilte Aufträge oder Planungen beziehen sich, abgesehen von Prototypanlagen, auf Größenordnungen von 900 bis 1300 MW.

Wie schon mehrfach betont, sind die Stromerzeugungskosten bei wirtschaftlichen Überlegungen nicht allein maßgebend, es muß auch die Auswirkung einer so großen Blockleistung auf das betreffende Versorgungssystem berücksichtigt werden. Es sei in diesem Zusammenhang an die Darlegungen im 18. Abschnitt erinnert. Ein kleiner Vergleich, zwei zur Zeit in Ausführung befindliche Kernkraftwerke betreffend, veranschaulicht am besten die Probleme, um die es dabei geht. Es handelt sich um das vom RWE in Angriff genommene KKW-Biblis und um das erste österreichische Kernkraftwerk Tullnerfeld.

	KKW-Biblis	KKW-Tullnerfeld
Leistung [MW]	1 150	700
Voraussichtliche Netzspitze zum Zeitpunkt der Inbetriebnahme [MW]	19 000	4 800
Anteil des KKW an der Netzspitze [%]	6	14,6
Versorgungsdichte des Gebietes, in das das KKW einspeist (1967) [kWh/a · km²]	575 000	190 000

Im Falle des RWE handelt es sich um die Belastungsspitze dieses Unternehmens, beim österreichischen Kernkraftwerk um die Netzspitze des gesamten österreichischen Verbundsystems, beim Versorgungsgebiet im ersten Falle um die westdeutschen Bundesstaaten Nordrhein-Westfalen, Saarland, Hessen und Rheinpfalz, im zweiten um das gesamte österreichische Wirtschaftsgebiet. Man wird vielleicht gegen eine solche Gebietsbegrenzung einwenden, daß heute ein europäisches Verbundnetz besteht, in dem, wie im 41. Abschnitt noch näher ausgeführt wird, zwischen den Versorgungsbereichen, aber auch den einzelnen Staaten ein Stromaustausch besteht. Wenn auch Lieferverträge und Abmachungen über

Aushilfen bei Störungen oder in Schadensfällen bestehen, so müssen gerade in Einhaltung solcher Verträge die einzelnen Partner mit ihren Problemen, soweit sie über diese Vereinbarungen hinausgehen, selbst fertig werden.

Im vorstehenden Zahlenvergleich sind bereits die Fragen enthalten, die durch solche große Blockleistungen aufgeworfen werden:

1. Die wirtschaftliche Anlaufzeit,
2. die Reservehaltung,
3. die Verteilung der erzeugten Energie.

Zunächst kann man aus den angegebenen Werten, vor allem aus dem für die wirtschaftliche Anlaufzeit und die Reservehaltung maßgebenden Lastanteilskoeffizienten

$$\lambda = \frac{\text{Blockleistung}}{\text{Netzspitze}}$$

erkennen, daß in verhältnismäßig kleinen Wirtschaftsgebieten, wie Österreich, ein Kernkraftwerk in einer nach heutigen Begriffen wirtschaftlichen Größenordnung den Rahmen eines einzelnen Versorgungsunternehmens sprengt. Es bietet sich deshalb die Lösung als *Gemeinschaftskraftwerk* mit den an einem solchen Kernkraftwerk interessierten Gesellschaften als Partnern an. Beim ersten österreichischen Kernkraftwerk sind die Verbundgesellschaft und 6 Landesversorgungsunternehmen beteiligt, die gemeinsam entsprechend ihrem Dargebotsanteil für die Finanzierung und Reservehaltung aufzukommen haben. Auch auf die gesamte österreichische Elektrizitätsversorgung bezogen, erscheint dieser 700-MW-Block noch immer sehr groß. Der Lastanteilskoeffizient ist trotz ungefähr halber Leistung mehr als doppelt so hoch wie der für die Anlage Biblis und steht außerhalb der bisherigen steten Entwicklung der Leistungsgrößen in der österreichischen Elektrizitätsversorgung. So ist es auch verständlich, daß die großen süddeutschen Landesversorgungsunternehmen, um den Wert λ auf eine vernünftige Größenordnung zurückzuführen, ihre Kernkraftwerke ebenfalls als Gemeinschaftswerke errichten.

Für die *wirtschaftliche Anlaufzeit* eines neu errichteten Kraftwerkes ist neben dem Lastanteilskoeffizienten noch der jährliche Zuwachs der Netzspitze maßgebend [55]. Da für den wirtschaftlichen Einsatzbereich von Kernkraftwerken wegen ihrer Kostencharakteristik in erster Linie die Grundlast in Frage kommt und diese in größeren Verbundnetzen zwischen 40 und 60% der Spitze liegt, so muß für die Beurteilung der wirtschaftlichen Anlaufzeit der auf die Spitze bezogene Belastungszuwachs etwa halbiert werden. Die wirtschaftliche Anlaufzeit ist also vom Verhältnis des Lastanteilskoeffizienten zum jährlichen Zuwachs der Grundbelastung abhängig und dieses wird bei einem Gemeinschaftswerk mit mehreren Partnern für den einzelnen auch günstiger.

Von größerer wirtschaftlicher Auswirkung als die Anlaufzeit ist jedoch die *Reservehaltung*, für die ebenfalls der Lastanteilskoeffizient des neuen Werkes maßgebend ist. Bei der Inanspruchnahme von Aushilfsleistungen hat man zu unterscheiden zwischen:

1. Momentanreserve,
2. Überbrückungsaushilfe,
3. Reserve für längerfristige Stillstände.

Bei der *Momentanreserve* handelt es sich um das Abfangen des ersten Laststoßes bei einem Ausfall des Werkes. Dieser wird aus physikalischen Gründen vom gesamten zusammenhängenden Verbundnetz übernommen. Wie *Erbacher* nachweist, ist hierfür die Leistungskennzahl des Verbundnetzes [MW/Hz] im Verhältnis zur ausfallenden Leistung maßgebend [60, 63]. Voraussetzung ist, daß die in Frage kommenden Leitungen die ausgefallene Leistung von anderer Seite zu den Verbrauchsschwerpunkten heranbringen können. Da der Energiefluß zwischen den verschiedenen Netzsystemen aufgrund der getroffenen Stromaustauschverträge durch entsprechende Übergaberegler gesteuert werden, so verlangt die Einhaltung dieser Verträge, soweit sie nicht gegenseitige über die Phase der Primärregelung hinausgehende Störaushilfen einschließen, den ursprünglichen Energiefluß wieder herzustellen.

Es folgt nun die Phase der *Überbrückungsaushilfe* bis zur Lastübernahme durch stillstehende Reservekraftanlagen. Die Anfahrzeit von solchen Aggregaten streuen in weiten Grenzen je nach Kraftwerkstype (Gasturbinen- oder Dampfanlagen), sowie nach Bauart der Einrichtungen. Sie können zwischen 15 Minuten und vielleicht 8 Stunden liegen. Für die Überbrückung dieser Anfahrzeit stehen zur Verfügung:

1. Speicherkraftwerke,

2. die Überlastbereiche von in Betrieb befindlichen Dampfkraftwerken, soweit sie nicht mit maximaler Dauerlast ausgefahren werden.

Bei *längerfristigen Stillständen* ist zu unterscheiden zwischen solchen, die der erfahrungsgemäß zu erwartenden Verfügbarkeit von Kernkraftwerken entsprechen, das sind jährlicher Brennstabwechsel und Revisionen, die zeitlich eingeplant werden können, auch kleinere Reparaturen oder auftretende Mängel, die nicht eine sofortige Abstellung erforderlich machen und solchen, die durch größere Schäden, vor allem am Reaktor eine totale Stillegung der Anlage oder einen Betrieb mit Teillast über längere Zeit verursachen. Soweit es sich um vorauszusehende Stillegungen handelt, könnten diese wohl auch im überstaatlichen Instandhaltungsprogramm mit gegenseitiger Aushilfe untergebracht werden, bei unvorhergesehenen Außerbetriebnahmen aber erfordert die Sicherstellung der Versorgung eine ausreichende eigene Reserveleistung.

Es wurde die Frage der Reservehaltung deshalb ausführlich behandelt, weil sie sich wirtschaftlich fühlbar auswirkt und, soweit sie über die übliche Reservehaltung hinausgeht, kostenmäßig dem Kernkraftwerk anzulasten ist. Schließlich läuft es darauf hinaus, daß im betreffenden Versorgungssystem eine der größten Blockleistung entsprechende Reserveleistung mit für die Überbrückungsaushilfe geeigneten Anlagen und auch eine entsprechende Kapazität des Leistungnetzes vorhanden sein muß, um den bei Ausfall des Kernkraftwerkes geänderten Energiefluß zu beherrschen. Bei Gemeinschaftswerken bezieht sich die Reservehaltung auf die Versorgungssysteme der Partner insgesamt. Erinnert man sich an den alten Erfahrungswert, daß die größte Blockleistung in einem Versorgungssystem aus wirtschaftlichen Gründen etwa bei 6 bis 8% der Spitze liegen soll, was einem durchschnittlichen Reservefaktor von $r = 1{,}06$ bis 1,08 entsprechen würde, dann wird es verständlich, daß die Reservefrage bei über diese Größenordnung hinausgehenden Kernkraftwerken einiges Kopfzerbrechen macht.

Im 18. Abschnitt wurde auf den Zusammenhang zwischen Verbrauchsdichte, Kraftwerksleistung und Fortleitungskosten eingegangen. Je niedriger die Verbrauchsdichte, desto höher die Aufwendungen für die Energiefortleitung. Hohe Verbrauchsdichten, wie z. B. in Rheinland-Westfalen begünstigen auch von Seite der Energiefortleitung her große Kraftwerksleistungen. Handelt es sich um größere Wirtschaftsräume mit niedrigeren durchschnittlichen Verbrauchsdichten, so werden auch dort die Werte regional ziemlich streuen. Für Österreich standen 1967 dem vorhin genannten Bundesdurchschnitt von 190 000 kWh/a · km² Grenzwerte von 7 Mill. bzw. 150 000 kWh/a · km² gegenüber. Es kommt in solchen Fällen darauf an, durch richtige Standortwahl den Nachteil einer verhältnismäßig geringen durchschnittlichen Verbrauchsdichte auszugleichen und, wenn möglich, dadurch auch den Energiefluß so zu beeinflussen, daß Leitungsstränge durch Überlagerung eines gegenläufigen Energieflusses entlastet werden.

Die zweite eingangs dieses Abschnittes angeführte, für wirtschaftliche Überlegungen interessante Frage bezieht sich auf die *Kostencharakteristik* von Kernkraftwerken. Auch hier gilt das vorhin zu den Anlagekosten Gesagte, weshalb wir uns mit einer grundsätzlichen Kennzeichnung im Vergleich zu konventionellen Wärmekraftwerken begnügen wollen. In Abb. 88 sind die Er-

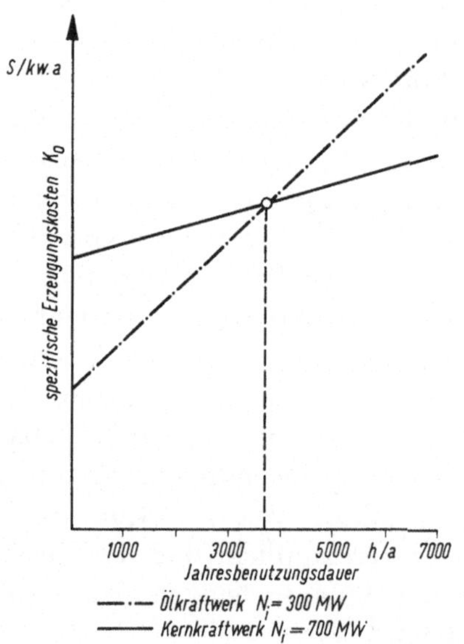

Abb. 88. Abhängigkeit der Stromerzeugungskosten von der Benutzungsdauer

zeugungskosten eines Kernkraftwerkes und eines Ölkraftwerkes einander gegenübergestellt, wobei das gleiche Anlagekostenverhältnis wie in Abb. 87 zugrunde gelegt worden ist. Aus dem Diagramm kann gefolgert werden, daß beim Kernkraftwerk die leistungsabhängigen Kosten höher, dagegen die arbeitsabhängigen Kosten wesentlich niedriger sind als bei konventionellen Anlagen.

Daraus ergibt sich der optimale Einsatz von Kernkraftwerken im Grundlastbereich. Es ist auch verständlich, wenn man die Zusammenarbeit von Kernkraftwerken mit Pumpspeicherwerken empfiehlt. Auf der einen Seite erhöht die Ausfüllung von vorhandenen Belastungstälern die Benutzungsdauer des Kernkraftwerkes, auf der anderen Seite erbringen die sehr niedrigen Kosten des Pumpstromes eine größere Wirtschaftlichkeit des Pumpspeicherwerkes (28. Abschnitt).

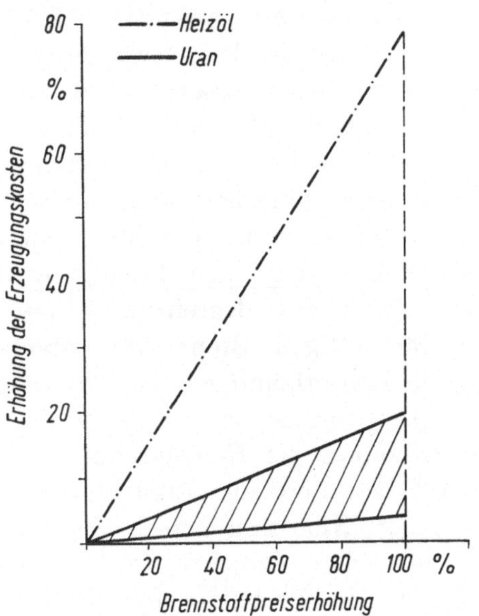

Abb. 89. Abhängigkeit der Stromerzeugungskosten von einer Erhöhung der Brennstoffpreise bei t = 6500 h/a

Es wäre beim heutigen Stand der technischen Entwicklung vermessen, in Abb. 87 eine Kostenlinie für Brutreaktoren einzuzeichnen. Nach den bisherigen Untersuchungen kann aber angenommen werden, daß die Kostenkurve für diese Type noch weiter nach rechts oben verlagert wird [56]. Die wirtschaftliche Mindestblockgröße dürfte aber über 1000 MW liegen.

Die steigernde weltweite Anwendung der Kernenergie für die Elektrizitätserzeugung ließ die Sorge entstehen, daß mit zunehmendem Abbau der Uranvorräte in nicht zu ferner Zeit auf Lagerstätten mit kostspieligeren Gewinnungsmöglichkeiten übergegangen werden muß bzw. die Uranpreise aus anderen Gründen stärker ansteigen könnten, ehe noch der Brutreaktor in größerem Ausmaße zur praktischen Anwendung gelangt. Sieht man von der Verwirklichung der noch in weiter Zukunft liegenden Kernfusion ab, die die Versorgung der Menschheit mit Rohenergie mit einem Schlage wesentlich erleichtern würde, so könnte eine sinnvolle Kombination von thermischen und Brutreaktoren — man befaßt sich mit ihr unter dem Begriff „Reaktorstrategie" — eine wesentlich bessere Ausnutzung und damit größere Schonung der Uranvorräte nach sich ziehen. Aber auch eine wesentliche Erhöhung des Uranpreises würde den Wirtschaftlichkeitsvergleich mit konventionellen Kraftwerken nur wenig beeinflussen, bei denen man auch Erhöhungen des Ölpreises und vielleicht im Gefolge dazu des Erdgaspreises gewärtigen muß. Wie sich eine Erhöhung der Brennstoffpreise auf die Stromerzeugungskosten auswirken, ist in Abb. 89 dargestellt. Für Kernkraftwerke gilt der schraffierte Bereich, wobei die untere Begrenzung einer Steigerung des Uranpreises allein entspricht; die obere Begrenzung dagegen erfaßt eine Kostenerhöhung der fertigen Brennstäbe. Man sieht, daß die Auswirkung solcher Preiserhöhungen verhältnismäßig gering ist. Ein 50%iger Mehrpreis für die Brennstäbe ist gleich zu bewerten, wie eine 13%ige Erhöhung der Heizölpreise.

Noch ein paar Worte über die Aussichten der Kernenergie in der Wärmeversorgung. Hier sind verschiedentlich Studien angestellt [61] und auch schon Projekte von Kern-Heizkraftwerken ausgearbeitet worden. Die Ergebnisse sind nicht einheitlich, jedenfalls steht fest, daß eine Wettbewerbsfähigkeit sehr große Leistungen voraussetzt. Sie würde durch Übergang auf Hochtemperaturreaktoren verbessert werden, da im Gegendruckbetrieb die Stromkennzahl σ bei den heute praktisch eingesetzten Reaktortypen wegen des niedrigen Frischdampfzustandes zu klein ist (siehe Zahlentafel im vorhergehenden Abschnitt).

Abschließend seien noch einige Zahlen genannt, die bestätigen, daß die Kernenergie in der Elektrizitätsversorgung immer stärker Fuß faßt: In der Bundesrepublik Deutschland kamen bis Ende 1972 963 MW installierter Leistung in Betrieb, bis 1975 werden es insgesamt 5330 MW, bis 1978 16 370 MW sein, bis Ende 1980 schätzt man die installierte Kernkraftwerksleistung auf über 20 000 MW.

IX. Die Energieversorgung eines geschlossenen Wirtschaftsgebietes

36. Schematische Darstellung der Energieversorgung eines geschlossenen Wirtschaftsgebietes

Eine Behandlung der wesentlichen, die Energieversorgung eines geschlossenen Wirtschaftsgebietes beeinflussenden Gesichtspunkte setzt die Kenntnis der energiewirtschaftlichen Struktur des betreffenden Gebietes voraus. Sie ist gekennzeichnet durch die zur Verfügung stehenden Rohenergiequellen nach Art, Ergiebigkeit und Ausnutzung auf der einen Seite, den Verbrauch an Nutzenergie nach Energieart und Menge auf der anderen Seite und schließt auch die beschrittenen und möglichen Wege der Energieumwandlung und des Transportes ein. Die Grundlage, auf der sich die erforderlichen zahlenmäßigen Überlegungen aufbauen können, bildet eine schematische Darstellung des Zusammenhanges zwischen Rohenergiedargebot und dem Bedarf an Nutzenergie.

Im 5. Abschnitt wurde darauf hingewiesen, daß das dort gezeigte allgemeine Schema über die Möglichkeiten der Energieumwandlung (Abb. 10) als Grundlage für die Betrachtung der Energieversorgung geschlossener Wirtschaftsgebiete angesehen werden könne. Wir wollen daher auf die Abb. 10 zurückgreifen und aus dieser das Schema der Energieversorgung eines geschlossenen Wirtschaftsgebietes ableiten. Die Abb. 90 zeigt ein solches Schema, das mit gewissen Vereinfachungen angenähert für die österreichischen Verhältnisse zutrifft. Die umrandete Fläche versinnbildlicht das betrachtete Wirtschaftsgebiet. Im obersten Bereich sind in Anlehnung an die Darstellung in Abb. 10 die heimischen Rohenergiequellen, im untersten die Arten der Nutzenergie als Kästchen eingezeichnet. Der mittlere Teil des Schemas erfaßt den Veredelungsbereich. Die Darstellung ist hier gegenüber der Abb. 10 etwas vereinfacht worden. Außerhalb des umrandeten Feldes sind die ein- und ausgeführten Energieträger angedeutet. In dem hier behandelten, den österreichischen Verhältnissen angepaßten Beispiel, wird im Rohenergiesektor neben der Eigenaufbringung Kohle, Erdöl, Erdgas und in Zukunft auch Kernbrennenergie eingeführt, im Veredelungsbereich stehen auf der Importseite Treibstoff, Heizöl und Koks. Elektrische Energie wird mit dem Ausland ausgetauscht. Die Umwandlungswege sind ebenso wie in Abb. 10 durch eingetragene Verbindungslinien angedeutet.

Aus diesem an sich sehr vereinfachten Schema lassen sich grundsätzliche Richtlinien für eine optimale Gestaltung der Energieversorgung eines geschlossenen Wirtschaftsgebietes, worunter ein Staat, aber auch ein übernationaler Bereich, wie z. B. die EWG, verstanden werden kann, ableiten. Das Schema läßt

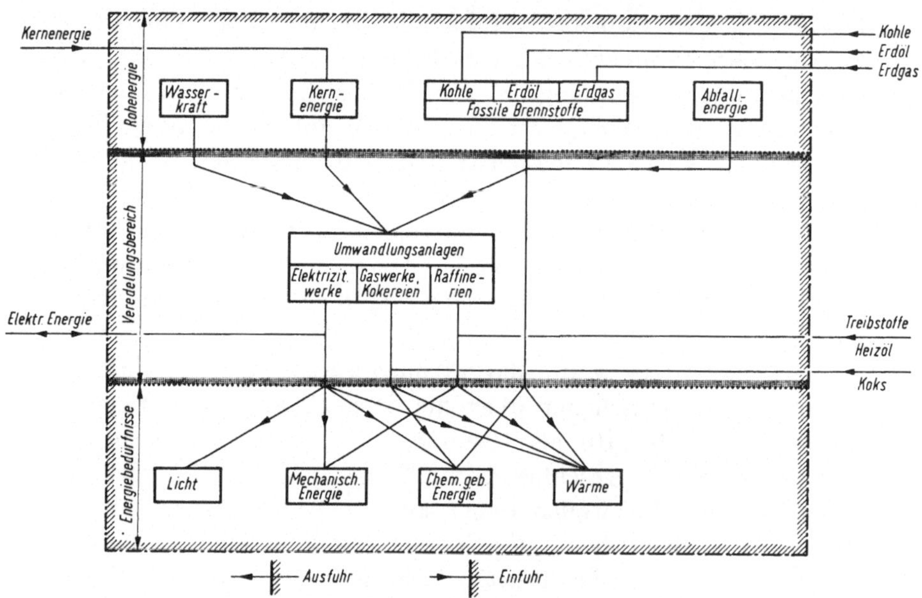

Abb. 90. Schematische Darstellung der Energieversorgung eines geschlossenen Wirtschaftsgebietes

aber auch bereits auf das Auftreten von gegensätzlichen Tendenzen schließen, die einerseits durch die *betriebs*wirtschaftlich ausgerichteten Interessen der Verbraucher, andererseits durch übergeordnete volkswirtschaftliche Notwendigkeiten bedingt sind. Der Verbraucher wird naturgemäß jenen Energieträger auswählen, der seinen Zwecken am besten entspricht. Die Kriterien hiefür werden wir im nächsten Abschnitt noch näher erörtern. Von volkswirtschaftlicher Warte aus betrachtet, liegt zunächst dasselbe Interesse vor, dem Verbraucher die Energie so billig wie möglich zukommen zu lassen, gehen doch die Energiekosten im Bereich der industriellen und gewerblichen Produktion in die Preise ein. Daneben stehen aber noch andere Gesichtspunkte, die nicht übersehen werden können und von denen hier einige wesentliche aufgezählt werden sollen:

Die Sicherung der Versorgung, vor allem im Krisenfall (Einsatzweise inländischer Energievorkommen und Vorratshaltung).

Die außenwirtschaftliche Leistungsbilanz und Erfordernisse der Handelspolitik hinsichtlich der Energieeinfuhr.

Soziale Auswirkungen (eventuelle Einstellung der Förderung inländischer Energieträger).

Notwendigkeit der Schiffahrt (Mehrzweckanlagen).

Die Forderung nach Umweltschutz, bedingt durch Luftverunreinigung, Aufwärmen von Flußläufen.

Die Aufnahmefähigkeit des Kapitalmarktes, unter Berücksichtigung der Bedürfnisse der übrigen Wirtschaft.

Im Zusammenhang damit die Frage: Sollen veredelte Produkte (Treibstoff, Heizöl, Koks) oder die Rohenergieträger eingeführt werden und die Veredelung im Land erfolgen? Zwischen diesen verschieden gelagerten Interessen und Notwendigkeiten einen Ausgleich zu finden, der als Resultierende aller maßgebenden Faktoren ein wirtschaftliches Optimum darstellt, ist nicht ganz einfach, wahrscheinlich auch nur mit manchen Kompromissen erreichbar, wobei Subventionen bzw. steuerliche Erleichterungen oder umgekehrt Auflagen regulierend wirken.

Es ist daher die von Zeit zu Zeit auftauchende Forderung nach Erstellung eines längerfristigen Gesamtenergiekonzeptes durch die zuständigen Behörden verständlich, das ausgehend von den Bedürfnissen der Verbraucher und der Wettbewerbslage zwischen den zur Wahl stehenden Energieträgern den Bedarf an Rohenergieträgern feststellt und Lösungsmöglichkeiten für die oben umrissene Aufgabe sucht. Ein solches Konzept müßte im Sinne des über Prognosen Gesagten von Jahr zu Jahr überholt und der Wirklichkeit angepaßt werden. Seitens der österreichischen Bundesregierung wurde im Jahre 1969 ein soches Energiekonzept gestartet [16]; es lag zeitlich insoferne ungünstig, als seine Fertigstellung vor Nationalratswahlen fiel, und man sich daher verständlicherweise scheute, aus den gemachten Feststellungen die Konsequenzen zu ziehen, so daß die mit ziemlichem Einsatz durchgeführte Arbeit schließlich im Aktenschrank endete.

Diese hier angeschnittenen Probleme spielen eine umso größere Rolle, je mehr der eine oder andere Rohenergieträger in diesem

Wirtschaftsgebiet überwiegt. Es zeigt sich aber, daß sich in solchen Fällen im Laufe der Zeit eine Versorgungsstruktur herausgebildet hat, die sich diesen Gegebenheiten anpaßt. Wir haben dabei zu unterscheiden zwischen

1. Gebieten mit überwiegender hydraulischer Energiebasis,
2. Gebieten mit überwiegender kalorischer Energiebasis,
3. Gebieten mit ausgeglichener Energiebasis.

Beispiele für den ersten Fall sind die Schweiz, Italien und die skandinavischen Länder als fast ausschließliche Wasserkraftgebiete und in etwas abgeschwächtem Maße Österreich, das ja über einige, wenn auch nicht sehr umfangreiche Kohlenvorkommen, Erdölfelder und Erdgasquellen verfügt. Der zweiten Gruppe gehören Belgien und Holland als Länder mit praktisch reiner Brennstoffbasis und auch bis zu einem gewissen Grad Deutschland an, dessen Wasserkraftdargebot der Größenordnung nach nur zur Deckung eines Bruchteiles des Gesamtenergiebedarfes ausreicht. Länder mit ausgeglichener Energiebasis sind z. B. die großen Gebiete der USA und der UdSSR.

Der interessanteste Fall ist zweifellos der erste. Eine gesunde Energiepolitik wird sich, soweit dies wirtschaftlich vertretbar ist, auf die Wasserkraft abstützen und deren Ausbau fördern, um die Einfuhr zu entlasten. Durch die Ausnützung der Wasserkräfte bekommt auch die elektrische Energie innerhalb der Energieversorgung ein größeres Gewicht, da die Verwertung der Wasserkräfte in größerem Rahmen nur über diesen Zwischenzustand der Energieumwandlung erfolgen kann. Man darf sich aber keine falschen Vorstellungen machen: Der Wärmebedarf ist, wie die Zahlen im 3. Abschnitt überzeugend beweisen, so groß, außerdem für manche Wärmeanwendungen der elektrische Strom zu teuer und für verschiedene Zwecke, wie Antrieb von Straßen-, Luftfahrzeugen und Schiffen heute überhaupt nicht anwendbar, so daß man auch in einem sogenannten „Wasserkraftland" doch ziemlich bedeutende Mengen an Brennstoffen benötigt. Trotzdem drückt in solchen Wirtschaftsgebieten die Zwangsläufigkeit des hydraulischen Energiedargebotes und sein gegenüber dem Bedarf zeitlich mehr oder weniger stark abweichender Ablauf einer derartigen Versorgung ihr kennzeichnendes Gepräge auf. Je mehr sich die Jahresabflußcharakteristik der Gewässer dem Typ des Alpenflusses (Abb. 6) nähert, umso schwieriger wird wegen der dann entstehenden ausgesprochenen Gegenläufigkeit das Problem des Ausgleiches zwischen Dargebot und Bedarf, das auf wirtschaftliche Art zu lösen die Kernfrage darstellt. Wir finden solche Verhältnisse vor allem in der Schweiz und Österreich vor. Die Charakteristik des Wasserkraftdargebotes ist durch die strichpunktierten Kurven in Abb. 91 angedeutet. Die voll ausgezogenen Kurven kennzeichnen den Bedarf an elektrischer Energie.

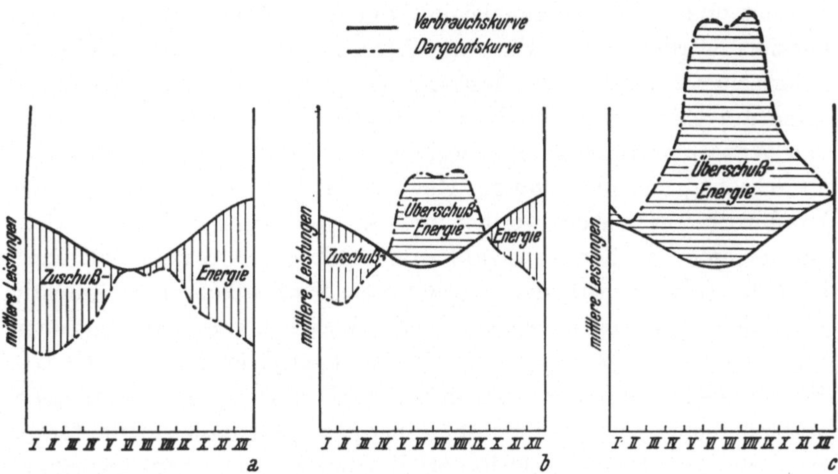

Abb. 91. Schematische Gegenüberstellung von Energiebedarf und Ausbaugrad der Wasserkräfte (Abb. 20)

Es kommt nun sehr darauf an, wie die Dargebots- und Bedarfskurve relativ zueinander liegen. Die Abb. 91 soll dies näher erläutern. In ihr sind schematisch verschiedene Lagen der Dargebots- gegenüber der Verbrauchskurve gekennzeichnet. Das Diagramm a stellt den extremen Fall dar, daß die hydraulische Stromerzeugung in den Sommermonaten gerade ausreicht, um den Bedarf zu decken. Es fallen in den Sommermonaten in den Nachtstunden nur geringe Mengen an Überschußenergie aus den Laufkraftwerken an. Ein solcher Ausbauzustand der Wasserkräfte erfordert einen erheblichen Bedarf an Zuschußenergie in den Wintermonaten. Für seine Aufbringung bestehen zwei Möglichkeiten: hydraulische Jahresspeicherwerke, die das Sommerdargebot auf den Winter verlagern, thermische Ergänzungskraftwerke oder Stromimport.

Das Diagramm b gilt für einen relativ hohen Ausbaugrad der Wasserkräfte gegenüber dem Bedarf. Die Bereitstellung der

Winterzusatzenergie wird hiebei wohl erleichtert, dafür ist aber ein anderes Problem zu lösen und zwar die wirtschaftliche Verwertung der anfallenden Sommerüberschußenergie. Es bestehen hiefür zweifellos verschiedene Möglichkeiten. An erster Stelle steht, abgesehen von der Verwendung im Inland (z. B. Elektrokessel), der Export der Sommerüberschußenergie in Länder mit vorwiegend kalorischer Energiebasis, der, wenn nicht normal verrechnet, mit der Gegenlieferung von Winterzuschußstrom kompensiert werden kann. Für ein Wirtschaftsgebiet mit vorwiegend kalorischer Energiebasis, dessen Elektrizitätsversorgung in erster Linie auf thermische Kraftwerke abgestellt ist, ist eine Lieferung von Wasserkraftüberschußenergie in den Sommermonaten insofern interessant, als planmäßige Revisionen und Überholungen der Kraftwerke erleichtert werden und die gleichzeitige Außerbetriebnahme einer größeren Anzahl von Aggregaten ermöglicht wird. Dies kann sich auf die sogenannte „Engpaßleistung“ günstig auswirken. Die Voraussetzung für die Verwirklichung eines solchen Energieaustausches hängt von den wirtschaftlichen Vorteilen ab, die sie beiden Partnern bieten kann. Der Bezieher der Wasserkraftüberschußenergie möchte günstiger, jedenfalls nicht teurer wegkommen als bei kalorischer Eigenerzeugung, das Lieferland die Kosten der Überschußenergie direkt oder indirekt durch eine entsprechende Gegenlieferung ihrer Wertigkeit entsprechend, gedeckt sehen.

Das Diagramm c deutet den anderen extremen Fall an, daß der Ausbau der Wasserkräfte bei mittlerer Abflußmenge bis zur vollständigen Bedarfsdeckung in den Wintermonaten vorangetrieben wird. Es erübrigt sich hiebei im Regeljahr die Bereitstellung von Winterzusatzenergie. Diesem Vorteil steht jedoch die Notwendigkeit der Unterbringung des nun erheblich größeren Anfalles an Sommerüberschußenergie gegenüber. Ein annähernd so hoher Ausbaugrad der Wasserkräfte, der eine kalorische Stromerzeugung in den Wintermonaten auf ein Minimum beschränken würde, setzt aber, wie gesagt, voraus, den Sommerüberschuß mit einem angemessenen, die Selbstkosten deckenden Erlös verwerten zu können. Dieser Extremfall ist an sich keine Utopie. Wie die schweizerischen Energiebilanzen erkennen lassen, galt für die schweizerische Elektrizitätswirtschaft durch Jahrzehnte hindurch der Leitgedanke, im wesentlichen ohne thermische Kraftwerke auszukommen. Der niedrige Zinssatz in der Schweiz, auf dessen

Bedeutung schon hingewiesen worden ist, ermöglicht durch Einsatz der Jahresspeicherwerke auch im Trapezteil des Belastungsdiagrammes (siehe Abb. 68) einen so hohen, relativen Ausbaugrad (Abb. 92), der natürlich auch einen entsprechenden Kapitaleinsatz

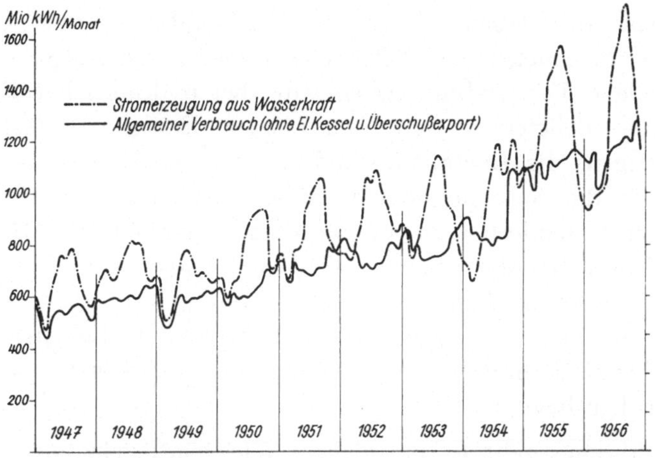

Abb. 92. Stromerzeugung und -verbrauch der Schweiz

erfordert. Die mit zunehmendem Ausbau teurer werdenden Anlagen, die inzwischen erhöhten Zinssätze, haben in den letzten Jahren zu einem Abrücken von diesem Dogma geführt. Der Bau eines größeren thermischen Kraftwerkes in der französischen Schweiz, aber vor allem die Zuwendung zur Kernenergie, sind Marksteine für das neue Planungskonzept der schweizerischen Elektrizitätsversorgung. Die österreichische Elektrizitätsversorgung war und ist in der Nähe des Falles a. Kapitalknappheit und hohe Zinssätze verboten in der ersten Nachkriegszeit einen den Konsumanstieg überholenden Wasserkraftausbau, der für die Erreichung eines Ausbaugrades nach Fall b oder gar c notwendig gewesen wäre.

Spielt in Wirtschaftsgebieten mit hydraulischer Energiebasis eine zweckmäßige Verwertung der Wasserkräfte bei allen energiewirtschaftlichen Betrachtungen eine wesentliche Rolle, so baut sich folgerichtig die Energieversorgung in Gebieten mit kalorischer Energiebasis auf eine rationelle Brennstoffwirtschaft auf. Dieser Fall unterscheidet sich in zweierlei Hinsicht von dem oben behandelten und zwar:

1. Ist der Anfall an Rohenergie — soweit es sich nicht um Abfallenergie handelt — an den Bedarf anpassungsfähig, so daß die Probleme, die im Fall der hydraulischen Energiebasis aus dem zeitlich gegebenen Dargebot entstehen und den Ausgleich der Energiebilanz nicht unerheblich erschweren, wegfallen.

2. Hat der wesentlich höhere Umwandlungsverlust der kalorischen Rohenergie in elektrische Energie zur Folge, daß für verschiedene Verwendungszwecke, die bei hydraulischer Energiebasis die Belieferung mit elektrischer Energie wirtschaftlich rechtfertigen, die Energieumwandlung von der kalorischen Rohenergie in die Nutzenergie nicht über den Zwischenzustand der Elektrizität, sondern über andere Wege geschieht. Der Grad der Elektrifizierung eines solchen Wirtschaftsgebietes wird daher im allgemeinen hinter dem eines Gebietes mit hydraulischer Energiebasis zurückbleiben, soweit nicht mit steigendem Lebensstandard die Elektrizität ihrer bequemeren Handhabung wegen seitens der Verbraucher bevorzugt wird.

Im übrigen geht es in solchen Wirtschaftsgebieten um eine rationelle Brennstoffwirtschaft. Wie wir schon gesehen haben, erfordert sie die Ausnutzung der Ballastkohle und damit eine weitgehende Umstellung der Stromerzeugung auf minderwertige Brennstoffe.

Es wurde im vorstehenden versucht, einen Überblick über die Probleme zu geben, mit denen sich der Energiewirtschaftler auseinandersetzen muß. In den nachfolgenden Kapiteln sollen nun einige der hier aufgeworfenen Fragen im einzelnen behandelt werden.

37. Gesichtspunkte für die Wahl der Energieträger seitens der Verbraucher

Es wurde bereits darauf hingewiesen, daß der Letztverbraucher die Energie nicht in Form seiner Bedürfnisse angeliefert bekommt. Elektrizität, Fernwärme, Stadtgas, Brennstoffe stehen miteinander in Wettbewerb. Wonach wird der Verbraucher seine Wahl treffen? Er wird die Kosten der sich anbietenden Energiearten, den Aufwand für die von ihm zu errichtenden Umwandlungseinrichtungen und deren Wirkungsgrad, eventuell unterschiedlichen Personal- und sonstigen Betriebsaufwand vergleichen und sich ein Bild darüber machen, wieviel eine Energieart kosten darf, um mit einer anderen kostengleich in Wettbewerb treten zu können. Man spricht bei solchen Vergleichspreisen von *wirtschaftlichen Äquivalenz-Preisen.* Sie sind aber allein für die Entscheidung des Verbrauchers nicht maßgebend, denn dieser wird neben der reinen Preisfrage, wie schon früher angedeutet, noch andere Faktoren bei der Bewertung der einzelnen Energiearten berücksichtigen. Handelt es sich um die Verwendung von Energie für einen Produktionsprozeß, so wäre ein solcher Faktor der Einfluß der betreffenden Energieart auf die Güte des hergestellten Produktes (z. B. Auswirkung des Schwefelgehaltes des Brennstoffes), vielleicht auch auf die Intensität des Produktionsvorganges. Hier können höheren Energiekosten höhere Erlöse oder niedrigere spezifische Produktionskosten gegenüberstehen. Es werden also in einem solchen Fall die reinen Äquivalenzpreise durch einen *Gütefaktor* korrigiert werden müssen. Der zweite Faktor ist von noch größerem Einfluß, es ist der *Bequemlichkeitsfaktor*, der in nicht wenigen Fällen, vor allem im Haushalt, die rein wirtschaftlichen Überlegungen zurücktreten läßt. Man denke nur an den Vergleich zwischen dem kohlengefeuerten Kochherd und dem Elektroherd oder zwischen Kohlen- und Ölheizung. Je höher der Lebensstandard, umso größer der Bequemlichkeitsfaktor. Die größenordnungsmässige Erfassung von Güte- und Bequemlichkeitsfaktor für verschiedene Verwendungszwecke ist im allgemeinen eine Erfahrungssache. Z. B. hat ein Fernheizkraftwerk, das hauptsächlich Wohnviertel, Hotels und ähnliche Abnehmer versorgt, festgestellt, daß diese bereit sind, für Fernwärme etwa 15% mehr aufzuwenden als die Kosten für eine brennstoffgefeuerte Zentralheizungsanlage betragen. Es wäre also der Bequemlichkeitsfaktor 1,15. Die unter Berücksichtigung des Güte- bzw. Bequemlichkeitsfaktors ermittelten wirklichen Äquivalenzpreise ergeben erst den *Marktwert* der einzelnen Energiearten, mit den Augen des Verbrauchers gesehen. Diese Marktwerte oder Marktpreise sind zeitlich veränderlich und verschieben sich untereinander. Technischer Fortschritt, das Auffinden neuer Energievorkommen (Beispiel: Holländisches Erdgas), behördliche Eingriffe in die Preisbildung usw. sind dafür maßgebend.

Wie wird der reine Wirtschaftlichkeitsvergleich des Verbrauchers aussehen, wenn ihm für eine bestimmte Energieanwendung verschiedene Energieträger zur Verfügung stehen? Wir können dabei auf die im 10. Abschnitt erläuterten Kostenformeln zurückgreifen. Die dort abgeleitete Formel (2a) lautet:

$$k = \frac{\alpha \cdot a + c_b}{t} + e \cdot p_e + b \quad \text{[S/Nutzenergieeinheit]}.$$

Darin bedeutet

a die Anlagekosten [S/Nutzleistungseinheit],

α den annuitätisch ermittelten Jahresfaktor,

c_b den leistungsabhängigen Anteil für Bedienung und Unterhalt [S/a · Leistungseinheit],

t die Benutzungsdauer [h/a],

e den spezifischen Aufwand an zugeführter Energie als Jahresmittel [kcal/kWh, kWh/Gcal, kWh/kWh usw.],

p_e den Preis je Einheit der zugeführten Energie [S/Gcal, S/kWh],

b den arbeitsabhängigen Kostenanteil für Bedienung und Unterhalt, sowie sonstige arbeitsbedingte Aufwendungen je abgegebene Energieeinheit [S/kWh, S/Gcal].

Stehen zwei Primärenergiearten in Wettbewerb, die wir mit dem Index 1 bzw. 2 kennzeichnen wollen, so gilt zunächst für die Wettbwerbsfähigkeit die Beziehung

$$k_1 = k_2.$$

Damit kann man anschreiben

$$\frac{\alpha_1 \cdot a_1 + c_b}{t} + e_1 \cdot p_{e1} + b_1 =$$

$$= \frac{\alpha_2 \cdot a_2 + c_{b2}}{t} + e_2 \cdot p_{e2} + b_2 \quad \text{[S/Energieeinheit]}.$$

Ohne Berücksichtigung eines Güte- und Bequemlichkeitsfaktors errechnen sich die zulässigen Kosten der Energieart 2, um mit der Energieart 1 wettbewerbsfähig zu sein:

$$p_{e2} = \left[\frac{\alpha_1 \cdot a_1 - \alpha_2 \cdot a_2}{t} + \frac{c_{b1} - c_{b2}}{t} + (b_1 - b_2) + e_1 \cdot p_{e1}\right] \frac{1}{e_2} =$$

$$= \left[\frac{\Delta\,(\alpha \cdot a) + \Delta c_b}{t} + \Delta b + e_1 \cdot p_{e1}\right] \cdot \frac{1}{e_2} \quad \text{[S/Energieeinheit]}.$$

Gesteht der Verbraucher der Energieart 2 wegen ihres technologischen Vorteils bzw. wegen der größeren Bequemlichkeit einen Mehrpreis zu, und bezeichnen wir diesen Faktor, der größer als 1 ist mit γ, so ist der echte Äquivalenzpreis für die Energieform 2 gegenüber der Energieform 1

$$p_{e2} = \left[\frac{\Delta\,(\alpha \cdot a) + \Delta c_b}{t} + \Delta b + e_1 \cdot p_{e1}\right] \cdot \frac{\gamma}{e_2} \quad [\text{S/Energieeinheit}]. \tag{33}$$

Der Energieträger 2 ist also für den Verbraucher mit dem Energieträger 1 gleichwertig, wenn vorstehende Beziehung erfüllt ist. Vergleicht man z. B. den Aufwand für das Kochen im Haushalt mit Kohle oder elektrischem Strom, so kann man die Glieder $c_{b1} - c_{b2}$, $b_1 - b_2$ weglassen, ebenso ist die Differenz der Jahreskosten $\alpha_1 \cdot a_1 - \alpha_2 \cdot a_2$ hier bedeutungslos, da der Unterschied in den Anschaffungskosten an sich so gering ist, daß er gegenüber dem letzten Glied zurücktritt. Man kann somit für diesen Fall den Ansatz machen

$$p_2 = \frac{e_1}{e_2} \cdot p_{e2} \cdot \gamma.$$

Bei Heizungsanlagen dagegen beeinflußt die Differenz der Kapitalkosten, aber auch von Bedienung und Unterhalt fühlbar den Äquivalenzpreis. Im nachstehenden sei ein Vergleich zwischen einer elektrischen- und einer Zentralheizungsanlage eines Einfamilienhauses als *Beispiel* behandelt. Dabei wird wieder, um von Kaufkraftfragen unabhängig zu sein, in Geldeinheiten [GE] gerechnet.

Die beheizte Wohnfläche des Einfamilienhauses sei 100 m², der maximale Wärmebedarf $N_h = 15\,000$ kcal/h, die Benutzungsdauer t kann mit 1240 h/Jahr angenommen werden. Maximaler Wärmeverbrauch N_h und Benutzungsdauer t können aus der Klimastatistik der betreffenden Gegend und der Wärmedämmung des Baukörpers errechnet werden. Für solche Berechnungen sind vom VDI die Richtlinien 2067 aufgestellt worden, die Vergleiche auf einheitlicher Grundlage erlauben. Der jährliche Wärmeverbrauch wäre demnach

$$15 \cdot 10^3 \cdot 1{,}24 \cdot 10^3 = 18{,}6 \text{ Gcal/Jahr}.$$

Die weiteren Ausgangswerte sind folgende:

	Ölheizung (1)	Elektrische Nachtstromheizung (2)
Unterer Heizwert der zugeführten Energie	9 800 kcal/kg	860 kcal/kWh
Durchschnittlicher Betriebswirkungsgrad der Heizung	0,6	0,98
Aufwand *e* je abgegebene Gcal	1,67 Gcal	1 185 kWh
Abschreibungszeit [Jahre]	20	25
Verzinsung [%]	7	7
Jahresfaktor α	0,095	0,086
Anlagekosten	GE	GE
Heizanlage	95 000	64 000
Eingesparte Baukosten bei elektrischer Heizung durch Entfall des Tanks und Heizraumes		15 000
Daher vergleichbare Anlagekosten bei Elektroheizung		49 000
Jahreskosten	GE/a	GE/a
Kapitaldienst	9 000	4 200
Unterhalt (Reparatur, Service) (S/Jahr 1300.—)		
Aufwand an elektrischer Energie für Brenner und Pumpen (500.—)	1 800	700

Ein Unterschied der Bedienungskosten Δc_b wurde, von der Annahme ausgehend, daß auch die Ölheizungsanlage weitgehend automatisiert ist, nicht gemacht. In die Formel (33) sind somit folgende Werte einzusetzen:

$$\Delta(\alpha \cdot a) = \frac{(9000 - 4200) \cdot 10^6}{15 \cdot 10^3} = 320\,000 \text{ GE je Gcal/h} \cdot a,$$

$$\Delta b = \frac{1800 - 700}{18{,}6} \sim 60 \text{ GE/Gcal},$$

$$e_1 = 1{,}67 \text{ Gcal/Gcal},$$

$$e_2 = 1185 \text{ kWh/Gcal}.$$

Ohne Berücksichtigung des Bequemlichkeitsfaktors γ wäre der

Äquivalenzpreis bei elektrischer Speicherheizung

$$p_{e2} = \left[\frac{320\,000}{1240} + 60 + 1{,}67\, p_{e1}\right]\frac{1}{1185} =$$

$$= 0{,}22 + 1{,}41 \cdot 10^{-3} \cdot p_{e1} \quad [\text{GE/kWh}].$$

p_{e1} ist darin der Wärmepreis des Heizöles. Beträgt dieser z. B. 100 GE/Gcal, so würde sich der Äquivalenzpreis für den elektrischen Strom zu 0,36 GE/kWh errechnen.

38. Die Energieversorgung im Blickfeld gesamtwirtschaftlicher Interessen

Im vorhergehenden Abschnitt wurden die Überlegungen des Energieverbrauchers, vor allem nach der wirtschaftlichen Seite hin behandelt. Sie müssen, wie wir gesehen haben, nicht mit den gesamtwirtschaftlichen Interessen übereinstimmen, so daß es Aufgabe der Energiepolitik ist, Einzel- und Gesamtinteressen in vernünftiger Weise zu koordinieren. Es wurde bereits kurz skizziert, um welche Fragen es sich dabei handelt; im folgenden sei auf einige wesentliche Gesichtspunkte noch im einzelnen eingegangen.

Im 36. Abschnitt wurde unter den allgemeinen wirtschaftlichen Interessen an erster Stelle die Sicherung der Energieversorgung erwähnt, die neben der Wirtschaftlichkeit zu den wesentlichen Forderungen gehört, die an diesen Wirtschaftszweig gestellt werden. Die Frage der Versorgungssicherheit ist von zwei verschiedenen Blickwinkeln aus zu betrachten:

1. Die Sicherung der Belieferung der Verbraucher bei Ausfall von Umwandlungsanlagen bzw. ihrer lebenswichtigen Teile und bei Störungen des Energietransportes.

2. Die Sicherung der Rohenergiebeschaffung.

Die erstgenannte Forderung fällt in den Aufgabenbereich der Energieversorgungsunternehmen. Um sie zu erfüllen, können folgende Maßnahmen getroffen werden:

a) Haltung eines ausreichenden Lagerstandes der dem Letztverbraucher gelieferten Energiearten, soweit diese lager- bzw. speicherfähig sind. Dies gilt vor allem für feste Brennstoffe, Raffinerieprodukte. Die Lagerung ist um so wirkungsvoller, je näher sie an den Verbrauchsschwerpunkt herangerückt werden kann.

b) Vorhandensein einer ausreichenden Reserveleistung (siehe Reservefaktor in der Kostenformel) bei der Umwandlung in

Energieträger, die nicht gelagert werden können. Man unterscheidet dabei zwischen mitlaufender Reserve, die die Aufgabe hat, einen Leistungsausfall als Folge von plötzlich eintretenden Schäden wettzumachen und ruhender Reserve, die eingesetzt werden muß, wenn Anlagen zur Revision oder Überholung planmäßig außer Betrieb zu nehmen sind.

c) Bei leitungsgebundenem Energietransport die Errichtung von Reserve- oder Ringleitungen in den dem Energietransport dienenden Netzen. Auch hier gilt es nicht nur, die Versorgung bei unvorhergesehenen Störungen aufrechtzuerhalten, sondern auch die Möglichkeit für die notwendigen Überholungsarbeiten an den Leitungen zu schaffen.

Die oben unter 2. angeführte *Sicherung der Rohenergiebeschaffung* hat im wesentlichen zwei Möglichkeiten zu berücksichtigen:

1. Die zeitweilige Unterbrechung der Transportwege zwischen den Gewinnungsorten der Rohenergie und den Umwandlungsanlagen bzw. Verbrauchszentren durch Naturereignisse (z. B. Vereisung der Schiffahrtswege) oder durch Streiks bei den Verkehrseinrichtungen.

2. Unterbrechung des Energieimports durch politische Verwicklungen in den Liefer- oder in den durch den Antransport berührten Nachbarländern.

Die hier zu treffenden Maßnahmen gehen über die Möglichkeit der Versorgungsunternehmen bzw. der Rohenergieverbraucher hinaus. Gewiß werden sie sich durch entsprechende Vorratshaltung der Rohenergie in ihren Anlagen sichern, doch werden sie dazu aus finanziellen Gründen nur für eine verhältnismäßig beschränkte Zeitdauer imstande sein. Die Unterbrechung der Rohenergieanlieferung, besonders aus den unter 2. angeführten Gründen, kann aber wesentlich länger dauern, als der den Eignern von Umwandlungsanlagen zumutbaren, aus Eigenmitteln finanzierten Lagerkapazitäten entspricht. Man muß sich dabei über die Größenordnung einer solchen Lagerhaltung im klaren sein. Dazu ein kleines Beispiel: Geht man von der Voraussetzung aus, für eine Kraftwerksleistung von 1000 MW Rohenergie für ein Jahr Vollastbetrieb zu lagern, so wäre dies bei Heizöl mit einem spezifischen Verbrauch von 0,225 kg/kWh eine Menge von

$$1000 \cdot 8760 \cdot 0{,}225 \cdot \frac{10^3}{10^3} \sim 2 \text{ Mio t.}$$

Für ein Kernkraftwerk mit Leichtwasserreaktoren würden unter Zugrundelegung eines Abbrandes von 30 000 MWd/t U und einem Verhältnis zwischen elektrischer und thermischer Leistung von 1 : 3

$$\frac{1000 \cdot 8760 \cdot 3 \cdot 1000}{30\,000 \cdot 1000 \cdot 24} = 36{,}7 \text{ t Uranmetall}$$

zu lagern sein. Die daraus gefertigten Brennstäbe könnten auf einer Grundfläche zwischen 15 und 20 m² gelagert werden. Die durch die Lagerung gebundenen finanziellen Mittel würden sich bei der gegenwärtigen Marktlage für Heizöl und Kernbrennstoffe wie etwa 5,5 : 1 verhalten. Geht es also um die Sicherung der Versorgung mit Primärenergieträgern über eine größere Zeitspanne, so ist offensichtlich das Kernkraftwerk konventionellen Kraftwerken überlegen.

Bei der Lösung dieser Aufgabe muß zweifellos die öffentliche Hand eingreifen und Hilfestellung leisten. Es geht dabei um folgende Möglichkeiten:

a) Staatliche Finanzierungshilfe für die Lagerhaltung (Kapitalbeschaffung, Zinsendienst),

b) eine gut ausgewogene, geographische Streuung der Rohenergieimporte,

c) Reservierung von geeigneten inländischen Brennstoffvorkommen (z. B. Erdgasfelder) für Mangelzeiten.

Damit wird aber schon der nächste im 36. Abschnitt aufgezählte Punkt berührt, das ist die Auswirkung von Energieimporten auf die Handelsbilanz bzw. Handelspolitik. Die unter b) genannte Maßnahme wirkt sich auf den Warenaustausch mit einzelnen Ländern aus, die unter c) angeführte bedeutet für Länder, die einen mehr oder weniger großen Teil ihrer Rohenergieträger importieren müssen, eine Erhöhung der Einfuhr in normalen Zeiten.

Wir haben festgestellt, daß im Schema über die Energieumwandlung, Abb. 10, und dies gilt sinngemäß auch für Abb. 90, der Energiefluß von oben nach unten, von der Rohenergie zur Nutzenergie verläuft. Befaßt man sich aber mit der Bedarfsdeckung, also mit der Beschaffung der erforderlichen Rohenergie, so ist der Verlauf des Energieflusses in umgekehrter Richtung zu verfolgen. Auszugehen ist von den Energiebezügen der Letztverbraucher, deren Verteilung auf die verschiedenen Energieträger durch die im vorhergehenden Abschnitt anzustellenden Überlegungen der

Verbraucher (Kostenvergleich, Güte- bzw. Qualitätsfaktor) bestimmt wird. Soweit die Endverbraucher sich für die Verwendung von Rohenergie entscheiden, geht dieser Bedarf direkt als Anteil an der Rohenergieaufbringung in diese ein. Soweit sie veredelte Energie beziehen, gilt für die Umwandlungsanlagen dasselbe. Sind deren Primärenergieträger substituierbar, so wird auch hier die Wirtschaftlichkeit für die Wahl der Rohenergieträger entscheidend sein. Die Summe des Rohenergiebedarfes der Endverbraucher und der Veredelungsanlagen ergibt die erforderliche Rohenergieaufbringung.

Das Bestreben der Letztverbraucher und Betreiber von Veredelungsanlagen, die Energiekosten möglichst niedrig zu halten, ist, wie schon im 36. Abschnitt erwähnt, auch vom allgemeinen wirtschaftlichen Standpunkt aus gerechtfertigt, wirken sich doch die Aufwendungen für den Produktionsfaktor Energie in Kostenkalkulationen für Gewerbe- und Industrieerzeugnisse mehr oder weniger fühlbar aus.

Es wurde schon mehrfach darauf hingewiesen, daß die so von der Verbraucherseite beeinflußte Zusammensetzung der erforderlichen Rohenergieaufbringung — man kann wohl sagen weltweit — zu einer Verdrängung der Kohle durch Erdöl und Erdgas, in Zukunft aller Voraussicht nach auch durch die Kernenergie führt. Hier wird nun ein Problem sichtbar, dessen Lösung nicht ganz einfach ist. Die Fragen lauten: Wie weit kann sich die inländische Kohlenförderung, als Ganzes gesehen, den Absatzmöglichkeiten anpassen und ihre Förderung drosseln? In welchem Ausmaß müssen einzelne Bergbaubetriebe eingestellt werden, wobei eine Konservierung solcher überzähligen und nicht wettbewerbsfähigen Anlagen für eine vorhin angedeutete Krisensituation praktisch nicht verwirklichbar erscheint? Die Stillegung eines Bergbaubetriebes bedeutet wohl grundsätzlich seine endgültige Aufgabe. Dieser bestehende Trend von der Kohle weg, hat in Wirtschaftsgebieten mit nicht ausgeglichener Energiebasis nicht nur eine Steigerung des Importes von im Inland nicht ausreichend vorhandenen Rohenergieträgern zur Folge, sondern löst auch soziale Probleme für den durch eine solche Betriebsschließung betroffenen Bezirk aus. Dieses Problem kann durch die Stichworte „Abwanderung, Umschulungen, Ansiedlung neuer Betriebe" gekennzeichnet werden.

Der Staat hat nun die Aufgabe, einen Ausgleich zwischen diesen zum Teil wiederstrebenden Interessen herbeizuführen und regulierend einzugreifen. Er kann versuchen, durch Subventionen die Kohle einigermaßen wettbewerbsfähig zu halten, ein vielfach angezweifeltes Mittel, er hat die Möglichkeit durch Steuerbegünstigung die Verwendung der Kohle zu fördern (Beispiel: Das westdeutsche Verstromungsgesetz), aber auch durch steuerliche Auflagen und entsprechend gestaffelte Zollsätze die Marktpreise der einzelnen Energiearten gegeneinander zu verschieben. Sind Grubenschließungen nicht zu umgehen, sind Umschulungen des freiwerdenden Personals zu erleichtern, aber auch neue Ansiedlungen von Betrieben durch Grundstückbeistellung, günstige Kredite und ähnliches, zu fördern.

Auch Mehrzweckanlagen der Energieversorgung berühren gesamtwirtschaftliche Interessen. Dies gilt sowohl für Laufwasserkraftwerke, als auch für Fernheizwerke. Im ersten Fall geht es um die Schiffahrt und den Hochwasserschutz, im anderen um den Umweltschutz. Die Fernheizung ersetzt eine große Zahl von Einzelfeuerungen mit oft schlechter Verbrennung. Hochwertige Entstaubungsanlagen und entsprechend hohe Schornsteine sorgen für eine weitgehende Beseitigung der Flugasche und eine Verteilung der Abgase im Bereich höherer Luftschichten. Unter die Mehrzweckanlagen sind auch Müllkraftwerke einzureihen. Die Beseitigung von Abfällen wird, bedingt durch neuzeitliche Verpackungsweisen, in großen Städten zu einem immer vordringlicheren Problem. Die Verbrennung des Mülls in Kesseln, die außerdem noch zum Lastausgleich einen anderen Brennstoff verfeuern und deren Dampf in einer Heizkraftkupplung verwertet wird, stellt eine wirtschaftliche Lösung der an sich sehr kostspieligen Müllbeseitigung dar, um die Kommunalverwaltungen nicht herumkommen werden. Es gibt bereits eine ganze Reihe Müllfernheizkraftwerke, von denen als Beispiel nur zwei genannt werden sollen: Das Heizkraftwerk Spittelau in Wien und das Heizkraftwerk Nord in München. Zum Thema „Mehrzweckanlagen im allgemeinen wirtschaftlichen Interesse" gehört auch die Fernhaltung der Sulfitablauge aus Zellstofffabriken von unseren Gewässern und deren Verbrennung in Laugenkesseln, auf die bereits im 32. Abschnitt näher eingegangen worden ist (Abb. 77).

Ein Problem, in dem Allgemeininteressen denen der Energieversorgung entgegenstehen, ist die Aufwärmung der Gewässer durch den Kühlwasserbedarf von Kondensationskraftwerken. Bei der von der Elektrizitätsversorgung aus wirtschaftlichen Gründen bevorzugten Frischwasserkühlung wird zum Niederschlagen des Dampfes je nach Auslegung der Turbinensätze das 60- bis 70fache der Abdampfmenge benötigt. Dies bedeutet, daß in konventionellen Kraftwerken je 100 MW eine Wassermenge zwischen 4 und 5 m^3/s die Kondensationsanlage durchfließt und um etwa 8—10° C aufgewärmt in den Flußlauf zurückgegeben wird. Kernkraftwerke mit Leichtwasserreaktoren benötigen wegen des kleineren Wärmegefälles in der Turbine und des dadurch erhöhten spezifischen Dampfbedarfes eine etwa um 30% größere Kühlwassermenge. Die Mischtemperatur hinter dem Kraftwerk hängt im wesentlichen vom Anteil der Kühlwassermenge an der Gesamtfließe ab. Je höher die Wassertemperatur, um so geringer der Effekt der biologischen Selbstreinigung in unseren ohnehin reichlich verschmutzten Gewässern. Daher besteht z. B. in der BRD behördlicherseits die Vorschrift, daß eine Wassertemperatur von 30° C auch bei niedriger Wasserführung nirgends und niemals überschritten werden darf. Bedenkt man, daß im Sommer die Flußtemperatur normal auf 23° C und mehr steigen kann, so ist die Kühlwasserentnahme in dieser Jahreszeit auf höchstens 60% der Fließe begrenzt. Hinter dem Kraftwerk kühlt sich das Wasser wieder ab. Die Temperaturabnahme hängt von der Ufergestaltung, dem Flußprofil, der Wassergeschwindigkeit, der Witterung und dem Unterschied zwischen Wasser- und Lufttemperatur ab.

Aus dem hier Gesagten ergibt sich einerseits eine zulässige Höchstleistung für die einzelnen Kraftwerke, andererseits ein Mindestabstand zwischen am gleichen Flußlauf gelegenen benachbarten Anlagen. Von verschiedenen Experten [42] wurden bereits Rechnungen angestellt, welche Kraftwerksleistung mit Frischwasserkühlung an deutschen Flüssen noch installiert werden kann und zu welchem Zeitpunkt diese Grenzleistung erreicht werden dürfte. Für Kernkraftwerke mit Leichtwasserreaktoren liegt diese Grenzleistung wegen des größeren Kühlwasserbedarfes niedriger als für Wärmekraftwerke, die fossile Brennstoffe verfeuern. Das hier geschilderte Kühlwasserproblem ist der Anstoß, sich neuerdings mit Reaktortypen intensiver zu befassen, die eine auch bei konventionellen Anlagen übliche Frischdampftemperatur (530° C und mehr mit Zwischenüberhitzung) oder einen geschlossenen Gasturbinenprozeß mit Turbineneintrittstemperaturen von 700° C und mehr gestatten.

Diese Begrenzung der Stromerzeugung und den Trend der Bedarfsentwicklung vor Augen, machen es verständlich, daß man sich mit dem unwirtschaftlicheren „Rückkühl"-Betrieb befaßt und dessen Auswirkungen studiert. Hier wird das Flußwasser hinter dem Kraftwerk nicht aufgewärmt, dafür aber dem Flußlauf eine Wassermenge entzogen, um die Verdunstungs- und Abschlämmverluste im Kühlturmbetrieb zu decken. Nach einer Faustregel entspricht diese Zusatzwassermenge der niederzuschlagenden Dampfmenge, liegt also in konventionellen Kraftwerken je 100 MW bei etwa 90—100 l/s. Der Wasseraufwärmung bei Frischwasserkühlung steht also bei Rückkühlung ein Wasserentzug gegenüber, dessen Folgen in wasserarmen Gegenden eingehend geprüft werden müssen. Der Rückkühlungsbetrieb hat aber noch folgende Nachteile:

1. Höhere Investitionskosten durch die Kühltürme mit Nebeneinrichtungen.

2. Höhere Unterhaltskosten.

3. Größerer spezifischer Wärmeverbrauch wegen des höheren Kondensatordruckes und damit kleineres Wärmegefälle.

4. Die Auswirkung des Kühlturmwassers, besonders in den kalten Wintermonaten auf die Nachbarschaft (Rauhreifbildung auf Wegen und an Gebäuden).

Dazu kommt noch die Gegnerschaft des Naturschutzes, die diese sehr voluminösen Bauwerke als „Verschandelung" der Landschaft betrachten. So taucht wieder die Luftkondensation in den Überlegungen auf, wobei man versucht, durch eine entsprechende Weiterentwicklung die viel höheren finanziellen Aufwendungen und noch viel größeren Kühlflächen zu verringern. Jedenfalls läßt das hier Gesagte den Schluß zu, daß die optimistischen Prognosen — siehe 31. Abschnitt — über die Entwicklung des Kernkraftanteiles an der Energieversorgung eine Lösung der Kühlwasserfrage, sei es von der Reaktorseite oder vom Kühlsystem her, voraussetzt.

Diese Darlegungen unterstreichen das schon vorhin erwähnte Bedürfnis nach einem Energiekonzept, das an sich nichts mit Planwirtschaft zu tun hat, sich neben den bereits im 36. Abschnitt erwähnten Aufgaben auch mit diesen Problemen befassen und die notwendigen legistischen Maßnahmen vorbereiten soll.

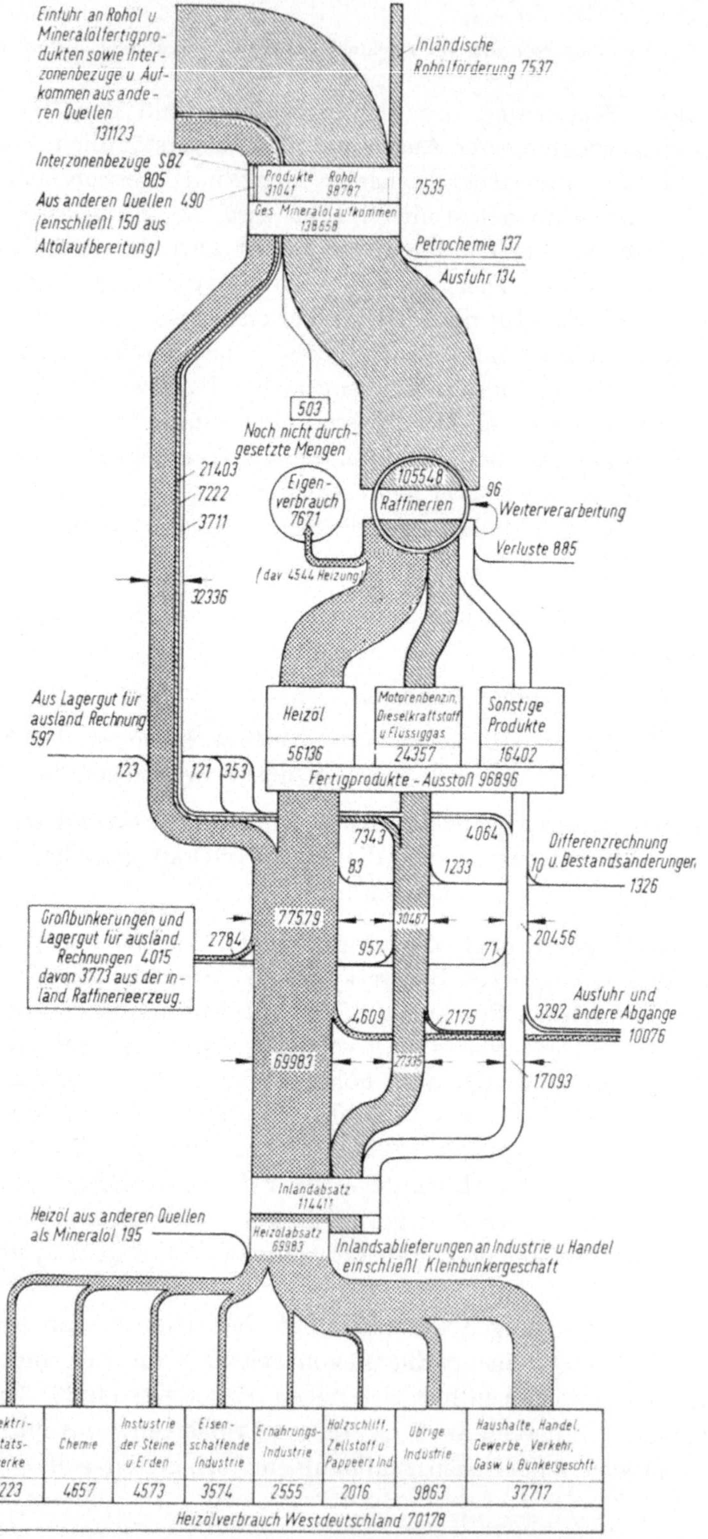

Abb. 93. Flußbild 1970 der Mineralölversorgung Westdeutschlands in 1000 t, Quelle [46]

39. Energieflußdiagramm und Energiebilanz eines geschlossenen Wirtschaftsgebietes

In Abb. 90 wurde die Energieversorgung eines Wirtschaftsgebietes in einem grundsätzlichen Schema dargestellt. Den Energiewirtschaftler interessieren nun die mengenmäßigen Zusammenhänge. Sie können tabellarisch erfaßt werden, ein übersichtlicheres Bild gibt aber ein *Energieflußdiagramm*, in dem der Weg der Energie bis zum Verbraucher durch Bänder gekennzeichnet ist, deren Breite ein Maß für die im betreffenden Jahre umgesetzten Energiemengen darstellt. Solche Flußdiagramme sind für die einzelnen Sparten der Energieversorgung gebräuchlich, sie kennzeichnen die Aufbringung und Verwendung der betreffenden Energieträger, allerdings nicht auf die Nutzenergie, sondern auf die Anlieferung beim Endverbraucher bezogen, dafür aber wird die Energieanlieferung auf die einzelnen Abnehmergruppen aufgeteilt. Als Beispiele für solche Energieflußdiagramme seien in den Abb. 93 und 94 die der Mineralöl- und der Gasversorgung Westdeutschlands für das Jahr 1970 bzw. 1968 wiedergegeben. Während das Flußbild der Gasversorgung von der Gasaufbringung ausgeht und diese nur nach den verwendeten Rohenergieträgern aufteilt, ohne deren Verbrauch und damit die Umwandlungsverluste zu berücksichtigen, erfaßt das Flußbild der westdeutschen Mineralölversorgung auch die Rohenergieaufbringung und die Energiebilanz der Raffinerie selbst. Ähnlich aufgebaute Energieflußdiagramme, wie das der westdeutschen Gasversorgung, gibt es auch für andere Zweige der Energieversorgung, so z. B. für die westdeutsche Elektrizitätsversorgung [46]. Auch die statistischen Ergebnisse der österreichischen Elektrizitätsversorgung werden jährlich im Bericht des Bundeslastverteilers durch ein solches Diagramm erfaßt [9].

Man begnügt sich im allgemeinen mit diesen Einzeldarstellungen, die, soweit es sich um veredelte Energieträger wie Elektrizität und Gas handelt, die erforderliche Rohenergieaufbringung außer acht lassen. Auch auf eine Fortsetzung des Flußbildes bis zur Nutzenergie wird üblicherweise verzichtet, da die Umwandlungsverluste beim Verbraucher sehr schwer und nur durch umständliche Berechnungen zu erfassen sind. Es wäre aber wertvoll, ein Flußdiagramm für die gesamte Energieversorgung eines Wirtschaftsgebietes von der Rohenergie bis zur Nutzenergie aufstellen zu können, das die Verflechtungen innerhalb der Energiewirtschaft

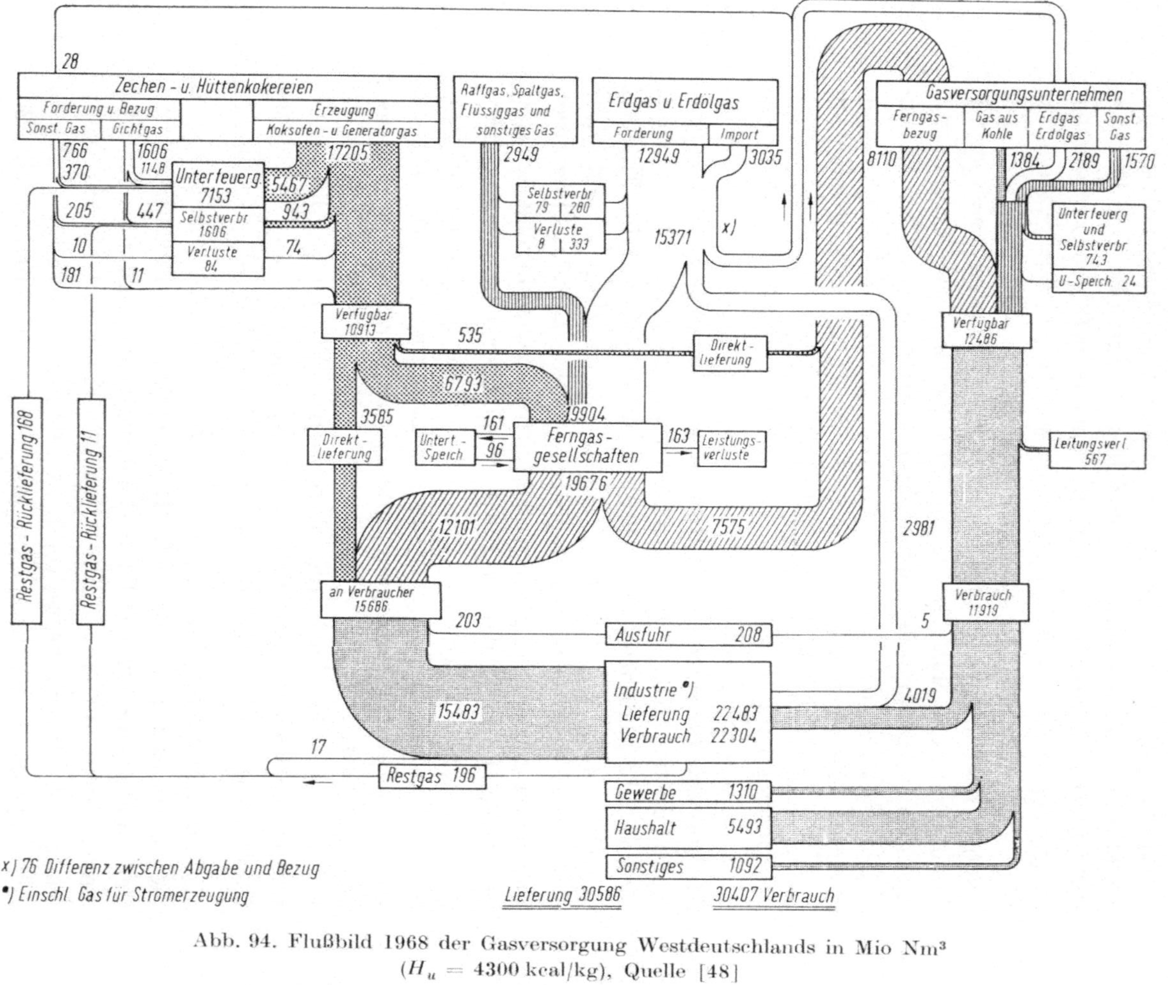

Abb. 94. Flußbild 1968 der Gasversorgung Westdeutschlands in Mio Nm^3 (H_u = 4300 kcal/kg), Quelle [48]

und vor allem auch den Gesamtnutzungsgrad der Energieversorgung des betreffenden Wirtschaftsgebietes aufzeigt. Abgesehen von der schon erwähnten Berücksichtigung der Verluste bei Umwandlung in die Nutzenergie, setzt ein solches Gesamtflußdiagramm die Anwendung eines einheitlichen Maßstabes für verschiedene Energiearten voraus. Dieser Maßstab wäre entweder kWh, in denen die mechanische und elektrische Energie gemessen wird und auf die die Wärmeenergie umzurechnen wäre oder kcal, die Meßgröße für die Wärmeenergie, auf die dann die beiden anderen Energiearten zu beziehen wären. Daß eine solche Umrechnung trotz der physikalisch eindeutigen Beziehung zwischen mechanischer bzw. elektrischer Energie einerseits und Wärmeenergie andererseits (1 kWh = 860 kcal) ohne Einschluß der Umwandlungs- und Transportverluste in einzelnen Stufen nicht ohne weiteres möglich ist, ist einleuchtend. Man hat sich vielfach durch eine verschiedene Wertung der kWh in einer z. B. auf kcal abgestellten Energiebilanz geholfen, je nachdem, wie sie erzeugt bzw. verwendet wird, da die Umwandlungs- und Fortleitungsverluste in weiten Grenzen voneinander abweichen können. Vor allem würde sich ein falsches Bild ergeben, wenn man die Umwandlung von Wärme- in elektrische Energie und den umgekehrten Prozeß mit Hilfe der vorhin erwähnten physikalischen Beziehung auf den gleichen Nenner bringen wollte.

Dieses Problem tritt zutage, wenn man die Rohenergieaufbringung als Gesamtes erfassen will, um sie mit anderen Wirtschaftsgrößen in eine Relation bringen zu können (z. B. Gesamtenergiebedarf in Abhängigkeit vom Bruttonationalprodukt). Man findet sich im allgemeinen damit ab, mit solchen angenommenen Bewertungskoeffizienten eine Energiebilanz aufzustellen und daraus die Gesamtenergieaufbringung zu errechnen. Wenn sich auch aus einer solchen Energiebilanz verschiedene Rückschlüsse ziehen lassen, so ist sie doch unbefriedigend. Hier weist uns das Schema der Energieumwandlung, Abb. 10, bzw. das im Abschnitt gezeigte Schema der Energieversorgung eines Wirtschaftsgebietes, Abb. 90, einen gangbaren Weg. Ihm liegt der Gedanke zugrunde, zwischen Rohenergie und Nutzenergie zu unterscheiden und die Umwandlung der Energie von dem einen in den anderen Zustand zu verfolgen. Es wird also jede Energieform zwischen ihrer Gewinnungsstätte und dem Verbraucher mit den anteiligen Umwandlungs- und Transportverlusten belastet. Die Erfassung der Umwandlungs- und

Österreichische Energiebilanz für das Jahr 1963

Energiedargebot

	10^{12} kcal	10^{12} kcal	%
Inländisches Rohenergiedargebot			
Wasserkräfte	13,2899		
Feste Brennstoffe außer Brennholz .	21,6828		
Erdöl	26,4998		
Erdgas	16,9456		
Brennholz	7,5495		
Abfallenergie	1,4910	87,1836	57,1
Energieeinfuhr			
Flüssige Brennstoffe	26,2102		
Kohle und Koks	37,8267		
Gase	0,1801		
Elektrische Energie	0,8359	65,0529	42,9
		152,5115	100,0

Transportverluste von Stufe zu Stufe bis zur Nutzenergie ist zwar mühsam und umständlich, sie gestattet aber ein solches Gesamtflußbild in einem einheitlichen Maßstab (Gcal oder kWh) aufzuzeichnen, da durch die Berücksichtigung der Verluste die richtige Wertigkeit der einzelnen Energiearten gegeneinander gewahrt wird. Man braucht nur im vorhin erwähnten Umwandlungsschema die Striche durch Bänder zu ersetzen, deren Breite maßstäblich den Energiemengen entspricht und bekommt damit das Flußdiagramm der Gesamtenergieversorgung. Das österreichische Bundesministerium für Handel und Wiederaufbau hat diesen Gedankengang aufgegriffen und für die österreichische Energieversorgung in 3- bis 4jährigem Abstand solche Energieflußdiagramme herausgegeben, das letzte erschien im Jahre 1967 für das Jahr 1963 [5].

Aus dem Energieflußdiagramm läßt sich eine *Energiebilanz* für das betreffende Wirtschaftsgebiet ableiten. Sie umfaßt auf der einen Seite die Rohenergieaufbringung im Inland und den Ein-

nach Bundesministerium für Handel und Wiederaufbau

Energiebedarf

	10^{12} Gcal	10^{12} Gcal	%
Inlandbedarf an Nutzenergie			
Für Wärmezwecke	51,3009		
Für chemische Zwecke	6,0876		
Mechanische Energie			
a) Stationär	4,9463		
b) Für Traktion	4,9048		
Beleuchtung	0,0830	67,3226	44,2
Nicht energetisch verwendete Energie		5,7908	3,8
Auf Lager		0,6598	0,4
Energieausfuhr			
Erdöl und Erdölderivate	7,5136		
Braunkohle	0,0672		
Elektrische Energie	2,2919	9,8727	6,5
Energieverluste		68,8656	45,1
		152,5115	100,0

fuhrüberschuß, auf der Bedarfsseite den Inlandsverbrauch an Nutzenergie, die Ausfuhr von veredelter Energie und als Bilanzausgleichsposten die innerhalb des betrachteten Wirtschaftsgebietes entstehenden Energieverluste. Die österreichische Bilanz, abgeleitet aus [5] ist in umseitiger Zahlentafel für das Jahr 1963 wiedergegeben. Man kann als Kennziffer für die Wirtschaftlichkeit der Energieversorgung eines Gebietes einen energiewirtschaftlichen Nutzungsgrad ermitteln, der durch den Koeffizienten

$$\frac{\text{Gesamtenergieaufbringung} - \text{Verluste}}{\text{Gesamtenergieaufbringung}}$$

zu definieren wäre. Im vorliegenden Fall würde dieser Nutzungsgrad

$$\frac{152{,}51 - 68{,}87}{152{,}5} \cdot 100 = 54{,}7\%$$

betragen. Man kann eine solche Energiebilanz auch graphisch darstellen. Dies ist in Abb. 95 geschehen. Diese graphische Darstellung ist vielleicht übersichtlicher als das etwas verwickelte Energieflußdiagramm.

Solche Energiebilanzen und die aus diesen herauszulesenden Tendenzen der Bedarfsentwicklung sind die geeignete Grundlage für Energieprognosen, bezogen auf das gesamte Wirtschaftsgebiet.

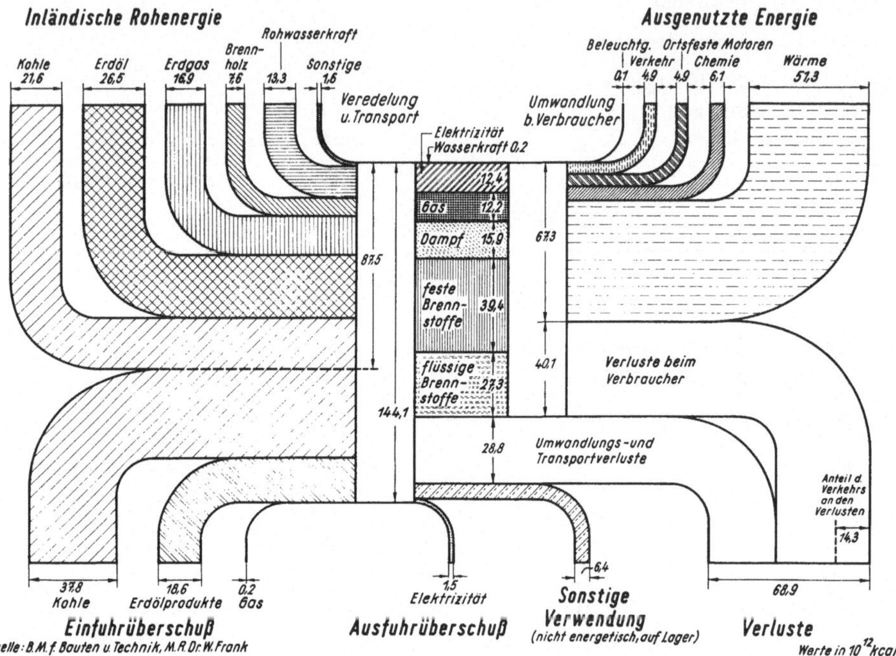

Abb. 95. Österreichische Energiebilanz 1963

Es ist daher bedauerlich, daß die Herausgabe dieser Energiebilanzen durch das österreichische Bundesministerium für Handel und Wiederaufbau, später durch das Bundesministerium für Bauten und Technik nicht weiter betrieben worden sind. Sie würden zur Klärung mancher Probleme beitragen.

X. Die wirtschaftliche Bedeutung des Verbundbetriebes in der Energieversorgung

40. Sinn und Möglichkeiten eines Verbundbetriebes

Der Begriff „Verbundwirtschaft" ist aus der neuzeitlichen Energieversorgung nicht mehr wegzudenken. Befaßt man sich mit ihm näher, so wird man feststellen, daß es nicht ganz leicht ist, die kennzeichnenden Kriterien in einem allgemein gültigen Schema unterzubringen. Jedenfalls sollte er nur auf einen Bereich bezogen werden, der der Herkunft dieses Begriffes entspricht, das ist das Wort „verbinden". Daraus folgert, daß man von Verbundbetrieb nur bei Energieträgern sprechen sollte, die über Leitungen transportiert werden, das sind in erster Linie elektrischer Strom, Gas und bis zu einem gewissen Grade auch Erdöl. Wir wollen uns nun im nachstehenden mit den Möglichkeiten des Verbundbetriebes befassen und versuchen, seine wirtschaftlichen Auswirkungen zu kennzeichnen. Wir beginnen mit seiner Anwendung in der *Elektrizitätsversorgung*, da sich hier seine historische Entwicklung am anschaulichsten darstellen läßt. Sie sollte nicht ganz beiseite gelassen werden, gibt sie doch einen Eindruck über den gewaltigen technischen Fortschritt, den uns dieses Jahrhundert, vor allem die letzten Jahrzehnte gebracht haben.

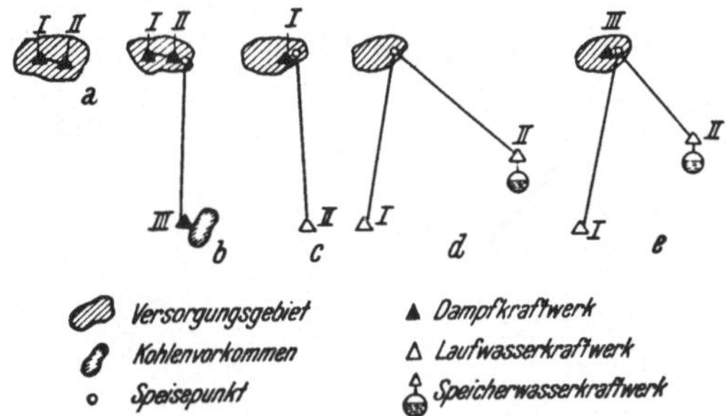

Abb. 96. Schematische Darstellung der Grundfälle des Verbundbetriebes in der Elektrizitätsversorgung

Abb. 96 zeigt schematisch die einzelnen Phasen in der Entwicklung des Verbundbetriebes, die auch als Elemente der heute wesentlich weiträumigeren Verbundwirtschaft angesehen werden können. Ausgangspunkt war das isoliert arbeitende Kraftwerk I mit seinem Verteilnetz, das mit steigendem Bedarf durch ein zweites Kraftwerk II ergänzt wurde (Schema a). Dabei übernahm die ältere Anlage den oberen Teil des Belastungsdiagrammes, die neuere mit besserem Brennstoffverbrauch den unteren Teil mit höherer Benutzungsdauer (Grundlastwerk). Wir haben hier bereits die einfachste Form des *Verbundbetriebes* vorliegen, der eine Zusammenarbeit der beiden Kraftwerke entsprechend ihrer Kostenkennlinien mit dem Ziele bezweckt, optimale resultierende Gestehungskosten der elektrischen Energie zu erreichen.

Die technische Entwicklung der Hochspannungstechnik, die Übertragungen auf dem Spannungsniveau 90—120 kV ermöglichte, führte vielfach dazu, diese *örtliche* Versorgung durch eine Fernversorgung aus standortgebundenen Kraftwerken, die in wirtschaftlich tragbarer Entfernung lagen, zu ergänzen, wobei es sich sowohl um Wärmekraftwerke auf Braunkohle (Abb. 96b), die wegen ihres schlechten Heizwertes nicht transportfähig ist oder um Wasserkraftanlagen handelte (c). In Wasserkraftgebieten ergab sich in vielen Fällen ein Verbundbetrieb zwischen Wasserkraftwerken untereinander, und zwar zwischen Laufkraftwerken und

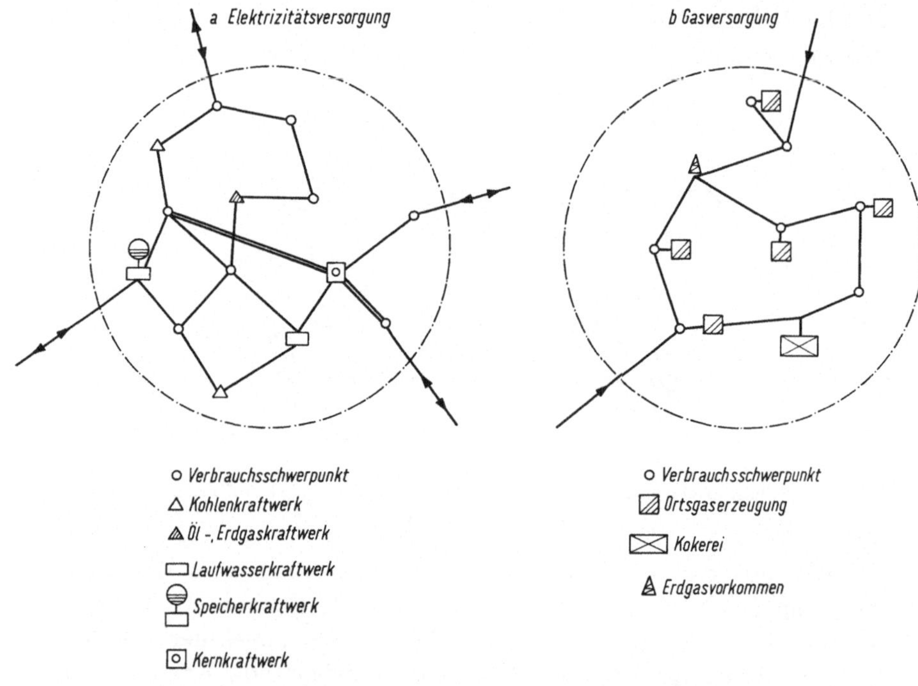

Abb. 97. Schematische Darstellung von Verbundsystemen

Jahresspeicherwerken (d). Ausgeweitet wurde ein solches Grundsystem durch Hinzufügung eines örtlichen Wärmekraftwerkes, das als Zusatzwerk diente. Diese ersten Übertragungen auf Hochspannungsniveau können als Grundstein für den weiteren Ausbau der Hochspannungsnetze angesehen werden. So entstanden Netzgebilde, in die Kraftwerke mit verschiedenen Primärenergieträgern einspeisen und ein größeres Gebiet versorgen.

In dem Maß, in dem man Erd- und Kurzschlüsse und den Energiefluß beherrschen lernte, begann man diese Verbundsysteme, die sich zunächst innerhalb regionaler Stromversorgungsunternehmen gebildet hatten, zu koppeln. Es bildeten sich zusammenhängende Hochspannungsnetze über die Versorgungsbereiche dieser Unternehmen hinaus, die unter Zuhilfenahme der sich entwickelnden Fernmeß-, Fernsteuer- und Nachrichtentechnik ein wirtschaftliches Arbeiten ermöglichten. Der Übergang auf höhere Spannungen (220 kV, 380 kV), erlaubte auch Energieverschiebungen größeren Ausmaßes.

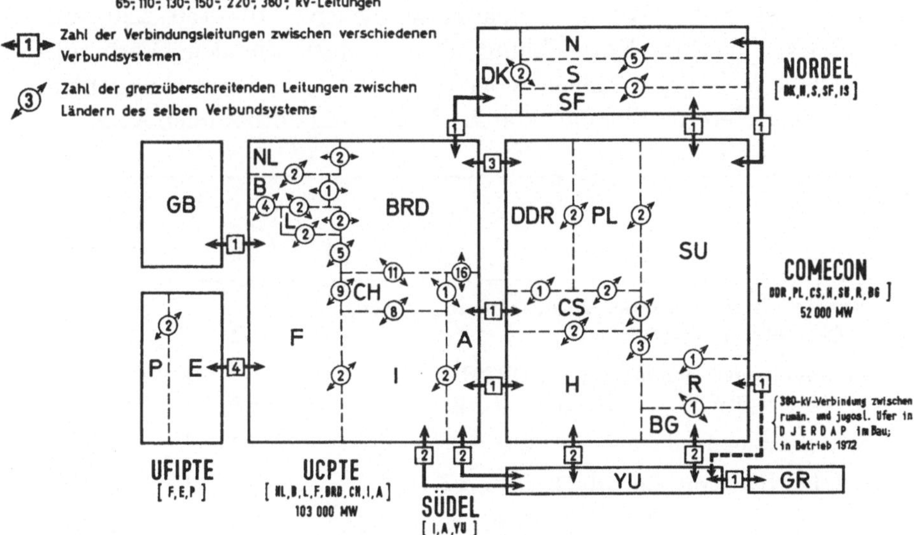

Abb. 98. Internationale Verbundsysteme in Europa (1.1.71), Quelle [51]

So entstanden mit der Zeit Netzsysteme mit verschiedenen Kraftwerkstypen, wie sie sich uns heute präsentieren und in Abb. 97a schematisch angedeutet sind. Es blieb aber nicht bei einem Verbundbetrieb innerhalb geschlossener Wirtschaftsräume, es wurden im Zuge der hier geschilderten Entwicklung verhältnismäßig frühzeitig zwischenstaatliche Netzverbindungen hergestellt, sei es um Überschuß aus Wasserkraftwerken abzusetzen oder Zuschußenergie zu importieren oder auch sich gegenseitig bei Ausfall von Anlagen auszuhelfen. So gibt es heute in Europa mehrere weiträumige Verbundsysteme, die untereinander ebenfalls in Verbindung stehen (Abb. 98). Diese überregionalen Gruppen werden aus nationalen Elektrizitätsunternehmen gebildet, die sich zu einer Art von Arbeitsgemeinschaft zusammengetan haben. Für unseren Raum ist die Union pour la coordination de la production et du transport de l'électricité (UCPTE) zuständig, zu der sich die Elektrizitätsversorgungen von Belgien, der Bundesrepublik Deutschland, Frankreich, Italien, Luxemburg, Niederlande, Österreich und die Schweiz auf freiwilliger Grundlage zusammengeschlossen haben. Verbrauchsprognosen, Ausbaukonzepte, Instandhaltungsprogramme, Fragen des Stromaustausches, der Reservehaltung und der Bedingungen für Aushilfslieferungen werden gemeinsam erörtert und aufeinander abgestimmt. Der Stromaustausch erfolgt auf drei Spannungsebenen: 110—150, 220 und 380 kV. Welche Entwicklung diese internationalen Verbundbetriebe genommen haben, mögen einige Zahlen veranschaulichen, die einer Veröffentlichung von *L. Bauer* [51] entnommen sind.

	Jahr	
	1955	1970
Parallelfahrende Erzeugungsleistung am dritten Dezember-Mittwoch [GW]	24,2	111,1
Gesamtstromerzeugung aller UCPTE-Länder [TWh]	208,8	621,3
Stromaustausch unter sich [TWh]	5,2	29,6
Mit Drittländern: Import [TWh]	0,4	2,9
Export [TWh]	0,5	1,4

Abb. 99 stellt den Leistungsfluß zu einem bestimmten Zeitpunkt zwischen den UCPTE-Ländern untereinander und dritten dar.

Eine grundsätzliche parallele Entwicklung hat auch die *Gasversorgung* genommen. Auch hier standen am Anfang der Entwicklung zur heutigen Verbundwirtschaft die örtlichen Gaswerke in größeren Städten. Ihr Primärenergieträger war die Steinkohle, später in einzelnen Fällen Braunkohle, die in Sauerstoffdruckvergasern oder Schwelanlagen zur Gaserzeugung herangezogen worden ist, in der Gegenwart auch Mineralölprodukte, mit denen Spaltanlagen betrieben werden. Diese örtliche Gaserzeugung, die der ersten Phase der Stromerzeugung entspricht, wurde dann in Westdeutschland durch eine Ferngasversorgung ergänzt, als die

Ruhr-Gas A. G. mit der Aufgabe gegründet wurde, für das in den Kokereien anfallende Gas einen Absatz zu schaffen. Es entstand ein Ferngasnetz, das sich bis in den Badischen Raum erstreckt. Es wurde nicht nur die Belieferung von größeren Industriebetrieben aufgenommen, auch eine Reihe von kleineren Gasversorgungen schlossen sich im Laufe der Zeit an, wobei die vorhandenen Einrichtungen, soweit sie nicht stillgelegt worden sind, als Reserve bzw. Zusatzanlagen im Einsatz blieben. Es handelt sich auch auf dem Gassektor um einen Verbundbetrieb zwischen Orts- und Ferngaserzeugungsanlagen mit dem Ziel einer größeren Wirtschaftlichkeit.

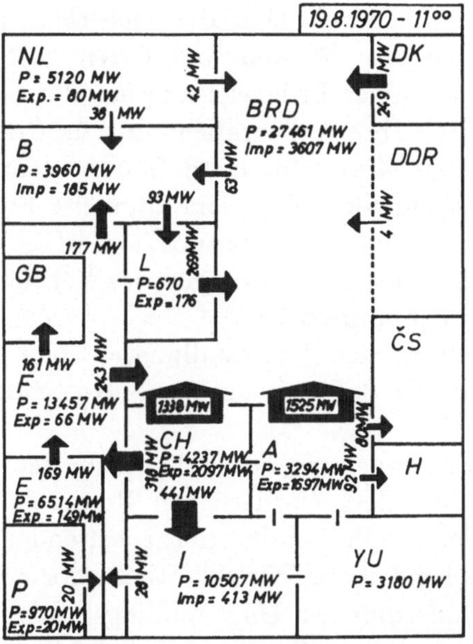

Abb. 99. Leistung des Energieflusses, Quelle [51]

Mit der Auffindung von Erdgasfeldern wurde die Fernversorgung mit Koksofengas nun durch Lieferungen von Erdgas ergänzt. Ein im Ausbau befindliches Leitungsnetz dient der Heranbringung des Erdgases an die Abnehmer. Das Schema eines solchen, sich über einen größeren Raum erstreckenden Verbundbetriebes ist in Abb. 97b angedeutet. Welches Ausmaß die Gasverbundwirtschaft bereits erreicht hat, geht aus dem Flußbild der westdeutschen Gasversorgung, Abb. 94, hervor. Interessant ist, daß danach im

Jahre 1968 68% des zur Verfügung stehenden Erdgases und Gases aus Kokereien und Raffinerien über Ferngasgesellschaften teils an örtliche Gasversorgungsunternehmen, teils direkt an die Industrie geliefert wurden. Erdgasfunde in verschiedenen Ländern, auch in Österreich, führten auch dort zu Gasfernversorgungen. Vor allem die holländischen und russischen Erdgasvorkommen haben einen über den eigenen Bedarf hinausgehenden Umfang, so daß Exportinteressen bestehen. So gibt es heute bereits Erdgastransportleitungen aus der UdSSR in die ČSSR und aus Holland nach Deutschland. Es ist damit bereits eine überregionale Erdgaswirtschaft eingeleitet. Projekte befassen sich mit der Weiterführung des aus dem Osten kommenden Leitungssystems nach Westdeutschland, wodurch eine die Sicherheit erhöhende zweiseitige Versorgung von Westen und Osten zustande käme und mit der Errichtung einer Erdgasleitung aus der ČSSR über Österreich nach Italien. Ihre Verwirklichung würde zu einem großen zwischenstaatlichen Gasverbundnetz führen, dem bei verschiedenerlei Belieferungsmöglichkeiten eine ähnliche Funktion wie dem elektrischen Verbundsystem zuzusprechen ist.

Die wirtschaftlichen Auswirkungen des Verbundbetriebes kann man etwa wie folgt umreißen:

1. Möglichkeit in den Umwandlungsanlagen große Einheiten aufzustellen und die dadurch gegebene Kostendegression auszunützen.
2. Erhöhte Sicherstellung der Belieferung der Verbraucher.
3. Herabsetzung der erforderlichen Reservehaltung.
4. Einsatz der im Verbundbetrieb arbeitenden Umwandlungsanlagen entsprechend ihren Wirtschaftlichkeitskennlinien mit dem Ziele einer Optimierung der Umwandlungskosten.
5. Verbesserung des Gleichzeitigkeitsfaktors in einer großräumigen Versorgung.
6. Möglichkeit der vollständigen Ausnutzung von zwangsläufig anfallenden Energieträgern (Wasserkraft, Abfallenergie).
7. Weitgehende Verwertung von Abfallbrennstoffen (Gemeinschaftskraftwerke).

Greift man die erhöhte Sicherstellung der Belieferung der Verbraucher heraus, so müßte man das hier Gesagte noch durch einen Hinweis auf die Erdöl-Pipelines, die heute bereits weite Bereiche Europas überziehen, ergänzen. Wie Abb. 100, in der die wichtigsten Versorgungsleitungen besonders deutlich gemacht wurden, zeigt, wird der Bereich Köln—Karlsruhe—Ingolstadt mit Rohölleitungen von den Häfen Triest, Genua, der französischen Mittelmeerküste, Rotterdam und Wilhelmshaven angespeist, wobei

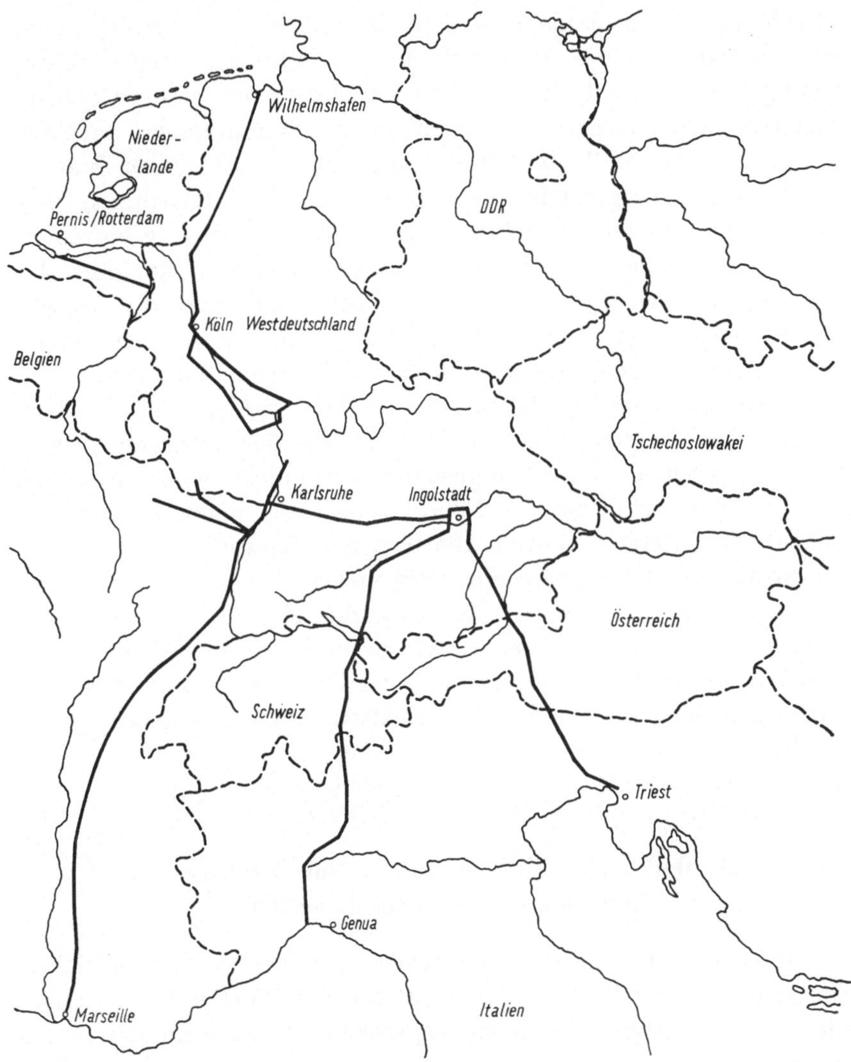

Abb. 100. Erdölpipelines in Mitteleuropa, Quelle [47]

Verlagerungen der Anlieferung möglich sind. Abgesehen von einer erhöhten Sicherheit einer solchen mehrsträngigen Versorgung bietet sie auch eine gewisse Flexibilität in der Rohölbeschaffung, wobei neben den Preisen ab Gewinnungsstätte auch die Seefrachten eine Rolle spielen. Insofern erscheint es berechtigt, auf dieses Pipelinenetz in diesem Zusammenhang hinzuweisen.

Der Vollständigkeit halber muß noch auf eine Form des „Verbundes" eingegangen werden, die mit Energietechnik nichts zu tun hat, sondern auf kaufmännisch-organisatorischen Überlegungen zurückgeht. Es hat sich dafür die Bezeichnung „Querverbund" eingebürgert. Er spielt in der kommunalen Energieversorgung eine Rolle, und zwar dann, wenn die einzelnen Sparten der Energieversorgung in einem gemeinsamen Unternehmen, den Stadtwerken, zusammengefaßt werden. Wenn auch die einzelnen Unternehmen meist getrennte Bilanzen vorlegen, so sind die Stadtwerke doch das gemeinsame Dach. Gas- und Stromtarife und für Fernwärme, falls solche geliefert wird, können, wenn nicht behördliche Preise Beschränkungen auferlegen, zugunsten der einen oder anderen Energieart verschoben werden. Die Kritiker dieses „Querverbundes" sagen, daß danach der natürliche Wettbewerb zwischen den Energiearten verhindert wird. Auf der anderen Seite wird bei der Energieversorgung neuer Siedlungen, vor allem Satellitenstädten, die Frage aufzuwerfen sein, ob es richtig ist, die Versorgung ein- oder mehrsträngig durchzuführen. Soll nur eine Energieart, das wäre die elektrische, eingeleitet werden oder dem Verbraucher Strom und Gas oder Strom und Fernwärme zur Verfügung gestellt werden? Das Für und Wider hat verschiedentlich in Fachzeitschriften seinen Niederschlag gefunden, letzten Endes sollte auch hier das Ergebnis einer objektiven Wirtschaftlichkeitsrechnung den Ausschlag geben.

41. Der wirtschaftliche Einsatz von Kraftwerken im elektrischen Verbundbetrieb

Unter den wirtschaftlichen Auswirkungen des Verbundbetriebes wurde im vorhergehenden Abschnitt auf den Vorteil hingewiesen, die in einem Verbundsystem einzuspeisenden Umwandlungsanlagen entsprechend ihren Kostenkennlinien so einsetzen zu können, daß die resultierenden Umwandlungskosten dem wirtschaftlichen Optimum nahekommen. Diese Möglichkeit ist besonders in der Elektrizitätsversorgung gegeben, da die zusammengeschalteten Kraftwerke nicht nur verschiedene Primärenergieträger verwenden, sondern auch in der Auslegung verschieden sind. Bei

Wärmekraftwerken der öffentlichen Elektrizitätsversorgung ist zu unterscheiden zwischen Kondensations- und Heizkraftwerken,

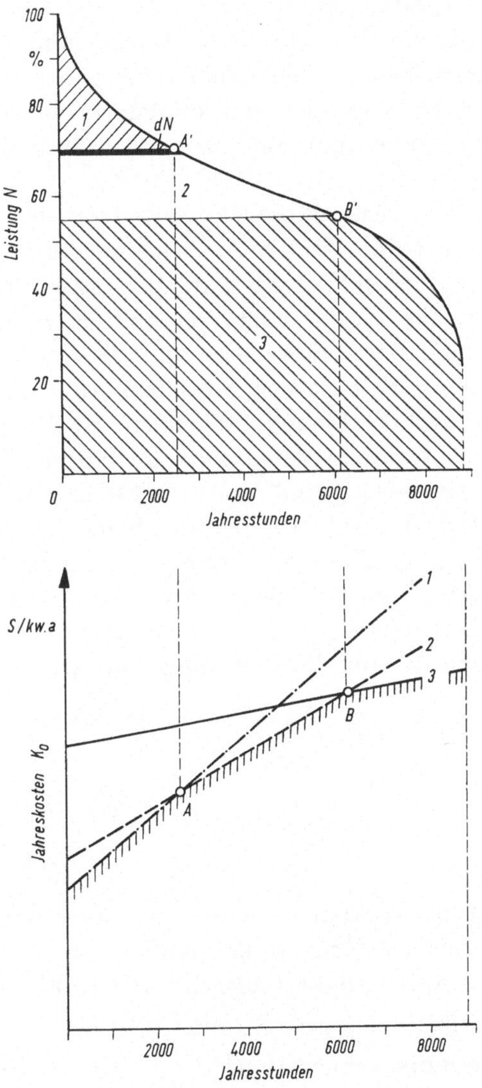

Abb. 101. Ermittlung der wirtschaftlichen Lastaufteilung zwischen auf ein gemeinsames Netz arbeitenden Wärmekraftwerken

außerdem sind Blockleistungen und Frischdampfzustand verschieden und beeinflussen die Kostencharakteristiken. Auf dem

Wasserkraftsektor haben Lauf- und Speicherwerke verschiedene Aufgaben zu erfüllen. Es seien daher am Beispiel des Verbundbetriebes in der Elektrizitätsversorgung die auf den optimalen Einsatz der Umwandlungsanlagen abzielenden Überlegungen dargelegt. Es würde den Rahmen dieses Buches überschreiten, dieses Problem im einzelnen zu behandeln; eine ganze Reihe von Veröffentlichungen befassen sich mit diesem Problem [50, 51, 53]. Wir wollen uns daher nur auf eine grundsätzliche Betrachtung beschränken.

Die Frage der wirtschaftlichen Aufteilung der Belastung auf im Verbund arbeitende Kraftwerke tritt sowohl bei der Planung, als auch im laufenden Betrieb auf. Im ersten Fall handelt es sich darum, welche Kraftwerkstypen und in welcher Auslegung die Deckung des Konsumzuwachses am wirtschaftlichsten ermöglichen, im zweiten Fall ist der Betriebsführung die Aufgabe gestellt, die ihr zur Verfügung stehenden Kraftwerke so einzusetzen, daß ein Minimum der arbeitsabhängigen Kosten erreicht wird. Worum es dabei grundsätzlich geht, sei an einem kleinen Beispiel erläutert. In Abb. 101 ist im oberen Teil die Leistungsdauerlinie für ein größeres Versorgungssystem in Prozent eingetragen, das untere enthält die Kostencharakteristiken von drei thermischen Kraftwerken, entsprechend der im 11. Abschnitt abgeleiteten Formel (9) für die Gestehungskosten:

$$K = m \cdot N_h + n \cdot E \quad [\text{S/Jahr}]$$

und

$$k_0 = \frac{K}{N_h} = m + n \cdot t \quad [\text{S/kW} \cdot \text{a}]$$

darin sind

- m die leistungsabhängigen Kosten, die auch die fiktiven Leerlaufkosten des Kraftwerkes und einen für notwendig gehaltenen Reservefaktor einschließen [S/kW · a],
- n die arbeitsabhängigen Kosten [S/kWh],
- t die Benutzungsdauer [h/a].

Es sei nun angenommen, daß Kraftwerke mit den eingetragenen Kostencharakteristiken 1, 2 und 3 den durch das obere Diagramm gekennzeichneten Bedarf zu decken haben. Die Frage lautet nun: In welchem Verhältnis ist die Belastung auf die drei Kraftwerkstypen aufzuteilen, um das wirtschaftliche Optimum zu erreichen? Dieses Optimum ist dann gegeben, wenn man die Schnittpunkte A und B der Kostencharakteristik auf die Jahresdauerlinie überträgt (A′ und B′). Man erhält so, wie angedeutet, den Einsatzbereich der drei Kraftwerke. Die Richtigkeit dieses Verfahrens läßt sich mathematisch [50], aber auch durch eine einfache Überlegung nachweisen. Denken wir uns aus dem Diagramm einen Streifen dN herausgeschnitten, so ist die zugehörige Jahresstundenzahl, gleich der Benutzungsdauer von dN. Bei 2500 Benutzungsstunden sind die Kosten bei Betrieb des Werkes 1 und 2 dieselben. Es wird also das dN des Belastungsdiagrammes, das während 2500 h gebraucht wird, vom Werk 1 und 2 zu gleichen Kosten geliefert werden können. Für das darüberliegende nächste kW sind die Kosten des Werkes 1 bereits niedriger, umgekehrt wird die Lieferung des darunterliegenden kW durch das Werk 2 billiger. Die geringsten Kosten entstehen somit bei der Aufteilung in einem Leistungselement, das für die beiden Werke die gleichen Kosten ergibt. Der mathematische Nachweis besagt, daß die wirtschaftlichste Lastaufteilung dann gegeben ist, wenn die spezifischen Zuwachskosten der beiden Werke gleich sind [50]:

$$\frac{dk_{01}}{dN} = \frac{dk_{02}}{dN}.$$

Dieses Verfahren, die optimal mögliche Lastverteilung zwischen Werken mit gegebener Kostencharakteristik zu ermitteln, ist sehr einfach und anschaulich und gibt zunächst einen grundsätzlichen Überblick über die zweckmäßige Einsatzweise der einzelnen Erzeugungsanlagen. Es kann auch auf eine beliebige Zahl von Kostencharakteristiken angewendet werden. Ist die Entfernung der Werke von den Verbrauchsschwerpunkten sehr verschieden, so können die Fortleitungskosten in die Kraftwerkscharakteristiken einbezogen werden. Der Faktor m würde sich um die auf 1 kW Übertragungsleistung entfallenden Leitungskosten, der Faktor n im Verhältnis

$$\frac{n}{\eta_{LJ}}$$

erhöhen, wobei η_{LJ} als Jahresarbeitswirkungsgrad nach der Formel

$$\eta_{LJ} = \frac{1}{1 + \frac{8760}{t} \cdot \delta_L \frac{1 - \eta_L}{\eta_L}} \qquad [11]$$

errechnet wird. Darin ist η_L der Leitungswirkungsgrad bei der höchsten Übertragungsleistung N_h.

Diese Ermittlung einer prozentuellen Lastaufteilung hat praktische Bedeutung, wenn es sich um eine globale Feststellung handelt, in welchem Verhältnis in einem geschlossenen Wirtschaftsgebiet der Anteil der einzelnen Kraftwerkstypen an der gesamten Aufbringung etwa liegen soll. Sind auch Wasserkraftanlagen einzubeziehen, so kommt man nicht mit einer so einfachen Darstellung durch. Eine solche grundsätzliche Untersuchung wurde aber für das österreichische Verbundsystem durchgeführt [52]. Für das Jahr 1959 lautete das Ergebnis:

Laufkraftwerke	65%
Langzeitspeicherwerke	9%
Thermische Kraftwerke und Laufwerke mit Kurzzeitspeicherung	26%
	100%

Solche Feststellungen sind natürlich zeitgebunden. Abgesehen von der Verschiebung der Anlagekosten, ändern sich auch die Betriebskosten der vorhandenen Kraftwerke (Brennstoffpreis, Personalkosten), so daß auch eine solche Globalstudie in angemessenen Zeiträumen revidiert werden muß.

Jedenfalls ist aber nach Abb. 101 für alle Untersuchungen über die Einsatzweise von Wärmekraftwerken die Feststellung wichtig, daß die Reihung ihres Einsatzes im Belastungsdiagramm entsprechend der Neigung der Kostenkennlinien zu erfolgen hat. Der anschraffierte Linienzug legt die wirtschaftliche Lastverteilung fest. Die Abb. 102 zeigt die Anwendung dieser Erkenntnis auf die Ermittlung der wirtschaftlichsten Lastverteilung zwischen vorhandenen Wärmekraftwerken mit gegebener Ausbaugröße und auf die Feststellung der resultierenden Erzeugungskosten eines solchen Verbundsystems. Im oberen Teil der Abbildung ist die Energieinhaltslinie des Versorgungsgebietes eingezeichnet (voll ausgezogene Kurve). Im hier wiedergegebenen Beispiel wären $N_h = 710$ MW und $E = 2900$ GWh/a. Diese Leistung verteilt sich auf 3 Wärmekraftwerke. Ihre Höchstbelastungen unter Berücksichtigung der erforderlichen Reserveleistung wären:

Werk 1	210 MW,
Werk 2	220 MW,
Werk 3	280 MW.

Die unteren Schaubilder enthalten die Jahreskosten. Die Gesamtkosten können anhand der auf Seite 296 wiedergegebenen Formel angeschrieben werden zu:

$$\sum K = \sum_{1}^{3} (m \cdot N_h + n \cdot E) = \sum_{1}^{3} (m \cdot N_h) + \sum_{1}^{3} (n \cdot E) \quad [\mathrm{S/a}].$$

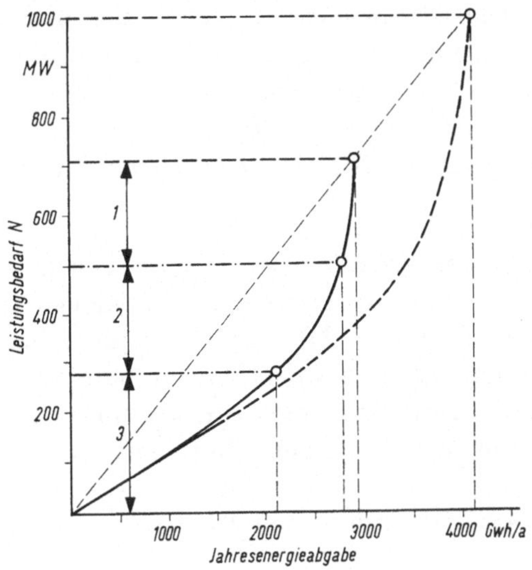

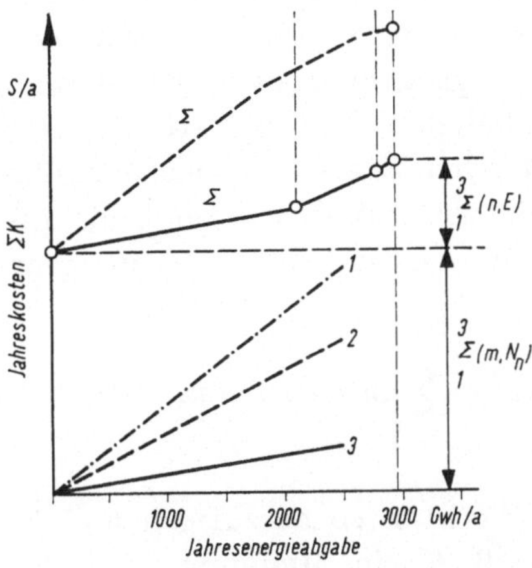

Abb. 102. Beispiel für die Kostenermittlung eines Verbundbetriebes mit thermischen Kraftwerken

Das erste Glied der Formel ist von der Einsatzweise unabhängig, es kann als konstanter Wert aufgetragen werden. Das zweite Glied wird von der Reihenfolge beeinflußt, in der die Kraftwerke in der Jahresdauerlinie eingeordnet werden. Wir haben vorhin festgestellt, daß die Reihung nach der Neigung der Kostenlinie zu erfolgen hat. Im Diagramm wurden die arbeitsabhängigen Kosten eingetragen. Der Einsatz der Werke ist somit von der 0-Linie aus in der Reihenfolge 3, 2, 1 als wirtschaftlichste Lösung vorzunehmen. Die Gesamtkosten ergeben sich aus dem voll ausgezogenen Linienzug. Es wurde auch vergleichsweise der Fall eingezeichnet, daß die umgekehrte Reihenfolge 1, 2, 3 gewählt wird (strichlierte Summenkostenlinie). Auch dieser Vergleich beweist die Richtigkeit der für die Einsatzfolge aufgestellten Grundregel.

Die Kostencharakteristiken von thermischen Kraftwerken sind nun nicht immer mit ausreichender Genauigkeit durch Gerade darstellbar und vor allem dann nicht, wenn es sich um Werke mit einem ausgeprägten Überlastbereich handelt, in denen der spezifische Wärmeverbrauch mit zunehmender Last wieder ansteigt. Man kann sich so helfen, daß man das Werk wie zwei Anlagen betrachtet, die eine umfaßt den Leistungsbereich unterhalb der Bestlast, die andere den Überlastbereich.

Diese Darstellungsweise ist auch von Nutzen, wenn es um die Planung des weiteren Ausbaues geht. Es wurde angenommen, daß in einer gewissen Zeitspanne die aufzubringende Leistung auf 1000 MW bei etwa gleichbleibender Benutzungsdauer ansteigt. Die neue Energieinhaltslinie wäre die strichlierte Kurve. Der oder die neu zu errichtenden Kraftwerksblöcke müßten also für eine Abgabe von $N_{hz} = 290$ MW bemessen sein. Die Gesamtkosten würden sich nach Ausweitung der Versorgung auf

$$K = \sum_{1}^{3} (m \cdot N_h) + \sum_{1}^{3} (n \cdot E) + (m_z \cdot N_{hz} + n_z E_z) \quad [\mathrm{S/a}]$$

stellen. Das neue Werk ist so auszulegen und in die Lastverteilung einzufügen, daß K ein Minimum wird. In dieser Kostenbeziehung ist nur das erste Glied eine Konstante. Bei den übrigen Gliedern bestehen zweierlei Abhängigkeiten:

1. Die arbeitsabhängigen Kosten der bestehenden Anlagen $\sum_{1}^{3} (n \cdot E)$ werden nicht nur dadurch beeinflußt, daß die Werte E der einzelnen Werke sich ändern werden, sondern, daß ihre Erzeugung je nach Einfügung der neuen Blöcke, ob in der Spitze, in der Grundlast oder zwischen den bestehenden Werken variieren wird.

2. Da für die Neuanlage $a = f(w)$ gilt, ist auch m_z eine Funktion von n_z. Es wird also für die optimale Auslegung der neuen Blöcke deren Benutzungsdauer maßgebend sein (siehe 12. Abschnitt). Man müßte also für die vorhandenen Reihungsmöglichkeiten die Benutzungsdauer der Neuanlage feststellen, diese für die Benutzungsdauervarianten optimal auslegen und dann die erhaltenen Ergebnisse in die vorhin angeschriebene Formel einsetzen.

Daneben sind noch die Jahreskosten während der wirtschaftlichen Anlaufzeit der Neuanlage zu berücksichtigen. Man kann sich denken, daß z. B. das neue Werk von der Inbetriebnahme an mit voller Last eingesetzt, dafür aber eine der bestehenden Anlagen zunächst nur eingeschränkt betrieben wird. Man sieht daraus, daß eine solche Investitionsrechnung unter mannigfaltigen Aspekten durchzuführen ist, wenn man eine optimale Lösung anstreben will. Der Rechnungsgang entspricht sinngemäß dem im 22. Abschnitt durchgerechneten Beispiel, das den Vergleich zwischen zwei Ausbauvarianten zum Gegenstand hatte.

In den Beispielen, Abb. 101 und 102, war angenommen worden, daß die Teilungslinien zwischen den von den einzelnen Werken zu übernehmenden Belastungen waagrechte Gerade sind. Dies bedeutet, daß die Werke immer im gleichen Leistungsbereich eingesetzt werden. Man spricht dann von einem „waagrechten" Einsatz. Diese Definition, wie auch die des „schrägen" Einsatzes, wurden bereits bei Erörterung des Einsatzes von Pumpspeicherwerken im 28. Abschnitt verwendet. Der waagrechte Einsatz würde, konsequent durchgeführt, zur Folge haben, daß man z. B. Anlagen, die im oberen Teil des Belastungsdiagrammes arbeiten, während einer tieferen Mittagseinsenkung abstellen und nachmittags wieder anfahren müßte. Die An- und Abstellverluste bei Wärmekraftwerken, aber auch die Funktion der Frequenzhaltung können ein Abweichen von diesem horizontalen Einsatz zweckmäßig machen. Man fährt dann die Anlage nach einem schrägen Einsatz. Handelt es sich um die Zusammenarbeit von Wärmekraftanlagen allein, so wird dieser schräge Einsatz keine nennenswerte Auswirkung haben, solange dadurch nicht eine Überlappung der Einzelleistungen zur Zeit des höchsten Leistungsbedarfes eintritt, die vermieden werden muß. In solchem Falle hätte nämlich der schräge Einsatz eine Vergrößerung der Summe der Werksleistungen und damit eine Erhöhung der leistungsabhängigen Kosten zur Folge.

Bei Zusammenarbeiten von Laufwasserkraftanlagen und Wärmekraftwerken ist jedoch der schräge Einsatz der normale. Man wird selbstverständlich das Laufkraftwerk als Grundlastwerk einsetzen, um dessen Dargebot möglichst restlos verwerten zu können, dies ist ja eines der Ziele des Verbundbetriebes. Das stark veränderliche Wasserkraftdargebot, dessen Höchstwerte zeitlich nicht mit der Bedarfsspitze zusammenfallen, hat zur Folge, daß die Summe aus maximaler Leistungsabgabe der Wasserkraftanlagen und der Wärmekraftwerke oft erheblich größer als die Netzspitze ist. Die wirtschaftlichen Auswirkungen dieser Überlappung der Leistungsbereiche, die man bei der Nutzung von Laufenergie notgedrungen in Kauf nehmen muß, möglichst niedrig zu halten, gehört mit zu den Aufgaben des Verbundbetriebes.

Bei Speicherkraftwerken ist der Einsatzbereich im Belastungsdiagramm durch die Speicherkapazität bestimmt. Da diese normalerweise nicht vergrößert werden kann und auch die Ausbauleistung des Wasserkraftwerkes durch die Stollendimensionierung gegeben ist, so liegt das Verhältnis Speicherinhalt zur Werksleistung und damit die Speicherentladedauer bei mittlerer Wasserführung fest. Dies hat zur Folge, daß mit steigender Belastung (wieder gleiche Diagrammform vorausgesetzt), der Einsatzbereich bestehender Speicherkraftwerke im Belastungsdiagramm immer weiter nach unten rückt. Anlagen, die ursprünglich zur Deckung der eigentlichen Spitze bestimmt waren, müßten also im Laufe der Zeit ihre ursprüngliche Aufgabe an andere Anlagen abgeben, wenn ihre Ausbauleistung nicht vergrößert werden kann. Auch bei Speicheranlagen, die im allgemeinen mit Laufkraftwerken parallel arbeiten, wird man in den meisten Fällen einen schrägen Einsatz zu gewärtigen haben.

XI. Grundlagen der Energiepreisgestaltung

42. Die Gestehungskosten der Energie beim Abnehmer

Die Grundlage für die Gestaltung der Energiepreise bilden die Kosten nach Höhe und Struktur, die die Belieferung der Verbraucher mit dem betreffenden Energieträger verursacht. In früheren Abschnitten wurden bereits die Kosten der Energiegewinnung, der Umwandlung und des Transportes im einzelnen und, soweit von grundsätzlicher Bedeutung auch der Zusammenhang zwischen diesen (Wahl von Standort und Ausbauleistung), behandelt. Diese Teilkosten ergeben in der Summe die Aufwendungen für die Rohenergiegewinnung bzw. Beschaffung des Primärenergieträgers über die Umwandlung bis zu den Übergabestellen an die Verbraucher. Sie setzen sich, wie wir gesehen haben, aus leistungs- und arbeitsabhängigen Kosten zusammen. Es ergeben sich nun folgende Fragen:

1. Welche Kosten sind noch zu berücksichtigen, um die Gesamtaufwendungen für die vom Abnehmer *übernommene* Energie zu erfassen?

2. In welchem Verhältnis belasten leistungs- und arbeitsabhängige Kosten letztlich die vom Abnehmer übernommene Energie?

Vor allem die zweite Frage ist für die Preis- bzw. Tarifbildung von wesentlicher Bedeutung. Ihre Beantwortung wird für die einzelnen Energiearten verschieden ausfallen; ob lagerfähig oder nicht, ob der Transport mit Fahrzeugen oder über Rohrleitungen erfolgt, wird eine entscheidende Rolle spielen. Es sei versucht, diese Zusammenhänge in einer schematischen Darstellung aufzuzeigen, die die Versorgung der Verbraucher mit Energie für einige charakteristische Fälle wiedergibt (Abb. 103). Das Schema a gilt für die Versorgung mit Mineralölprodukten ab Raffinerie, ein Fall, der sich auf weitgehend lagerfähige Energieträger bezieht, der Transport erfolgt im wesentlichen mittels Fahrzeugen, wenn man von den in jüngster Zeit aufkommenden Produkten — Pipelines absieht. Die drei anderen Schemata betreffen leitungsgebundene Energiearten. Das Schema b bezieht sich auf eine großstädtische Gasversorgung, die auf Erdgas als Primärenergie umgestellt wird, wobei die eigenen Gaserzeugungsanlagen als Reserve zu betrachten sind. Das Schema c ist Beispiel für eine dreisträngige Fernwärmeversorgung mit Heißwasser als Wärmeträger. An dem einen System ist die Raumheizung mit regelbarer,

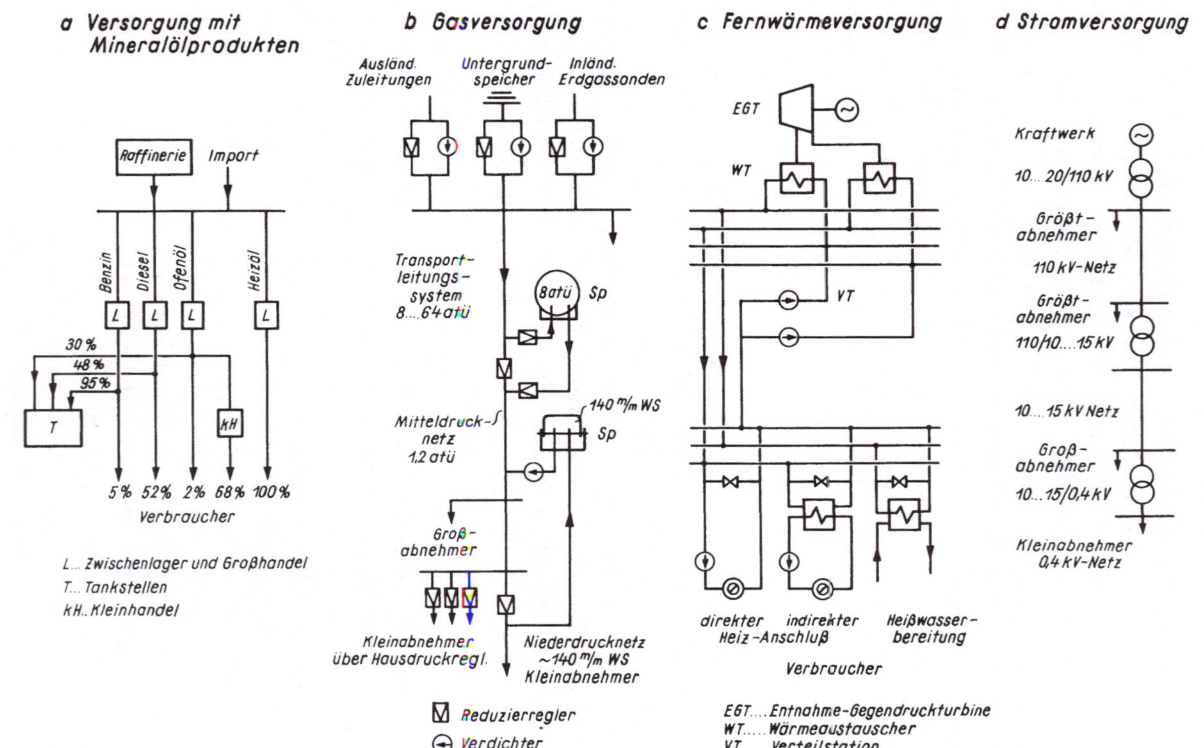

Abb. 103. Schematische Darstellung der Versorgung der Energieabnehmer

am anderen die Warmwasserbereitung mit konstanter Vorlauftemperatur angeschlossen. Diese beiden Fälle sind gekennzeichnet durch eine begrenzte Speicherfähigkeit, wobei im Fall der Fernwärmeversorgung die Wärmekapazität des Heiznetzes noch durch Speicher zwischen Vor- und Rücklauf ergänzt werden kann. Elektrische Energie, mit der sich das Schema d befaßt, ist außer durch Umwandlung in andere Energieformen überhaupt nicht speicherfähig, die Umwandlungs- und Transporteinrichtungen müssen also so ausgelegt sein, daß jederzeit die von den Verbrauchern beanspruchte Leistung zur Verfügung steht. Schema a, das sinngemäß auch auf die Versorgung der Verbraucher mit festen Brennstoffen übertragen werden kann und Schema d stellen die beiden Extremfälle dar, nämlich weitgehende Lagerfähigkeit auf der einen Seite, Fehlen einer Speichermöglichkeit auf der anderen Seite. Die beiden anderen Schemen liegen dazwischen. Diese Unterschiede übertragen sich auf die Kostenstruktur und weiterhin, wie wir im nächsten Abschnitt sehen werden, auf die Preisbildung. Aus der schematischen Gegenüberstellung, Abb. 103, lassen sich noch folgende Schlüsse ziehen:

1. Zu den oben angeführten Kostengliedern treten offensichtlich noch Aufwendungen für die „Bedienung" des Abnehmers hinzu. Diese setzen sich bei den einzelnen Energiearten recht verschiedenartig zusammen. Bei den Mineralölprodukten kann man die Tankstellen und den Handel dazurechnen, bei den leitungsgebundenen Energiearten Anschlußleitungen und Umformeranlagen, wenn sie vom Energielieferanten beigestellt werden, außerdem die Erfassung und Verrechnung der Energielieferung mit den umgelegten Kosten für die dazu erforderlichen Meßeinrichtungen. Man kann sie als *Abnehmerkosten* bezeichnen. Sie sind nicht vom Energieverbrauch des einzelnen Abnehmers abhängig, sondern z. B. die Zahl der Tankstellen von der Verkehrsdichte oder die Kosten der Anschlußleitungen von der Leistung und daher als leistungsabhängige bzw. feste Kosten anzusehen. Dies hat zur Folge, daß die Abnehmerkosten bei einem sogenannten „Großabnehmer", auf die Energieeinheit bezogen, niedriger sind als bei einem „Kleinabnehmer".

2. In der Gas- und besonders in der Stromversorgung verursachen Groß- und Kleinabnehmer auch unterschiedlich hohe Fortleitungskosten, da sie an verschiedene Netzstufen angeschlossen sind. Das Schema für die Elektrizitätsversorgung zeigt

den Aufbau des Netzes und die Anschlußweise der einzelnen Abnehmerkategorien. Es enthält nicht die heute schon vielfach zwischen Kraftwerk und 110-kV-Netz eingeschaltete Spannungsstufe von 220 bzw. auch 380 kV, da mit solchen Spannungen kaum Verbraucher, vielleicht Wiederverkäufer, beliefert werden. Je kleiner der Anschlußwert des Abnehmers, auf umso niedrigerer Spannungsstufe muß er versorgt werden. Darin drückt sich das Verteilungsproblem bei leitungsgebundenen Energieträgern aus. Wie sich dies kostenmäßig auswirkt, zeigt das in Abb. 104 dargestellte Beispiel für ein größeres Gebietsversorgungsunternehmen.

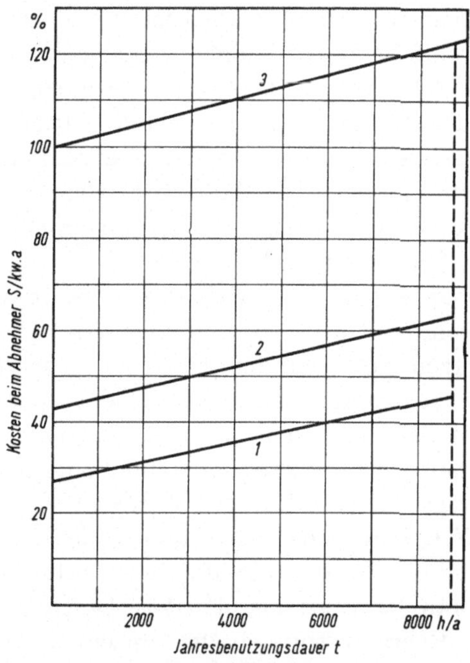

Abb. 104. Jahresgestehungskosten der Energie je kW Höchstabnahme für verschiedene Abnehmertypen in einem größeren Gebietsversorgungsunternehmen der Elektrizitätswirtschaft

3. Je größer die Lagerfähigkeit, je näher die Lagerung zu den Abnehmern gerückt werden kann, das heißt, für je mehr Versorgungseinrichtungen, dadurch der Betrieb vergleichmäßigt, also die Benutzungsdauer erhöht wird, umso mehr treten die leistungs-

gegenüber den arbeitsabhängigen Kosten zurück bzw. umso kleiner wird der Bereich, in dem die resultierenden Kosten um einen Mittelwert streuen.

Neben den Abnehmerkosten fallen noch die sogenannten *Gemeinkosten* an. Man versteht darunter den Aufwand für die Hauptverwaltung des Versorgungsunternehmens, für soziale Einrichtungen des Gesamtbetriebes, Steuern, soweit sie nicht anteilig auf einzelne Kostenstellen umgelegt werden. Sie sind ebenso wie die Abnehmerkosten von der abgegebenen Energiemenge unabhängig und als leistungsabhängige Kosten anzusehen. Die Gesamtjahreskosten K einer Energieversorgung bis zum Abnehmer setzen sich also wie folgt zusammen:

$$K = K_0 + K_L + K_A + K_U \quad [\mathrm{S/a}].$$

Darin bedeuten

K_0 die Energiegewinnungs- bzw. Umwandlungskosten,

K_L die Transportkosten,

K_A die Abnehmerkosten,

K_U die Gemeinkosten.

Bereitet nach dem oben Gesagten die Umlegung der Gesamtkosten auf die einzelnen Abnehmerkategorien bei lagerfähigen, nicht leitungsgebundenen Energieträgern, wie z. B. bei Mineralölprodukten keine besonderen Schwierigkeiten — es besteht aber dafür das schon erläuterte Problem der Koppelprodukte — so setzt eine gerechte Aufteilung bei Energiearten, die nicht speicherfähig sind und deren Abnehmer die Leitungsanlagen in verschiedenem Ausmaße in Anspruch nehmen, doch eine sehr eingehende Befassung mit dem zeitlichen Verlauf ihres Bedarfes voraus. Dies gilt vor allem für die Elektrizitätsversorgung, bis zu einem gewissen Grad auch für die Gasversorgung. Da die Umlegung der Kosten auf die verschiedenen Abnehmergruppen die Grundlage für die Stromtarifbildung ist, so muß im nachstehenden doch auf den Sonderfall der Elektrizitätsversorgung näher eingegangen werden. Es würde zu weit führen, die verschiedenen vorgeschlagenen Methoden für die Kostenverteilung im einzelnen zu behandeln, die zum Teil, wie das sogenannte Benutzungsdauerverfahren [64], recht umständlich sind. Es kommt hier nur darauf an, die Problemstellung und die grundsätzlichen Gedankengänge zur Lösung der Aufgabe zu erörtern.

Praktisch haben wir es mit einer Mischung von Abnehmergruppen, wie Größtabnehmer, Großabnehmer und Kleinabnehmer zu tun, in denen die einzelnen Abnehmer wieder durch ähnliche Belastungsweise gekennzeichnete Untergruppen bilden. Es entsteht nun die Frage, wie teilt man die Gesamtkosten K angemessen auf die einzelnen Abnehmer auf. Für die abnehmerabhängigen Kosten K_A ist dies kein Problem, da sie ja, wie erwähnt, je Meßstelle anfallen, ebenso sind die arbeitsabhängigen Erzeugungskosten verhältnismäßig einfach auf die Abnehmer umzulegen, wenn man die durchschnittlichen Verluste der von der Energie durchlaufenden Netzteile berücksichtigt und auf weitere Verfeinerungen verzichtet. Vielleicht wird man bei Größtverbrauchern die Übertragungsverluste für die einzelnen Abnehmer abstufen. Bezieht ein aus dem Niederspannungsnetz belieferter Kleinabnehmer oder eine Gruppe von solchen E kWh/a und sind

$(\eta_{LJ} \cdot \eta_{UJ})_N$ die Jahresnetzwirkungsgrade des Niederspannungsnetzes und der Abspannung zwischen Mittel- und Niederspannungsnetz,

$(\eta_{LJ} \cdot \eta_{UJ})_M$ die entsprechenden Wirkungsgrade für das Mittelspannungsnetz,

$(\eta_{LJ} \cdot \eta_{UJ})_H$ diejenige für das Hochspannungsnetz,

dann sind die arbeitsabhängigen Kosten, die dieser Abnehmer bzw. diese Abnehmergruppe verursacht

$$\frac{E}{(\eta_{LJ} \cdot \eta_{UJ})_N \cdot (\eta_{LJ} \cdot \eta_{UJ})_M \cdot (\eta_{LJ} \cdot \eta_{UJ})_H} \quad [\mathrm{S/a}].$$

In analoger Weise können für die aus dem Mittel- und Hochspannungsnetz belieferten Abnehmer die auf sie entfallenden arbeitsabhängigen Kosten bestimmt werden. Die Gemeinkosten werden auf verschiedene Weise umgelegt; dabei ist zu beachten, daß Kleinabnehmer spezifisch höhere Aufwendungen verursachen als Großabnehmer. Schwierig dagegen ist die Lösung der Aufgabe bei den leistungsabhängigen Kosten.

Grundsätzlich ist auf jeden Abnehmer jener Anteil an den leistungsabhängigen Kosten umzulegen, der seinem Anteil an der Jahreshöchstbelastung des Kraftwerkes und der Netzteile, die von ihm in Anspruch genommen werden, entspricht. Ebenso wenig, wie man die einzelnen Abnehmer nach ihrer Entfernung vom Speisepunkt verschieden behandeln kann, ist es praktisch möglich, jeden Abnehmer entsprechend seinem Anteil an den leistungsabhängigen Kosten individuell zu betrachten. Beides wird man praktisch nur bei Größtenabnehmern tun können. Bei der großen Masse der Verbraucher aber wird man sich damit begnügen müssen, sie in Gruppen mit ähnlichen Belastungsverhältnissen einzuordnen. Greifen wir eine solche Gruppe ähnlicher Abnehmer heraus, so sei die arithmetische Summe von deren Einzelhöchstleistungen ΣN_{ha} kW. Da auch bei Verbrauchern mit ähnlichem Belastungscharakter die Einzelspitzen zeitlich nicht zusammenfallen, so wird die gemeinsame Höchstlast dieser Gruppe N_{hx} kleiner sein als ΣN_{ha}. Man nennt das Verhältnis

$$\frac{N_{hx}}{\Sigma N_{ha}} = \psi_{Gx}$$

den *Gleichzeitigkeitsfaktor* der betreffenden Abnehmergruppe. Der Gleichzeitigkeitsfaktor einer Gruppe ist sehr stark von der Höhe der Benutzungsdauer dieser ähnlichen Abnehmer abhängig. Je höher die Benutzungsdauer ist, umso mehr nähert sich der Gleichzeitigkeitsfaktor dem Werte 1. Je kleiner sie ist, umso größer wird die Wahrscheinlichkeit, daß die einzelnen Spitzen zeitlich nicht zusammenfallen, umso niedrigere Werte ψ_{Gx} sind zu erwarten. Als Richtwerte für ψ_G können folgende Zahlen gelten:

Haushalt ohne E-Herd	0,8
Haushalt mit E-Herd	0,2
Gewerbliche Betriebe	0,5
Büros	0,6
Straßenbeleuchtung	1,0

Es kommt also zunächst darauf an, die Abnehmer in richtiger Weise zu Gruppen zusammenzufassen und ein charakteristisches Tagesdiagramm der Gruppe unter Berücksichtigung des Gleichzeitigkeitsfaktors für den Tag der höchsten Gesamtbelastung aufzustellen.

Der weitere Gang der Überlegungen sei wieder am besten an einem *Beispiel*, und zwar an einer kleinstädtischen Versorgung erläutert. Im unteren Diagramm der Abb. 105 sind die Gruppen-Tagesbelastungskurven der Niederspannungsabnehmer aufgezeichnet. Es sind folgende Gruppen gewählt worden: Haushalte, Geschäfte, Gewerbebetriebe, Büros und Straßenbeleuchtung. Die Kurven geben auch ein Bild über den Verlauf des Tagesver-

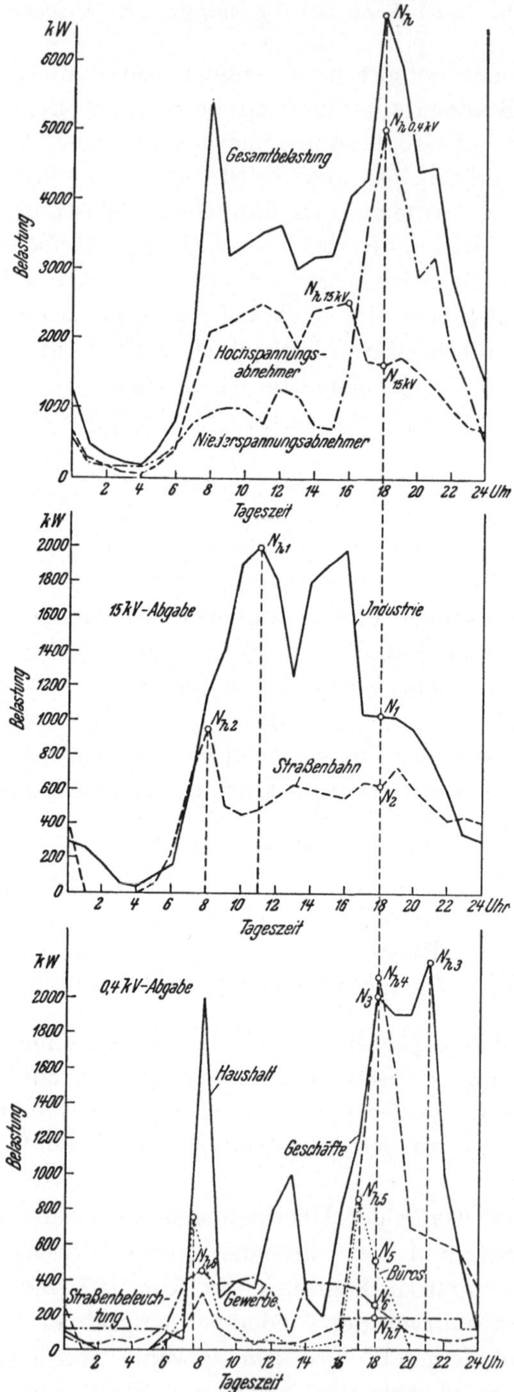

Abb. 105. Analyse der Belastung eines mittleren städtischen Versorgungsgebietes an einem Wintertag

brauches dieser Abnehmer, wobei bei der Gruppe Haushalt der Einfluß des elektrischen Kochens in den Mittagstunden hervortritt. Im obersten Diagramm ist in einem verkleinerten Maßstab die Summenkurve des gesamten Niederspannungsverbrauches eingetragen. Man sieht, daß die Spitze der Niederspannungsbelastung N_{hN} bei 18 Uhr auftritt. Sie liegt zufällig zeitgleich mit der Gesamtnetzspitze. Betrachtet man z. B. die Haushalte, so liegt deren Gruppenspitze N_{h3} um 21 Uhr bei 2200 kW. An der Gesamtbelastungsspitze des Versorgungsgebietes sind sie aber nur mit $N_3 = 2000$ kW beteiligt. Das Verhältnis zwischen dem Leistungsbedarf der Gruppe Haushalte zur Zeit der gesamten Belastungsspitze zur Höchstlast dieser Gruppe beträgt somit:

$$\frac{2000}{2200} = 0{,}91.$$

Es wird meist als *Höchstlastziffer* z_h der betreffenden Gruppe bezeichnet. Für die anderen Gruppen ergeben sich aus dem untersten Diagramm folgende Werte für z_h:

Büros	0,59
Geschäfte	1,0
Gewerbliche Betriebe	0,59
Straßenbeleuchtung	1,0

Bleiben wir beim Beispiel Haushalte und stellen nun die Frage, in welcher Höhe leistungsabhängige Kosten insgesamt auf diese Gruppe entfallen, so gibt die Abb. 105 einen Anhalt, wie man diesen Wert ermitteln kann.

a) Kostenanteil am Niederspannungsnetz

Leistungsabhängige Jahreskosten einschließlich Abspannung vom Mittelspannungsnetz: $\alpha \cdot A_{LN}$ [S/a].

Spitzenbelastung des Niederspannungsnetzes $N_{hN} = 5000$ kW.

Anteil an den Kosten des Niederspannungsnetzes:

$$\varDelta K_N = \frac{2200 \cdot 0{,}91}{5000} \cdot \alpha \cdot A_{LN} = 0{,}40 \cdot \alpha \cdot A_{LN} \text{ [S/a]}.$$

b) Kostenanteil am Mittelspannungsnetz

Leistungsabhängige Kosten: $\alpha \cdot A_{LM}$ [S/a].

Wirkungsgrad des Niederspannungsnetzes und der Umspannung vom Mittelspannungsnetz $\eta_N = 0{,}88$ angenommen.

Anteil des Niederspannungsverbrauches an der Belastungspitze des Mittelspannungsnetzes: $\frac{5000}{0{,}88} = 5700$ kW.

Belastungsspitze im Mittelspannungsnetz um 18 Uhr:

$$5700 + 1650 = 7350 \text{ kW}.$$

Anteil des Niederspannungsverbrauches: $\frac{5700}{7350} = 0{,}775$.

Anteil der Gruppe Haushalte an den Kosten des Mittelspannungsnetzes $= 0{,}775 \cdot 0{,}4 \cdot \alpha \cdot A_{LM} = 0{,}31 \cdot \alpha \cdot A_{LM}$ [S/a].

c) Anteil am Leistungspreis

Für den Strombezug im Einspeisepunkt bei Mittelspannung: $m \cdot N_{h0}$.

Angenommener Wirkungsgrad des Mittelspannungsnetzes $\eta_M = 0{,}92$.

Höchste Bezugsleistung um 18 Uhr: $\frac{7350}{0{,}92} = 8000$ kW.

Anteil der Gruppe Haushalte $\frac{0{,}91}{0{,}88 \cdot 0{,}92} \cdot N_{h3} = 1{,}13 \cdot N_{h3}$, $N_{h3} = 2200$ kW.

Auf die Gruppe Haushalte entfallen daher an leistungsabhängigen Kosten:

$$0{,}4 \cdot \alpha \cdot A_{LN} + 0{,}31\, \alpha\, A_{LM} + 1{,}13\, m \cdot N_{h3} \quad [\text{S/a}]$$

oder auf 1 kW bezogen

$$\alpha \cdot \frac{(0{,}4 \cdot A_{LN} + 0{,}31 \cdot A_{LM})}{N_{h3}} + 1{,}13 \cdot m \quad [\text{S/kW} \cdot \text{a}].$$

In gleicher Weise könnten auch für die anderen Abnehmergruppen auf der Niederspannungs-, aber auch auf der Mittelspannungsstufe, die auf sie entfallenden Anteile an den leistungsabhängigen Kosten ermittelt werden.

Es interessiert nun, welche Gestehungskosten erwachsen dem einzelnen Abnehmer je Leistungseinheit. Bei Kleinverbrauchern ist es üblich, die leistungsabhängigen Kosten auf den *Anschlußwert* zu beziehen, da es nicht wirtschaftlich wäre, bei Kleinverbrauchern die für die Feststellung der Spitzenleistung erforderlichen aufwendigen Zähleranlagen aufzustellen. Der Anschlußwert ist die Summe der Nennleistungen aller angeschlossenen Stromverbrauchsstellen des betreffenden Abnehmers. Die höchste Abnahme ist kleiner als der Anschlußwert, da nicht gleichzeitig alle Verbrauchsstellen eingeschaltet sind. Das Verhältnis zwischen dem Summenanschlußwert N_{ia} eines Abnehmers und seiner gleichzeitigen Höchstlast N_{hx} bestimmt den Gleichzeitigkeitsfaktor ψ_A

der einzelnen Abnehmeranlage

$$\psi_A = \frac{N_{hx}}{N_{ia}}.$$

Richtwerte dieses für eine wirtschaftliche Auslegung der Versorgungseinrichtungen sehr wesentlichen Gleichzeitigkeitsfaktors zeigt folgende Zusammenstellung:

Haushalt ohne E-Herd	0,7
Haushalt mit E-Herd	0,4—0,5
Gewerbliche Betriebe	0,2—0,35
Büros	0,8—0,9
Straßenbeleuchtung	1,0
Kleine und mittlere Betriebe	0,4—0,7
Großindustrie	0,6—0,8

Ausgehend von der gleichzeitigen Leistung N_x der betreffenden Abnehmergruppe zur Zeit der gesamten Netzspitze erhält man danach den Summenanschlußwert aller Abnehmer dieser Gruppe mit

$$\Sigma N_{ia} = \frac{N_x}{\psi_A \cdot \psi_G \cdot z_h}.$$

In unserem Beispiel der „Haushalte" wäre unter der Voraussetzung, daß es sich um solche ohne Elektroherd handelt, der Summenanschlußwert wie folgt zu errechnen:

$$N_3 = 2000\,\text{kW}, \quad \psi_A = 0{,}7, \quad \psi_G = 0{,}8, \quad z_h = 0{,}91.$$

$$\Sigma N_{ia} = \frac{2000}{0{,}7 \cdot 0{,}8 \cdot 0{,}91} = 3920\,\text{kW}$$

bzw.

$$N_{h3} = (\Sigma N_{ia}) \cdot 0{,}7 \cdot 0{,}8 = 0{,}56 \cdot \Sigma N_{ia} \quad [\text{kW}].$$

Die auf 1 kW Anschlußwert umgelegten leistungsabhängigen Kosten der Gruppe „Haushalte" betragen dann

$$\frac{\alpha \cdot (0{,}72 \cdot A_{LN} + 0{,}56 \cdot A_{LM})}{\Sigma N_{ia}} + 1{,}13\, m \quad [\text{S/kW} \cdot \text{a}].$$

Dieses Zahlenbeispiel zeigt, daß eine einigermaßen zutreffende Kostenverteilung nur auf Grundlage einer sorgfältigen Verbrauchsanalyse möglich ist. Da die Gestehungskosten wieder die Basis für die Preisbildung darstellen, so ist es für die Erstellung von verbrauchsfördernden Stromtarifen von größter Bedeutung, wenn sich die großen Versorgungsunternehmen der Absatzanalyse annehmen. Der unsicherste Faktor bei der Kostenaufteilung ist zweifellos der Anteil der einzelnen Gruppen an der Gesamtspitze. Bei dem gerade in der Spitzenzeit steilen Verlauf der Belastungskurve können Verschiebungen um eine Viertelstunde bereits das Verhältnis der Leistungsanteile merklich ändern und damit auch die Gestehungskosten für die verschiedenen Verbrauchergruppen entsprechend beeinflussen. Diese Erkenntnis hat mit dazu beigetragen, dieses hier geschilderte, theoretisch zweifellos richtige sogenannte Spitzenanteilverfahren durch Rechnungsmethoden zu ergänzen, die die Gruppenspitzen und den Belastungsverlauf der Gruppen berücksichtigen. In diesem Zusammenhang sei noch bemerkt, daß auch im Lichte der modernen Grenzkostentheorie das Spitzenanteilverfahren als Grundlage für die Preisgestaltung seine Berechtigung behält [65].

43. Konsequenzen für die Energiepreisgestaltung

Nach den im vorhergehenden Abschnitt angestellten Überlegungen setzen sich die Kosten für die dem einzelnen Abnehmer gelieferte Energie grundsätzlich aus zwei Gliedern, den leistungs- und den arbeitsabhängigen bzw. ganz allgemein ausgedrückt, den festen und den beweglichen Kosten zusammen, wobei, wie schon erwähnt, die Abnehmer- und Gemeinkosten in die festen Kosten eingeschlossen werden können. Es gilt also für die Kosten der dem Abnehmer gelieferten Energieeinheit ganz allgemein die Beziehung:

$$k = \frac{m}{t} + n \quad \text{[S/Energieeinheit]}.$$

Eine diesem Kostengefüge angepaßte Preisstellung müßte logischerweise auch die Formel

$$p = \frac{c_1}{t} + c_2 \quad \text{[S/Energieeinheit]}$$

aufweisen, wobei als selbstverständliche Voraussetzung gilt, daß $p > k$ ist, soll das betreffende Versorgungsunternehmen einen positiven wirtschaftlichen Erfolg erzielen. Abgesehen von der Forderung, daß die Energiepreise die Gestehungskosten decken, werden an die Energiepreis- bzw. Tarifbildung noch folgende Anforderungen gestellt:

1. Leichte Verständlichkeit,
2. geringer Aufwand für Messung und Verrechnung,
3. absatzfördernde Eigenschaften,
4. günstige Auswirkung auf die Ausnutzung der Versorgungsanlagen.

In welchem Ausmaß diesen Anforderungen, vor allem den beiden ersten, entsprochen werden kann, ist recht unterschiedlich. Diese Unterschiede sind durch die verschiedenartigen Gegebenheiten bedingt, die die einzelnen Energiesparten kennzeichnen und im vorhergehenden Abschnitt behandelt wurden. Solche charakteristischen Merkmale sind vor allem:

1. Das Verhältnis von festen zu beweglichen Kosten,
2. das Ausmaß der Lagerfähigkeit des betreffenden Energieträgers.

Diese beiden Voraussetzungen begünstigen bei festen und flüssigen Brennstoffen eine einfache Preisgestaltung. Die Verteilung der Energieträger mittels öffentlicher Transportmittel erspart gegenüber leitungsgebundenen Energieträgern feste Kosten. Die weitgehende Lagerfähigkeit ermöglicht den Betrieb der Energiegewinnungs- bzw. Umwandlungsanlagen mit einer hohen, zumindest in engen Grenzen erfaßbaren Benutzungsdauer. Damit tritt in der Kostenformel das erste Glied m/t gegenüber dem zweiten zurück, so daß eine lediglich nach Sorten differenzierte Durchschnittskalkulation ein den Gestehungskosten relativ gut angepaßtes Ergebnis liefert. Hingegen wird die Preisbildung umso problematischer, je höher der Anteil an festen Kosten wird, ein Umstand, der grundsätzlich für alle leitungsgebundenen Energieträger, Elektrizität, Gas und Fernwärme, gilt, da hier zu den Festkostenanteilen der Produktion der nahezu ausschließlich den festen Kosten zugeordnete Aufwand für die eigenen Verteilanlagen und für eine etwaige Speicherung hinzukommt. Vor allem gewinnt dadurch gegenüber den nicht leitungsgebundenen Energieträgern die auf die Zeiteinheit bezogene Höhe der Energiebereitstellung, sei es die elektrische Leistung oder der stündliche Wärmebedarf, als Basisgröße für die Preiskalkulation entscheidende Bedeutung.

Hiebei steht ein ausschließlich auf Wasserkraft basierendes Erzeugungs- und Verteilsystem für elektrische Energie mit nahezu 100% Festkostenanteil an der Spitze. Der daraus resultierende Zwang zu einer Preisgestaltung, die einerseits die Deckung der Gestehungskosten gewährleistet und andererseits einen entsprechenden Anreiz zu einer weitgehenden Ausnutzung der gegebenen Erzeugungs- und Übertragungskapazitäten für die Abnehmer bietet, hat im Laufe der Zeit zur Ausbildung einer Vielzahl von Tarifformen innerhalb der Elektrizitätswirtschaft geführt, von denen einige auch von der Gas- und Fernwärmewirtschaft in zunehmendem Maß übernommen werden, je mehr, z. B. durch den Ausbau der Ferngaswirtschaft, die Festkostenstruktur zunimmt.

Versucht man diese Vielfalt von Tarifformen in ein Schema einzuordnen, so scheint am ehesten die von *Schneider* [64] vorgeschlagene Unterteilung in

A. Tarifformen ohne Begrenzungen,

B. Tarifformen mit Begrenzungen

zu entsprechen.

A. Tarifformen ohne Begrenzungen

a) Der Pauschaltarif. Dieser Tarif geht von der gebrauchten Leistung als Bezugsgröße aus. Ist N_A die vom Abnehmer beanspruchte Höchstleistung [kW] und c_1 der Pauschalpreis [S/kW · Jahr], so sind die Jahresausgaben des Abnehmers

$$P = c_1 \cdot N_A \quad \text{[S/Jahr]}.$$

Bezeichnet man mit E [kWh] die gesamte jährlich bezogene Energiemenge, so beträgt der spezifische Energiepreis

$$p_A = \frac{P}{E} = c_1 \cdot \frac{N_A}{E} = \frac{c_1}{t} \quad \text{[S/kWh]}.$$

Es wird also der Preis je Energieeinheit nur auf das erste Glied der eingangs dieses Abschnittes angeführten Preisformel bezogen, nachdem vorher die Kosten auf dieses Glied umgerechnet worden sind. In Abb. 106 wurde versucht, die Jahresausgaben c_1 je kW und den Strompreis p_A in Abhängigkeit von der Benutzungsdauer darzustellen.

Der Pauschaltarif fand seinerzeit in erster Linie in Netzen mit niedrig ausgebauten Laufwasserkraftwerken Anwendung. Er entspricht auch der überwiegend durch feste Kosten bestimmten Kostencharakteristik von elektrischen Energieerzeugungssystemen auf hydraulischer Basis am ehesten. Sein Vorteil liegt in der Einfachheit der Erfassung der Abnahme und Verrechnung. Die beanspruchte Höchstleistung ist durch einen Höchstleistungsanzeiger feststellbar, an ihrer Stelle kann auch als indirekte Meßgröße der Anschlußwert eingeführt werden. Allerdings ist der sich danach für den Abnehmer ergebende durchschnittliche kWh-Preis außerordentlich stark von der Ausnützung der gebrauchten Leistung abhängig und kommt daher fast nur für den Abnehmer mit hoher Benutzungsdauer in Frage. Da überdies die für diesen Tarif maßgeblichen Voraussetzungen in den hydraulischen Erzeugungssystemen sich durch den höheren Ausbaugrad und den Einsatz von Speicherwerken wesentlich geändert haben, wird dieser Tarif kaum mehr angewandt.

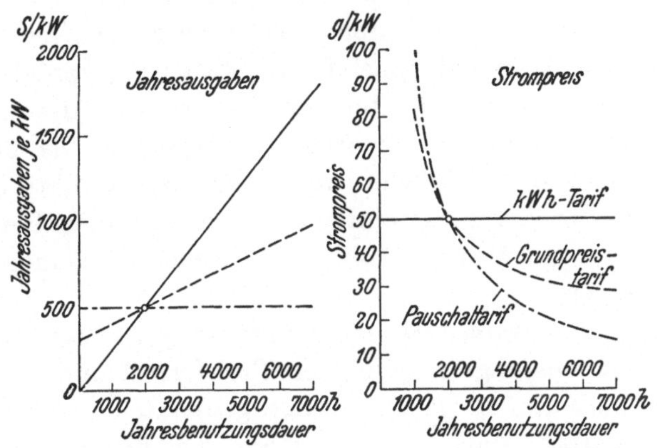

Abb. 106. Stromtarife ohne Bregrenzungen

b) Reiner Arbeitspreistarif. Das andere Extrem ist der reine Arbeitspreistarif, der seinem Wesen nach das Ergebnis der eingangs erwähnten Durchschnittspreiskalkulation ist, womit der Preis der abgegebenen Energieeinheit einheitlich festgelegt wird. Bezeichnet man diesen Preis mit c_2 [S/Energieeinheit], so betragen die jährlichen Stromkosten

$$P = c_2 \cdot E \quad [\text{S/Jahr}].$$

Dies bedeutet, daß die festen Kosten unter Annahme einer bestimmten Benutzungsdauer auf die beweglichen umgerechnet und diesen zugeschlagen werden. In der Preisformel verbleibt also nur das zweite Glied. Eine solche Preisgestaltung ist, wie schon betont, vor allem bei Energieträgern mit relativ niedrigen festen Kosten und einer in engen Grenzen erfaßbaren Benutzungsdauer der Anlagen wegen ihrer Einfachheit zweckmäßig.

Auch diese Kostenlinien sind in Abb. 106 für die elektrische Energie dargestellt, wobei die Gesamtkosten P wieder auf 1 kW bezogen wurden, um einen Vergleich mit dem Pauschaltarif zu erhalten. Die leistungsabhängigen bzw. festen Kosten müssen hier in dem Preis der kWh mitausgedrückt werden. Bei sehr weitgehender Abweichung von der Charakteristik der Gestehungskosten erscheint diese Tarifform, abgesehen von der Einfachheit der Messung, am wenigsten dazu geeignet, den Strompreis in einem richtigen Verhältnis zu den Gestehungskosten zu halten. Er wird nur über einen ganz kleinen Benutzungsdauerbereich an die Kosten anpassungsfähig sein, darüber hinaus zu überhöhten, darunter zu Strompreisen führen, welche die Kosten nicht decken. Diese Tarifformel gelangt daher für die Lieferung von elektrischer Energie nur in ganz unbedeutendem Ausmaß zur Anwendung. In der Gas- und Fernwärmeversorgung dagegen ist sie noch sehr verbreitet. Die doch mögliche, wenn auch beschränkte Speicherfähigkeit auf der einen, die einfachere, nur auf einen Verbrauchszähler beschränkte Messung auf der anderen Seite, mögen dafür die Ursache sein.

c) Der Leistungspreistarif (Grundpreistarif). Diese Tarifformel entspricht der eingangs angeführten Preisformel und stellt somit eine Kombination der beiden bisher genannten Tarifarten dar, und zwar derart, daß er aus einem die benötigte Leistung (Energiemenge pro Zeiteinheit) und einem die insgesamt bezogene Arbeit (Energiemenge) erfassenden Glied besteht. Durch diese Aufteilung des Preises in der Leistung und der bezogenen Energiemenge proportionale Beträge kann man der Kostencharakteristik am nächsten kommen. Dieser Leistungspreis-Tarif hat die Form

$$P = c_1 \cdot N_A + c_2 \cdot E \quad \text{[S/Jahr]}$$

bzw. auf den spezifischen Energiepreis umgerechnet

$$p_A = c_1 \cdot \frac{N_A}{E} + c_2 = \frac{c_1}{t} + c_2 \quad \text{[S/kWh]}.$$

In Abb. 106 ist auch dieser Tarif dargestellt; im linken Diagramm sind die Jahresausgaben, auf 1 kW bezogen, aufgetragen. Man sieht, daß der Leistungspreis-Tarif zwischen dem Pauschal- und dem Arbeitspreis-Tarif liegt und sich dem einen oder anderen nähert, je nachdem, in welchem Verhältnis der Leistungspreis c_1 und der Arbeitspreis c_2 zueinander gewählt werden. Mit der Bedeutung dieses Verhältnisses in tarifpolitischer Beziehung werden wir uns noch beschäftigen.

Der Leistungspreis-Tarif ist der heute am meisten angewandte Tarif, der in der Elektrizitätswirtschaft in überwiegendem Maß, nach und nach aber auch in der Gas- und Fernwärmewirtschaft immer mehr benützt wird. Fallweise wird dieser Tarif noch durch Einführung von Begrenzungen, z. B. durch eine Staffelung des spezifischen Leistungspreises nach der absoluten Höhe der beanspruchten Leistung oder durch vorgeschriebene Mindestabnahmen verfeinert. Bei größeren Abnehmern wird in der Elektrizitätswirtschaft neben dem kWh-Verbrauch die Spitzenleistung gemessen. Um Zufälligkeiten und damit ungerechte Bewertungen auszuschalten, ist es in der Elektrizitätswirtschaft üblich, nicht die Momentanleistung, sondern die während einer Viertelstunde auftretende mittlere Leistung zu messen und das arithmetische Mittel mehrerer solcher Leistungswerte als Bemessungsgrundlage für das Leistungsglied des Tarifes zu verwenden. Bei Kleinabnehmern ist der Einbau eines Höchstlastmeßinstrumentes meist zu kostspielig und es wird daher die Höchstleistung indirekt über andere geeignete Bezugsgrößen erfaßt. Neben dem Anschlußwert wird hier bei Haushalten die Zimmerzahl und bei landwirtschaftlichen Betrieben die landwirtschaftliche Nutzfläche als Meßgröße verwendet. Auch die Nennstromstärke der der Abnehmeranlage vorgeschalteten Sicherung wird bei einigen neueren Grundpreis-Tarifen herangezogen.

B. Tarifformen mit Begrenzung

Den bisher erläuterten Tarifen ist gemeinsam, daß sie auf feste Werte aufgebaut sind, die zwar den Eigenheiten der einzelnen Abnehmergruppen angepaßt werden können, jedoch dann ihren Wert bei allen Verhältnissen beibehalten. Bei Grundpreistarifen ist eine Veränderlichkeit des Preises bei abweichender Benutzungsdauer gewahrt und kann ein Anreiz zum Mehrverbrauch durch geeignete Wahl der Konstanten c_1 und c_2 geschaffen werden, beim Pauschaltarif und beim reinen kWh-Tarif ist dies jedoch nicht der Fall. Es kam daher der Wunsch auf, diese festen Werte innerhalb von gewissen Grenzen veränderlich zu machen und so eine größere Anpassungsfähigkeit zu erreichen. Je nach den gewählten Grenzbedingungen spricht man von Tarifen mit Arbeits-, Leistungs-, Benutzungsdauer- und Zeitgrenzen.

a) Arbeitspreistarif mit Arbeitsgrenzen. Hierher gehören der Staffel- und Zonentarif. Ein *Staffeltarif* hat z. B. folgenden Aufbau: Der Preis einer kWh beträgt bei einer monatlichen Abnahme:

Von	0—100 kWh	für *alle* kWh	p_1 S/kWh
Von mehr als	100—300 kWh	für *alle* kWh	p_2 S/kWh
Von mehr als	300—500 kWh	für *alle* kWh	p_3 S/kWh
Von mehr als	500 kWh	für *alle* kWh	p_4 S/kWh

Trägt man die monatlichen Ausgaben über der monatlichen Abnahme auf, so erhält man einen Linienzug mit unsteten Übergängen, die den Stufen der Strompreise entsprechen. Diesen Schönheitsfehler vermeidet der *Zonentarif.* Auch hiefür ein Beispiel:

Die ersten	100 kWh	im Monat	p_1 S/kWh
Die nächsten	200 kWh	im Monat	p_2 S/kWh
Die nächsten	200 kWh	im Monat	p_3 S/kWh
Für alle weiteren	kWh	im Monat	p_4 S/kWh

b) Pauschaltarif mit Leistungsgrenzen. Dem kWh-Tarif mit Arbeitsgrenzen entspricht sinngemäß ein Pauschaltarif mit Leistungsgrenzen. Seine Berechtigung ist insoferne gegeben, als, wie wir festgestellt haben, ein Teil der Gestehungskosten sowohl von der Leistungshöhe als auch von der Arbeitsmenge unabhängig ist. Ein solcher Tarif hat folgenden Aufbau:

Für einen Anschlußwert von	50 Watt sind	p_1 S/a
Für einen Anschlußwert von	100 Watt sind	p_2 S/a
Für einen Anschlußwert von	200 Watt sind	p_3 S/a

zu bezahlen.

c) Arbeitspreistarif mit Benutzungsdauergrenzen. Der Nachteil der Arbeitspreistarife mit Arbeitsgrenzen ist darin zu sehen, daß sie die Ausnutzung der bezogenen Höchstleistung nicht erfassen. Man kann diesem Mangel dadurch begegnen, daß man statt der Arbeitsgrenzen eine Staffelung nach der Benutzungsdauer einführt. Der Ansatz für einen solchen Tarif, der die Formel eines Zonentarifes aufweist, lautet beispielsweise folgendermaßen. Der Preis beträgt:

Für die ersten	50 kWh je kW und Monat	p_1 g/kWh
Für die nächsten	50 kWh je kW und Monat	p_2 g/kWh
Für die nächsten	200 kWh je kW und Monat	p_3 g/kWh
Für alle weiteren	kWh je kW und Monat	p_4 g/kWh

Die Preise $p_1 \ldots p_4$ weisen natürlich eine abnehmende Tendenz auf.

Arbeitstarife mit Benutzungsdauergrenzen sind auch in der Ferngasversorgung für Großabnehmer verschiedentlich eingeführt. Der Arbeitspreis ist an einen bestimmten Benutzungsdauerbereich gebunden, wird dieser seitens des Abnehmers unterschritten, so erhöht sich in irgendeiner Form der Preis.

d) Tarife mit Zeitgrenzen. Tarife mit Zeitgrenzen haben im wesentlichen das Ziel, eine Verlegung der Abnahme aus der Zeit des Höchstleistungsbedarfes in leistungsschwache Zeiten und auf diese Weise eine Vergleichmäßigung der Belastungskurve herbeizuführen. Man spricht von Zweifach- und Dreifachtarifen, je nachdem, ob man in der Zeit der Abendspitze, der sogenannten „Sperrzeit", einen erhöhten Arbeitspreis verlangt oder ob man auch noch eine preisliche Unterscheidung zwischen Nacht- und Tagesstunden macht. Mehrfachtarife finden in Verbindung mit anderen Tarifen, wie z. B. dem Leistungspreistarif, Anwendung, wobei in Erzeugungssystemen mit vorwiegend hydraulischer Energiebasis nicht nur eine Differenzierung des Strompreises nach der Tageszeit, sondern auch noch nach Sommer und Winter erfolgt.

Der Vollständigkeit halber muß hier noch der sogenannte „*Blindstromtarif*" erwähnt werden, der genau genommen keinen Energiepreis darstellt, aber in der Elektrizitätsversorgung doch eine Rolle spielt. Er soll den Abnehmer dazu veranlassen, selbst für einen besseren Leistungsfaktor in seinem Bereich zu sorgen und so die Leitungen, Transformatoren und Generatoren, die für die Scheinleistung [kVA] bemessen werden müssen, zu entlasten. Solche Tarife sehen vor, daß der Abnehmer bei seinem Strombezug zur Einhaltung eines bestimmten Mindestleistungsfaktors — meist liegt der Wert für diesen Leistungsfaktor zwischen 0,8—0,9 — verpflichtet ist. Danach erhält der Abnehmer 74%—48% der gleichzeitig bezogenen Wirkarbeit gratis mitgeliefert. Wird der vorgeschriebene Leistungsfaktor unterschritten, wird die zusätzlich bezogene Blindarbeit verrechnet. Derartige Tarife haben etwa folgende Form:

über $\cos \cdot \varphi = 0{,}9$ ist die Blindarbeit frei,

die unter $\cos \cdot \varphi = 0{,}9$ bezogene kVarh kosten p S/kVarh.

Der Abnehmer hat die Möglichkeit, Kondensatoren oder Phasenschieber aufzustellen, auch zu große Motoren durch dem Leistungsbedarf angepaßte kleinere, zu ersetzen. Es ist eine Frage eines Wirtschaftsvergleiches seitens des Abnehmers, ob der Blindstrombezug oder eine Verbesserung des Leistungsfaktors im eigenen Betrieb vorteilhafter ist.

Abschließend sei zum Leistungspreistarif noch auf folgenden Zusammenhang hingewiesen. Die Energiepreisgestaltung nach dem Leistungspreistarif entspricht, wie eingangs dieses Abschnittes dargelegt, dem Aufbau der Kostenformel. Er ist die einzige Tarifform, die ohne irgendwelche Begrenzungen über den ganzen Benutzungsdauerbereich kostenecht gestaltet werden könnte. In der Elektrizitätsversorgung, in der die leistungsabhängigen Kosten eine ungleich größere Auswirkung haben als in anderen Sparten der Energieversorgung, würde ein kostenechter Tarif zu sehr hohen Leistungspreisen c_1 führen. Dies gilt besonders für die Versorgungssysteme, die überwiegend auf Wasserkraft aufgebaut sind. Dagegen sind die Arbeitspreise c_2 verhältnismäßig niedrig. Im allgemeinen stößt sich der Abnehmer daran, wenn er sehr hohe Bereitstellungskosten bezahlen soll. Ein zu hoher Leistungspreis wirkt sich auch hemmend auf die Anschlußbewegung aus, vor allem dann, wenn der Anschlußwert als Bezugsgröße dient. Man verzichtet daher in der Elektrizitätsversorgung im allgemeinen auf Kostenechtheit der Tarife und „verfälscht" sie gegenüber den Kosten insofern, als man den Leistungspreis gegenüber den leistungsabhängigen Kosten herabsetzt, dagegen den Arbeitspreis gegenüber den arbeitsabhängigen Kosten erhöht. Eine kleine Überlegung anhand der Kosten bzw. Preisformel zeigt sofort, daß die Werte k und p nur bei einer bestimmten Benutzungsdauer in einer richtigen Relation stehen. Das Versorgungsunternehmen muß daher über die mittleren Benutzungsdauern der einzelnen Abnehmergruppen reale Zahlen vorliegen haben, denn eine tatsächlich auftretende höhere Benutzungsdauer als die zugrundegelegte würde die Spanne zwischen Erlös und Aufwand verringern und schließlich zu einem Verlust führen. Praktisch führt dies dazu, daß zur tariflichen Bewältigung des ganzen Benutzungsdauerbereiches das Versorgungsunternehmen meist einen Tarif mit hohem Leistungspreis und niedrigem Arbeitspreis — einen sogenannten steilen Tarif — für Abnehmer mit hoher Benutzungsdauer und umgekehrt für Abnehmer mit niedriger Benutzungsdauer einen „flachen Tarif", d. h. mit niedrigem Leistungspreis und höherem Arbeitspreis, anbietet.

Es wäre über die Energiepreispolitik noch manches zu sagen, doch würde dies zu sehr in Spezialgebiete führen. Um die Darstellung einigermaßen knapp zu halten, sei mit diesen grundsätzlichen Überlegungen der Abschnitt über die Energiepreisgestaltung abgeschlossen.

XII. Die Vorausplanung in der Energieversorgung

44. Die Vorausschau als Grundlage für ein Ausbaukonzept und einen Wirtschaftsplan

Auf die Bedeutung eines längerfristigen Planungskonzeptes in der Energieversorgung wurde in früheren Abschnitten bereits verschiedentlich hingewiesen. Es findet seine Begründung in

1. der Notwendigkeit, im Hinblick auf die Anschluß- und Versorgungspflicht von Versorgungsunternehmen, den zu erwartenden Bedarfszuwachs voll zu befriedigen,

2. der hohen Kapitalintensität von Energieversorgungsunternehmen, die erfordert, technische und wirtschaftliche Risiken möglichst auszuschließen und auch die Aufbringung des nötigen Investitionskapitals zeitgerecht zu sichern,

3. den verhältnismäßig langen Vorbereitungs- und Errichtungszeiten von Energiegewinnungs- und Umwandlungsanlagen.

Je größer die Kapitalintensität, je länger die Zeitspanne zwischen Baubeschluß und Inbetriebnahme, umso wichtiger ist ein langfristiges Planungskonzept. Dies gilt vor allem für die Elektrizitätsversorgung, bei der mangels jeglicher Lagerfähigkeit dieses Energieträgers der Ausbau der Anlagen die Deckung der höchsten, nur kurzzeitig auftretenden Belastung gewährleisten muß. Bedenkt man, daß die Bauzeiten solcher Umwandlungsanlagen in der Größenordnung von 3—5 Jahren liegen, so folgert daraus, daß eine Vorschau sich auf 8—10 Jahre erstrecken muß, soll sie ihren Zweck erfüllen, Grundlage für ein Ausbaukonzept zu sein. Es bedarf wohl keiner besonderen Beweisführung, daß bei einer Bauzeit von z. B. 4 Jahren ein auf 5—6 Jahre bezogenes Ausbaukonzept keinen Aussagewert hätte. Tatsächlich hat auch, wie schon erwähnt, die österreichische Elektrizitätsversorgung ihr koordiniertes Ausbauprogramm für jeweils 10 Jahre erstellt.

Man wird solchen Vorhaben entgegenhalten, daß eine Frist von 8—10 Jahren zu lang sei, um realistische Annahmen für den Trend der maßgeblichen Faktoren zu treffen. Man kann sich in der Weise helfen, daß man mehrere Varianten zugrunde legt und sich so über die Auswirkung abweichender Entwicklungsgrößen ein Bild macht, außerdem, wie schon früher angedeutet, daß man diese Vorschau und das daraus abgeleitete Konzept in angemessenen Zeiträumen revidiert und die Betrachtung jeweils um eine Dekade weiterschiebt. Die Unsicherheit in der richtigen Erfassung der Planungsgrundlagen wird mit dem zeitlichen Abstand von der Bezugsbasis naturgemäß größer, ein gewisser Ausgleich tritt aber dadurch ein, daß die für solche Wirtschaftsvergleiche heute bevorzugte Barwertmethode die späteren Jahre weniger zur Geltung bringt als die näherliegenden, das heißt, die später zu erwartenden Abweichungen von den getroffenen Annahmen geringer ins Gewicht fallen. Der Gang einer solchen Vorschau kann folgendermaßen umrissen werden:

1. Bedarfsprognose, die zur Festlegung des anzunehmenden Lastzuwachsfaktors bzw. eines Spielraumes, gekennzeichnet durch zwei Grenzwerte, führt.

2. Sichtung der wirtschaftlichen Möglichkeiten der Bedarfsdeckung und der zu beschaffenden Primärenergieträger, die wirtschaftliche Lösungen erwarten lassen.

3. Erstellung von Projekten auf solche Anlagen mit einer für ein grundsätzliches Konzept ausreichenden Kostenerfassung.

4. Durchführung von Wirtschaftlichkeitsvergleichen, wobei Annahmen für die voraussichtliche Entwicklung von Bau- und Betriebskosten (Kapital-, Personal- und Brennstoffkosten) getroffen werden müssen.

5. Ermittlung einer optimalen Ausbaufolge, eventuell für die zweite Hälfte des Betrachtungszeitraumes unter Offenhaltung von Varianten.

Damit ist für das betreffende Versorgungsunternehmen ein Ausbaukonzept, das mit großer Wahrscheinlichkeit eine optimale Ausbaufolge darstellt, erarbeitet. Es braucht nicht besonders betont zu werden, daß ein solches Konzept auch die Verteilung der Energie, ihren Transport zu den Verbrauchern berücksichtigen muß. Es hängt von der betreffenden Sparte der Energieversorgung und auch von der Verflechtung der einzelnen Unternehmen dieser Sparte untereinander ab, ob und in welchem Ausmaß ein solches Konzept mit anderen abgestimmt wird, wie es z. B. in der österreichischen Elektrizitätsversorgung zwischen Landesgesellschaften und Verbundgesellschaft im Rahmen eines Koordinierungsabkommens geschieht. Solche Abstimmungen können sich für die Beteiligten günstig auswirken. Man braucht nur an die wirtschaftliche Anlaufzeit von großen Einheiten zu denken, die verkürzt werden kann, wenn sich zwei oder mehrere Unternehmen darüber einigen, eine Investition um ein oder zwei Jahre zurückzustellen und dafür in dieser Zeit von dem anderen bei besserer Ausnützung der neu in Betrieb kommenden Anlagen Energie zu beziehen. Es geht also in solchen Fällen nicht nur um das Ausbaukonzept *eines* Unternehmens, sondern auch um das koordinierte der ganzen Sparte in einem geschlossenen Wirtschaftsraum.

Nachdem auf diese Weise ein Ausbaukonzept für einen angemessenen Zeitraum festgelegt worden ist, besteht der zweite Teil der Vorschau in einer Überprüfung, wie sich dieses Konzept auf den wirtschaftlichen Status des Unternehmens (Rentabilität, Liquidität und Kreditbegünstigung) auswirkt [66]. Darüber geben Planerfolgsrechnung und Finanzplan für den der Vorschau zugrunde gelegten Zeitraum Auskunft und bilden die Grundlage für die hinsichtlich der Finanzierungsweise anzustellenden Überlegungen. Umsatzerfolgsrechnung und Finanzplan sind in verschiedenen Posten miteinander verflochten und haben nur zusammenhängend einen Aussagewert. Es darf als selbstverständliche Voraussetzung gelten, daß in diesem mehr kaufmännisch ausgerichteten zweiten Teil der Vorschau die gleichen Annahmen hinsichtlich der Entwicklung der Kostenfaktoren gemacht werden wie bei den Wirtschaftlichkeitsvergleichen. Dazu kommen noch Annahmen über etwaige Gewinnausschüttungen an die Anteilhaber des Unternehmens oder über Inanspruchnahme von gesetzlichen Investitionsbegünstigungen. Das Schema für eine Umsatzerfolgsrechnung und einen Finanzplan sei am Beispiel eines großen Elektrizitätsversorgungsunternehmens, das seine jeweilige 10-Jahresvorschau danach anstellt, wiedergegeben.

Die erste senkrechte Reihe von Umsatzerfolgsrechnung und Finanzplan gibt die algebraischen Summenwerte der einzelnen Posten für die betrachtete Zeitspanne an. Die letzte Zeile des Finanzplanes gibt Aufschluß über die aufzubringenden Mittel für

Umsatz-Erfolgsrechnung 19.. bis 19..

	19..–19..	19..	19..
1. Erlös aus Stromverkauf			
2. Erlös aus Wärmeverkauf			
3. Sonstige Erträge (einschließlich aufgelöste Baukostenbeiträge), Zinsen, Skonti usw.			
A. Umsatzerlös			
4. Strombezugskosten			
5. Brennstoffkosten			
6. Material- und Fremdleistungen			
7. Personalkosten (einschließlich Pensionsrückstellung und Abfertigungsrücklagen)			
8. Spesen			
9. Zinsen			
10. Steuern (ohne Ertragssteuern)			
B. Summe der Aufwendungen ..			
Rohergebnis A–B			
Abschreibungen normal			
Abschreibungen vorzeitig			
Zähler und Inventar			
Bruttogewinn/Verlust			

die zu tätigenden Investitionen und bildet die Grundlage für die Finanzierungsüberlegungen, über die im nächsten Abschnitt, soweit in der Energieversorgung besondere Probleme auftreten, noch kurz eingegangen wird.

Die Empfehlung, in der Energieversorgung die Ausbaukonzepte für größere Zeitspannen festzulegen als es vielleicht in anderen Wirtschaftssparten aus der Erfahrung heraus üblich ist, wird auch durch eine dynamische Betrachtungsweise der Wirtschaftsentwicklung bestätigt. *Märzendorfer* [67] versuchte unter Zugrundelegung der österreichischen Verhältnisse die Zusammen-

Finanzplan 19.. bis 19..

	19..—19..	19..	19..
Bruttogewinn/Verlust			
Abzüglich Ertragssteuern			
Verfügbarer Nettoerfolg			
Sonstige nicht zahlungswirksame Posten aus der Umsatzerfolgsrechnung			
Abschreibungen			
Vereinnahmte Baukostenbeiträge .			
Eigenmittel (Überschuß 19..) ...			
Verfügbare Mittel			
Ab Erfordernis für Leitungen und Verteilungsinvestitionen			
Tilgungen			
Dividende			
Verbleiben für Kraftwerksbauten .			
Erfordernis für Kraftwerksbauten			
Abgang (Überschuß)			
Deckung			

hänge am Beispiel der Elektrizitätsversorgung mathematisch zu erfassen und kam neben anderen interessanten Erkenntnissen zum Ergebnis, daß die Wachstumsentwicklung durch eine Zeitkonstante charakterisiert wird, die bei den in der Elektrizitätsversorgung gegebenen, eingangs dieses Abschnittes skizzierten Voraussetzungen zwischen 6 und 10 Jahren liegt. Diese Zahlen machen deutlich, wie groß die Zeitverschiebung zwischen Ursache und Wirkung einer finanziellen Maßnahme sein kann.

Das hier beispielsweise für die Elektrizitätsversorgung vorgeführte Schema für eine Umsatzerfolgsrechnung und einen Finanzplan gilt in seinem Aufbau auch für andere Energiesparten. Es sind nur jeweils sinngemäß die entsprechenden Posten in das Schema einzusetzen.

45. Fragen der Anlagefinanzierung

Der im vorhergehenden Abschnitt aufgestellte Finanzplan gibt ein Bild darüber, welche Mittel für Investitionen seitens des Versorgungsunternehmens bereitgestellt werden müssen. Aus den Statistiken des österreichischen Institutes für Wirtschaftsforschung (I. f. Wf.) [68] geht hervor, daß in den Jahren 1967—1972 die Energieversorgung im Durchschnitt mit 36% an den Gesamtinvestitionen der Industrie beteiligt war, die Elektrizitätsversorgung allein mit 27,5%. Die Energieversorgung nimmt also einen verhältnismäßig bedeutenden Teil des für Investitionen zur Verfügung stehenden Kapitals in Anspruch. Die Finanzierung der notwendigen Bauvorhaben ist somit nicht nur eine Angelegenheit der betreffenden Unternehmen, sie partizipiert an dem insgesamt zur Verfügung stehenden Investitionskapital und muß sich in das allgemeine Investitionsgeschehen irgendwie einpassen.

Es ist nicht Aufgabe dieses Buches, sich mit Anlagenfinanzierung und Finanzpolitik in weiterem Sinn zu befassen. Das Verständnis für die Probleme der Energiewirtschaft setzt aber doch die Kenntnisse einiger wesentlichen, für diesen Wirtschaftszweig charakteristischen Eigenheiten voraus.

Grundsätzlich kann die Aufbringung der Mittel für die zu tätigenden Investitionen durch *Innen-* oder *Außenfinanzierung* erfolgen. Die Innenfinanzierung stützt sich auf den von dem betreffenden Unternehmen erwirtschafteten Nettoüberschuß. Die Außenfinanzierung kann durch Erhöhung des Gesellschaftskapitals oder durch fremde Mittel (Anleihen, langfristige Kredite u. dgl.) erfolgen. Es läßt sich also folgendes Schema aufstellen:

Innenfinanzierung	Erwirtschaftete Nettoüberschüsse	Eigenmittel
Außenfinanzierung	Erhöhung des Gesellschaftskapitals	
	Anleihen, langfristige Kredite usw.	Fremdmittel

Prüft man diese hier aufgezählten Finanzierungsmöglichkeiten hinsichtlich ihrer Auswirkung auf die Umsatzerfolgsrechnung und den Finanzplan, so erkennt man, daß der in der vorletzten Zeile des Finanzplanes ausgewiesene Abgang und seine in der letzten Zeile einzutragende Deckung von der Art der Finanzierung abhängig sind. Die Innenfinanzierung setzt in der Umsatzerfolgsrechnung einen den Verbrauch entsprechend übersteigenden Umsatz voraus, damit ändern sich auch die Ertragssteuern im Finanzplan. Im Falle der Außenfinanzierung gelten für die Erhöhung des Gesellschaftskapitals ähnliche Überlegungen, Dividenden und Ertragssteuern ändern sich; entscheidet man sich für Fremdfinanzierung, so gilt dasselbe für den Posten „Zinsen" in der Umsatzerfolgsrechnung und „Tilgung" im Finanzplan. Daraus folgt, daß bei Aufstellung einer solchen betriebswirtschaftlichen Vorausschau bereits Annahmen über die Finanzierungsweise des zukünftigen Ausbaukonzeptes getroffen werden müssen, das heißt, daß die dem Unternehmen zur Verfügung stehenden Möglichkeiten im zweiten Teil der Konzeptserstellung als Varianten zu betrachten sind und die Entscheidung unter Abwägung der innerbetrieblichen, aber auch der gesamtwirtschaftlichen Auswirkungen zu treffen sind.

Das hier Gesagte gilt ganz allgemein und bedeutet keine Besonderheit der Energieversorgung. Es schien aber doch zweckmäßig, diese an sich bekannten Zusammenhänge voranzustellen, um dem Leser die sich für die Wirtschaftssparte Energieversorgung ergebenden Probleme besser veranschaulichen zu können. Wie schon in der Einleitung dieses Buches angedeutet, spielen bei der Finanzierung von Anlagen der Energieversorgung zwei Umstände eine wesentliche Rolle:

1. Der gegenüber anderen Wirtschaftszweigen wesentlich niedrigere Kapitalumschlagskoeffizient.

2. Die für die Anlagen der Energieversorgung im allgemeinen langen Nutzungsdauern bzw. Abschreibungszeiten.

Die Auswirkung des niedrigen Kapitalumschlagsfaktors sei anhand einer kleinen Rechnung veranschaulicht, die den Fall behandelt, daß für den weiteren Ausbau eines Versorgungsunternehmens zur Außenfinanzierung gegriffen wird, also in einem gewissen Verhältnis zusätzliche Fremdmittel und Erhöhung des Gesellschaftskapitals herangezogen werden.

Bezeichnen wir mit

ΔA das notwendige Anlagekapital [S],

ζ_E die Verzinsung der Eigenmittel [%],

ζ_F die Verzinsung der Fremdmittel [%],

$\varkappa$ den Anteil der Eigenmittel an der Investition,

σ den Anteil der Ertragssteuern am Rohüberschuß,

ζ_0 den für die Gesamtverzinsung aufzuwendenden Betrag, bezogen auf das Anlagekapital ΔA [%],

g_0 den Anteil der Zinsen für Fremd- und Eigenmittel, einschließlich Steuern am zusätzlichen Umsatz ΔU [%],

u den Kapitalumschlagskoeffizient, definiert durch den Quotienten

$$\frac{\text{Jahresumsatz}}{\text{Anlagekapital}} = \frac{U}{A} = \frac{\Delta U}{\Delta A},$$

dann ist der Eigenkapitalanteil

$$\Delta A \cdot \varkappa \; [\text{S}]$$

und der des Fremdkapitals

$$\Delta A \cdot (1 - \varkappa) \; [\text{S}].$$

Die Erzielung einer Eigenmittelverzinsung von ζ_E erfordert einen Rohertrag von

$$\frac{\zeta E}{1 - \sigma} \; [\%].$$

Die Gesamtzinsbelastung, bezogen auf das Anlagekapital ΔA beträgt dann

$$\zeta_0 \cdot \Delta A = \Delta A \cdot \varkappa \cdot \frac{\zeta E}{1 - \sigma} + \Delta A \cdot (1 - \varkappa) \cdot \zeta_F \; [\text{S/Jahr}]$$

$$\zeta_0 = \frac{\varkappa}{1 - \sigma} \cdot \zeta_E + (1 - \varkappa) \cdot \zeta_F \; [\%]. \qquad (34)$$

Die Belastung des Erlöses durch die Verzinsung des aufzuwendenden Anlagekapitals beträgt somit

$$\zeta_0 \cdot \Delta A = g \cdot \Delta U \; [\text{S/a}]$$

$$g = \zeta \cdot \frac{\Delta A}{\Delta U} = \frac{\zeta_0}{u}. \qquad (34\,\text{a})$$

Die im Erlös einzuschließende Zinsbelastung ist also verkehrt proportional dem Kapitalumschlagskoeffizienten u. Die Formel ist in Abb. 107 graphisch ausgewertet. u liegt bei Energieversorgungsunternehmen in einem Bereich von etwa 0,15—0,5, während in den anderen Wirtschaftszweigen im allgemeinen Werte über 1,2 aufscheinen. Die im Diagramm eingetragenen römischen Ziffern beziehen sich auf einzelne Beispiele. Für $\zeta_0 = 7\%$ beträgt z. B. bei einem Elektrizitätsversorgungsunternehmen mit $u = 0{,}3$ der

Zinsanteil am Erlös $g = 23\%$, dagegen für ein Unternehmen der Fertigungsindustrie mit $u = 1{,}5$ nur $4{,}6\%$. Hierin kommt die hohe Kapitalintensität der Energie-, in diesem Beispiel der Elektrizitätsversorgung, zum Ausdruck.

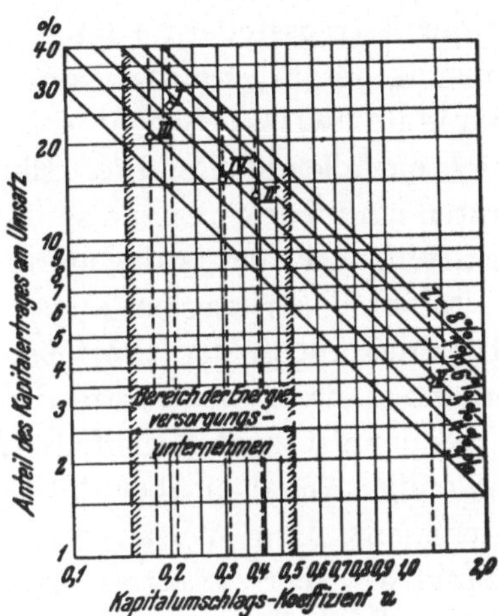

Abb. 107. Zusammenhang zwischen Kapitalertrag ξ, (%) und Kapitalumschlagskoeffizient u (I . . . V Beispiele)

Man kann aber auch noch eine andere Überlegung anstellen und die für die Verzinsung des aufzuwendenden Kapitals notwendige Spanne am Erlös g aufteilen in die Verzinsung der Eigenmittel g_E und der Fremdmittel g_F

$$g = g_E + g_F \quad [\%]$$

dann ist entsprechend den Beziehungen (34) und (34a)

$$u \cdot g_F = (1 - \varkappa)\, \zeta_F \quad [\%]$$

und

$$u \cdot g_E = \frac{\varkappa}{1 - \sigma} \cdot \zeta_E \quad [\%]. \tag{34b}$$

Die Verzinsung der Fremdmittel stellen Kosten dar, die bei kapitalintensiven Betrieben besonders stark ins Gewicht fallen und im Preis abgegolten werden müssen. Für die Verzinsung des eingebrachten Gesellschaftskapitals steht der erzielte Rohgewinn, durch g_E ausgedrückt, zur Verfügung. Geht man nun von einem in den vielfach behördlich genehmigungspflichtigen Energiepreis eingeschlossenen, als angemessen anzusehenden Rohgewinn aus, so kann aus der Beziehung (34b) ζ_E wie folgt angeschrieben werden:

$$\zeta_E = g_E\,(1 - \sigma) \cdot \frac{u}{\varkappa}\ [\%].$$

Da auch die Höhe der Ertragssteuern σ im Einzelfall gegeben ist, so hängt die Verzinsung der Eigenmittel vom Quotienten $u/\varkappa$ ab. Je niedriger der Kapitalumwälzkoeffizient u ist, umso kleiner die auf die Eigenmittel entfallende Rendite. Einen gewissen Ausgleich kann man durch ein niedrigeres $\varkappa$, also durch einen größeren Anteil an Fremdmitteln bei der Anlagenfinanzierung schaffen. Welcher Fremdkapitalanteil als tragbar angesehen wird, ist eine Ermessenssache. Die Meinungen der Betriebswirtschaftler gehen hier ziemlich auseinander, denn die Grenze der Kreditwürdigkeit ist ein nicht eindeutig definierbarer Begriff. In diesem Zusammenhang sind vielleicht einige Angaben über die Größenordnung von g_E und $\varkappa$ ganz interessant. Dem Verfasser steht eine nicht veröffentlichte Bilanzanalyse über 7 österreichische Elektrizitätsversorgungsunternehmen mit Eigenerzeugung für 1968 zur Verfügung, außerdem erschien für das gleiche Jahr eine solche über eine größere Anzahl deutscher EVU [69]. Aus dieser wurden 11 Gesellschaften mit annähernd gleicher Struktur wie die österreichischen ausgewählt. Die Auswertung unterscheidet sich nur insofern — und darauf sei der Ordnung halber verwiesen — daß im Verhältnis Rohertrag zu Umsatz in der österreichischen Analyse nur die Ertragssteuern, in der deutschen aber auch die Vermögenssteuern enthalten sind, außerdem werden die Baukostenbeiträge anders behandelt. In der österreichischen Zusammenstellung sind sie voll dem Eigenkapital, in der deutschen zu $^2/_3$ zugeschlagen. Der Bereich, in dem die Werte streuen, ist nachstehend aufgeführt:

	$\frac{g_E}{\%}$	$\varkappa$
Österreichische EVU	— 5,4...10,7	0,28...0,64
Deutsche EVU	9,1...24,8	0,29...0,49

Nun noch einige Worte über die *Innenfinanzierung*. Sie erfolgt aus den jährlich erzielbaren Überschüssen $g_E \cdot U$, worin U den Gesamtjahresumsatz des Unternehmens erfaßt. Bezeichnen wir noch mit

ϑ den Anteil am Rohüberschuß, der für eine Gewinnausschüttung und etwaige Rücklagen reserviert wird,

A das gesamte investierte Kapital im Unternehmen [S],

ΔA_0 die jährlichen für Investitionen im Rahmen der Innenfinanzierung zur Verfügung stehenden Mittel [S/a],

dann ist mit den früheren Bezeichnungen

$$\Delta A_0 = U \cdot g_E (1 - \vartheta)(1 - \sigma) \quad [\mathrm{S/a}]$$

$$\frac{\Delta A_0}{A} = u \cdot g_E (1 - \vartheta)(1 - \sigma) \quad [a^{-1}]. \tag{35}$$

Der Anteil σ der Ertragssteuern ist dann nicht identisch mit den normalen Ertragssteuersätzen, wenn für die Innenfinanzierung Steuererleichterungen gewährt werden, wie dies z. B. durch das österreichische Elektrizitätsförderungsgesetz geschieht. Man erkennt auch hier den entscheidenden Einfluß des Kapitalumschlagkoeffizienten auf die Möglichkeiten der Selbstfinanzierung.

Ein Teil der Energiebetriebe, vor allem der Elektrizitäts- und Gasversorgung, aber auch solche auf dem Rohenergiesektor sind im Besitz der öffentlichen Hand. Für eine Erhöhung des Eigenkapitals dieser Betriebe steht das Budget der betreffenden Körperschaft zur Verfügung. Die Erfahrung zeigt, daß die Möglichkeiten, Mittel für Investitionen in der Energieversorgung freizumachen, beschränkt sind. Man braucht nur in Bilanzanalysen solcher Betriebe das ausgewiesene Gesellschaftskapital mit den Eigenmitteln bzw. dem Gesamtkapital zu vergleichen. Will man den Fremdkapitalanteil begrenzen, so bietet sich für solche Unternehmen als Ausweg die Innenfinanzierung an und zwar über ein höheres g_E, das heißt, durch höhere Strompreise auf der einen Seite bzw. durch ein kleineres σ, also durch eine Steuerbegünstigung, auf der anderen Seite. Letzten Endes läuft es darauf hinaus, daß der Staatsbürger bei der Aufbringung der Mittel in einem Fall indirekt als Steuerzahler, im anderen direkt als Energieverbraucher herangezogen wird.

Als zweite Besonderheit der Energieversorgung wurden die im allgemeinen langen Nutzungsdauern genannt. Sie werfen bei einem hohen Anteil von Fremdmitteln an den Investitionen die Frage der *Tilgung*, das heißt der Rückzahlung, der aufgenommenen Fremdmittel auf. Aus Eigenmitteln des Unternehmens stehen für die Tilgung erzielte Überschüsse, in erster Linie aber die Abschreibungen zur Verfügung. Wenn auch praktisch die Tilgung aus den Gesamtabschreibungen des Unternehmens erfolgt, so sei im nachstehenden um die Zusammenhänge zum Ausdruck zu bringen, die zu tätigende Investition für sich betrachtet. Stimmen Tilgungsfrist der Fremdmittel und Abschreibungszeit der Anlage

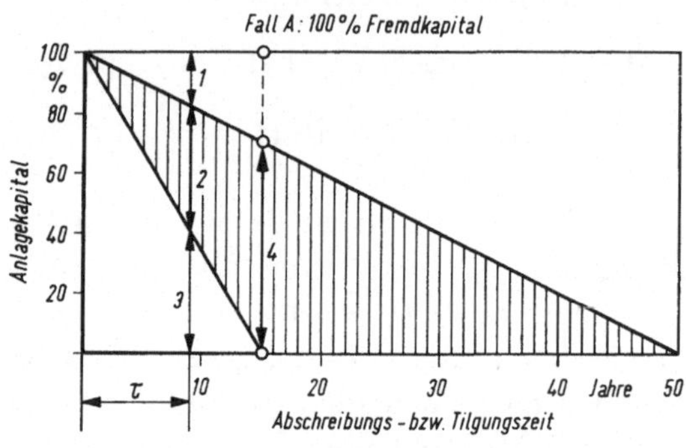

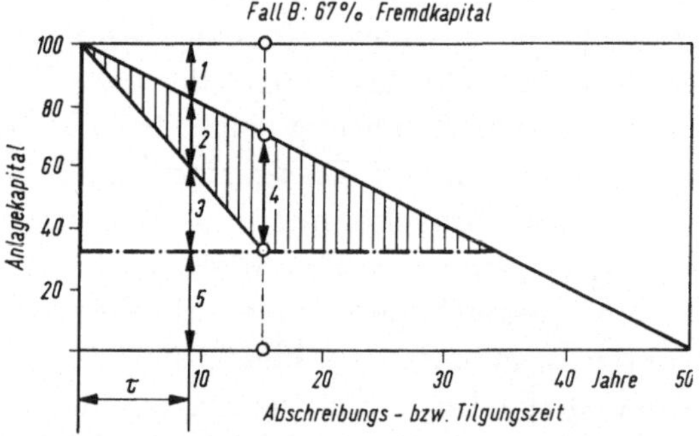

1 Tilgung der Investitionsanleihe aus Abschreibung
2 Tilgung der Investitionsanleihe aus revolvierenden Krediten
3 Stand der Investitionsanleihe nach τ Jahren
4 Stand der revolvierenden Kredite zum Zeitpunkt der Tilgung der Investitionsanleihe
5 Anteil des Eigenkapitals an der Investition (33 %)

Abb. 108. Zusammenhang zwischen Abschreibungs- und Tilgungszeit und der Inanspruchnahme von zusätzlichen Fremdmitteln (Revolvierung)

überein, so könnte die Rückzahlung der Fremdmittel auch bei voller Fremdfinanzierung einer bestimmten Investition Zug um Zug aus der Abschreibung gedeckt werden. In der Energieversorgung ist aber im allgemeinen die Abschreibungszeit länger, bei

Wasserkraftwerken z. B. sogar um eine wesentliche Zeitspanne, als die Rückzahlungsfrist. In Abb. 108 ist für eine Anlage mit langer Nutzungsdauer und zwar für ein Wasserkraftwerk mit einer Abschreibungszeit von $T_A = 50$ Jahre und für eine Tilgungsfrist der Fremdmittel von $T_T = 15$ Jahre der Zusammenhang zwischen Abschreibungszeit und Tilgungszeit im oberen Diagramm für den Grenzfall einer 100%igen Fremdfinanzierung ($\varkappa = 0$), im unteren für einen Anteil der Eigenmittel von $\varkappa = 0{,}33$ dargestellt. Das linke Dreieck mit hervorgehobenen Rändern zeigt den Abbau der Investitionsanleihe. Im Zeitpunkt T ist noch ein Betrag entsprechend der Kote „3" zu tilgen. Der Pfeil „1" gibt die bis zu diesem Zeitpunkt durchgeführten Abschreibungen an. Die Differenz „2" muß auf andere Weise beschafft werden. Man kann nun die Frage stellen, bei welchem Fremdkapitalanteil kann die Tilgung der Fremdmittel aus den laufenden Abschreibungen allein gedeckt werden. Dies ist dann der Fall, wenn der Differenzbetrag „2" Null wird. Es gilt also die Beziehung:

$$\Delta A : \Delta A\,(1 - \varkappa) = T_A : T_F$$

$$1 - \varkappa = \frac{T_E}{T_A} \quad \text{bzw.} \quad \varkappa = 1 - \frac{T_F}{T_A}\,.$$

Beträgt z. B. die Laufzeit einer Anleihe $T_F = 15$ Jahre und die mittlere Abschreibungszeit einer Anlage 20 Jahre, so wäre der unter den gemachten Voraussetzungen zulässige Fremdkapitalanteil

$$1 - \varkappa = \frac{15}{20} = 0{,}75.$$

Bei einem Wasserkraftwerk mit einer mittleren Abschreibungszeit von 50 Jahren dagegen würde

$$1 - \varkappa = \frac{15}{20} = 0{,}3$$

ausmachen dürfen. Der Anteil an Eigenmitteln müßte also 70% betragen. Ist man gezwungen, den Fremdkapitalanteil über diesen Wert zu erhöhen, und sind aus Überschüssen die zusätzlich notwendigen Tilgungsbeträge nicht aufzubringen, so kann die fristgerechte Tilgung nur mit Hilfe von revolvierenden Krediten bzw. Anleihen durchgeführt werden, wie dies in Abb. 108 durch die schraffierte Fläche angedeutet ist.

Diese Darlegungen, die sich nur auf das Grundsätzliche beschränkt haben, lassen die Bedeutung einer Vorausplanung über einen ausreichenden Zeitraum erkennen, eine Vorausplanung, die nicht nur das Bauprogramm selbst, sondern auch einen Finanzplan, somit einen gesamten Wirtschaftsplan in die Betrachtungen einzubeziehen hat.

Literaturverzeichnis

[1] OECD National Accounts.

[2] *Wessels, Th.*, Die volkswirtschaftliche Bedeutung der Energiekosten. Schriftenreihe des Energiewirtschaftlichen Institutes an der Universität Köln, Band XI. München: Verlag von R. Oldenbourg. 1966.

[3] Untersuchung der langfristigen energiewirtschaftlichen Aussichten der europäischen Gemeinschaft. Bulletin der europäischen Gemeinschaft für Kohle und Stahl, Luxembourg 1962.

[4] Europäische Wirtschaftskommission: Survey of the Recent Energy Situation in Europe, ST/ECE/Energy, Mai 1968.

[5] Österreichische Energiebilanz für das Jahr 1963. Wien: Bundesministerium für Bauten und Technik. 1966.

[6] Zusammenhang zwischen Wärmebedarf und Klimadaten einer allelektrischen Siedlung. E. f. E-Berichte 1969.

[7] *Tüllemann*, Lasteinfluß von Durchlauferhitzern. Elektrizitätswirtschaft, 1965, Heft 24.

[8] *Ascher*, Elektrotechnische Zeitschrift, 1931, S. 12.

[9] Betriebsstatistik, Erzeugung und Verbrauch elektrischer Energie in Österreich 1970, 1. Teil (herausgegeben vom Bundeslastverteiler im Auftrag des Bundesministeriums für Verkehr).

[10] *Seidner*, Die Flußkraftwerke in der Energiewirtschaft. Wasserkraft und Wasserwirtschaft, 1928.

[11] *Musil, L.*, Die Wirtschaftlichkeit der Energiespeicherung für Elektrizitätswerke. Berlin: Julius Springer. 1930.

[12] *Ernst, H.*, Die Bedeutung der Energieprognosen für Investitionsentscheidungen im Bereich der Energiewirtschaft. Dissertation Technische Hochschule Graz, 1968.

[13] *Bauer, L.*, Die Risken in der Elektrizitätswirtschaft. Wien: Selbstverlag. 1965.

[14] *Menge, A.*, Darf man in der Elektrizitätswirtschaft prophezeihen? Technik und Wirtschaft, 1933, S. 37.

[15] Untersuchung über die Entwicklung der gegenwärtigen und zukünftigen Struktur von Angebot und Nachfrage in der Energiewirtschaft der Bundesrepublik unter besonderer Berücksichtigung des Steinkohlenbergbaues (herausgegeben von der Arbeitsgemeinschaft deutscher Wirtschaftswissenschaftlicher Forschungsinstitute im Auftrage des deutschen Bundestages). Berlin: 1962.

[16] Energiekonzept der österreichischen Bundesregierung (herausgegeben vom Bundesministerium für Handel, Gewerbe und Industrie). Wien: 1969.

[17] *Spitta* und Mitarbeiter, Installationstechnik. Siemens Handbuch. Erlangen: 1970.

[18] *Musil, L.*, Die Gesamtplanung von Dampfkraftwerken, 2. Aufl. Berlin-Heidelberg-New York: Springer. 1948.

[19] *Musil, R.*, Die Entwicklung des österreichischen Erdölmarktes. Dissertation Universität Graz, 1968.

[20] *Gebr. Sulzer A. G.*, Taschenbuch für Dampfanlagen. 1962.

[21] *Musil, L.*, Wirtschaftlichkeitsprobleme bei der Erweiterung bestehender Verteilnetze. Tagungsbericht 7 des Energiewirtschaftsinstitutes an der Universität Köln, 1955.

[22] VDEW, Netzverluste, eine Richtlinie für ihre Bewertung und Verminderung. Frankfurt: Verlags- und Wirtschaftsgesellschaft der Elektrizitätswerke. 1968.

[23] *Schneider, H.-K.*, Die Wirtschaftlichkeitsrechnung. Berichte des Energiewirtschaftsinstitutes an der Universität Köln, 1956.

[24] *Blömer, K. H.*, Grundfragen der Wirtschaftlichkeitsrechnung in der öffentlichen Elektrizitätsversorgung. Dissertation, Köln, 1955.

[25] Spitzer-Födertsche Tabellen. Wien: Verlag Carl Gerold.

[26] *Lilienthal, D.*, Die Tennessee-Stromtalverwaltung. Oversea Edition. 1946.

[27] *Bauer, L.*, Optimale Nutzung eines Gesamtflußsystems am Beispiel Unterer Inn und Donau dargestellt — Bericht, vorgelegt auf der Weltkraftkonferenz, Bukarest, 1971.

[28] Vorstand der Österreichischen Donaukraftwerke AG., Wallsee — Mitterkirchen, ein weiterer Schritt im österreichischen Donauausbau. ÖZE, 1969, Heft 4.

[29] *Fellner, L.*, Die wirtschaftliche Bedeutung der österreichischen Donaukraftwerke. ÖZE, 1970, Heft 11.

[30] Österreichischer Wasserwirtschaftsverband, 1948.

[31] *Werkmeister, H.*, Beiläufige Stromerzeugung — Stromerzeugung in Mehrzweckanlagen. Elektrizitätswirtschaft, 1971, Heft 18.

[32] *Gumz, W.*, Kurzes Handbuch der Brennstoff- und Feuerungstechnik, 3. Aufl. Berlin-Göttingen-Heidelberg: Springer. 1962.

[33] *Schröder, K.*, Große Dampfkraftwerke, Band III A. Berlin-Heidelberg-New York: Springer. 1966.

[34] *Schuster, F.*, *Leggewie, G.*, *Skunca, I.*, Gas, Verbrennung, Wärme. Essen: Vulkan-Verlag, Dr. W. Classen.

[35] *Goldschmidt, K.*, Entwicklungsstand der Rauchgas-Entschwefelungs-Verfahren. Vorgetragen anläßlich der 27. Sitzung des VDEW-Fachausschusses Kraft- und Wärmetechnik, 1971.

[36] Bundesministerium für Gesundheitswesen, Nomogramm zur Ermittlung der Schornsteinhöhe. GMBl. Nr. 26/1964.

[37] *Winter, H.*, Taschenbuch für Gaswerke, Kokereien, Schwelereien und Teerdestillation. Halle: Verlag W. Knapp. 1930.

[38] *Musil, L.*, Gasturbinenkraftwerke. Wien: Springer. 1947.

[39] *Bund, K., Henney, K.-A., Krieb, K. H.*, Kombiniertes Gas-Dampf-Turbinenkraftwerk mit Steinkohlen-Druckvergasungsanlage im Kraftwerk Kellermann in Lünen. Deutscher Bericht Nr. 2, 3—71 zur VIII. Weltenergiekonferenz in Bukarest, 1971.

[40] Vereinigung industrieller Kraftwirtschaft. V. I. K. Essen, Tätigkeitsbericht 1970/71.

[41] Siemens, Formel- und Tabellenbuch. Erlangen: Siemens-Schuckertwerke Aktiengesellschaft. 1960.

[42] *Frewer, H.*, Energieverbund zwischen nuklearen und konventionellen Kraftwerken. Festvortrag Reaktortagung, Bonn, April 1971.

[43] *Moditz, H.*, Die Bedeutung der Elektrowärmeanwendung für die Entwicklung des elektrischen Energiebedarfes und daraus resultierende elektrizitätswirtschaftliche Aspekte. ÖZE, 1968, Heft 9.

[44] *Moditz, H.*, Die elektrizitätswirtschaftliche Problematik der Elektrowärme insbesondere der elektrischen Raumheizung und ihre energiewirtschaftliche Wettbewerbssituation. Dissertation Technische Hochschule Graz, 1971.

[45] *Frewer, H.*, Aktuelle Aspekte der Kernenergie. Vortrag, gehalten auf einer Vortragsveranstaltung der Kraftwerksunion, Wien 1971.

[46] Jahresbericht der VDEW über die westdeutsche Elektrizitätsversorgung 1970. Elektrizitätswirtschaft, 1971, Heft 16.

[47] Brennstoffstatistik 1970 (herausgegeben vom Bundeslastverteiler im Auftrag des Bundesministeriums für Verkehr und verstaatlichte Unternehmungen).

[48] Jahresbericht 1969 des Verbandes der deutschen Gas- und Wasserwerke. E. V. Frankfurt a. Main.

[49] *Steinbauer, E.*, Das wirtschaftliche Optimum in der Elektrizitätsversorgung. Dissertation Technische Hochschule Wien, 1969.

[50] *Lehner, N.*, Methoden zur numerischen Berechnung der optimalen Lastverteilung im hydro-thermischen Verbundbetrieb nach dem Prinzip der Euler-Lagrangeschen Variationsableitung. Dissertation Technische Hochschule Graz, 1971.

[51] *Bauer, L.*, Zwanzig Jahre UCPTE. ÖZE, 1971, Heft 7.

[52] *Musil, L.*, Probleme der österreichischen Energieplanung — eine zeitgemäße Betrachtung. ÖZE, 1961, Heft 17.

[53] *Theilsiefje, K., Wagner, H.*, Differential und Incremental Dynamic-Programming. Rechenverfahren für wirtschaftlich optimale Lastverteilung. ETZ, 1964, Heft 21.

[54] *Held, Ch.*, Die technische Zukunft der Kernenergie. Vortrag, gehalten beim Atomsymposium in Wien, 1971.

[55] *Musil, L.*, Technisch-wirtschaftliche Grundlagen für den Einsatz eines Kernkraftwerkes in Österreich. ÖZE, 1968, Heft 1.

[56] *Held, Ch.*, Die Kernenergie in der Welt — eine kritische Betrachtung im Jahre 1967. E und M, 1968, Heft 4.

[57] *Gilli, P.*, Die Wirtschaftlichkeit von Kernkraftwerken. Industrie, Juni 1969.

[58] *Schröder, K.*, Dampfkraftwerke, 2. Band. Berlin-Göttingen-Heidelberg: Springer. 1962.

[59] *Schröder, K.*, Probleme heutiger und zukünftiger Kraftwerksplanung. Erlangen: Siemens-Aktiengesellschaft. 1966.

[60] *Erbacher, W.*, Die Leistungs-Frequenzregelung großer Netzverbände. ÖZE, 1970, Heft 6.

[61] *Krüger, H.*, *Timm, M.*, Untersuchungen zum Einsatz von Kernreaktoren für die Fernwärmeerzeugung. Atom und Strom, 1971, Heft 10.

[62] *Schröder, K.*, Strukturwandel in der Elektrizitätswirtschaft. Siemens-Zeitschrift, 1966, Heft 3.

[63] *Erbacher, W.*, Die Regelung großer Netzverbände, unter Berücksichtigung der Einbindung moderner Kernkraftwerke. Vortrag, gehalten in der Generalversammlung des ÖVE, Dezember 1971.

[64] *Schneider-Schnaus*, Elektrische Energiewirtschaft. Berlin: Springer. 1936.

[65] *Aeschimann*, Vergleich der alten und neuen Lösungsvorschläge zur Preisbildung für Energie. Tagungshefte des energiewirtschaftlichen Institutes der Universität Köln, Heft 8, 1956.

[66] *Herrhausen, A.*, Wachstum und Planung in der Elektrizitätswirtschaft. Institut für Bilanzanalysen (Frankfurt am Main), Heft 19, 1969.

[67] *Märzendorfer, H.*, Entwicklungstrend bei der Finanzierung der österreichischen Elektrizitätswirtschaft. ÖZE, 1965, Heft 5.

[68] Österreichisches Institut für Wirtschaftsforschung, Investitionserhebung 1967—1971.

[69] Elektrizitätswirtschaft, Stand und Aussichten in der Bundesrepublik. Institut für Bilanzanalysen (Frankfurt am Main), Heft 19, 1969.